挤出 | 印刷 | 制袋

为您提供 ——
最全面的软包装
印刷设备

VISTAFLEX – 卫星式柔版印刷机

· 最大印刷速度 800 m/min
  印刷宽度 1300 – 2200 mm
  重复长度 370 – 1250 mm
  适用于水性油墨印刷

MIRAFLEX II – 卫星式柔版印刷机

· 最大印刷速度 600 m/min
  印刷宽度 820 – 1450 mm
  重复长度 250 – 1130 mm
  适用于水性油墨印刷

HELIOSTAR II – 凹版印刷机

· 最大印刷速度 600 m/min
  印刷宽度 800 – 1600 mm
  重复长度 450 – 920 mm

DYNASTAR – 凹版印刷机

· 最大印刷速度 300 m/min
  印刷宽度 650 – 1000 mm
  重复长度 300 – 800 mm
  快速换单

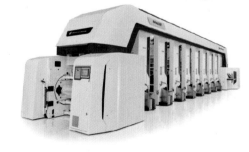

Windmoeller & Hoelscher Machinery (Taicang) Co., Ltd.
威德霍尔机械（太仓）有限公司
215400 江苏省 太仓市 苏州路18号
太仓市经济开发区
电话：+86 512 5367 6800 传真：+86 512 5367 6839
电邮：Jinghui.Dai@wuh-group.com 网址：www.wuh-group.com

WINDMÖLLER & HÖLSCHER
创新源于热情

福山纸业
FUSHAN PAPER

慈溪福山纸业橡塑有限公司始创于1987年，前称为慈溪福山造纸厂，企业原址位于观海卫镇，因发展的需求，于2011年10月迁址于慈溪市经济发展的东翼重镇龙山镇工业区龙镇大道，是专注于生产各种不同规格瓦楞纸板和集专业设计、研发、生产各类瓦楞纸箱、彩箱、彩盒、数字印刷纸箱于一体的包装企业。公司总占地面积为300余亩，建筑面积为13万平方米。目前公司拥有员工1000余人，其中管理人员为200人、技术人员80人，具有大中专文化程度的员工达300余人。公司目前拥有四个生产基地、七条复瓦线、四条单瓦生产线、八台高速印刷机以及高端的后道加工设备，生产产量、质量、服务及产品的品种都位居宁波地区之首，是中国纸包装50强企业。2017年完成销售额达21.05亿元。员工福利方面：为了给全体员工创造良好的工作、生活、娱乐环境，公司配备了20000余平方米的员工宿舍，提供300多套标准型宿舍，并在各宿舍中配有网络、电话、电视和全天候的热水，同时还配备了800平方米整洁明亮的员工餐厅，提供价廉、优质、卫生的早中晚餐服务，还建有员工活动室来丰富员工的业余文化生活等。

·公司产品展示如下·

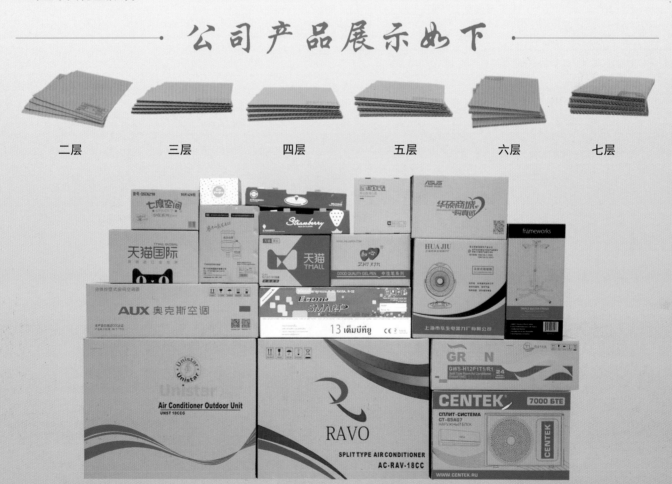

二层　　　三层　　　四层　　　五层　　　六层　　　七层

地址： 浙江省宁波市慈溪市龙山镇龙镇大道258号　　**电话/传真：** +86-0574-63617193

邮编： 315311　　**网址：** http://www.fushanpaper.com

YANTE®
研特科技

纸箱抗压试验机
(YT-YSKN SERIES)

关于我们

杭州研特科技有限公司

是一家专业设计开发、制造包装印刷造纸等行业检测仪器的领先企业，公司按 ISO9001质量管理体系运行，是一家国家级高新技术企业。产品远销中东、北欧、非洲、南美等世界各地。

地址：浙江省杭州市余杭区好运街152号4号楼
电话：0571-88013885/0571-88743602
网址：www.yantech.cn/www.yante.net

压缩试验机
(YT-YS3000)

电脑挺度测定仪
(YT-TDY10000)

电脑戳穿强度试验仪
(YT-PRT48)

纸板耐破度测定仪
(YT-NPY5600Q)

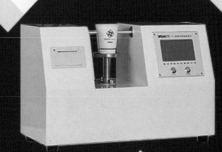

杯身挺度测定仪
(YT-ZBY)

纸管抗压试验机
(YT-YS05KN)

中国包装标准汇编

产品包装卷

（下）

（第二版）

中国标准出版社　编

中国标准出版社

北　京

图书在版编目（CIP）数据

中国包装标准汇编. 产品包装卷：全 2 册/中国标准出版社编. —2 版. —北京：中国标准出版社，2019.7
ISBN 978-7-5066-9379-0

Ⅰ. ①中… Ⅱ. ①中… Ⅲ. ①包装标准-汇编-中国
Ⅳ. ①TB488

中国版本图书馆 CIP 数据核字（2019）第 120974 号

中国标准出版社出版发行
北京市朝阳区和平里西街甲 2 号（100029）
北京市西城区三里河北街 16 号（100045）
网址 www.spc.net.cn
总编室：(010)68533533　发行中心：(010)51780238
读者服务部：(010)68523946
中国标准出版社秦皇岛印刷厂印刷
各地新华书店经销

*

开本 880×1230 1/16　印张 37.75　字数 1138 千字
2019 年 7 月第二版　2019 年 7 月第二次印刷

*

定价（上下册）430.00 元

出 版 说 明

　　《中国包装标准汇编》是我国包装行业标准化方面的一套大型丛书,按行业分类分别立卷。

　　本汇编为丛书的一卷,分上、下册出版,共收集了截至 2019 年 6 月底批准发布的产品包装国家标准和行业标准 129 项,其中,国家标准 110 项、行业标准 19 项。上册内容包括:综合,农业、林业,医药、卫生、劳动保护,食品、烟草;下册内容包括:化工,建材,能源、核技术,机械,冶金,纺织,轻工。

　　本汇编收集的标准的属性已在目录上标明,年代号用四位数字表示。鉴于部分国家标准和行业标准是在标准清理整顿前出版,现尚未修订,故正文部分仍保留原样,读者在使用这些标准时,其属性以目录上标明的为准(标准正文"引用标准"中的标准的属性请读者注意查对)。

　　本汇编可供包装行业的生产、科研、销售单位的技术人员,各级监督、检验机构的人员、各管理部门的相关人员使用,也可供大专院校有关专业的师生参考。

编　者

2019 年 6 月

目　录

九、冶　金

十、纺　织

十一、轻　工

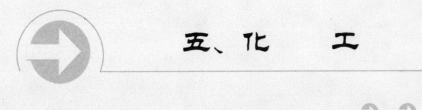

五、化　工

ICS 65.100
G 23

中华人民共和国国家标准

GB 3796—2018
代替 GB 3796—2006

农 药 包 装 通 则

General rule for packing of pesticides

2018-12-28 发布

2020-01-01 实施

国家市场监督管理总局
中国国家标准化管理委员会 发布

前　言

本标准的第 4 章、第 5 章、第 6 章、第 8 章为强制性的,其余为推荐性的。

本标准按照 GB/T 1.1—2009 给出的规则起草。

本标准代替 GB 3796—2006《农药包装通则》,与 GB 3796—2006 相比,主要技术变化如下:

——删除了术语"批号",增加了"农药包装废弃物、农药包装、农药内包装、农药外包装"的术语和定义(见第 3 章,2006 年版的第 3 章);

——包装技术要求中,删除了包装环境和农药产品(见 2006 年版的 5.1、5.2);

——在包装材料中增加水溶性包装袋以及选用易于回收处理和再生利用的包装材料(见 5.1);

——将包装要求中的液体制剂和固体制剂净含量上限分别修订为 20 kg 和 25 kg(见 5.2.2,2006 年版的 5.4.1);

——将包装标志修改为包装标识,内包装标明内容中增加包装物追溯编码标识,并对农药标识内容进行了调整和补充(见 5.3,2006 年版的 5.5);

——增加了农药包装废弃物回收的内容(见第 8 章)。

本标准由中华人民共和国农业农村部提出并归口。

本标准起草单位:沈阳化工研究院有限公司、江苏龙灯博士摩包装材料有限公司、创新美兰(合肥)股份有限公司、深圳诺普信农化股份有限公司、江苏东宝农化股份有限公司、江苏瑞邦农药厂有限公司。

本标准主要起草人:楼少巍、兆奇、殷湘、毛堂富、孙承艳、唐霞、宋国庆、胡俊。

本标准所代替标准的历次版本发布情况为:

——GB 3796—1983、GB 3796—1999、GB 3796—2006。

农 药 包 装 通 则

1 范围

本标准规定了农药产品包装类别、包装技术要求、试验方法、检验规则以及农药包装废弃物回收。
本标准适用于农药产品包装。

2 规范性引用文件

下列文件对于本文件的应用是必不可少的。凡是注日期的引用文件,仅注日期的版本适用于本文件。凡是不注日期的引用文件,其最新版本(包括所有的修改单)适用于本文件。

GB 190—2009　危险货物包装标志
GB/T 191—2008　包装储运图示标志
GB/T 1605—2001　商品农药采样方法
GB/T 4857.3—2008　包装　运输包装件基本试验　第 3 部分:静载荷堆码试验方法
GB/T 13251—2018　包装　钢桶封闭器
GB/T 17344—1998　包装　包装容器　气密试验方法
GB/T 21279—2007　危险化学品包装液压试验方法

3 术语和定义

下列术语和定义适用于本文件。

3.1

农药包装废弃物　pesticide packaging waste
农药(家用卫生用农药除外)使用后被废弃的与农药直接接触的包装物或含有农药残余物的包装物(瓶、罐、桶、袋等)。

3.2

农药包装　pesticide packaging
在流通过程中保护农药产品,方便储运,促进销售,按一定的技术方法而采用的容器、材料及辅助物等的总体名称。

3.3

农药内包装　pesticide internal packaging
直接与农药接触的包装。

3.4

农药外包装　pesticide external packaging
农药内包装以外的包装。

4 农药产品包装类别

4.1 分级

农药产品按危险程度分为两级。一级属于危险货物,其包装分为三类;二级属于非危险货物。

4.2 试验项目和指标

农药产品运输包装件和容器的试验项目和指标见表1。

表 1 试验项目和指标

试验项目		一级			二级
		Ⅰ类	Ⅱ类	Ⅲ类	
堆码(一般包装,24 h;塑料包装桶,40 ℃,28 d)/m	≥	3.0	3.0	3.0	3.0
气密(5 min)/kPa	≥	30	20	20	20
液压(一般包装,5 min;塑料包装桶,30 min)/kPa	≥	250	100	100	—

4.3 不同危险等级的农药对包装容器和包装材料的要求

4.3.1 一级产品包装

钢桶、塑料桶、铝瓶、玻璃瓶、塑料瓶、塑料袋、高密度纸桶、高密度纸箱、编织袋等。

4.3.2 二级产品包装

钢桶、塑料桶、玻璃瓶、塑料瓶、塑料袋、高密度纸箱、编织袋、纸袋和水溶性包装袋等。

4.3.3 农药的包装形式

农药的包装形式应符合贮存、运输、销售及使用的要求。可使用本标准规定之外的等效包装,但应满足本标准有关的试验要求。

5 包装技术要求

5.1 包装材料

5.1.1 农药的包装材料应符合相应包装材料的标准要求。应选用易于回收处理和再生利用的包装材料。

5.1.2 农药的外包装材料应坚固耐用,保证内装物不受破坏。可采用的外包装材料有:木材、金属、合成材料、复合材料、带防潮层的瓦楞纸板、瓦楞钙塑板、纸袋纸、纺织品以及经运输部门、用户同意的其他包装材料。

5.1.3 农药的内包装材料应坚固耐用,不与农药发生任何物理和化学作用而损坏产品,不溶胀,不渗漏,不影响产品的质量。可采用的内包装材料有:玻璃、塑料、金属、复合材料、纸袋纸和水溶性包装等。

5.1.4 防震材料:农药包装常用的防震材料应为瓦楞纸套板、气泡塑料薄膜和发泡聚苯乙烯成型膜等。

5.2 包装要求

5.2.1 农药内包装应能保证农药在生产、运输、贮藏及使用过程中的质量,并便于使用。农药外包装应根据农药的特性选用不易破损的包装,以保证药品在运输、贮藏、使用过程中的质量。

5.2.2 农药制剂应根据剂型、用途、毒性及物理化学性质进行包装。液体制剂每个包装物净含量不应超过 20 kg,固体制剂每个包装物净含量不应超过 25 kg。桶装产品每件净含量不应超过 250 kg。当产品标准中有规定时应以产品标准为准。

5.2.3 瓶装液体制剂包装容器应配合有合适的封口方式,倒置不应渗漏。桶装液体农药原药的桶盖应有衬垫,应拧紧盖严,避免渗漏。包装量应符合 GB/T 1605—2001 的规定。

5.2.4 盛装液体农药的玻璃瓶装入外包装容器后,应用防震材料填紧,避免互相撞击而造成破损。

5.2.5 农药外包装容器中应有合格证、说明书(当内标签的标识内容不能满足5.3.3.1的要求时)。

5.3 包装标识

5.3.1 标识方法

农药产品应在包装物表面印制或贴有标签。产品包装尺寸过小、标签无法标注规定内容时,应附相应的说明书。说明书应标注 5.3.3.1 中全部内容。

5.3.2 标识部位

标识部位见表2。

表 2 标识部位

包装形式	标识部位
金属桶或其他桶类	圆柱形面
瓶(玻璃或塑料等)	圆柱形面
袋或小包	正面、背面
箱(包括木、纸板、钙塑箱等)	正面、侧面

5.3.3 标识内容

5.3.3.1 农药内包装容器(水溶性包装袋除外)表面上应有标签,标签应标明:

    a) 农药名称和剂型;

    b) 农药登记证号;

    c) 农药生产许可证号;

    d) 农药产品标准号;

    e) 净含量;

    f) 生产日期或批号;

    g) 企业名称及联系方式;

    h) 危害性标识:毒性标识应与该产品农药标签的毒性标识一致(分为剧毒、高毒、中等毒、低毒和微毒);危险货物包装标识如"易燃""防潮"等,按 GB 190—2009 和 GB/T 191—2008 的规定进行标识;

    i) 注意事项;

    j) 中毒急救措施;

    k) 贮存和运输方法;

    l) 农药类别;

    m) 象形图;

    n) 农药包装物追溯编码标识:至少应包含生产企业、产品名称、包装材料等可以追溯的相关信息。

5.3.3.2 农药外包装应至少标明以下内容:

    a) 农药名称和剂型;

    b) 农药登记证号;

    c) 农药生产许可证号;

    d) 农药产品标准号;

    e) 净含量;

    f) 生产日期或批号;

    g) 有效期;

    h) 企业名称及联系方式;

    i) 危害性标识:毒性标识应与该产品农药标签的毒性标识一致(分为剧毒、高毒、中等毒、低毒和微毒);危险货物包装标识如"易燃""防潮"等,按 GB 190—2009 和 GB/T 191—2008 的规定进行标识。

5.3.3.3 进口农药产品直接销售的,可以不标注农药生产许可证号、产品标准号。进口农药产品应用中文标注原产国(或地区)名称、生产者名称以及在我国办事机构或代理机构的名称、地址、邮政编码、联系电话等。

5.3.3.4 各类农药(直接使用的卫生用农药除外)应采用不褪色的特征颜色标识条进行标识。

5.3.3.5 剧毒、高毒农药以及使用技术要求严格的其他农药等限制使用农药,还应标注"限制使用"字样,并注明使用的特别限制和特殊要求。用于食用农产品的农药还应标注安全间隔期。

6 试验方法

6.1 堆码试验按照 GB/T 4857.3—2008 进行。

6.2 气密试验按照 GB/T 17344—1998 进行。

6.3 液压性能试验按照 GB/T 13251—2018 和 GB/T 21279—2007 进行。

7 检验规则

7.1 生产厂应保证所生产的产品的包装符合本标准的要求,并经质量检验部门进行检验,出具合格证。

7.2 当用户与生产厂对包装质量产生争议时,用户有权按本标准的规定对其进行复检,如复检结果不符合本标准规定要求时,用户有权拒收。

7.3 其他类型的检验按国家有关规定进行。

8 农药包装废弃物回收

农药包装废弃物回收应按国家有关农药包装废弃物回收的规定执行。

————————————

ICS 65.100
G 23

中华人民共和国国家标准

GB 4838—2018
代替 GB 4838—2000

农 药 乳 油 包 装

Packaging for emulsifiable concentrates of pesticides

2018-12-28 发布

2020-01-01 实施

国家市场监督管理总局
中国国家标准化管理委员会 发布

前　言

本标准按照 GB/T 1.1—2009 给出的规则起草。

本标准代替 GB 4838—2000《农药乳油包装》,本标准与 GB 4838—2000 相比,主要技术变化如下:

——增加了农药包装废弃物、农药包装、农药内包装、农药外包装的术语和定义(见第3章);

——删除了包装环境和包装准备(见2000年版的5.1);

——增加了包装材料中的铝箔袋(见5.1.3);

——删除了产品包装(见2000年版的5.2);

——删除了包装材料中的安瓿(见2000年版的5.3.3);

——删除了包装材料中的钙塑瓦楞箱(见2000年版的5.3.6);

——包装标志改为包装标识(见第6章,2000年版的第6章);

——包装标识中增加了可回收包装物标识和包装物不得随意丢弃标识(见6.2);

——包装标识中增加了包装物追溯编码(见6.2和6.4.1);

——删除了包装运输和贮存(见2000年版的第7章);

——增加了对农药包装废弃物进行回收的内容(见第9章)。

本标准由中华人民共和国农业农村部提出并归口。

本标准起草单位:沈阳化工研究院有限公司、江苏龙灯博士摩包装材料有限公司、安徽丰乐农化有限责任公司、江苏东宝农化股份有限公司、江苏瑞邦农药厂有限公司。

本标准主要起草人:楼少巍、唐霞、陈金春、黄亮、兆奇、顾俊、胡俊。

本标准所代替标准的历次版本发布情况为:

——GB 4838—1984、GB 4838—2000。

农 药 乳 油 包 装

1 范围

本标准规定了农药乳油产品的包装分类、包装技术要求、包装标识、试验方法、包装验收以及农药包装废弃物回收。

本标准适用于农药乳油包装。

2 规范性引用文件

下列文件对于本文件的应用是必不可少的。凡是注日期的引用文件,仅注日期的版本适用于本文件。凡是不注日期的引用文件,其最新版本(包括所有的修改单)适用于本文件。

GB 190—2009 危险货物包装标志

GB/T 191—2008 包装储运图示标志

GB/T 325.1—2018 包装容器 钢桶 第1部分:通用技术要求

GB 3796—2018 农药包装通则

GB/T 4857.1—1992 包装 运输包装件 试验时各部位的标示方法

GB/T 4857.3—2008 包装 运输包装件基本试验 第3部分:静载荷堆码试验方法

GB/T 4857.5—1992 包装 运输包装件 跌落试验方法

GB/T 6543—2008 运输包装用单瓦楞纸箱和双瓦楞纸箱

GB 12463—2009 危险货物运输包装通用技术条件

GB/T 17344—1998 包装 包装容器 气密试验方法

3 术语和定义

下列术语和定义适用于本文件。

3.1

农药包装废弃物 pesticide packaging waste

农药(家用卫生用农药除外)使用后被废弃的与农药直接接触的包装物或含有农药残余物的包装物(瓶、罐、桶、袋等)。

3.2

农药包装 pesticide packaging

在流通过程中保护农药产品,方便储运,促进销售,按一定的技术方法而采用的容器、材料及辅助物等的总体名称。

3.3

农药内包装 pesticide internal packaging

直接与农药接触的包装。

3.4

农药外包装 pesticide external packaging

农药内包装以外的包装。

4 包装分类

4.1 农药乳油包装分为两类：一类为大桶包装，应使用钢桶或塑料桶，容量为 250 L（kg）、200 L（kg）、100 L（kg）、50 L（kg）、25 L（kg）、5 L（kg）等；另一类包装为瓶（袋）装，应使用玻璃瓶、塑料瓶［如高密度聚乙烯氟化瓶、PET（聚对苯二甲酸类塑料）瓶］等，每瓶净含量为 1 000 mL（g）、500 mL（g）、250 mL（g）、100 mL（g）等。

4.2 农药乳油包装形式应符合贮存、运输、销售及使用要求。可使用本标准规定之外的等效包装，但应满足本标准有关的试验要求。

5 包装技术要求

5.1 包装材料

5.1.1 玻璃瓶

5.1.1.1 外观：玻体应光洁，厚薄均匀，少气泡。

5.1.1.2 受急冷温差 35 ℃，应无爆裂。

5.1.1.3 化学稳定性：将装有甲基红酸性溶液的玻璃瓶，在 85 ℃水浴中保持 30 min，淡红色应不消失。

5.1.2 塑料瓶（如高密度聚乙烯氟化瓶、PET 瓶等）

5.1.2.1 应不与内装物发生任何物理化学反应。

5.1.2.2 应有足够的机械强度，符合 GB 3796—2018 的 4.2 中Ⅱ类塑料瓶要求。

5.1.2.3 对于氟化瓶，除了满足上述条件外，其氟化性能还应达到：用苏丹红Ⅲ染料涂内壁后，置于（50±2）℃下 15 min，用 X-100 脂肪酸盐溶液或其他可行的洗涤剂清洗后瓶内壁应无红色残留。

5.1.3 铝箔袋

5.1.3.1 外观：不应有穿孔、异物、粘连、复合层间分离及明显损伤、气泡、皱纹、脏污；复合袋的热封部位应平整、无虚封；开口处易于揭开。

5.1.3.2 应不与内装物发生任何物理化学反应。

5.1.3.3 应有足够的机械强度。

5.1.3.4 应有强阻隔性，不透光。

5.1.4 钢桶和塑料桶

钢桶应符合 GB/T 325.1—2018 的规定，并应符合 GB 3796—2018 中对Ⅱ类钢桶的试验指标的要求；塑料桶应符合 GB 3796—2018 中对Ⅱ类塑料桶的试验指标要求。

5.1.5 瓦楞纸箱

应符合 GB/T 6543—2008 的规定。

5.1.6 防震材料

常用的防震材料应为瓦楞纸套、垫、隔板，气泡塑料薄膜和发泡聚苯乙烯成型膜等。

5.2 产品包装要求

5.2.1 内包装

5.2.1.1 内包装应能保证农药在生产、运输、贮藏及使用过程中的质量,并便于使用。

5.2.1.2 内包装应采用玻璃瓶、塑料瓶、铝箔袋等。玻璃瓶、塑料瓶和铝箔袋应具有适宜的封口方式以保证密闭不渗漏。包装好的瓶子,倒置(不少于 24 h),不应有渗漏。包装好的袋装静置或挤压不应有渗漏。

5.2.1.3 内包装单位可以为 50 mL(g)、100 mL(g)、200 mL(g)、250 mL(g)、500 mL(g)、1 000 mL(g)等几种[也可根据用户要求采用不同的包装单位,如中计量的包装:5 kg(L)、10 kg(L)、15 kg(L)、20 kg(L)、25 kg(L)]。

5.2.1.4 作为分装用的农药乳油,可以用大桶(钢桶、塑料桶)包装,每桶净含量为 50 kg(L)、100 kg(L)、200 kg(L)、250 kg(L)。桶盖应有衬垫,拧紧后,倒置,不应有渗漏。

5.2.1.5 装入包装瓶(桶、袋),应留有适当的确保安全的预留量。

5.2.2 外包装

5.2.2.1 外包装应根据农药的特性选用不易破损的包装,以保证药品在运输、贮藏、使用过程中的质量。

5.2.2.2 外包装主要采用瓦楞纸箱和农药用钙塑瓦楞箱,每箱净含量应不超过 20 kg。

5.2.2.3 外包装的组装量是根据包装单位和净含量确定的。推荐组装量如表1所示。

表 1 外包装的组装量

包装单位/g 或 mL	组装量	
	瓶　数	净含量/kg 或 L
1 000	10~20	10~20
500	20~40	10~20
250	20~80	5~20
200	20~80	4~16
100	60~80	6~8
注:包装单位与组装量也可根据用户要求做适当调整。		

5.2.3 装箱和封箱

5.2.3.1 将检验合格的农药乳油装入规定好的包装瓶(袋)中,封口。

5.2.3.2 瓶上应有醒目、牢固的标签,对玻璃瓶,应套瓦楞纸套或气泡塑料套等防震材料。

5.2.3.3 如果是玻璃瓶,在瓦楞纸箱底放入一衬垫后,按5.2.2.3规定的组装量将包装瓶有序地排放于箱内,上面盖一块瓦楞纸箱板或泡沫塑料板等其他防震材料。

5.2.3.4 对于瓦楞纸箱,其箱底和箱盖用胶带封口或用钉封口。可根据需要进行打包,但需要保证在正常贮运条件下不松脱。对于 10 kg 以下的轻包装箱,可不捆扎,但应符合本标准试验要求。

6 包装标识

6.1 包装箱部位识别

根据GB/T 4857.1—1992中2.1,平行六面体包装箱各面规定如图1所示。

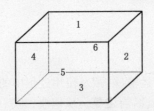

图 1 包装箱各部位识别

6.2 内包装标签

内包装瓶上应有牢固、醒目的标签。标签内容应包括:

a) 农药产品名称和剂型(有效成分含量＋中文通用名称＋剂型);

b) 有效成分及其含量(单一有效成分制剂可忽略);

c) 农药登记证号;

d) 农药生产许可证号;

e) 农药产品标准号;

f) 净含量(以质量计,g;或以体积计,mL);

g) 商标;

h) 生产日期或(和)批号;

i) 生产厂(公司)名称及联系方式;

j) 毒性标识(按产品急性经口毒性实测数据,分为剧毒、高毒、中等毒、低毒和微毒进行标识)和其他危险性标识如"易燃""防潮"等(按 GB 190—2009 和 GB/T 191—2008 的规定标识);

k) 产品使用说明(含产品性能、用途);

l) 注意事项(特别是使用安全注意事项、中毒急救和使用范围);

m) 有效期;

n) 根据条件,可加批准的商品名和产品条码标识;

o) 可回收包装物标识和包装物不应随意丢弃标识;

p) 包装物追溯编码。

6.3 供分装用大桶的标识

供分装用大桶包装的标志应按照6.2执行,但产品使用说明等内容可省略。

6.4 外包装标识

6.4.1 箱的 5 面和 6 面的下部(见图1),左上角标示商标,中上部标产品名称和剂型;产品名称上面自左至右依次标农药登记证号或临时登记证号、生产许可证号和产品标准号。5 面和 6 面的下部标生产厂(公司)名称,名称下面是生产厂(公司)地址、电话、传真和邮政编码、包装物追溯编码等(上述标识内容的具体编排也可作适当调整)。

6.4.2 箱的 2 面和 4 面上部标毒性和其他危险性标识,中下部标包装单位及组装量、净含量、箱体规格[长×宽×高(mm)]以及生产日期或(和)批号和保证期。

颜色条标志按农药生物活性的不同,分为:

除草剂——绿色,杀虫剂——红色,杀菌剂——黑色,杀鼠剂——蓝色,植物生长调节剂——深黄色。

标签及其包装箱正面下方的颜色条标识,应与 GB 3796—2018 的规定一致。

7 试验方法

7.1 堆码试验按照 GB/T 4857.3—2008 进行。

7.2 跌落试验按照 GB/T 4857.5—1992 进行。

7.3 气密试验按照 GB/T 17344—1998 进行。

7.4 液压试验按照 GB/T 325.1—2018 中 7.3 进行。

8 包装验收

8.1 包装质量检查

8.1.1 取样:每批小于 1 万件,按 0.5% 取样(至少取 3 件);每批大于 1 万件,按 0.3% 取样。

8.1.2 外观检查:包装件应完整无损,不松带掉带,标志清晰,内容齐全,部位正确。

8.1.3 开箱检查:包装瓶应标签牢固,内容清晰、齐全,不应贴错、贴歪和遗漏。包装数量正确,应具有合格证和使用说明书,合格证批号和瓶体批号应一致。

8.1.4 渗漏检验:将包装箱倒置 3 min,开箱检查,瓶口应无渗漏。

8.1.5 净含量检验:扣除空瓶质量,按国家有关定量包装商品的计量规定验收。

8.1.6 包装件堆码试验:应符合 GB 12463—2009 中表 1 的要求。

8.1.7 包装件跌落试验:应符合 GB 12463—2009 中表 2 的要求。

8.1.8 包装件气密试验:应符合 GB 12463—2009 中表 3 的要求。

8.1.9 包装件液压试验:应符合 GB 12463—2009 中表 4 的要求。

8.2 包装质量验收

当用户与生产厂对包装质量有争议时,用户有权按本标准的规定对其进行复验。如复验结果不符合本标准规定时,用户有权拒收。

9 农药包装废弃物回收

农药包装废弃物回收应按国家有关农药包装废弃物回收的规定执行。

中华人民共和国国家标准

橡胶密封制品标志、包装、运输、贮存的一般规定

GB/T 5721—93

General rules of identification, packaging,
transportation and storage for rubber sealing products

代替 GB 5721—85
GB 5722—85

1 主题内容与适用范围

本标准规定了橡胶密封制品(以下简称制品)标志、包装、运输、贮存的一般要求。

本标准适用于橡胶密封制品,如O形圈、V形圈、旋转轴唇形密封圈等。胶料及其他橡胶制品可参照使用。

2 标志

2.1 标志内容与要求

2.1.1 标志内容如下:
 a. 制品名称、规格或代号;
 b. 制品标准代号;
 c. 胶料标准代号与胶料代号;
 d. 硫化日期;
 e. 产品数量;
 f. 生产厂检验批号和合格印记;
 g. 生产厂名或其代号及商标。

2.1.2 标志应清晰、醒目、牢固,大小适宜。

2.2 制品的标志

2.2.1 制品的标志应符合2.1条或有关标准的规定。出口产品和专用产品,可由供需双方另行制订细则。

2.2.2 凡宜于在制品上作识别标志时,采用字母和数字,在制品非工作面上进行标志。标志内容一般由产品代号、规格等组成。

2.2.3 不宜在制品上作标志时,应在包装袋(盒、箱)外表进行标志或在包装袋(盒、箱)内附具有2.1条标志内容的卡片。

2.3 包装的标志

2.3.1 每个内包装(包括小包装和中间包装)容器和装箱容器的外表都应有标志。标志内容应符合2.1条规定。

2.3.2 如果使用透明或半透明的材料包装,不在袋(盒、箱)外表标志时,可代之以在袋(盒、箱)中放入具有2.1条标志内容的卡片。

3 包装

3.1 包装准备

3.1.1 原则上，装在一个包装容器中的应当是同批次、同规格的同种制品。

3.1.2 检验合格的制品应当是清洁的，不应受到污物、灰尘、油类或润滑脂的污染。不应在制品上涂防腐剂。应防止金属屑等尖锐物损伤制品。不应在制品的任何部位进行捆扎或栓标签。

3.2 包装及装箱的分级与要求

3.2.1 小包装

3.2.1.1 A级

a. 每个包装袋（盒、箱）只装一个制品。

b. 包装袋（盒、箱）的优先内部尺寸如下：

55 mm×55 mm；100 mm×100 mm；150 mm×150 mm；205 mm×205 mm；330 mm×330 mm；400 mm×400 mm；550 mm×550 mm。

c. 如图1所示，尺寸为255 mm以下的相同包装袋可以头尾相连形成带型包装，也可以在包装袋密封区中间打上孔眼，形成片型包装。

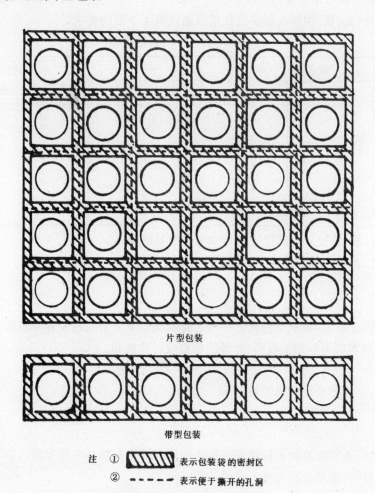

片型包装

带型包装

注 ① ▨▨▨ 表示包装袋的密封区
　　② - - - - - 表示便于撕开的孔洞

图 1 带型包装和片型包装的例图

d. 应当优先使用加热后便可使包装袋袋口密封的不透明材料，例如涂覆聚乙烯的牛皮纸，铝箔/纸/聚乙烯复合材料或不透明的聚乙烯、聚丙烯薄膜。但不得使用聚氯乙烯薄膜及含有增塑剂的塑料薄膜。单独使用的聚乙烯、聚丙烯薄膜，其基本厚度应大于 50 μm。

    e. 包装袋应牢固封口。

    f. 若所需包装的制品为O形圈,其外径为330 mm和330 mm以下时,不应盘卷,直接装入包装袋(盒、箱)中。其外径为330 mm以上时,可按图2所示方法盘卷,以减少外尺寸,便于包装在尺寸较小的包装袋(盒、箱)中。盘卷时应小心操作,避免制品本身打结和产生折痕。盘卷后制品的横截面不应产生扭转。如果由于制品几何形状(截面直径和内径)的原因,使盘卷的圈在装入袋(盒、箱)后容易散开,应往袋(盒、箱)中填充足够的填料或用预成型硬纸板等固定,不使制品散开,然后用压敏胶带把硬纸板等的四角粘牢固定。但压敏胶带不应接触制品,并且,硬纸板受压时,不应使制品受压变形。

图2 盘卷O形圈的参考方法

3.2.1.2 B级

    a. 制品应预先用聚乙烯或聚丙烯薄膜适当包裹或隔离,然后再装入包装袋(盒、箱)中。

    b. 每个包装袋(盒、箱)中装入制品的数量限制应符合下表的要求。

表 B级小包装的数量限制

制品外尺寸,mm		每个包装袋中制品的数量
大于	至	(最多),件
8	13	200
13	50	80
50	100	40
100	300	10
300		5

    c. 包装袋(盒、箱)的优先内部尺寸按3.2.1.1中b的规定。

    d. 包装袋(盒、箱)应牢固封口,包装材料应按3.2.1.1中d的规定。

3.2.2 中间包装

3.2.2.1 A级

    如有规定或按供方要求,若干小包装在装箱之前需进一步用中间包装容器包装在一起。其质量不应超过5 kg。中间包装容器可以用纸板箱、瓦楞纸板箱或纤维板箱。

3.2.2.2 B级

    若无另外规定,不需要进行中间包装。

3.2.3 装箱

3.2.3.1 A级

    应采用木箱、木板条加固的胶合板箱或木板条加固的纤维板箱作装箱容器。装箱容器应配备箱衬,并牢固捆扎和严密封闭,装箱后的毛重不应超过90 kg。

3.2.3.2 B级

    a. 除非另有规定,制品应当用符合合同规定的装箱容器装运。其装箱应符合运输方面的规定以及与运输方式相应的条例。应能保证制品被安全运到交货地点。

    b. 当发往同一地点的制品数量较少时,允许将不同规格的制品装在同一装箱容器中,但必须用小包装或中间包装把同批次、同规格的同种制品包装在一起,然后再装入装箱容器中,并加以封闭。

c. 当必须将制品与其装配设备成套装箱时,制品应保留在原有标志的包装袋(盒、箱)中。

3.3 对于胶料,应参照本章有关要求,采取塑料袋密封包装后,按 A 级要求装箱。每箱净重不超过 50 kg。

4 运输

4.1 在运输过程中,应防止制品被日光直晒和雨雪浸淋,严禁与油类、润滑脂、酸、碱等有损制品质量的物质接触。

4.2 装卸及中转储运过程中应妥善操作,若需堆码装箱容器时,应避免由于堆码过高过重而损坏码垛下部的装箱容器及其中的制品。

5 贮存

通常应将制品按规定包装之后再于贮存室贮存。

5.1 贮存条件

5.1.1 温度

贮存温度应在30℃以下,最好在15℃以下,制品至少应距离热源1 m以上。低温贮存的制品在该温度下装卸时应小心操作,避免将它们扭曲。在投入使用前,应于室温充分停放,使它们的温度升高到接近环境温度。

5.1.2 湿度

不应将制品贮存在潮湿的贮存室内。贮存时不应有湿气凝结。贮存室相对湿度不应大于80%。

5.1.3 光

制品应当避光,特别应避免太阳光的直射和使用具有高紫外线的光源。室内照明最好用普通的白炽灯。

5.1.4 臭氧

贮存室内应不使用任何能产生臭氧的装置,如荧光灯、水银蒸气灯、高压电器、电动机或其他可以产生电火花或无声放电的装置。应隔绝可能通过光化学作用产生臭氧的可燃气体或有机物蒸气。

5.1.5 形变

存放的制品不应被拉伸、压缩或使之产生其他形式的形变。决不允许用细绳、铁丝等将制品穿栓悬挂。

5.1.6 接触污染

5.1.6.1 液体、半固体材料

制品在贮存期间,不允许同酸、碱、溶剂及油脂等液体、半固体材料接触。

5.1.6.2 金属

制品在贮存时不应与某些金属,特别是铜和锰接触。

5.1.6.3 隔离粉

任何一种隔离粉都不应含有对硫化橡胶有害的组分。通常允许使用的隔离粉是滑石粉,细粒子云母粉。

5.1.6.4 粘合剂

所使用的任何一种胶粘剂、表面处理剂,都不应对硫化橡胶产生有害影响。

5.1.6.5 容器、包装和覆盖材料

任何一种容器、包装和覆盖材料,都不应含有对硫化橡胶有害的物质,如环烷酸铜、杂酚油等。

5.1.6.6 不同橡胶

应避免不同种类或不同配方的橡胶制品相互接触。

5.1.6.7 生物危害

应注意防止某些动物,特别是啮齿动物对制品的伤害和污染。应防止某些虫类或霉菌在制品上生长。

5.2 清洗

制品需清洗时,可以用水和中性洗涤剂进行洗涤。然后在室温下凉干。但禁止使用研磨剂及三氯乙烯、四氯化碳、烃类等溶剂清洗制品。

5.3 存货的循环

制品在仓库的停留时间应尽可能短。制品应以循序的方式进出仓库,以便使仓库中留下的总是最近制造或交付的产品。

附加说明：

本标准由中华人民共和国化学工业部提出。

本标准由化学工业部西北橡胶工业制品研究所归口。

本标准由化学工业部西北橡胶工业制品研究所负责起草。

本标准主要起草人郝富森、黄祖长、苏贵荣。

ICS 65.080
G 20

中华人民共和国国家标准

GB 8569—2009
代替 GB 8569—1997

固体化学肥料包装

Packing of solid chemical fertilizers

自 2017 年 3 月 23 日起,本标准转为推荐性
标准,编号改为 **GB/T 8569—2009**。

2009-11-30 发布
2010-06-01 实施

中华人民共和国国家质量监督检验检疫总局
中国国家标准化管理委员会 发布

GB 8569—2009

前　言

本标准 4.2.2、4.4 为强制性条款,其余为推荐性条款。

本标准代替 GB 8569—1997《固体化学肥料包装》。

本标准与 GB 8569—1997 相比主要差异如下:

——将属于危险货物的与不属于危险货物的固体化学肥料、包装材料分开要求;

——用塑料编织袋或复合塑料编织袋包装时,内装物为 50 kg 的袋型要求改为"B 型袋或 C 型袋";

——包装件的上缝口针数和上缝口强度的技术指标要求作了调整;

——增加了包装件的上缝口针数检测方法;

——包装件跌落试验要求作了修改;

——推荐了两类可降解塑料作为化肥包装内袋的材料;

——固体化学肥料包装件抽样表进行了修改。

本标准的附录 A 为规范性附录。

本标准由中国石油和化学工业协会提出。

本标准由全国肥料和土壤调理剂标准化技术委员会(SAC/TC 105)归口。

本标准起草单位:国家化肥质量监督检验中心(上海)、山东雷华塑料工程有限公司、史丹利化肥股份有限公司、湖北新洋丰肥业有限公司。

本标准主要起草人:商照聪、王寅、高华、高进华、朱佳明、陈平、黄勇、李国祥、武娟。

本标准所代替标准的历次版本发布情况为:

——GB 8569—1997。

> 根据中华人民共和国国家标准公告(2017 年第 7号)和强制性标准整合精简结论,本标准自 2017年 3 月 23 日起,转为推荐性标准,不再强制执行。

固体化学肥料包装

1 范围

本标准规定了固体化学肥料的包装材料及包装件的要求、试验方法、检验规则、标识、运输和贮存。
本标准适用于氮肥、磷肥、钾肥、复混肥料(复合肥料)及其他种类的固体化学肥料的包装。

2 规范性引用文件

下列文件中的条款通过本标准的引用而成为本标准的条款。凡是注日期的引用文件,其随后所有的修改单(不包括勘误的内容)或修订版均不适用于本标准,然而,鼓励根据本标准达成协议的各方研究是否可使用这些文件的最新版本。凡是不注日期的引用文件,其最新版本适用于本标准。

GB/T 1040　塑料　拉伸性能的测定

GB/T 4456　包装用聚乙烯吹塑薄膜

GB/T 4857.1　包装　运输包装件　试验时各部位的标示方法

GB/T 8946　塑料编织袋

GB/T 8947　复合塑料编织袋

GB 12268　危险货物品名表

GB 18382　肥料标识　内容和要求(neq ISO 7409:1984)

GB/T 20197　降解塑料的定义、分类、标识和降解性能要求

QB 1257　软聚氯乙烯吹塑薄膜

WJ 9050　农用硝酸铵抗爆性能试验方法及判定

3 术语和定义

下列术语和定义适用于本标准。

3.1

危险货物　dangerous goods

本标准中危险货物是指 GB 12268 中列名的产品。

4 要求

4.1 规格

固体化学肥料包装规格按内装物料净含量一般分为 50 kg、40 kg、25 kg 和 10 kg 四种。其他规格可以由供需双方协商确定。

4.2 包装材料的技术要求

4.2.1 不属危险货物的固体化学肥料包装材料的技术要求

按表 1 的规定选用包装材料。

用于包装固体化学肥料的塑料编织袋应符合 GB/T 8946 标准的规定;复合塑料编织袋应符合 GB/T 8947 标准的规定。多层袋中内袋采用聚乙烯薄膜时,应符合 GB/T 4456 标准规定;采用聚氯乙烯薄膜时厚度应大于(或等于)0.06 mm,并符合 QB 1257 标准规定。

可以使用生物分解塑料或可堆肥塑料制作肥料包装的内袋材料,其技术指标应符合 GB/T 20197 中的要求。

表 1　固体化学肥料包装材料选用

化肥产品名称	多层袋		复合袋	
	外袋:塑料编织袋 内袋:聚乙烯薄膜袋	外袋:塑料编织袋 内袋:聚氯乙烯薄膜袋	二合一袋(塑料编织 布/膜)	三合一袋(塑料编织 布/膜/牛皮纸)
尿素	√	—	√	—
硫酸铵	√	—	√	—
碳酸氢铵	√	√	—	—
氯化铵	√	—	√	—
重过磷酸钙	√	—	√	—
过磷酸钙	√	—	√	—
钙镁磷肥	√	—	—	√
磷酸铵	√	—	√	—
硝酸磷肥	√	—	√	—
复混肥料	√	—	√	—
氯化钾	√	—	√	—
注:表中带"√"者,为可以使用的包装材料;表中带"—"者,为不推荐使用的包装材料。				

4.2.2　属于危险货物的固体化学肥料包装材料的技术要求

4.2.2.1　氰氨化钙包装材料的技术要求

氰氨化钙包装为以下三种:

——全开口或中开口钢桶(钢板厚 1.0 mm),内包装为袋厚 0.1 mm 以上的塑料袋;

——外包装为塑料编织袋或乳胶布袋,内包装为两层塑料袋(每层袋厚 0.1 mm);

——外包装为复合塑料编织袋,内包装袋为 0.1 mm 以上的塑料袋。

4.2.2.2　含硝酸铵的固体化学肥料包装材料的技术要求

对于含有硝酸铵的固体化学肥料,根据 WJ 9050 检测判定为具备抗爆性能的,其包装材料应选用以下三种之一:

——外袋:塑料编织袋,内袋:聚乙烯薄膜袋;

——二合一袋(塑料编织布/膜);

——三合一袋(塑料编织布/膜/牛皮纸)。

4.3　灌装温度及袋型选择

4.3.1　采用塑料编织袋与高密度聚乙烯(包括改性聚乙烯)薄膜袋组成的多层袋灌装时,物料温度应小于 95 ℃。

4.3.2　采用塑料编织袋与低密度聚乙烯薄膜袋组成的多层袋灌装时,物料温度应小于 80 ℃。

4.3.3　采用复合塑料编织袋灌装时,物料温度应小于 80 ℃。

4.3.4　采用塑料编织袋或复合塑料编织袋包装,内装物料质量 10 kg 时,选用 TA 型袋;内装物料质量 25 kg 时,选用 A 型袋;内装物料质量 40 kg 时,选用 B 型袋;内装物料质量 50 kg 时,选用 B 型袋或 C 型袋(其中 TA、A、B、C 型袋按 GB/T 8946 或 GB/T 8947 规定)。

4.4　包装件的技术要求

4.4.1　包装件应符合表 2 的规定。

4.4.2　上缝口应折边(卷边)缝合。当多层袋内衬聚乙烯薄膜袋采用热合封口或扎口时,外袋可不折边(卷边)。

4.4.3 缝线应采用耐酸、耐碱合成纤维线或相当质量的其他线。

4.4.4 按5.6规定的方法进行试验后化肥包装件应不破裂,撞击时若有少量物质从封口中漏出,只要不出现进一步渗漏,该包装也应视为试验合格。

表 2　固体化学肥料包装件的要求

项 目 名 称			技 术 要 求
上缝口针数/(针/10 cm)			9～12
上缝口强度/ (N/50 mm)	内装物料质量 10 kg	≥	250
	内装物料质量 25 kg	≥	300
	内装物料质量 40 kg	≥	350
	内装物料质量 50 kg	≥	400
薄膜内袋封口热合力/(N/50 mm)		≥	10
折边宽度/mm		≥	10
缝线至缝边距离/mm		≥	8

5 试验方法

5.1 上缝口针数

用精确至1 mm的直尺,由一个针眼开始取缝合线100 mm长度内,所包含的针数的整数值作为测量结果。以包装件上缝口中间和距包装件侧边100 mm为测量中心点,共测量三处,三处的测量结果均需符合表2规定的上缝口针数要求。

5.2 上缝口强度

按 GB/T 1040 的规定进行测试。

5.3 薄膜袋封口热合力

按 GB/T 1040 的规定进行测试。

5.4 折边宽度

用精确至1 mm的直尺,在包装件上缝口中间和距包装件侧边100 mm处共量三处,直尺与袋侧边平行,测量包装件上端边至折边的距离。三处的测量结果均需符合表2规定的折边宽度要求。

5.5 缝线至缝边距离

用精确至1 mm的直尺,在包装件上缝口中间和距包装件侧边100 mm处共量三处,直尺与袋侧边平行,测量缝线至缝边距离。三处的测量结果均需符合表2规定的缝线至缝边距离要求。

5.6 跌落试验

5.6.1 试验用化肥包装件各部位的标示按 GB/T 4857.1 规定。

5.6.2 采用试验架或人工方法做跌落试验时,应做到化肥包装件垂直自由落体运动,跌落面能水平地接触地面。

5.6.3 化肥包装件的跌落高度1.2 m。

5.6.4 试验条件为常温、常压。跌落靶面应是坚硬、无弹性、平坦和水平的表面。

5.6.5 试验步骤(使用同一件):

第一次:跌落面1或面3;

第二次:跌落面2或面4;

第三次:跌落面5或面6。

27

6 检验规则

6.1 每批化肥包装件的技术要求测试,除上缝口强度及跌落试验项目外,其他项目的测试应按附录 A 规定中"特殊检验"进行。当检验按"合格质量水平"判断为不合格时,应按"加严一次抽验"进行。当加严抽验仍不合格时,则该批化肥包装件为不合格包装。

6.2 上缝口强度的测试,每月至少进行一次。由 6.1 检验判断为合格的批中抽取样品,抽样及合格判断同 6.1。

6.3 应对化肥包装件每月至少进行一次跌落试验。由 6.2 检验判断为合格的批中按随机抽样原则抽取三个包装件。有一个包装件经检验判断为不合格时,即判该批化肥包装件为不合格包装。

7 标识

化肥包装件应根据内装物料的性质,按 GB 18382 规定进行标识。

8 运输和贮存

8.1 化肥包装材料的运输工具应干净、平整、无突出的尖锐物,以免刺穿刮破包装件。

8.2 化肥包装件应贮存于场地平整、阴凉、通风干燥的仓库内。不允许露天贮存,防止日晒雨淋。有特殊要求的产品贮存,应符合相应的产品标准规定。堆置高度应小于 7 m。

附 录 A

（规范性附录）

固体化学肥料包装件抽样表

固体化学肥料包装件抽样数与合格质量水平的判断，按表 A.1 规定进行。

表 A.1 化肥包装件抽样数与合格质量水平的判断

批量范围	特殊检验				加严一次抽验			
	检查水平 S-2 字母	样本大小	合格质量水平 AQL＝6.5		检查水平 S-3 字母	样本大小	合格质量水平 AQL＝6.5	
			合格	不合格			合格	不合格
≤15	A	2	0	1	A	2	0	1
16～25	A	2	0	1	B	3	0	1
26～50	B	3	0	1	B	3	0	1
51～90	B	3	0	1	C	5	1	2
91～150	B	3	0	1	C	5	1	2
151～500	C	5	1	2	D	8	1	2
501～1 200	C	5	1	2	E	13	1	2
1 201～3 200	D	8	1	2	E	13	1	2
3 201～10 000	D	8	1	2	F	20	2	3
10 001～35 000	D	8	1	2	F	20	2	3
35 001～500 000	E	13	2	3	G	32	3	4
＞500 001	E	13	2	3	H	50	5	6

前　言

本标准是对 GB/T 9577—1988《橡胶、塑料软管和软管组合件　标志、包装和运输规则》修订而成。

本标准与 GB/T 9577—1988 的主要不同之处在于：

——在包装项中，增加了对法兰式和外螺纹式管接头保护的规定。

——在搬运项中，增加了堆放时支架或托架的使用规定。

——在搬运项中，增加了暂时停放时的规定。

——在环境项中，增加了对温度、湿度、光、臭氧和能产生有害影响的物质的规定。

本标准自实施之日起，代替 GB/T 9577—1988。

本标准由国家石油和化学工业局提出。

本标准由全国橡胶与橡胶制品标准化技术委员会软管分技术委员会归口。

本标准起草单位：中橡集团沈阳橡胶研究设计院。

本标准主要起草人：刘惠春、李春明。

本标准于 1988 年 6 月 29 日首次发布。

中华人民共和国国家标准

橡胶和塑料软管及软管组合件
标志、包装和运输规则

GB/T 9577—2001

代替 GB/T 9577—1988

Rubber and plastics hoses and hose assemblies—
Rules for marking, package and transportation

1 范围

本标准规定了橡胶和塑料软管及软管组合件的标志、包装和运输规则。

本标准适用于各种类型橡胶和塑料软管及软管组合件。

2 引用标准

下列标准所包含的条文,通过在本标准中引用而构成为本标准的条文。本标准出版时,所示版本均为有效。所有标准都会被修订,使用本标准的各方应探讨使用下列标准最新版本的可能性。

GB/T 9576—2001 橡胶和塑料软管及软管组合件 选择、贮存、使用和维护指南(idt ISO 8331:1991)

3 标志

软管上应有永久性的明显标志,根据不同类型的软管选择以下内容:

a) 中文标明的生产厂厂名或商标、产品名称;

b) 标准代号、规格、型号和等级;

c) 生产日期(年、月)。

对于输送特种介质(油类、酸碱液、高压蒸汽等)的软管,其标志不应因接触这些介质而脱落。

4 包装

4.1 一般要求

包装材料和包装方法根据具体软管产品标准规定。

软管及软管组合件两端必须封口,以免杂质进入软管。法兰式管接头应使用比法兰直径大的圆盘保护,外螺纹式管接头应使用螺纹保护装置或其他适当的方法进行保护。

4.2 平直包装

内径 76 mm 以上或长度较短的软管和软管组合件可采用平直包装。

在包装件上要备有抓持条带。其数目和位置的确定以保证在搬运时能使软管组合件保持足够平直为原则。

4.3 盘卷包装

内径在 76 mm 以下或长度较长的软管和软管组合件可采用盘卷包装。盘卷内径不应小于软管内径的 15 倍或软管最小弯曲半径的 2 倍。

一个包装中捆装一根以上的软管组合件,应在盘卷之间对管接头做好适当的间隔保护。

5 运输

5.1 堆放

5.1.1 运输时的堆放规则应按 GB/T 9576 中的贮存规则执行。

5.1.2 软管应伸直平放或盘卷平放。堆放高度不应超过 1.5 m。不允许将软管卷盘悬挂在一个固定物上。

5.1.3 软管伸直平放时,应考虑使用支架或托架。

5.2 搬运

5.2.1 搬运时要将包装上的抓持条带同时提起,保持软管基本平直。在使用机械、吊环或钢丝绳束搬运软管时,要防止对软管造成损伤。

5.2.2 在搬运时,不要在粗糙地面任意拖、拉软管。口径大或管体重的软管应以轮车或悬臂起重机械搬运或移动。

5.2.3 带有法兰式管接头的软管,应将软管组合件整体固定好,以免滚动时由于管头和管体的不同步而产生管体扭曲或扭结的现象。

5.2.4 软管在装卸过程中,要做到轻装轻卸,对带有金属螺旋线的软管(如吸引软管、铠装耐压软管等),尤其要注意避免螺旋线的受损或变形。

5.2.5 软管需分类应按卷(条)整齐装运,要避免管体过度弯曲和打折。

5.2.6 软管若因故需在露天(或车站码头)暂时停放时,场地必须平整,软管要整齐平放,并做到下垫上盖,不堆压重物。

5.3 环境

软管在搬运和运输过程中,应注意以下事项:

a) 需按类搬运和停放。

b) 应避免雨雪浸淋,避免与过热的物质相接触,距离热源不应少于 1 m。

c) 应避光,特别是直射的日光和强烈的灯光。

d) 保持空气流通,附近不应有能产生臭氧、电火花或无声放电的设备。

e) 不应与油、脂、溶剂、酸碱等腐蚀性物质或任何其他可能对软管和软管组合件有不利影响的物质接触。

f) 软管的堆放应符合 GB/T 9576 的要求。

前　言

　　本标准是对前版 GB/T 9750—1988《涂料产品包装标志》(第一版)的修订,在技术内容上有所增加,并作了局部变动,且按 GB/T 1.1—1993 进行了全面编辑性修改。

　　本版与前版重要技术内容的不同之处为:

　　——本版增加了对涂料产品外包装箱的标志要求的规定;

　　——本版增加了标志方法、标志部位和标志字符的要求;

　　——本版的标志内容中增加了对合格证、执行标准号、有效贮存期(保质期)要求的规定。

　　本标准自实施之日起,代替 GB/T 9750—1988。

　　本标准由原中华人民共和国化学工业部提出。

　　本标准由全国涂料和颜料标准化技术委员会归口。

　　本标准负责起草单位:原化工部常州涂料化工研究院、天津灯塔涂料股份有限公司。

　　本标准参加起草工作组单位:大连化学工业公司油漆厂、石家庄金鱼涂料集团公司、河北晨光油漆厂、郑州市油漆厂、武汉双虎涂料股份有限公司、青岛海建制漆总公司、杭州油漆厂、无锡市造漆厂、重庆三峡油漆股份有限公司、西安油漆厂、广州广漆化工有限公司、上海造漆厂、广东顺德华润涂料有限公司、浙江环球制漆有限公司、无锡霸润涂料化工有限公司、广东顺德金冠涂料厂、常州市造漆厂。

　　本标准主要起草人:吴良骏、陆秀敏。

　　本标准首次(前版)发布日期为 1988 年 8 月 1 日。

中华人民共和国国家标准

涂 料 产 品 包 装 标 志

GB/T 9750—1998

Marks for package of coating products

代替 GB/T 9750—1988

1 范围

本标准规定了涂料产品包装标志的主要内容及基本要求。涂料产品包装标志是用来表示被包装产品的型号、名称、净含量、质量等级等内容，是由文字、字母、图形和阿拉伯数字构成。

本标准适用于直接盛装涂料或稀释剂等辅助产品的内包装容器及其外包装箱的标志。

2 引用标准

下列标准所包含的条文，通过在本标准中引用而构成为本标准的条文。本标准出版时，所示版本均为有效。所有标准都会被修订，使用本标准的各方应探讨使用下列标准最新版本的可能性。

GB 190—1990 危险货物包装标志

GB 191—1990 包装储运图示标志

GB/T 2705—1992 涂料产品分类、命名和型号

GB/T 4122.1—1996 包装术语 基础

GB 5296.1—1997 消费品使用说明 总则

GB/T 6388—1986 运输包装收发货标志

GB 6944—1986 危险货物分类和品名编号

GB 9969.1—1998 工业产品使用说明书 总则

GB/T 13491—1992 涂料产品包装通则

3 定义

本标准参照 GB 4122.1，采用下列定义：

3.1 内包装 inner package, interior package

产品的内层包装（例如金属或塑料桶、罐等），在流通过程中主要起保护产品、方便使用、促进销售的作用。

3.2 外包装 outer package, exterior package

产品的外部包装（例如木箱、纸板箱、钙塑箱等），在流通过程中起保护产品、方便运输的作用。

3.3 净含量 net content

去除包装容器和其他包装材料后内装物的实际质量或体积。

3.4 运输包装 transport package

以运输储存为主要目的的包装。它具有保障产品的安全，方便储运装卸，加速交接、点验等作用。

3.5 包装储运指示标志 indicative mark

在储存、运输过程中，为使存放、搬运适当，按规定的标准以简单醒目的图案和文字表明在包装一定位置上的标志。

3.6 收发货标志 shipping mark

通常由简单的几何图形、字母、数字及文字组成,表明在运输包装的一定位置上,主要供收发货人识别产品的标志。内销产品的收发货标志包括:品名、货号、规格、颜色、毛质量(毛重)、净质量(净重)、体积、生产厂、收货单位、发货单位等。出口产品的收发货标志包括:目的地名称或代号、收货人或发货人的代用简字或代号、件号、体积、质量(重量)以及原产国等。

3.7 危险品包装标志 hazardous substances mark

按规定的标准在危险货物运输包装上以不同的种类、名称、尺寸、颜色及图案表明不同类别(项)和性质的危险品的标志。

4 标志

4.1 标志方法

涂料产品的内包装容器和外包装箱上的标志应清晰醒目,可采用下列方法进行:

a) 直接印刷,如印铁、丝网印刷等;

b) 涂打,如生产日期、批次、检验员代号等的涂打;

c) 粘贴标签,如纸印标签、合格证等的粘贴。

4.2 标志部位

涂料产品内包装容器和外包装箱的标志部位应符合下列规定:

a) 圆柱形容器,如钢桶、钢制提桶(见 GB/T 13491)、塑料桶等,标在圆柱形面上。200 L 钢桶,除圆柱形面外,同时还要标在桶顶面中心部位;

b) 方形容器或外包装,如方桶、箱(包括木、纸板、钙塑箱等),标在正面、侧面。

注:4 L 以下容器允许标在容器的其他部位。

4.3 标志字符

4.3.1 标志字符的字体

标志字符的字体不作规定,允许使用仿宋体、美术体等字体。

4.3.2 标志字符的大小

a) 标志净含量用字符的最小高度应符合表 1 规定:

表 1 净含量字符的最小高度要求

净含量 Q	字符的最小高度,mm
5 g<Q≤50 g 5 mL<Q≤50 mL	2
50 g<Q≤200 g 50 mL<Q≤200 mL	3
200 g<Q≤1 kg 200 mL<Q≤1 L	4
Q>1 kg Q>1 L	6

b) 标志产品型号和名称用字符的最小高度必须大于或等于表 1 规定的同类净含量字符的最小高度;

c) 标志其他内容用字符大小,不作规定。

4.4 标志内容

4.4.1 内包装容器

涂料产品的内包装容器上至少应标有下列内容：

a) 注册商标；

b) 产品型号和中文名称（推荐采用 GB/T 2705 规定的型号和名称）。传统产品名称和型号可加括号标出。无型号的产品可以只标产品名称；

注1：色漆还必须用文字标明其颜色名称。分装产品还必须标明该涂料的组分类别（如甲组分、乙组分或组分一、组分二等）。

c) 产品标准号，如标准规定划分类型或质量等级，还应标明该产品的类型或质量等级；

d) 净含量，以质量 g（克）、kg（千克）表示，或以体积 L（升）、mL（毫升）表示。计量单位应符合表2所示的净含量量限规定：

表 2 净含量计量单位的要求

计量方式	净含量(Q)量限	计量单位
质量	$Q<1\,000$ g	g（克）
	$Q\geqslant1\,000$ g	kg（千克）
体积	$Q<1\,000$ mL	mL（毫升）
	$Q\geqslant1\,000$ mL	L（升）

注2：例如净含量为 800 g 的包装产品，由于其质量小于 1 000 g 量限，所以计量单位为 g（克），即应表示为 800 g 或 800 克，不应表示为 0.8 kg 或 0.8 千克。

e) 生产厂名和厂址；

f) 生产日期和批次；

g) 有效贮存期（保质期），用年或月表示，并可标上"超过此期限，如经检验合格，仍可使用。"的说明；

h) 产品合格证，合格证是表示产品经检验质量合格的标志，它至少应包括有醒目的"合格"或"合格证"字样，检验人员代号或检验专用章；

i) 包装容器上，一般应标有简要使用说明和注意事项，或附使用说明书（参见 GB 5296.1 和 GB 9969.1）；

j) 涂料产品中，凡属国家规定的易燃物品（见 GB 6944），必须标以 GB 190 规定的（易燃液体）警示标志，或中文警示说明；

k) 凡经一定机构认可的产品，准许使用相应的认证标志、名优标志（国、部、省、市优质品）、通用商品代码（条形码）或防伪标记。已取得生产许可证的产品，允许标以该产品生产许可证标志和编号。

4.4.2 外包装箱

涂料产品的外包装箱上，除了标明4.4.1中 a)～c)、e)～h)和 j)项规定内容外，还应标有下列内容：

a) 外包装箱内含内包装的总件数；

b) 内包装单件净含量；

c) 外包装件总质量（毛重），kg（千克）和外形尺寸，m（米）或 mm（毫米）；

d) 储运警示标志，按 GB 191 规定，标以"向上"、"怕湿"、"禁用手钩"等标志；

e) 收发货标志，按 GB/T 6388 和运输部门有关规定，标以商品类别（化工）、运输号码、发货人、收货人、发站、到站、件数等内容，或粘贴（拴挂）运输部门适用标签。

注：d)和 e)项内容也适用于兼作运输包装的容器。

中华人民共和国国家标准

涂料产品包装通则

GB/T 13491-92

General rule for packing of coatings

1 主题内容与适用范围

本标准规定了涂料产品包装的基本要求,包括包装分级、包装技术要求、储运及装卸要求等。
本标准适用于涂料产品的包装。

2 引用标准

GB 190 危险货物包装标志
GB 191 包装储运图示标志
GB 4122 包装通用术语
GB 4857.3 运输包装件基本试验 堆码试验方法
GB 4857.5 运输包装件基本试验 垂直冲击跌落试验方法
GB 6544 瓦楞纸板
GB 9750 涂料产品包装标志
GB 13252 包装容器 钢提桶

3 术语

包装用术语应符合 GB 4122 的规定。

4 包装分级

4.1 涂料产品的包装分为两级,一级属于危险品的涂料产品包装,二级属于非危险品的涂料产品包装。

4.2 试验项目和定量值

试验项目		一级	二级
堆码,m/24h	不低于	3.5	3.5
跌落,m	不低于	0.8	0.3
气密,kPa	不低于	20	20
液压,kPa	不低于	100	—

4.3 不同等级产品对包装容器和包装材料的要求。

4.3.1 危险品的涂料产品包装应使用钢桶、罐(或加外包装)。

4.3.2 非危险品的涂料产品包装可使用钢桶、罐、塑料桶、塑料袋(或加外包装)。

4.3.3 允许使用与本标准规定之外的等效包装,但必须满足与本标准有关的试验要求。

国家技术监督局1992-06-09批准   1993-06-01实施

5 包装技术要求

5.1 产品包装准备

5.1.1 包装环境

a. 包装场所的地面应平整、无油迹、保持清洁、通风良好。

b. 应有相应的人身安全防护措施,如:口罩、防护眼镜、灭火设备等。

5.1.2 产品

涂料产品在装入容器前应经检验,并应符合产品标准的有关规定。

5.1.3 包装材料

5.1.3.1 钢板应符合有关国家标准规定。

5.1.3.2 瓦楞纸板应符合 GB 6544 的规定。

5.1.3.3 包装材料不应与盛装产品发生任何影响产品质量的物理和化学作用。

5.1.4 包装容器

5.1.4.1 包装容器类型及容量规格(见附录 A)。

5.1.4.2 钢桶表面不应有明显的锈蚀,凹陷面积之和不应大于总面积的 2%。

5.1.4.3 4～24 L 容量的容器应装配有提梁或提环,其强度应是盛装重量的三倍。

5.2 产品包装标志

5.2.1 产品销售包装应符合 GB 9750 的规定。

5.2.2 产品运输包装应符合 GB 191 标志 3(向上标志)。

5.2.3 危险品涂料产品运输包装应符合 GB 190 标志 7(易燃液体标志)。

6 包装件运输

6.1 包装件运输应符合运输标准的有关规定。

6.2 包装件应有遮蓬盖住,避免阳光直射和雨水淋洒,且通风良好。

6.3 包装件运输中的堆码高度应不高于 3.5 m。

6.4 包装件装卸时不能摔、滚、倒置等。

7 包装件贮存

7.1 包装件应贮存在通风良好的仓库内或有遮篷的露天场地,并备有相应的灭火器材。

7.2 包装件可以单放或以合适的方式堆码贮存。

8 试验方法

8.1 堆码试验应符合 GB 4857.3 的有关规定。

8.2 跌落试验应符合 GB 4857.5 的有关规定。

8.3 气密和液压试验应符合 GB 13252 6.2 和 6.3 的规定。

9 检验规则

9.1 生产厂应保证所生产的包装容器符合本标准的要求,并经检验部门按本标准检验,出具合格证。

9.2 当用户与生产厂对包装容器质量发生争议时,用户有权按本标准的规定对接受的包装容器进行复验。如复验结果不符合本标准规定要求时,用户有权拒收。

附 录 A
包装容器类型及容量规格
（参考件）

A1　内包装

类　型	容量规格，L	备　注
钢桶	200	盛装液体涂料
钢制提桶	24、21、20、19、18、17、16、10、8、4、2、1、0.5、0.1	容器的预留容积为 4%
方桶	18、4	
塑料桶	50、20、10、5	
塑料袋		

A2　外包装

　　木箱、瓦楞纸箱、竹筐、柳条筐等。

A3　外包装材料

A3.1　木箱（木板或木条），适于盛装大容量包装容器，也可以几个单件组装成一个组装件。

A3.2　瓦楞纸箱，适于盛装小容量包装容器，以满箱为一件组装件。

A3.3　竹筐、柳条筐，适于盛装大容量包装容器，可以单件或多件组装成一个组装件。

A4　防震材料

A4.1　木箱，在包装容器之间可加一木条，外部以铁皮或铁丝加固。

A4.2　瓦楞纸箱，在包装容器之间以及层次之间均应铺垫或间隔瓦楞纸片或其它合适的衬垫、箱体外部应以捆扎带捆扎牢固。

A4.3　竹筐、柳条筐。根据内装容器重量的多少，单件或多件成组装件，并用捆扎带捆扎牢固。

附加说明：

本标准由化学工业部提出。

本标准由全国涂料和颜料标准化技术委员会归口。

本标准由化学工业部涂料研究所、化学工业部标准化研究所负责起草。

本标准主要起草人费锦浩、李顺平、梅建。

ICS 71.100.30

G 89

中华人民共和国国家标准

GB 14493—2003

代替 GB 14493—1993

工 业 炸 药 包 装

Package of industrial explosive

2003-11-28 发布

2004-07-01 实施

中 华 人 民 共 和 国
国家质量监督检验检疫总局 发布

前　言

本标准的第 4 章为强制性的，其余为推荐性的。

本标准代替 GB 14493—1993《工业炸药包装》。本次修订参照了联合国危险货物运输专家委员会《关于危险货物运输的建议》第十二修订版(2001 年)的相关内容。

本标准与 GB 14493—1993 相比主要变化如下：

——对包装要求进行了补充和完善；

——增加了包装件的堆码试验、跌落试验、密封性试验(气密试验、液密试验)等试验方法，删除了瓦楞纸箱空箱的耐静压试验方法；

——增加了包装检验的内容。

本标准由中国兵器工业集团公司提出。

本标准由中国兵器工业标准化研究所归口。

本标准起草单位：国家民用爆破器材质量监督检验中心、国家质检总局危险品中心实验室。

本标准主要起草人：沈祖康、倪欧琪、王利兵、刘大斌、高贫。

本标准所代替标准的历次版本发布情况为：

——GB 14493—1993。

工 业 炸 药 包 装

1 范围

本标准规定了工业炸药包装的分类及形式、主要包装形式的要求、外包装标志、检验规则及试验方法等内容。

本标准适用于各种工业炸药的包装。

2 规范性引用文件

下列文件中的条款通过本标准的引用而成为本标准的条款。凡是注日期的引用文件,其随后所有的修改单(不包括勘误的内容)或修订版均不适用于本标准,然而,鼓励根据本标准达成协议的各方研究是否可使用这些文件的最新版本。凡是不注日期的引用文件,其最新版本适用于本标准。

GB 190 危险货物包装标志

GB/T 731 黄麻麻袋的技术条件

GB/T 922 木螺钉技术条件

GB/T 1931 木材含水率测定方法

GB/T 2828 逐批检查计数抽样程序及抽样表(适用于连续批的检查)

GB/T 2829 周期检验计数抽样程序及表(适用于对过程稳定性的检验)

GB/T 6543 瓦楞纸箱

GB/T 8946 塑料编织袋

GB/T 12438—1990 工业粉状铵梯炸药试验方法

GB 12463—1990 危险货物运输包装通用技术条件

WJ 109 弹药包装箱金属件技术条件

YB/T 5002 一般用途圆钉

3 分类和形式

工业炸药包装按包装形式分为单一包装和复合包装两大类。复合包装按包装层次又分为内包装和外包装,最外层包装(即包装容器)为外包装,其余为内包装。

单一包装可采用袋装和桶装等形式,内包装可采用药卷、中包或衬袋包装等形式,外包装可采用袋装、箱装和桶装等形式。

4 要求

4.1 单一包装

单一包装要求如下:

a) 应采用与炸药相容并具有足够强度的桶、袋等包装;

b) 包装件封口应严密,不应有破损和漏药;

c) 每一包装件内炸药质量应不超过 50 kg。

4.2 复合包装

4.2.1 内包装

4.2.1.1 包装材料

内包装材料应选择防潮性能好、与炸药相容并具有足够强度的材料,如炸药卷纸、纸袋纸、塑料薄膜等。

4.2.1.2 技术要求

4.2.1.2.1 药卷包装

药卷包装技术要求如下：

a) 药卷应采用纸筒、塑料薄膜卷或塑料筒等包装而成；

b) 药卷筒壁应具有足够的强度，不应有破损；

c) 封口应严密，必要时可用防潮剂封口，但不应有防潮剂堆积现象。

4.2.1.2.2 中包包装

中包包装技术要求如下：

a) 将一定数量的药卷排列整齐，装于包装袋中，组成一个中包；

b) 包装袋应无断裂、开缝现象，必要时可采用抽气热合密封。

4.2.1.2.3 衬袋包装

衬袋包装技术要求如下：

a) 将一定质量的炸药或一定数量的药卷等装入衬袋中，采用折迭或结扎的方式封口；

b) 包装后封口应严密，不应有夹药和漏药。

4.2.2 外包装

4.2.2.1 包装容器

4.2.2.1.1 外包装容器应根据工业炸药的特点和使用要求，选择机械强度高、防潮性能好的容器。如塑料编织袋、麻袋、瓦楞纸箱、木箱等。

4.2.2.1.2 瓦楞纸箱应符合 GB/T 6543 及下列要求：

a) 经堆码试验后，箱体不应出现可能影响内包装物的变形现象；

b) 开槽型纸箱经耐折度试验后，内外表面的累积裂缝长度总和应不超过受折杠线长度的 15%；

c) 箱体外表面经防水性试验后，水滴总吸收率应不大于 20%。

4.2.2.1.3 塑料编织袋应符合 GB/T 8946 的要求。

4.2.2.1.4 麻袋应符合 GB/T 731 的要求。

4.2.2.1.5 木箱应符合下列要求：

a) 制作木箱的板材应采用松木、杉木、椴木等适于装箱的木材；

b) 箱板的含水率不应超过 20%；

c) 箱板应无明显的毛刺和洞眼，板材的缺陷应不影响箱的强度和包装性能；

d) 箱体与底板采用木螺钉或圆钢钉钉接牢固，不应穿透，木螺钉和圆钢钉应分别符合 GB/T 922 和 YB/T 5002 的要求；

e) 木箱上金属件和手提带等部位的结合应牢固可靠，金属件应符合 WJ 109 的要求；

f) 木箱的底、盖、帮、堵上下或左右的偏位尺寸应不超过±2mm；

g) 木箱箱板的拼接应严密，带板不应拼接。

4.2.2.2 技术要求

4.2.2.2.1 瓦楞纸箱包装

瓦楞纸箱包装技术要求如下：

a) 将衬袋或若干个中包装入瓦楞纸箱内，装箱后封口应严密并捆扎牢固；

b) 纸箱内炸药质量应不超过 30 kg。

4.2.2.2.2 塑料编织袋（或麻袋）包装

塑料编织袋（或麻袋）包装技术要求如下：

a) 采用塑料编织袋（或麻袋）包装应按要求加入衬袋，并将封口缝合或捆扎牢固；

b) 编织袋（或麻袋）的炸药质量应不超过 50 kg。

4.2.2.2.3 木箱包装

木箱包装技术要求如下:

a) 采用木箱包装时,应用锁扣或木螺钉将箱盖和箱体紧固,木螺钉的钉帽不应高出板面。木螺钉应符合 GB/T 922 的要求;

b) 装箱后封口应严密,必要时可加钢带或铁丝加固;

c) 木箱内炸药质量应不超过 50 kg。

4.3 外包装标志

4.3.1 基本要求

4.3.1.1 所有工业炸药的外包装均应有标志。

4.3.1.2 标志内容应简明扼要,字迹及图案应清晰、醒目、持久、位置正确、端正齐全。

4.3.1.3 标志文字应采用规范化文字。

4.3.1.4 岩石型和露天型炸药的标志应采用红色字样,煤矿许用型炸药的标志采用蓝色或黑色字样。

4.3.2 基本内容

工业炸药的外包装标志应包括下列基本内容:

a) 炸药名称,应使用全称;

b) 生产企业名称;

c) 生产企业地址;

d) 生产许可证编号;

e) 产品标准编号;

f) 产品规格型号;

g) 外形尺寸;

h) 净重和毛重;

i) 危险货物标志,应符合 GB 190 的规定;

j) "防火"、"防潮"、"小心轻放"及"不得与雷管共存放"的字样;

k) 批号;

l) 生产日期及保质期。

注:可根据实际需要,增加项目,如商标、通过质量体系认证标志等。

5 检验规则

5.1 检验项目

检验项目见表1。

表 1 检验项目

序号	检验项目	试验方法章条号
1	外包装标志	6.1
2	外观	
3	尺寸	6.2
4	包装件内炸药质量	6.3
5	中包密封性	6.4
6	开槽型纸箱耐折度	6.5
7	纸箱箱体外表面防水性	6.6

表 1(续)

序号	检验项目	试验方法章条号
8	木箱板材含水率	6.7
9	包装件的结构强度和牢固性	6.8
10	包装件的密封性	

5.2 组批

提交包装检验的批应由以相同材料、工艺、设备等条件制造的产品包装件组成。

5.3 抽样方案

5.3.1 逐批检验项目的抽样方案和转移规则按 GB/T 2828 执行。采用一般检验水平Ⅱ,一次抽样,不合格分类和 AQL 值见表 2。

表 2　逐批检验项目的不合格分类和 AQL 值

序号	检验项目	不合格分类	AQL 值
1	外包装标志	A 类不合格:标识错误、基本内容缺项	0.65
		B 类不合格:标识不清	4.0
2	外观	A 类不合格:包装容器有渗漏、破损、内包装外露	0.65
		B 类不合格:包装用钉子穿透或高出板面、箱板有明显毛刺、洞眼	4.0
3	尺寸	B 类不合格:尺寸超差	4.0
4	包装件内炸药质量	C 类不合格:质量超差	6.5
5	中包密封性	B 类不合格:中包漏水	4.0
6	开槽型纸箱耐折度	B 类不合格:裂缝长度大于 15%	
7	纸箱箱体外表面防水性	B 类不合格:水滴总吸收率大于 20%	
8	木箱板材含水率	B 类不合格:含水率大于 20%	

5.3.2 周期检验项目的抽样方案按 GB/T 2829 执行。检验周期为 6 个月,采用判别水平Ⅱ,一次抽样,不合格分类和 RQL 值见表 3。

表 3　周期检验项目的不合格分类和 RQL 值

序号	检验项目		不合格分类	RQL 值
1	包装件的结构强度和牢固性(堆码试验)		A 类不合格:包装件泄漏、严重破损	50
2	包装件的结构强度和牢固性(跌落试验)	桶(罐)状包装件		25
3		箱状包装件		30
4		袋状包装件		50
5	包装件的密封性(气密试验、液密试验)			50

6 试验方法

6.1 外包装标志及外观

目视检查。

6.2 尺寸

用直尺测量。

6.3 包装件内炸药质量

称量。

6.4 中包密封性

按 GB/T 12438—1990 中第 5 章的规定进行。

6.5 开槽型纸箱耐折度

把空箱支开,纸箱摇盖先向内折 90°(呈包装状态),再向外折 90°计为一次,如此反复 10 次,测量并计算受折杠线内外表面的累积裂缝长度,计算裂缝长度占受折杠线总长度的百分率。

6.6 纸箱箱体外表面防水性

在空箱受试表面上用滴管均匀地滴上 50 滴水滴,水滴大小应为每毫升 15 滴~20 滴,每 10 cm² 的面积上累积水滴应不多于 2 滴,经 2 h 后用脱脂棉等物吸干水滴,观察受试表面是否有被浸入的痕迹,以浸入水滴占全部水滴的百分数计为吸收率。

6.7 木箱板材含水率

木箱板材含水率的测定按 GB/T 1931 的规定进行。

6.8 包装件的结构强度和牢固性及密封性

6.8.1 总则

6.8.1.1 试验时,包装件内所装入的液体量应不小于其最大容量的 98%,所装入的固体量应不小于其最大容量的 95%。

6.8.1.2 对于固体炸药,应采用与其具有相同物理特性(如状态、质量、颗粒大小等)的固体替代物进行试验。允许使用添加物(如铅粒包)以达到要求的包装件总质量,但添加物的放置不应影响试验结果。

对于液体炸药,应采用与其具有近似相对密度和黏度的液体替代物进行试验。

6.8.1.3 包装材料为纸和纤维板的包装件应在控制温度和相对湿度的条件下至少放置 24 h。温度和相对湿度的控制可任选下列之一:

    a) 温度为 23℃±2℃,相对湿度为 50%±2%;

    b) 温度为 20℃±2℃,相对湿度为 65%±2%;

    c) 温度为 27℃±2℃,相对湿度为 65%±2%。

    注:建议采用 a)。

6.8.2 包装件的结构强度和牢固性

6.8.2.1 堆码试验

按 GB 12463—1990 中 8.3.1 的规定进行。

6.8.2.2 跌落试验

按 GB 12463—1990 中 8.3.2 的规定进行,其中试验条件按 Ⅱ 级包装的规定。

6.8.3 包装件的密封性

6.8.3.1 气密试验

按 GB 12463—1990 中 8.3.3 的规定进行。

6.8.3.2 液密试验

按 GB 12463—1990 中 8.3.4 的规定进行。

ICS 71.040.30
G 60

中华人民共和国国家标准

GB 15346—2012
代替 GB 15346—1994

化学试剂 包装及标志

Chemical reagent—Packaging and marking

2012-12-31 发布   2013-10-01 实施

中华人民共和国国家质量监督检验检疫总局
中国国家标准化管理委员会   发布

前　言

本标准按照 GB/T 1.1—2009 给出的规则起草。

本标准第 5 章、第 6 章、第 7 章、第 8 章、第 9 章、第 10 章为强制性的,其余为推荐性的。

本标准代替 GB 15346—1994《化学试剂　包装及标志》,与 GB 15346—1994 相比主要变化如下:

——取消了瓦楞纸板的图形(1994 年版的 3.6、3.7);

——增加危险化学品和一般化学试剂的分类规定(见第 4 章,1994 年版的第 4 章);

——修改了玻璃瓶的检验方法(见附录 A、附录 B,1994 年版的 5.1.1、5.1.2);

——修改了普通木箱箱板木板的数量(见 5.5,1994 年版的 5.5);

——修改了瓦楞纸箱的技术要求(见 5.6,1994 年版的 5.6);

——修改了产品包装的环境要求(见 6.3,1994 年版的 6.3);

——增加了包装单位的种类(见 7.1.2,1994 年版的 7.2);

——修改了包装固体产品的预留容量(见 7.1.3,1994 年版的 7.3.1);

——增加外包装容器内应放安全技术说明书的规定(见 7.3.1,1994 年版的 7.5.1);

——增加许可证产品要求的"质量安全"标志(见 9.3);

——修改了产品包装计量的公差范围(见 10.1.1,1994 年版的 10.1.1)。

本标准由中国石油和化学工业联合会提出。

本标准由全国化学标准化技术委员会化学试剂分会(SAC/TC 63/SC 3)归口。

本标准起草单位:北京化工厂、北京化学试剂研究所。

本标准主要起草人:孙彦龙、邵惠民、杨建玲、刘亚章。

本标准于 1994 年首次发布,本次为第一次修订。

化学试剂 包装及标志

1 范围

本标准规定了化学试剂包装及标志的技术要求、包装验收、贮存与运输。

本标准不适用于 MOS 试剂、临床试剂、高纯试剂和精细化工产品等的包装。

2 规范性引用文件

下列文件对于本文件的应用是必不可少的。凡是注日期的引用文件,仅注日期的版本适用于本文件。凡是不注日期的引用文件,其最新版本(包括所有的修改单)适用于本文件。

GB/T 191 包装储运图示标志

GB/T 601 化学试剂 标准滴定溶液的制备

GB/T 603 化学试剂 试验方法中所用制剂及制品的制备

GB/T 4122.1 包装术语 第 1 部分:基础

GB/T 4857.3 包装 运输包装件基本试验 第 3 部分:静载荷堆码试验方法

GB/T 4857.5 包装 运输包装件 跌落试验方法

GB/T 6388 运输包装收发货标志

GB/T 6543—2008 运输包装用单瓦楞纸箱和双瓦楞纸箱

GB/T 6582 玻璃在 98 ℃耐水性的颗粒试验方法和分级

GB/T 6682 分析实验室用水规格和试验方法

GB/T 9174—2008 一般货物运输包装通用技术条件

GB 12463 危险货物运输包装通用技术条件

GB/T 12464—2002 普通木箱

GB 13690 化学品分类和危险性公示 通则

GB 15258 化学品安全标签编写规定

GB 15603 常用化学危险品贮存通则

GB/T 16483 化学品安全技术说明书 内容和项目顺序

GB 17914 易燃易爆性商品储藏养护技术条件

JJF 1070—2005 定量包装商品净含量计量检验规则

3 术语及符号

GB/T 4122.1 界定的以及下列术语和定义适用于本文件。

3.1

包装单位 unit of package

每个内包装容器所装产品的净含量。

3.2

内包装 inner package

分为不加着色剂材料(NB)和加着色剂材料(NBY)制成的内包装容器,并附有内塞(垫)、外盖、封口物和内包装容器外附加的包装物如:黑纸、塑料袋等。

3.3

中包装 in-between

体积过小的内包装容器,在装入外包装容器前,先按一定数量组合装入一中间容器中,再将中间容器按一定的数量组合装入外包装容器中,此中间容器称为中包装。

3.4

外包装 outer package

产品的外包装,在流通过程中主要起保护产品、方便运输的作用。

3.5

隔离材料 divider,separator

用于将容器空间分为几层或若干格子的构件,如隔板、格子板等,其目的是将内装物隔开和起缓冲作用。

3.6

单瓦楞纸板 corrugated fibre board of single sheet type

由两层箱板纸和一层瓦楞纸加工而成的瓦楞纸板。

3.7

双瓦楞纸板 corrugated fibre board of double sheet type

由两层箱板纸、两层瓦楞纸和一层夹芯加工而成的瓦楞纸板。

4 包装分类

4.1 一般化学试剂运输包装

一般化学试剂运输包装件应符合 GB/T 9174—2008 第 3 章总则的要求,必要时应按 GB/T 9174—2008 中第 6 章的规定做相应性能试验。

4.2 危险品化学试剂运输包装

按 GB 13690 的规定对危险化学品进行分类。危险品化学试剂运输包装件的性能试验应符合 GB 12463 的规定。

5 包装材料的技术要求

5.1 玻璃瓶

5.1.1 外观

光洁端正、色泽纯正、瓶口圆直、厚薄均匀、无裂缝、气泡少。

5.1.2 热稳定性

耐急冷温差 35 ℃无爆裂,试验方法按附录 A 的规定执行。

5.1.3 化学稳定性

将装有甲基红酸性溶液的样瓶,在 85 ℃水浴中保持 30 min,淡红色不消失。试验方法按附录 B 的规定执行。

5.1.4 耐水性能

按 GB/T 6582 的规定执行。

5.1.5 应力

白色瓶允许呈紫红至淡黄色。

黄色瓶允许呈紫红至淡绿色。

5.2 塑料瓶

不与内装物起理化作用,壁厚最薄处不得小于 0.5 mm。

5.3 塑料袋

不与内装物起理化作用,制袋薄膜厚度不得小于 0.06 mm。

5.4 金属桶(罐)

采用镀锡金属薄板制成,可内衬保护材料,板厚 0.15 mm~0.20 mm,接缝、接口严密不漏。

5.5 普通木箱(钉板箱)

木材质量应符合 GB/T 12464—2002 中 5.1 的规定,板厚大于 12 mm,箱每面由 3 块~5 块木板组成,箱板最窄宽度不小于 30 mm,并置于拼合中间,每个箱面只允许一块,木箱四周上下 16 根箱档,箱档宽度 40 mm,厚度 15 mm 以上,木箱牢固密合。箱钉长度为 40 mm,箱钉数量以箱面宽度计,平均每 50 mm 一只,要双排平行交叉布钉。箱外两道钢带加固,钢带用钢钉钉在木箱上,钉距平均 50 mm 一只,钉长 40 mm,钢带宽 14 mm~16 mm,厚度 0.3 mm~0.4 mm。

5.6 瓦楞纸箱(盒)

单、双瓦楞纸箱(盒)的种类按 GB/T 6543—2008 中第 3 章的规定确定。单、双瓦楞纸箱(盒)的基本型号和代号按 GB/T 6543—2008 中第 4 章的规定确定。单、双瓦楞纸箱(盒)的材料、尺寸与偏差、质量与结构的要求应符合 GB/T 6543—2008 中第 5 章的规定。单、双瓦楞纸箱(盒)的检验与试验按 GB/T 6543—2008 中第 6 章的规定进行。

5.7 气泡塑料薄膜

规格:≤3 m²/kg。

5.8 标签用纸

规格:≥70 g/m²;双胶版纸或性能接近的同类纸张。

5.9 其他包装材料

质量要求按有关的国家标准执行。

6 产品包装的基本要求

6.1 产品经检验合格后应由质检部门出具产品质量合格报告单方可进行分装。

6.2 产品包装作业应严格按照产品包装操作规程和包装规范进行。

6.3　产品包装环境应保持清洁、干燥、有人员保护和环保装置。产品包装应在适宜的温度和湿度的环境中进行(吸潮产品环境湿度另行规定)。

6.4　产品包装应防止产品间的相互干扰,确保产品包装后不降低产品质量。包装容器外应清洁,不得有产品残留物。

6.5　包装材料和包装容器应清洁、干燥,不与内装物发生理化反应。

6.6　除本标准规定的包装形式和包装材料外,经试验并与有关部门协商后,也可采用更先进的包装形式和包装材料。

6.7　内包装容器封口应有严密的启封后无法复原的封口材料。属于剧毒、贵重产品内包装、中包装和外包装均应有生产厂家专用封签、封条等封口物。

6.8　见光易氧化、分解的产品应采用不透光的内包装容器。透光的包装容器应采取避光措施,如:包黑纸、套黑塑料袋等。

7　包装

7.1　内包装

7.1.1　内包装形式

根据产品的性质,按表1规定选择适当的内包装形式。

表 1

序号	内 包 装 形 式	符　号	
		无色	有色
1	广口磨口玻璃瓶、磨口玻璃塞、瓶口包塑料薄膜小线扎口、套火棉胶帽封口	NB-1	NBY-1
2	广口磨口玻璃瓶、磨口玻璃塞、瓶口包塑料薄膜小线扎口、套塑料热缩胶帽封口	NB-2	NBY-2
3	广口磨口玻璃瓶、磨口玻璃塞、瓶口包塑料薄膜小线扎口、套火棉胶帽或塑料热缩胶帽、烫石膏蜡封口	NB-3	NBY-3
4	广口螺口玻璃瓶、塑料内塞、塑料螺旋盖、套火棉胶圈封口	NB-4	NBY-4
5	广口螺口玻璃瓶、塑料内塞、塑料螺旋盖、套塑料热缩胶圈封口	NB-5	NBY-5
6	广口螺口玻璃瓶、塑料内塞、塑料螺旋盖、烫白蜡、套火棉胶圈封口	NB-6	NBY-6
7	广口螺口塑料瓶、塑料内塞、塑料螺旋盖、套火棉胶圈封口	NB-7	NBY-7
8	广口螺口塑料瓶、塑料内塞、塑料螺旋盖、套塑料热缩胶圈封口	NB-8	NBY-8
9	广口螺口塑料瓶、塑料内塞、塑料螺旋盖、烫白蜡、套火棉胶圈封口	NB-9	NBY-9
10	广口螺口塑料瓶、内外一体塑料螺旋盖、套火棉胶圈封口	NB-10	NBY-10
11	广口螺口塑料瓶、内外一体塑料螺旋盖、套塑料热缩胶圈封口	NB-11	NBY-11
12	广口螺口塑料瓶、内外一体塑料螺旋盖、烫白蜡、套火棉胶圈封口	NB-12	NBY-12
13	广口防盗螺口塑料瓶、塑料内塞、防盗塑料螺旋盖	NB-13	NBY-13
14	广口防盗螺口塑料瓶、塑料内塞、防盗塑料螺旋盖、烫白蜡封口	NB-14	NBY-14
15	广口防盗螺口塑料瓶、防盗内外一体塑料螺旋盖	NB-15	NBY-15
16	广口防盗螺口塑料瓶、防盗内外一体塑料螺旋盖、烫白蜡封口	NB-16	NBY-16

表 1（续）

序号	内 包 装 形 式	符 号	
		无色	有色
17	小口磨口玻璃瓶、磨口玻璃塞、瓶口包塑料薄膜小线扎口、套火棉胶帽封口	NB-17	NBY-17
18	小口磨口玻璃瓶、磨口玻璃塞、瓶口包塑料薄膜小线扎口、套塑料热缩胶帽封口	NB-18	NBY-18
19	小口磨口玻璃瓶、磨口玻璃塞、瓶口包塑料薄膜小线扎口、套火棉胶帽或塑料热缩胶帽、烫石膏蜡封口	NB-19	NBY-19
20	小口螺口玻璃瓶、塑料内塞、塑料螺旋盖、套火棉胶圈封口	NB-20	NBY-20
21	小口螺口玻璃瓶、塑料内塞、塑料螺旋盖、套塑料热缩胶圈封口	NB-21	NBY-21
22	小口螺口玻璃瓶、塑料内塞、塑料螺旋盖、烫石膏蜡封口	NB-22	NBY-22
23	小口螺口玻璃瓶、发泡聚乙烯衬聚四氟乙烯薄膜复合密封垫、塑料螺旋盖、套火棉胶圈封口	NB-23	NBY-23
24	小口螺口玻璃瓶、发泡聚乙烯衬聚四氟乙烯薄膜复合密封垫、塑料螺旋盖、套塑料热缩胶圈封口	NB-24	NBY-24
25	小口螺口玻璃瓶、发泡聚乙烯衬聚四氟乙烯薄膜复合密封垫、塑料螺旋盖、烫石膏蜡封口	NB-25	NBY-25
26	小口螺口双密封玻璃瓶、塑料内塞、铝盖（内衬发泡聚乙烯垫）、滚压封口、塑料螺旋盖、套火棉胶圈或塑料热缩胶圈封口	NB-26	NBY-26
27	小口防盗螺口玻璃瓶、塑料内塞、防盗塑料螺旋盖	NB-27	NBY-27
28	小口防盗螺口玻璃瓶、发泡聚乙烯衬聚四氟乙烯薄膜复合密封垫、防盗塑料螺旋盖	NB-28	NBY-28
29	小口防盗螺口玻璃瓶、防盗内外一体塑料螺旋盖	NB-29	NBY-29
30	小口防盗螺口玻璃瓶、塑料内塞、防盗塑料螺旋盖、烫石膏蜡封口	NB-30	NBY-30
31	小口防盗螺口玻璃瓶、发泡聚乙烯衬聚四氟乙烯薄膜复合密封垫、防盗塑料螺旋盖、烫石膏蜡封口	NB-31	NBY-31
32	小口防盗螺口玻璃瓶、防盗内外一体塑料螺旋盖、烫石膏蜡封口	NB-32	NBY-32
33	小口螺口塑料瓶、塑料内塞、塑料螺旋盖、套火棉胶圈或塑料热缩胶圈封口	NB-33	NBY-33
34	小口螺口塑料瓶、内外一体塑料螺旋盖、套火棉胶圈或塑料热缩胶圈封口	NB-34	NBY-34
35	小口螺口塑料瓶、泄压塑料内塞（垫）、带孔塑料螺旋盖、外套黑塑料袋橡皮筋扎口	NB-35	NBY-35
36	小口防盗螺口塑料瓶、塑料内塞、防盗塑料螺旋盖	NB-36	NBY-36
37	小口防盗螺口塑料瓶、防盗内外一体塑料螺旋盖	NB-37	NBY-37
38	小口防盗螺口塑料瓶、泄压塑料内塞（垫）、带孔防盗塑料螺旋盖、外套黑塑料袋橡皮筋扎口	NB-38	NBY-38
39	玻璃安瓿、热熔封口	NB-39	NBY-39
40	直管粉针玻璃瓶、热熔封口、装聚苯乙烯管（管底内垫泡沫塑料垫）、塑料螺旋盖	NB-40	NBY-40
41	钳口螺口玻璃瓶、内外一体塑料螺旋盖、蘸火棉胶封口	NB-41	NBY-41
42	钳口玻璃瓶、内外一体塑料盖、蘸火棉胶封口	NB-42	NBY-42

表 1（续）

序号	内 包 装 形 式	符 号	
		无色	有色
43	模（管）制抗菌素玻璃瓶、橡胶塞、套火棉胶帽或塑料热缩胶帽封口	NB-43	NBY-43
44	瓷瓶、翻边橡胶塞、套火棉胶帽或塑料热缩胶帽封口	NB-44	NBY-44
45	螺口瓷瓶、盖天然软木内塞衬聚乙烯薄膜、烫白蜡、塑料螺旋盖、套火棉胶圈或塑料热缩胶圈封口	NB-45	NBY-45
46	牛皮纸袋、钉口、再装塑料袋热合封口	NB-46	NBY-46
47	塑料袋、热合封口	NB-47	NBY-47
48	塑料袋、小线封口	NB-48	NBY-48
49	螺口塑料桶、塑料内塞、塑料螺旋盖	NB-49	NBY-49
50	螺口塑料桶、泄压塑料内塞、带孔塑料螺旋盖	NB-50	NBY-50

7.1.2 包装单位

根据产品的性质和使用要求，按表2规定选择适当的包装单位。在保证贮存、运输安全的原则下，可以采用适当的包装单位。对密度较大或包装单位较小不易计量的液体产品，如：汞等，可按质量计量。

表 2

类 别	固体产品包装单位/g	液体产品包装单位/mL
1	0.1,0.25,0.5,1	0.5,1
2	5,10,25	5,10,20,25
3	50,100	50,100
4	250,500	250,500
5	1 000,2 500,5 000,25 000	1 000,2 500,3 000,5 000,25 000

7.1.3 内包装容器的预留容量

7.1.3.1 包装固体产品的预留容量为不少于内包装容器满口容量的10%。

7.1.3.2 包装液体产品的预留容量为内包装容器满口容量的10%～20%。

7.2 中包装

7.2.1 一般规定

内包装容器为小于100 mL（包括100 mL）的广口瓶或小于50 mL（包括50 mL）的小口瓶时，应有中包装（单独或集合形式）；用安瓿包装的液体产品，其包装单位大于50 mL（包括50 mL）时，每个安瓿均应有单独的中包装。包装时安瓿封口端向上，在下端应采取衬垫防护措施。生化试剂及其他特别易潮解的产品，在中包装容器内应加入适量吸潮剂。

7.2.2 中包装容器

根据产品的性质和所选用的内包装形式,按表3规定选择适当的中包装容器。

表3

序号	中包装容器	适 用 范 围	符号
1	单瓦楞纸箱(盒)	150 mL 以下(包括 150 mL)广口、小口玻璃瓶和塑料瓶	ZB-1
2	双瓦楞纸箱(盒)	150 mL 以下(包括 150 mL)广口、小口玻璃瓶	ZB-2
3	纸板盒	60 mL 广口玻璃瓶、安瓿、钳口瓶、直管粉针玻璃瓶、模(管)制抗菌素玻璃瓶	ZB-3
4	防震塑料桶	外套塑料袋的小口玻璃瓶	ZB-4
5	金属桶(罐)	外套塑料袋的小口玻璃瓶,桶内再装吸收材料	ZB-5
6	广口(防盗)螺口塑料瓶	塑料袋	ZB-6
7	广口螺口玻璃瓶	塑料袋	ZB-7
8	发泡聚苯乙烯成型盒	各种规格广口、小口玻璃瓶、汞瓶等	ZB-8

7.3 外包装

7.3.1 一般规定

a) 安瓿做内包装容器时,包装单位不得大于 250 g 或 250 mL,每个外包装件净含量不大于 10 kg。

b) 爆炸品的外包装件每件净含量不大于 10 kg。

c) 除 1 000 g 或 1 000 mL 以上的包装单位外,如遇不规则形状的金属、密度太大或太小的产品,每个外包装件的组装量可做适当调整。

d) 除上述规定外,其他产品的每个外包装件的净含量不得超过 20 kg。

e) 每个外包装件体积不应小于 0.02 m³,盒装和密度大的产品除外。

f) 外包装容器内应放产品装箱单(内容包括工号、厂名、厂址、电话和邮编等)或产品合格证、化学品安全技术说明书(安全技术说明书的编写应符合 GB/T 16483 的规定)。

7.3.2 外包装组装量

根据产品的包装单位,按表4规定选择适当的外包装组装量。

表4

序号	包装单位		组装量		
	固体产品	液体产品	内包装数量	净含量	体 积
	g	mL	瓶、桶、袋	kg	L
1	5 000	5 000	2~4	10~20	10~20
2	2 500	2 500(3 000)	4	10~20	10~12
3	1 000	1 000	10~20	10~20	10~20

GB 15346—2012

表 4（续）

序号	包装单位		组装量		
	固体产品	液体产品	内包装数量	净含量	体 积
	g	mL	瓶、桶、袋	kg	L
4	500	500	10~20	5~20	5~10
5	250	250	20	5~10	5
6	100	100	20~80	2~15	2~8
7	50	50	60~100	3~10	3~5
8	25	25	60~100	1.5~8	1.5~2.5
9	10	10	100~200	1~6	1~2
10	5	5	不作规定	—	—
11	<1	<1	不作规定	—	—

7.3.3 外包装容器

根据产品的性质和所选用的内包装容器及组装量，按表5规定选择适当的外包装容器。

表 5

序号	外包装容器	适 用 范 围	符号
1	普通木箱（钉板箱）	广口、小口玻璃瓶和塑料瓶、安瓿、直管粉针玻璃瓶、钳口瓶、模（管）制抗菌素玻璃瓶、瓷瓶、塑料袋、塑料桶	WB-1
2	双瓦楞纸盒	广口玻璃瓶和塑料瓶	WB-2
3	双瓦楞纸箱	广口玻璃瓶和塑料瓶、塑料袋	WB-3

7.3.4 外包装容器封口方式

外包装容器封口方式可选择下列方式中的一种：

a) 普通木箱用长度为 40 mm 圆钉，钉封箱盖。钢带搭接对正，钉距不得大于 80 mm，但箱每侧不得少于 3 个钉子。

b) 10 瓶装对口瓦楞纸盒用胶带封盒底、盒盖或盒底钉封、盒盖用胶带封口，再用聚丙烯捆扎带横打两道。插口盒可不用胶带封盒底、盒盖，只用聚丙烯捆扎带横打两道或用胶带封盒底、盒盖，不用捆扎。

c) 20 瓶装和带有中包装的瓦楞纸箱用胶带封箱底、箱盖或箱底钉封、箱盖用胶带封口，再用聚丙烯捆扎带纵横各打两道呈"井"字形。

8 隔离材料

8.1 一般规定

除特殊要求，内包装容器为塑料瓶、塑料袋和塑料桶，在装入普通木箱时，一般瓶（袋、桶）间不用隔离材料,可在普通木箱内表面衬一层双瓦楞板纸,内包装容器材料为玻璃瓶、瓷瓶时,容器间应有隔离材料。

8.2 隔离材料的选择

根据产品的性质和所选用的内包装容器,按表6规定选择适当的隔离材料。

表6

序　号	隔离材料	适 用 范 围	符号
1	单瓦楞纸板	150 mL 以下(包括 150 mL)广口、小口玻璃瓶	GC-1
2	双瓦楞纸板	250 mL 以上(包括 250 mL)广口、小口玻璃瓶	GC-2
3	气泡塑料隔膜	250 mL 以上(包括 250 mL)广口、小口玻璃瓶	GC-3
4	发泡聚苯乙烯成型垫	各种规格广口、小口玻璃瓶、瓷瓶	GC-4
5	蛭石、碳酸钙粉、颗粒状石灰等	各种玻璃瓶、塑料瓶	GC-5

9 产品包装标志

9.1 一般规定

在每个内包装容器及其避光层、中包装容器上需粘贴产品标签。外包装容器应标打、悬挂、喷刷或粘贴本标准规定的标志内容[纸箱(盒)作为外包装容器可粘贴产品标签代替部分外包装标志内容]。

9.2 标签

标签文字应印刷清楚、整齐。除生产批号或生产日期可采用标打方式外,其他内容不得采用标打、书写等方式。标签及各种标志粘贴时要保证牢固、端正、完整、清洁,必要时采取保护措施。

9.2.1 产品标签

标签内容一般包括:
a) 品名(中、英文);
b) 化学式或示性式;
c) 相对原子质量或相对分子质量;
d) 质量级别;
e) 技术要求;
f) 产品标准号;
g) 生产许可证号;
h) 净含量;
i) 生产批号或生产日期;
j) 生产厂厂名及商标;
k) 危险品按 GB 13690 的规定给出标志图形;并标注"向生产企业索要安全技术说明书";
l) 简单性质说明、警示和防范说明及 GB 15258 的其他规定;
m) 要求注明有效期的产品,应注明有效期。

9.2.2 标签外形尺寸

标签的尺寸应与包装容器相匹配,不得过大或过小。

9.2.3 标签颜色

按表7规定的标签颜色标记化学试剂的级别。

表7

序　号	级　　别		颜　色
1	通用试剂	优级纯	深绿色
		分析纯	金光红色
		化学纯	中蓝色
2	基准试剂		深绿色
3	生物染色剂		玫红色

9.3 外包装标志

外包装标志和文字应采用不易褪色的颜料或墨汁标打,字迹清楚、清洁。一般包括:
a) 品名(中、英文);
b) 质量级别;
c) 包装单位及组数量;
d) 毛重;
e) 生产批号或生产日期;
f) 生产单位名称;
g) 危险品按 GB 13690 的规定标志,粘贴、悬挂于醒目之处;
h) 运输指示标志应按GB/T 191 的规定,喷(刷)印或印刷在指定位置上;
i) 在生产许可证范围的产品需要标打、喷涂、刷涂生产许可证号及"质量安全"标志;
j) 按 GB/T 6388 印刷(刷涂、喷涂)商品分类图示标志;
k) 外形尺寸。

10 包装验收

10.1 包装质量验收要求

10.1.1 产品的包装计量按 JJF 1070—2005 的规定进行。
10.1.2 内外盖应盖严、压严、拧紧。
10.1.3 胶圈(帽)封口应套实,烫(石膏)蜡应均匀无气泡。
10.1.4 标签应贴正,不得有漏签、错签、倒签出现。
10.1.5 装箱应核对数量,箱盖应钉牢固、严密。

10.2 包装件的检验

10.2.1 取样:每天装量为一批,按每批数量的1%取样。
10.2.2 液体产品应检验是否漏口,如有漏口应加大取样数量再进行检验。

10.2.3 固体、液体产品均应进行计量的检查。

10.3 运输包装件的检验

10.3.1 跌落试验按 GB 12463 和 GB/T 4857.5 的规定进行。

10.3.2 堆码试验按 GB 12463 和 GB/T 4857.3 的规定进行。

11 贮存与运输

11.1 贮存

11.1.1 按 GB 15603 和 GB 17914 的规定进行。包装件应贮存在通风、干燥的室内仓库中,瓦楞纸箱应距离地面高度为 100 mm 以上码放。

11.1.2 对危险品根据其性质要求应有专门的存放仓库,并采取相应的防护措施。如:防火、防毒、防潮、防热、防冻和避光等。

11.2 运输

11.2.1 汽车运输时,应加盖防雨篷布,用绳绑牢,避免滑落。

11.2.2 铁路运输应用棚车,按铁路规则装运。

11.2.3 水运、空运、联运按国家规定装运。

附　录　A
（规范性附录）
热稳定性试验方法

A.1　取样

A.1.1　一般应取不少于 10 只样瓶进行试验。

A.1.2　所取样瓶应先在实验室内放置 30 min 以上。

A.1.3　试验时未破裂的样瓶，不得重复使用。

A.2　仪器

A.2.1　高、低温水槽各一个，每千克玻璃的水槽用水量不少于 10 L。如使用直接蒸汽加热时，加热管上的出气孔应向着槽底，并应装置多孔衬板，以防止网篮与加热管直接接触。

A.2.2　网篮一只，用金属丝或金属条制成，并装有可根据样瓶规格不同而调换的网格或网板，以防止样瓶在网篮内移动和相互碰撞。

A.2.3　温度计二支，测量范围为 0 ℃～100 ℃，分度值为 1 ℃。

A.3　试验步骤

A.3.1　在高、低温水槽内装满水，把温度分别调节到 70 ℃和 35 ℃，并采用搅拌等方法，使水温达到均匀，在试验过程中其温度与规定值的偏差不得大于±1 ℃。

A.3.2　将样瓶正立在网篮的网格中，上用网板压住不使其移动。

A.3.3　将装有样瓶的网篮浸入高温槽，使瓶内充满热水，水面应高出网篮 50 mm 以上，浸没 5 min。

A.3.4　再将网篮连同盛满热水的样瓶从高温水槽中取出，迅速浸入低温水槽，30 s 后再取出。观察样瓶，应无爆裂。

附　录　B
（规范性附录）
化学稳定性试验方法

B.1　试剂

B.1.1　标准滴定溶液按 GB/T 601 的规定制备。

B.1.2　制剂及制品按 GB/T 603 的规定制备。

B.1.3　实验用水符合 GB/T 6682 中三级水规格。

B.1.4　甲基红酸性溶液：取 1 mL 盐酸标准滴定溶液[c(HCl)＝0.1 mol/L]和 10 滴甲基红指示液 (1 g/L)于 1 000 mL 容量瓶中,用无二氧化碳的水稀释至刻度。有效期为一周。

B.2　测定

取不少于 10 只样瓶,先以热水洗净,再用水冲洗两次,烘干。向同一规格的样瓶中注入其 $\frac{3}{4}$ 容量的甲基红酸性溶液,用悬夹使其置于 85 ℃恒温水浴(样瓶内外液面保持一致)中,持续加热,在 15 min 内,使瓶内溶液温度达到 85 ℃±2 ℃,保温 30 min,取出观察,瓶内溶液的颜色应呈红色。

ICS 71.060.50
G 12

中华人民共和国国家标准

GB 19105—2003

过 氧 乙 酸 包 装 要 求

Requirements of packing for peroxyacetic acid

2003-05-16 发布
2003-06-15 实施

中华人民共和国
国家质量监督检验检疫总局 发布

前　言

本标准第 3 章、第 4 章、第 5 章和附录 A 为强制性条款，其余为推荐性条款。

本标准非等效采用联合国《关于危险货物运输的建议书　规章范本》（第 12 修订版），其有关过氧乙酸包装的技术内容与上述规章范本完全一致。

本标准的附录 A 是规范性附录。

本标准由全国危险化学品管理标准化技术委员会（SAC/TC251）提出并归口。

本标准负责起草单位：江苏出入境检验检疫局、中化化工标准化研究所。

本标准主要起草人：汤礼军、王晓兵、汪秋霞、梅建、徐炎、韦峰、周玮。

本标准为首次制定。

过 氧 乙 酸 包 装 要 求

1 范围

本标准规定了用于盛装过氧乙酸(过醋酸)的包装容器的要求、性能试验和检验规则。

本标准适用于过氧乙酸的包装。

2 规范性引用文件

下列文件中的条款通过本标准的引用而成为本标准的条款。凡是注日期的引用文件,其随后所有的修改单(不包括勘误的内容)或修订版均不适用于本标准,然而,鼓励根据本标准达成协议的各方研究是否可使用这些文件的最新版本。凡是不注日期的引用文件,其最新版本适用于本标准。

GB 190 危险货物包装标志

GB 191 包装储运图示标志

GB/T 4857.3 包装 运输包装件 静载荷堆码试验方法

GB/T 4857.5 包装 运输包装件 跌落试验方法

GB 15258 化学品安全标签编写规定

GB/T 17344 包装 包装容器 气密试验方法

3 要求

3.1 过氧乙酸应采用最大容量为 60 L 的塑料桶、罐和最大净重为 50 kg 的由塑料瓶和纤维板箱(包括瓦楞纸箱)组成的组合包装进行包装。

3.2 每一个过氧乙酸包装容器(以下简称包装)上应标明符合《关于危险货物运输的建议书 规章范本》规定的持久性联合国危险货物包装标记。

3.3 包装应结构合理、防护性能好,符合《关于危险货物运输的建议书 规章范本》的规格规定。其设计模式、工艺、材质应适应过氧乙酸的特性,适合积载,便于安全装卸和运输,能承受正常运输条件下的风险。

3.4 包装与过氧乙酸直接接触的各个部位,不应由于接触过氧乙酸而造成强度的降低。

3.5 添加稳定剂的过氧乙酸的包装其封闭装置应使稳定剂的质量分数(%)在运输过程中不会下降到规定的限度以下。

3.6 如果盛装过氧乙酸的包装由于内装物释放氧气(由于温度增加或其他原因)而产生较高的压力时,可在包装上安装一个通气孔。但释放的氧气不应因其排放量过大而造成危险,否则内装物的量应加以限制。对拟运输的包装,通气孔应设计成保证在正常的运输条件下防止液体的泄漏和外界物质的渗入。如果使用组合包装,其外包装的设计应使它不会影响排气装置的作用。

3.7 组合包装中塑料瓶的放置方式,应做到在正常运输条件下,不会破裂、被刺穿或其内装物漏到外包装中。当使用衬垫物时,衬垫物应不易燃烧,不会引起过氧乙酸的分解。

3.8 所有新的、再次使用的包装应能通过第 4 章规定的试验,并应达到Ⅱ类危险货物包装的要求。

3.9 过氧乙酸生产和销售单位在使用包装时,应遵照附录 A 的要求。

4 性能试验(检验)

4.1 试验的施行和频率

4.1.1 每一种包装在投入使用之前,其设计型号应成功地通过性能试验。

4.1.2 对于包装的次要方面,如内包装规格降低、净重减小和桶、罐、箱等包装在外部尺寸上的微小降低等已与试验类型不同,主管部门可允许进行有选择的包装性能试验。

4.1.3 若试验结果的正确性不会受影响,可对一个试样进行几项试验。

4.2 包装的试验准备

4.2.1 对准备好供运输的包装,其中包括组合包装所使用的内包装,应进行试验。

4.2.2 当使用的塑料桶、罐的原材料发生变化时(包括塑料牌号的变化),在试验前需直接装入过氧乙酸贮存六个月以上进行相容性试验,对贮存期的第一个和最后一个 24 h,应使试验样品的封闭装置朝下放置,但对带有通气孔的容器,每次的时间应是 5 min。在贮存期之后,再对样品进行 4.3 所列的性能试验。

4.2.3 试验项目

4.2.3.1 塑料桶、罐应进行跌落试验、气密试验(密封性试验)、液压试验、堆码试验。

4.2.3.2 组合包装应进行跌落试验、堆码试验。

4.3 性能试验方法

4.3.1 跌落试验

4.3.1.1 试验样品数量和跌落方向

每种包装的试验样品数量和跌落方向见表1。

除了平面着地的跌落之外,重心应位于撞击点的垂直上方。

表 1 试验样品数量和跌落方向

容 器	试验样品数量	跌 落 方 向
塑料桶和罐	6个 (每次跌落用3个)	第一次跌落(用3个样品):包装应以凸边斜着撞击在冲击板上。如果包装没有凸边,则撞击在周边接缝上或一棱边上。 第二次跌落(用另外3个样品):包装应以第一次跌落未试验过的最弱部位撞击在冲击板上,例如封闭装置
纤维板箱 (包括瓦楞纸箱)	5个 (每次跌落用1个)	第一次跌落:底部平跌 第二次跌落:顶部平跌 第三次跌落:长侧面平跌 第四次跌落:短侧面平跌 第五次跌落:角跌落

4.3.1.2 跌落试验样品的特殊准备

在塑料桶、罐和组合包装的塑料瓶中加入不少于容器容积98%的含有防冻剂的水,并将试验样品及其内装物的温度降至-18℃或更低。

4.3.1.3 试验设备

符合 GB/T 4857.5 的2中试验设备的要求。冷冻室(箱):能满足4.3.1.2要求。

4.3.1.4 跌落高度

跌落高度为1.2 m。

4.3.1.5 通过试验的准则

包装在内外压力达到平衡后,应无渗漏。

4.3.2 气密(密封性)试验

4.3.2.1 试验样品数量

每种塑料桶、罐取3个试验样品。

4.3.2.2 试验前试验样品的特殊准备

将有通气孔的封闭装置以相似的无通气孔的封闭装置代替,或将通气孔堵死。

4.3.2.3 试验设备

符合 GB/T 17344 的要求。

4.3.2.4 试验方法和试验压力

将包装包括其封闭装置箝制在水面下 5 min,同时向其内部施加 20 kPa 的空气压力,箝制方法不应影响试验结果。其他具有同等效果的方法也可以使用。

4.3.2.5 通过试验的准则

所有试样应无泄漏。

4.3.3 液压试验

4.3.3.1 试验样品数量

每种塑料桶、罐取 3 个试验样品。

4.3.3.2 试验前容器的特殊准备

将有通气孔的封闭装置用相似的无通气孔的封闭装置代替,或将通气孔堵死。

4.3.3.3 试验设备

液压危险货物包装试验机或达到相同效果的其他试验设备。

4.3.3.4 试验方法和试验压力

通过向包装注水等方式,连续地、均匀地施加压力,直至 100 kPa,并持续 30 min。

4.3.3.5 通过试验的准则

所有试样应无泄漏。

4.3.4 堆码试验

4.3.4.1 试验样品数量

试验样品数量为 3 个。

4.3.4.2 试验样品的特殊准备

组合包装(纤维板箱)应在控制温度和相对湿度的环境下至少放置 24 h。有以下三种办法,应选择其一。温度 23℃±2℃和相对湿度 50%±2%是最好的环境。另外两种办法是:温度 20℃±2℃和相对湿度 65%±2%或温度 27℃±2℃和相对湿度 65%±2%。

4.3.4.3 试验设备

符合 GB/T 4857.3 的要求。

4.3.4.4 试验方法和堆码载荷

在塑料桶、罐和组合包装的塑料瓶中加入不少于容器容积 98%的水,试验样品的顶部表面施加一载荷,此载荷质量相当于运输时可能堆码在它上面的同样数量包装件的总质量。如果试验样品内装的液体的相对密度与待运液体的不同,则该载荷应按后者计算。包括试验样品在内的最小堆码高度应是 3 m。组合包装的试验环境应满足 4.3.4.2 的要求,试验时间为 24 h。塑料桶、罐应在不低于 40℃的温度下经受 28 天的堆码试验。

堆码载荷按式(1)计算:

$$P = \left(\frac{H-h}{h}\right) \times m \qquad \cdots\cdots\cdots\cdots\cdots(1)$$

式中:

　　　　P——加载的载荷,kg;

　　　　H——堆码高度,m(不小于 3 m);

　　　　h——单个包装件高度,m;

　　　　m——单个包装件的总质量(毛重),kg;

$(H-h)/h$——计算值带小数点时,小数点后应进位取整。

4.3.4.5 通过试验的准则

试验样品不得泄漏。对组合包装而言,不允许有所装的物质从塑料瓶中漏出。试验样品不允许有可能影响运输安全的损坏,或者可能降低其强度或造成包装件堆码不稳定的变形。在进行判定之前,塑料包装应冷却至环境温度。

5 检验规则

5.1 包装生产厂应保证所生产的过氧乙酸包装符合本标准规定,并由有关检验部门按本标准检验。

5.2 有下列情况之一时,应进行性能检验:

——新产品投产或老产品转产时进行性能检验;

——正式生产后,如结构、材料、工艺有较大改变,可能影响产品性能时;

——在正常生产时,按 5.3 的要求进行;

——产品长期停产后,恢复生产时;

——国家质检部门提出进行性能检验。

5.3 性能检验周期为 1 个月、3 个月、6 个月三个档次。每种新设计型号包装的检验周期为 3 个月,连续三个检验周期合格,检验周期可升一档,若发生一次不合格,检验周期降一档。

5.4 在性能检验周期内可进行抽查检验,抽查的次数按检验周期 1 个月、3 个月、6 个月三个档次分别为一次、两次、三次,每次抽查的样品不应多于 2 件。

5.5 过氧乙酸包装有效期是自包装生产之日起计算不超过 12 个月。超过有效期或再次使用的包装需再次进行性能检验,包装有效期自检验完毕日期起计算不超过 6 个月。当包装灌装过氧乙酸后,其有效期自灌装日期起计算不超过 6 个月。

5.6 对于 5.1 至 5.3 规定的检验,应按本标准的要求对每个生产厂的每个设计型号的包装逐项进行检验。若有一个试样未通过其中一项试验,则判定该项目不合格,只要有一项不合格则判定该设计型号包装不合格。

5.7 对检验不合格的包装,其生产厂生产的该设计型号的包装不允许用于盛装过氧乙酸,除非再次检验合格。再次提交检验时,其严格度不变。

附 录 A
（规范性附录）
过氧乙酸包装要求使用规范

A.1 包装在充灌过氧乙酸时,应留有足够的未满空间,以保证不会由于在运输过程中由于温度变化带来的液体膨胀而造成的过氧乙酸的泄漏。一般情况下,过氧乙酸灌装至包装容积的 98% 以下。

A.2 用组合包装盛装过氧乙酸时,塑料瓶应固定并安全衬垫,限制其在外包装中的移动,其封闭口不能倒置。在外包装上应按 GB 191 的要求标有明显的表示作业方向的标志。

A.3 组合包装应完好无损,封口应平整牢固。打包带紧箍箱体。

A.4 每个包装外面都不应粘附任何危险残余物。

A.5 每个过氧乙酸的包装上应加贴符合 GB 190 规定的危险品标志。危险品标志应包括"有机过氧化物"的主危险标志和"腐蚀品"副危险标志,并按照 GB 15258 的要求加贴化学品安全标签。

A.6 盛装过氧乙酸的包装应存放在阴凉、通风的仓库,避免阳光照射,并禁止与其他可能与过氧乙酸发生危险反应的货物一起存放。

ICS 71.060.50
G 17

中华人民共和国国家标准

GB 19107—2003

次 氯 酸 钠 溶 液 包 装 要 求

Requirements of packing for sodium hypochlorite solution

2003-05-16 发布
2003-06-15 实施

中 华 人 民 共 和 国
国家质量监督检验检疫总局 发布

前　言

本标准第 3 章、第 4 章、第 5 章和附录 A 为强制性条款，其余为推荐性条款。

本标准非等效采用联合国《关于危险货物运输的建议书　规章范本》(第 12 修订版)，其有关次氯酸钠溶液包装的技术内容与上述规章范本完全一致。

本标准的附录 A 是规范性附录。

本标准由全国危险化学品管理标准化技术委员会(SAC/TC251)提出并归口。

本标准负责起草单位：中化化工标准化研究所、江苏出入境检验检疫局。

本标准主要起草人：汤礼军、王晓兵、汪秋霞、梅建、周飞舟、任晓进、周玮。

本标准为首次制定。

次氯酸钠溶液包装要求

1 范围

本标准规定了用于盛装次氯酸钠溶液(漂白水或漂白液)的包装容器的要求、性能试验和检验规则。
本标准适用于次氯酸钠溶液的包装。

2 规范性引用文件

下列文件中的条款通过本标准的引用而成为本标准的条款。凡是注日期的引用文件,其随后所有的修改单(不包括勘误的内容)或修订版均不适用于本标准,然而,鼓励根据本标准达成协议的各方研究是否可使用这些文件的最新版本。凡是不注日期的引用文件,其最新版本适用于本标准。

GB 190 危险货物包装标志

GB 191 包装储运图示标志

GB/T 4857.3 包装 运输包装件 静载荷堆码试验方法

GB/T 4857.5 包装 运输包装件 跌落试验方法

GB 15258 化学品安全标签编写规定

GB/T 17344 包装 包装容器 气密试验方法

3 要求

3.1 次氯酸钠溶液应采用最大容量为 450 L 的塑料桶、最大容量为 60 L 的塑料罐和最大净重为 60 kg 的由塑料瓶和纤维板箱(包括瓦楞纸箱)组成的组合包装进行包装。

3.2 每一个次氯酸钠溶液包装容器(以下简称包装)上必须标明符合《关于危险货物运输的建议书 规章范本》规定的持久性联合国危险货物包装标记。

3.3 包装应结构合理、防护性能好,符合《关于危险货物运输的建议书 规章范本》的规格规定。其设计模式、工艺、材质应适应次氯酸钠溶液的特性,适合积载,便于安全装卸和运输,能承受正常运输条件下的风险。

3.4 包装与次氯酸钠溶液直接接触的各个部位,不应由于接触次氯酸钠溶液而造成强度的降低。

3.5 如果盛装次氯酸钠溶液的包装由于内装物释放氯气(由于温度增加或其他原因)而产生较高的压力时,可在容器上安装一个通气孔。但释放的氯气不应因其排放量过大而造成危险,否则内装物的量应加以限制。对拟运输的包装,通气孔应设计成保证在正常的运输条件下防止液体的泄漏和外界物质的渗入。如果使用组合包装,其外包装的设计应使它不会影响排气装置的作用。

3.6 组合包装中塑料瓶的放置方式,应做到在正常运输条件下,不会破裂、被刺穿或其内装物漏到外容器中。

3.7 所有新的、再次使用的包装应能通过第 4 章规定的试验,并应达到 II 类危险货物包装的要求。

3.8 次氯酸钠溶液生产和销售单位在使用包装时,应遵照附录 A 的要求。

4 性能试验(检验)

4.1 试验的施行和频率

4.1.1 每一种包装在投入使用之前,其设计型号应成功地通过性能试验。

4.1.2 对于包装的次要方面,如内包装规格降低、净重减小和桶、罐、箱等包装在外部尺寸上的微小降低等已与试验类型不同,主管部门可允许进行有选择的包装性能试验。

GB 19107—2003

4.1.3 若试验结果的正确性不会受影响,可对一个试样进行几项试验。

4.2 包装的试验准备

4.2.1 对准备好供运输的包装,其中包括组合包装所使用的内包装,应进行试验。

4.2.2 当使用的塑料桶、罐的原材料发生变化时(包括塑料牌号的变化),在试验前需直接装入次氯酸钠溶液贮存六个月以上进行相容性试验,对贮存期的第一个和最后一个 24 h,应使试验样品的封闭装置朝下放置,但对带有通气孔的容器,每次的时间应是 5 min。在贮存期之后,再对样品进行 4.3 所列的性能试验。

4.2.3 试验项目

4.2.3.1 塑料桶、罐应进行跌落试验、气密试验(密封性试验)、液压试验、堆码试验。

4.2.3.2 组合包装应进行跌落试验、堆码试验。

4.3 性能试验方法

4.3.1 跌落试验

4.3.1.1 试验样品数量和跌落方向

每种包装的试验样品数量和跌落方向见表1。

除了平面着地的跌落之外,重心应位于撞击点的垂直上方。

表 1 试验样品数量和跌落方向

容　器	试验样品数量	跌　落　方　向
塑料桶和罐	6个 (每次跌落用 3 个)	第一次跌落(用 3 个样品):包装应以凸边斜着撞击在冲击板上。如果包装没有凸边,则撞击在周边接缝上或一棱边上。 第二次跌落(用另外 3 个样品):包装应以第一次跌落未试验过的最弱部位撞击在冲击板上,例如封闭装置。
纤维板箱 (包括瓦楞纸箱)	5个 (每次跌落用 1 个)	第一次跌落:底部平跌 第二次跌落:顶部平跌 第三次跌落:长侧面平跌 第四次跌落:短侧面平跌 第五次跌落:角跌落

4.3.1.2 跌落试验样品的特殊准备

在塑料桶、罐和组合包装的塑料瓶中加入不少于容器容积 98% 的含有防冻剂的水,并将试验样品及其内装物的温度降至 −18℃ 或更低。

4.3.1.3 试验设备

符合 GB/T 4857.5 中试验设备的要求。冷冻室(箱):能满足 4.3.1.2 要求。

4.3.1.4 跌落高度

跌落高度为 1.2 m。

4.3.1.5 通过试验的准则

包装在内外压力达到平衡后,应无渗漏。

4.3.2 气密(密封性)试验

4.3.2.1 试验样品数量

每种塑料桶、罐取 3 个试验样品。

4.3.2.2 试验前试验样品的特殊准备

将有通气孔的封闭装置以相似的无通气孔的封闭装置代替,或将通气孔堵死。

4.3.2.3 试验设备

符合 GB/T 17344 的要求。

4.3.2.4 试验方法和试验压力

将包装包括其封闭装置箝制在水面下 5 min,同时向其内部施加 20 kPa 的空气压力,箝制方法不应影响试验结果。其他具有同等效果的方法也可以使用。

4.3.2.5 通过试验的准则

所有试样应无泄漏。

4.3.3 液压试验

4.3.3.1 试验样品数量

每种塑料桶、罐取 3 个试验样品。

4.3.3.2 试验前容器的特殊准备

将有通气孔的封闭装置用相似的无通气孔的封闭装置代替,或将通气孔堵死。

4.3.3.3 试验设备

液压危险货物包装试验机或达到相同效果的其他试验设备。

4.3.3.4 试验方法和试验压力

通过向包装注水等方式,连续地、均匀地施加压力,直至 100 kPa,并持续 30 min。

4.3.3.5 通过试验的准则

所有试样应无泄漏。

4.3.4 堆码试验

4.3.4.1 试验样品数量

试验样品数量为 3 个。

4.3.4.2 试验样品的特殊准备

组合包装(纤维板箱)应在控制温度和相对湿度的环境下至少放置 24 h。有以下三种办法,应选择其一。温度 23℃±2℃ 和相对湿度 50%±2% 是最好的环境。另外两种办法是:温度 20℃±2℃ 和相对湿度 65%±2% 或温度 27℃±2℃ 和相对湿度 65%±2%。

4.3.4.3 试验设备

符合 GB/T 4857.3 的要求。

4.3.4.4 试验方法和堆码载荷

在塑料桶、罐和组合包装的塑料瓶中加入不少于容器容积 98% 的水,试验样品的顶部表面施加一载荷,此载荷质量相当于运输时可能堆码在它上面的同样数量包装件的总质量。如果试验样品内装的液体的相对密度与待运液体的不同,则该载荷应按后者计算。包括试验样品在内的最小堆码高度应是 3 m。组合包装的试验环境应满足 4.3.4.2 的要求,试验时间为 24 h。塑料桶、罐应在不低于 40℃ 的温度下经受 28 天的堆码试验。

堆码载荷按式(1)计算:

$$P=\left(\frac{H-h}{h}\right)\times m \qquad \cdots\cdots\cdots\cdots\cdots(1)$$

式中:

　　P——加载的载荷,kg;

　　H——堆码高度,m(不小于 3 m);

　　h——单个包装件高度,m;

　　m——单个包装件的总质量(毛重),kg;

$(H-h)/h$——计算值带小数点时,小数点后应进位取整。

4.3.4.5 通过试验的准则

试验样品不得泄漏。对组合包装而言,不允许有所装的物质从塑料瓶中漏出。试验样品不允许有可能影响运输安全的损坏,或者可能降低其强度或造成包装件堆码不稳定的变形。在进行判定之前,塑料包装应冷却至环境温度。

5 检验规则

5.1 包装生产厂应保证所生产的次氯酸钠溶液包装符合本标准规定,并由有关检验部门按本标准检验。

5.2 有下列情况之一时,应进行性能检验:
——新产品投产或老产品转产时进行性能检验;
——正式生产后,如结构、材料、工艺有较大改变,可能影响产品性能时;
——在正常生产时,按5.3的要求进行;
——产品长期停产后,恢复生产时;
——国家质检部门提出进行性能检验。

5.3 性能检验周期为1个月、3个月、6个月三个档次。每种新设计型号包装的检验周期为3个月,连续三个检验周期合格,检验周期可升一档,若发生一次不合格,检验周期降一档。

5.4 在性能检验周期内可进行抽查检验,抽查的次数按检验周期1个月、3个月、6个月三个档次分别为一次、两次、三次,每次抽查的样品不应多于2件。

5.5 次氯酸钠溶液包装有效期是自包装生产之日起计算不超过12个月。超过有效期或再次使用的包装需再次进行性能检验,包装有效期自检验完毕日期起计算不超过6个月。当包装灌装次氯酸钠溶液,其有效期自灌装日期起计算不超过6个月。

5.6 对于5.1至5.3规定的检验,应按本标准的要求对每个生产厂的每个设计型号的包装逐项进行检验。若有一个试样未通过其中一项试验,则判定该项目不合格,只要有一项不合格则判定该设计型号包装不合格。

5.7 对检验不合格的包装,其生产厂生产的该设计型号的包装不允许用于盛装次氯酸钠溶液,除非再次检验合格。再次提交检验时,其严格度不变。

附　录　A
（规范性附录）
次氯酸钠溶液包装要求使用规范

A.1 包装在充灌次氯酸钠溶液时，应留有足够的未满空间，以保证不会由于在运输过程中由于温度变化带来的液体膨胀而造成的次氯酸钠溶液的泄漏。一般情况下，次氯酸钠溶液灌装至包装容积的98%以下。

A.2 用组合包装盛装次氯酸钠溶液时，塑料瓶应固定并安全衬垫，限制其在外包装中的移动，其封闭口不能倒置。在外包装上应按 GB 191 的要求标有明显的表示作业方向的标识。

A.3 组合包装应完好无损，封口应平整牢固。打包带紧箍箱体。

A.4 每个包装外面都不应粘附任何危险残余物。

A.5 每个次氯酸钠溶液的包装上应加贴符合 GB 190 规定的"腐蚀品"危险品标志，并按照 GB 15258 的要求加贴化学品安全标签。

A.6 盛装次氯酸钠溶液的包装应存放在阴凉、通风的仓库，避免阳光照射，并禁止与其他可能与次氯酸钠溶液发生危险反应的货物一起存放。

ICS 71.060.50
G 17

中华人民共和国国家标准

GB 19109—2003

次氯酸钙包装要求

Requirements of packing for calcium hypochlorite

2003-05-16 发布   2003-06-15 实施

中 华 人 民 共 和 国
国家质量监督检验检疫总局 发 布

前　言

本标准第 3 章、第 4 章、第 5 章和附录 A 为强制性条款,其余为推荐性条款。

本标准非等效采用联合国《关于危险货物运输的建议书　规章范本》(第 12 修订版),其有关次氯酸钙包装的技术内容与上述规章范本完全一致。

本标准的附录 A 是规范性附录。

本标准由全国危险化学品管理标准化技术委员会(SAC/TC251)提出并归口。

本标准负责起草单位:江苏出入境检验检疫局、中化化工标准化研究所。

本标准主要起草人:汤礼军、梅建、汪秋霞、王晓兵、朱岩、黎晨、周玮。

本标准为首次制定。

次氯酸钙包装要求

1 范围

本标准规定了用于盛装次氯酸钙(包括漂白粉和漂粉精)的包装容器的要求、性能试验和检验规则。本标准适用于次氯酸钙的包装。

2 规范性引用文件

下列文件中的条款通过本标准的引用而成为本标准的条款。凡是注日期的引用文件,其随后所有的修改单(不包括勘误的内容)或修订版均不适用于本标准,然而,鼓励根据本标准达成协议的各方研究是否可使用这些文件的最新版本。凡是不注日期的引用文件,其最新版本适用于本标准。

GB 190 危险货物包装标志

GB 191 包装储运图示标志

GB/T 4857.3 包装 运输包装件 静载荷堆码试验方法

GB/T 4857.5 包装 运输包装件 跌落试验方法

GB 15258 化学品安全标签编写规定

3 要求

3.1 次氯酸钙应采用最大净重为 400 kg 的活动盖塑料桶、钢桶、纤维板桶(包括纸板桶)、由塑料内包装和纤维板箱组成的组合包装(包括瓦楞纸箱)或最大净重为 120 kg 的活动盖塑料罐进行包装。不允许使用袋类包装进行包装。

3.2 每一个次氯酸钙包装容器(以下简称包装)上必须标明符合《关于危险货物运输的建议书 规章范本》规定的持久性联合国危险货物包装标记。

3.3 包装应结构合理、防护性能好,符合《关于危险货物运输的建议书 规章范本》的规格规定。其设计模式、工艺、材质应适应次氯酸钙的特性,适合积载,便于安全装卸和运输,能承受正常运输条件下的风险。

3.4 包装与次氯酸钙直接接触的各个部位,不应由于接触次氯酸钙而造成强度的降低。

3.5 必要时,应采用塑料袋进行内衬,以防止次氯酸钙与潮湿空气接触。

3.6 组合包装中塑料内包装的放置方式,应做到在正常运输条件下,不会破裂、被刺穿或其内装物漏到外包装中。

3.7 所有新的、再次使用的包装应能通过第 4 章规定的试验,并应达到 Ⅱ 类危险货物包装的要求。

3.8 次氯酸钙生产和销售单位在使用包装时,应遵照附录 A 的要求。

4 性能试验(检验)

4.1 试验的施行和频率

4.1.1 每一种包装在投入使用之前,其设计型号应成功地通过性能试验。

4.1.2 对于包装的次要方面,如内包装规格降低、净重减小和桶、罐、箱等包装在外部尺寸上的微小降低等已与试验类型不同,主管部门可允许进行有选择的包装性能试验。

4.1.3 若试验结果的正确性不会受影响,可对一个试样进行几项试验。

4.2 包装的试验准备

4.2.1 对准备好供运输的包装,其中包括组合包装所使用的内包装,应进行试验。

4.2.2 在试验样品内装入与次氯酸钙具有相同的物理特性(重量、颗粒大小等)的固体模拟物,装入的量不得低于其最大容量的95%。

4.2.3 试验项目:

试验样品应进行跌落试验和堆码试验。

4.3 性能试验方法

4.3.1 跌落试验

4.3.1.1 试验样品数量和跌落方向

每种包装的试验样品数量和跌落方向见表1。

除了平面着地的跌落之外,重心应位于撞击点的垂直上方。

表 1 试验样品数量和跌落方向

容 器	试验样品数量	跌 落 方 向
活动盖塑料桶 活动盖钢桶 活动盖纤维板桶(包括纸板桶) 活动盖塑料罐	6个 (每次跌落用3个)	第一次跌落(用3个样品):包装应以凸边斜着撞击在冲击板上。如果包装没有凸边,则撞击在周边接缝上或一棱边上 第二次跌落(用另外3个样品):包装应以第一次跌落未试验过的最弱部位撞击在冲击板上,例如封闭装置,或者撞在桶身的纵向焊缝上
纤维板箱 (包括瓦楞纸箱)	5个 (每次跌落用1个)	第一次跌落:底部平跌 第二次跌落:顶部平跌 第三次跌落:长侧面平跌 第四次跌落:短侧面平跌 第五次跌落:角跌落

4.3.1.2 跌落试验样品的特殊准备

对于活动盖塑料桶、塑料罐和组合包装,应将试验样品及其内装物的温度降至−18℃或更低。

4.3.1.3 试验设备

符合 GB/T 4857.5 中试验设备的要求。冷冻室(箱):能满足4.3.1.2要求。

4.3.1.4 跌落高度

跌落高度为1.2 m。

4.3.1.5 通过试验的准则

内装物无撒漏,包装不应出现可能影响运输安全的破损。

4.3.2 堆码试验

4.3.2.1 试验样品数量

试验样品数量为3个。

4.3.2.2 试验样品的特殊准备

活动盖纤维板桶、组合包装(纤维板箱)应在控制温度和相对湿度的环境下至少放置24 h。有以下三种办法,应选择其一。温度23℃±2℃和相对湿度50%±2%是最好的环境。另外两种办法是:温度20℃±2℃和相对湿度65%±2%或温度27℃±2℃和相对湿度65%±2%。

4.3.2.3 试验设备

符合 GB/T 4857.3 的要求。

4.3.2.4 试验方法和堆码载荷

在试验样品的顶部表面施加一载荷,此载荷质量相当于运输时可能堆码在它上面的同样数量包装件的总质量。包括试验样品在内的最小堆码高度应是 3 m,试验时间为 24 h,对于活动盖纤维板桶、组合包装(纤维板箱),其试验环境应满足 4.3.4.2 的要求。对于活动盖塑料桶、活动盖塑料罐,应在不低于 40℃的温度下经受 28 天的堆码试验。

堆码载荷按式(1)计算:

$$P = \left(\frac{H-h}{h}\right) \times m \qquad\qquad (1)$$

式中:

    P——加载的载荷,kg;

    H——堆码高度,m(不小于 3 m);

    h——单个包装件高度,m;

    m——单个包装件的总质量(毛重),kg;

$(H-h)/h$——计算值带小数点时,小数点后应进位取整。

4.3.2.5 通过试验的准则

内装物无撒漏,试验样品不允许有可能影响运输安全的损坏,或者可能降低其强度或造成包装件堆码不稳定的变形。在进行判定之前,塑料包装应冷却至环境温度。

5 检验规则

5.1 包装生产厂应保证所生产的次氯酸钙包装符合本标准规定,并由有关检验部门按本标准检验。

5.2 有下列情况之一时,应进行性能检验:

——新产品投产或老品转产时进行性能检验;

——正式生产后,如结构、材料、工艺有较大改变,可能影响产品性能时;

——在正常生产时,按 5.3 的要求进行;

——产品长期停产后,恢复生产时;

——国家质检部门提出进行性能检验。

5.3 性能检验周期为 1 个月、3 个月、6 个月三个档次。每种新设计型号包装的检验周期为 3 个月,连续三个检验周期合格,检验周期可升一档,若发生一次不合格,检验周期降一档。

5.4 在性能检验周期内可进行抽查检验,抽查的次数按检验周期 1 个月、3 个月、6 个月三个档次分别为一次、两次、三次,每次抽查的样品不应多于 2 件。

5.5 次氯酸钙包装有效期是自包装生产之日起计算不超过 12 个月。超过有效期或再次使用的包装需再次进行性能检验,包装有效期自检验完毕日期起计算不超过 6 个月。当包装灌装次氯酸钙后,其有效期自灌装日期起计算不超过 12 个月。

5.6 对于 5.1 至 5.3 规定的检验,应按本标准的要求对每个生产厂的每个设计型号的包装逐项进行检验。若有一个试样未通过其中一项试验,则判定该项目不合格,只要有一项不合格则判定该设计型号的包装不合格。

5.7 对检验不合格的包装,其生产厂生产的该设计型号的包装不允许用于盛装次氯酸钙,除非再次检验合格。再次提交检验时,其严格度不变。

附 录 A
（规范性附录）
次氯酸钙包装要求使用规范

A.1 包装在充灌次氯酸钙时，其盛装量应在包装容积的 95% 以下。

A.2 用组合包装盛装次氯酸钙时，塑料内包装应固定并有安全衬垫，限制其在外包装中的移动，其封闭口不能倒置。在外包装上应按 GB 191 的要求标有明显的表示作业方向的标识。

A.3 组合包装应完好无损，封口应平整牢固。打包带紧箍箱体。

A.4 每个包装外面都不应粘附任何危险残余物。

A.5 每个次氯酸钙的包装上应加贴符合 GB 190 规定的"氧化物质"危险品标志，并按照 GB 15258 的要求加贴化学品安全标签。

A.6 盛装次氯酸钙的包装应存放在阴凉、通风、干燥的仓库，避免阳光照射，并禁止与其他可能与次氯酸钙发生危险反应的货物一起存放。

ICS 65.100
G 25

中华人民共和国国家标准

GB 20813—2006

农药产品标签通则

Guideline on labels for pesticide products

2006-12-07 发布

2007-11-01 实施

中华人民共和国国家质量监督检验检疫总局
中国国家标准化管理委员会 发布

GB 20813—2006

前　言

本标准的全部技术内容为强制性的。

本标准由中国石油和化学工业协会提出。

本标准由全国农药标准化技术委员会归口。

本标准由农业部农药检定所负责起草。

本标准主要起草人：叶纪明、刘绍仁、宗伏霖、陈景芬、杨峻。

农药产品标签通则

1 范围

本标准规定了农药产品标签设计制作的基本原则、标签应标注的基本内容和其他要求。

本标准适用于商品农药(用于销售,包括进口)产品的标签设计和制作。

本标准不适用于出口农药以及属农药管理范畴的转基因作物、天敌生物产品的标签设计和制作。

2 规范性引用文件

下列文件中的条款通过本标准的引用而成为本标准的条款。凡是注日期的引用文件,其随后所有的修改单(不包括勘误的内容)或修订版均不适用于本标准,然而,鼓励根据本标准达成协议的各方研究是否可使用这些文件的最新版本。凡是不注日期的引用文件,其最新版本适用于本标准。

GB 4839 农药通用名称

3 术语和定义

下列术语和定义适用于本标准。

3.1

农药标签 pesticide label

农药包装容器上或附于农药包装容器的,以文字、图形、符号说明农药内容的一切说明物。

3.2

农药包装容器 pesticide container

农药包装作为销售和使用的基本单元的任何包装形式。

3.3

农药通用名称 common name of pesticide

由标准化机构批准的农药产品中产生作用的活性成分的名称。

3.4

农药商品名称 trade name of pesticide

由农药登记审批部门批准的,用来识别或称呼某一农药产品的名称。

3.5

安全间隔期 preharvest interval

最后一次施药至作物收获时允许的间隔天数。

3.6

质量保证期 shelf life

在规定的贮存条件下保证农药产品质量的期限。在此期限内,产品的外观、有效成分含量等各项技术指标应符合相应标准的要求。

4 基本原则

4.1 农药标签标示的内容应符合国家有关法律、法规的规定,并符合相应标准的规定和要求。

4.2 农药标签标示的内容应真实,并与产品登记批准内容相一致。

4.3 农药标签标示的内容应通俗、准确、科学,并易于用户理解和掌握该产品的正确使用。

5 应标注的基本内容

5.1 产品的名称、含量及剂型

5.1.1 农药产品名称可以为农药的商品名称,也可以为农药的通用名称或由二个或二个以上的农药通用名称简称词组成的名称。一个农药产品,应使用一个产品名称。

5.1.2 农药产品名称应以醒目大字表示,并位于整个标签的显著位置。

5.1.3 在标签的醒目位置应标注产品中含有的各有效成分通用名称的全称及含量,相应的国际通用名称等。

农药通用名称执行 GB 4839 的规定。农药国际通用名称执行国际标准化组织(ISO)批准的名称。农药暂无规定的通用名称或国际通用名称的,可使用备案的建议名称;特殊情况,经批准后,暂时可以不标注。

5.1.4 使用商品名称(包括已注册的文字商标)、农药通用名称简称词组成的名称作为产品名称时,应经农药登记审批部门批准后方可使用,同时执行 5.1.3 的规定。

5.1.5 农药产品的有效成分含量通常采用质量分数(%)表示,也可采用质量浓度(g/L)表示。特殊农药可用其特定的通用单位表示。

5.1.6 农药产品的剂型标注应执行国家有关标准或规定;没有规定的,采用备案的建议名称。

5.2 产品的批准证(号)

标签上应注明该产品在我国取得的农药登记证号(或临时登记证号);实施农药生产许可证或农药批准文件号管理的产品,应注明有效的农药生产许可证号或农药生产批准文件号;境内生产使用的产品,应注明执行的产品标准号。

5.3 使用范围、剂量和使用方法

5.3.1 按照登记批准的内容标注产品的使用范围、剂量和使用方法。包括适用作物、防治对象、使用时期、使用剂量和施药方法等。

5.3.2 用于大田作物时,使用剂量采用每公顷(hm^2)使用该产品总有效成分质量(g)表示,或采用每公顷使用该产品的制剂量(g 或 mL)表示;用于树木等作物时,使用剂量可采用总有效成分量或制剂量的浓度值(mg/kg、mg/L)表示;种子处理剂的使用剂量采用农药与种子质量比表示。其他特殊使用的,使用剂量应以农药登记批准的内容为准。

5.3.3 为了用户使用的方便,在规定的使用剂量后,可用括号注明亩用制剂量或稀释倍数。

5.4 净含量

在标签的显著位置应注明产品在每个农药容器中的净含量,用国家法定计量单位克(g)、千克(kg)、吨(t)或毫升(mL)、升[L(或(l)]、千升(kL)表示。净含量值应符合产品标准的规定。

5.5 产品质量保证期

农药产品质量保证期可以用以下三种形式中的一种方式标明:

a) 注明生产日期(或批号)和质量保证期。如生产日期(批号)"2000-06-18",表示 2000 年 6 月 18 日生产,注明"产品保证期为 2 年"。

b) 注明产品批号和有效日期。

c) 注明产品批号和失效日期。

分装产品的标签上应分别注明产品的生产日期和分装日期,其质量保证期执行生产企业规定的质量保证期。

5.6 毒性标志

应在显著位置标明农药产品的毒性等级及其标志。农药毒性标志的标注应符合国家农药毒性分级

标志及标识的有关规定。

5.7 注意事项

5.7.1 应标明该农药与哪些物质不能相混使用。

5.7.2 按照登记批准内容,应注明该农药限制使用的条件、作物和地区(或范围)。

5.7.3 应注明该农药已制定国家标准的安全间隔期,一季作物最多使用的次数等。

5.7.4 应注明使用该农药时需穿戴的防护用品、安全预防措施及避免事项等。

5.7.5 应注明施药器械的清洗方法、残剩药剂的处理方法等。

5.7.6 应注明该农药中毒急救措施,必要时应注明对医生的建议等。

5.7.7 应注明该农药国家规定的禁止使用的作物或范围等。

5.8 贮存和运输方法

应详细注明该农药贮存条件的环境要求和注意事项等。

5.9 生产者的名称和地址

5.9.1 应标明与其营业执照上一致的生产企业的名称、详细地址、邮政编码、联系电话等。

5.9.2 分装产品应分别标明生产企业和分装企业的名称、详细地址、邮政编码、联系电话等。

5.9.3 进口产品应用中文注明其原产国名(或地区名)、生产者名称以及在我国的代理机构(或经销者)名称和详细地址、邮政编码、联系电话等。

5.10 农药类别特征颜色标志带

各类农药采用在标签底部加一条与底边平行的、不褪色的农药类别特征颜色标志带,以表示不同类别的农药(卫生用农药除外)。

除草剂为"绿色";杀虫(螨、软体动物)剂为"红色";杀菌(线虫)剂为"黑色";植物生长调节剂为"深黄色";杀鼠剂为"蓝色"。

5.11 象形图

标签上应使用有利于安全使用农药的象形图。象形图应用黑白两种颜色印刷,通常位于标签的底部。象形图的尺寸应与标签的尺寸相协调。

象形图的使用应根据产品安全使用措施的需要而选择使用,但不能代替标签中必要的文字说明。

象形图的种类和含义见图 1。

图 1 象形图的种类和含义

5.12 其他内容

标签上可以标注必要的其他内容。如对消费者有帮助的产品说明、有关作物和防治对象图案等。但标签上不得出现未经登记批准的作物、防治对象的文字或图案等内容。

6 标签的其他要求

6.1 农药标签应粘贴于包装容器上。标签上内容也可直接印刷于包装容器上。如果包装容器过小，标签不能说明全部内容的，应随外包装附上与标签内容要求相同的说明书，但此时标签上至少应有产品的名称、含量、剂型、净含量等内容。

6.2 农药标签的印制材料应结实耐用，不易变质。

6.3 农药在流通中，标签不得脱落，其内容不得变得模糊，应保证用户在购买或使用时，标签上的文字、符号、图形清晰，易于辨认和阅读。

6.4 版面设计时，重要内容应尽可能配置大的空间或置于显著位置。如产品名称、含量、剂型、有效成分中文及英文通用名称、防治对象、使用方法、毒性标志等。

6.5 农药标签应使用规范的汉字，少数民族地区可以同时使用少数民族文字。

6.6 分装产品的标签设计内容应与其生产企业的标签基本一致，仅在原标签基础上加注有关证号、分装日期、净含量以及分装企业的名称、详细地址、邮政编码、联系电话等。

6.7 一种标签适用一种农药产品；一种包装规格的产品，应使用一种标签；不同包装规格的同一种产品，其标签的设计和内容应基本一致。

ICS 71.100.01;87.060.10
G 55

中华人民共和国国家标准

GB/T 24103—2009

染料中间体
产品标志、标签、包装、运输、贮存通则

Intermediate of dyes—General rules for logo,tag,
packing,transportation,storage of products

2009-06-02 发布　　　　　　　　　　2010-02-01 实施

中华人民共和国国家质量监督检验检疫总局
中国国家标准化管理委员会　发布

前　言

本标准由中国石油和化学工业协会提出。

本标准由全国染料标准化技术委员会(SAC/TC 134)归口。

本标准起草单位:沈阳化工研究院、国家染料质量监督检验中心。

本标准主要起草人:姬兰琴、沈日炯。

染料中间体
产品标志、标签、包装、运输、贮存通则

1 范围

本标准规定了染料中间体产品的标志、标签、包装、运输、贮存通则。

本标准适用于染料中间体产品。

2 规范性引用文件

下列文件中的条款通过本标准的引用而成为本标准的条款。凡是注日期的引用文件,其随后所有的修改单(不包括勘误的内容)或修订版均不适用于本标准,然而,鼓励根据本标准达成协议的各方研究是否可使用这些文件的最新版本。凡是不注日期的引用文件,其最新版本适用于本标准。

GB 190 危险货物包装标志

GB/T 191 包装储运图示标志(GB/T 191—2008,ISO 780:1997,MOD)

GB/T 4122.1 包装术语基础

GB 6944 危险货物分类及品名编号

GB/T 9174 一般货物运输包装通用技术条件

GB 12268 危险货物品名表

GB 12463 危险货物运输包装通用技术条件

GB 13690 常用危险化学品的分类及标志

GB/T 15098 危险货物运输包装类别划分原则

GB 15258 化学品安全标签编写规定

GB 15603 常用化学危险品贮存通则

GB/T 19142 出口商品包装通则

GB 19432.1—2004 危险货物大包装检验安全规范 通则

3 产品分类

染料中间体产品根据其危害性可分为一般染料中间体产品和属于危险化学品的染料中间体产品。

符合 GB 13690、GB 12268、GB 6944、GB/T 15098 规定的染料中间体产品为危险化学品染料中间体产品。

4 标志、标签

4.1 标志

4.1.1 染料中间体产品的每个包装容器上都应涂印耐久、清晰的标志,标志内容至少应有:

   a) 产品名称;

   b) 注册商标(如适用);

   c) 生产企业名称、地址;

   c) 规格或等级(如适用);

   d) 生产许可证编号及标志(如适用);

   e) 净含量;

GB/T 24103—2009

f)　产品质量检验合格证明；

g)　执行的标准编号。

4.1.2　储运图示标志应符合 GB/T 191 的规定，涂印在指定位置上。

4.1.3　危险货物的警示标志或说明应按 GB 190 的规定，涂印在醒目之处；

4.2　标签

4.2.1　一般染料中间体产品应有标签，标签上应注明产品生产批号、生产日期、检验编号、执行标准编号、规格或等级等。

4.2.2　属于危险化学品的染料中间体还应有安全标签，其编写内容和格式符合 GB 15258 的规定，随货同行。

5　包装

5.1　术语与定义

GB/T 4122.1 和 GB 19432.1—2004 确立的术语与定义适用于本标准。

5.2　包装的基本要求

5.2.1　染料中间体产品的包装（或容器）应结构合理，具有一定强度，具备防潮湿、防污染性能。

5.2.2　包装材料不应与染料中间体产品发生物理、化学作用，不能影响产品质量。

5.2.3　包装的材质、型式、规格、方法应与产品性质和用途相适应，并便于装卸、运输和贮存。

5.2.4　整个包装应密封。

5.3　包装材料

5.3.1　固体染料中间体外包装一般可选用塑料编织袋或铁桶包装，液体染料中间体一般可根据产品特性选择铁桶、塑料桶或槽罐。其他形式的包装可在满足产品运输和贮存需要的前提下选择，在产品标准中具体规定。

5.3.2　以上包装容器均需内衬塑料薄膜袋或采取其他防潮措施，可在产品标准中具体规定。

5.4　包装要求

5.4.1　一般染料中间体产品包装件应符合 GB/T 9174 的规定。

5.4.2　危险化学品染料中间体产品包装件应符合 GB 12463 的规定。

5.4.3　危险货物大包装应符合 GB 19432.1 的规定。

5.4.4　出口染料中间体产品包装应符合 GB/T 19142 的规定。

5.5　包装净含量

包装净含量应在方便运输和贮存的前提下与包装容器和材料相适应，包装净含量应在产品标准中具体规定。

5.6　包装标志

产品外包装上应涂印耐久、清晰的标志，应符合本标准 4.1 的要求。

6　运输

6.1　包装件运输应符合我国运输标准的有关规定。

6.2　运输、装卸时应轻装、轻卸，不能摔、滚、倒置等，防止包装污染和破损。

6.3　产品运输中应用遮蓬盖住，避免阳光曝晒和雨淋。

6.4　不得与使产品变质或能使包装损坏的物品混运。

6.5　包装件运输中堆码高度应不高于 3.5 m。

7　贮存

7.1　贮存场所的环境设施应与产品特性相适应。

7.2 染料中间体产品应按规格或等级、分类、分批存放于阴凉、干燥通风处,防止受潮受热。不同产品应分区存放,严禁与产品可发生反应的物品接触。

7.3 如需要,染料中间体产品的有效贮存期一律按产品生产日期起算,产品的有效贮存期在产品标准中具体规定。贮存过程中产品包装不得起封,并应符合贮存条件要求。超过贮存期,需按产品标准重新进行检验,如检验结果符合标准要求,仍可使用。

7.4 危险化学品染料中间体产品同时应满足 GB 15603 的要求。

7.5 有其他特殊要求者,在满足国家有关标准要求的同时,应在产品标准中明确规定。

六、建 材

ICS 29.050
Q 52

中华人民共和国国家标准

GB/T 8719—2009
代替 GB/T 8719—1997

炭素材料及其制品的包装、标志、储存、运输和质量证明书的一般规定

General rule for packing, marking, storage, transport and
quality certificates of carbonaceous material and products

2009-07-08 发布

2010-04-01 实施

中华人民共和国国家质量监督检验检疫总局
中国国家标准化管理委员会 发布

GB/T 8719—2009

前　言

本标准代替 GB/T 8719—1997《炭素材料及其制品的包装、标志、储存、运输和质量证明书的一般规定》。

本标准对原标准下列内容进行了修改：

——包装用材料取消了柳条；

——增加了电极接头孔的保护内容；

——增加了石墨块的包装要求；

——增加了散装材料内衬塑料布的内容；

——增加了对电极包装现场、包装的要求；

——增加了成品电极安全线标识要求；

——增加了成品炭块的标记要求；

——修改了放置、码放要求。

本标准由中国钢铁工业协会提出。

本标准由全国钢标准化技术委员会归口。

本标准起草单位：冶金工业信息标准研究院、晋能集团大同能源发展有限公司炭素分公司。

本标准主要起草人：孙伟、张向军、张进莺。

本标准所代替标准的历次版本发布情况为：

——GB 8719—1988、GB/T 8719—1997。

炭素材料及其制品的包装、标志、储存、
运输和质量证明书的一般规定

1 范围

本标准规定了炭素材料及其制品的包装用材料、包装方法、包装要求、标志、运输和质量证明书。
本标准适用于炭素材料及其制品的包装。

2 规范性引用文件

下列文件中的条款通过本标准的引用而成为本标准的条款。凡是注日期的引用文件,其随后所有的修改单(不包括勘误的内容)或修订版均不适用于本标准,然而,鼓励根据本标准达成协议的各方研究是否可使用这些文件的最新版本。凡是不注日期的引用文件,其最新版本适用于本标准。

GB/T 191 包装储运图示标志(GB/T 191—2008,ISO 780:1997,MOD)

3 包装

3.1 包装用材料

3.1.1 为了保证炭素材料及其制品的质量和使用性能,在装卸、运输、保管过程中不受损坏,应根据炭素材料及其制品种类、规格、性能和运输方法,分别确定其包装用材料。

3.1.2 包装用材料:木材、菱苦土垫木、铁箱(筒)、瓦楞纸、麻袋、泡沫塑料、塑料布袋、打包钢带、打包塑料编织带(框)、塑料胶带、软填料。

3.2 包装方法

3.2.1 电极用木箱、木框底托包装,接头孔用泡沫塑料盖保护,并用打包钢带捆扎。

3.2.2 电极接头用纸箱、泡沫塑料箱包装或集装成大木箱包装,并用打包钢带捆扎。同一纸箱内装有两只以上电极接头时,接头间用瓦楞纸或泡沫塑料板隔开。

3.2.3 电极和接头连接为一体时,电极接头孔和接头用泡沫塑料盖包装,再用木箱、木框底托包装,并用打包钢带捆扎。

3.2.4 石墨块用木箱、木框底托包装,并用打包钢带捆扎。

3.2.5 高纯石墨材料及其制品用木箱、内衬用瓦楞纸或软填料及塑料布,并用打包钢带捆扎。

3.2.6 石墨阳极的包装按有关标准的规定进行。

3.2.7 高炉用炭块、微孔炭砖用木箱、木框底托包装,内衬用塑料布包裹,并用打包钢带捆扎。

3.2.8 炭素散装材料用内衬塑料布的木箱、铁箱(筒)、麻袋或编织袋包装。

3.2.9 对包装材料和包装方法如用户有特殊要求按供需双方协议。

3.3 包装要求

3.3.1 高纯石墨材料及其制品:包装现场、工具、材料应严格清理干净,不使产品受尘土、污水沾污。易碎件和微型件包装时须用软填料填实,防止松动和运输过程中碰损,散装材料不允许有泄漏现象。

3.3.2 高炉用炭块、微孔炭砖:包装现场、工具、材料应清理干净,产品与木箱之间应用瓦楞纸或泡沫塑料等软填充料填实。木箱应牢固、不变形,防止松动和运输过程中碰损。

3.3.3 电极:包装现场、工具、材料应清理干净,包装箱所用木板要求干净整洁,不允许有贯通裂纹、明显的毛刺、包装各部件外观要对称均匀、不得有突出钉帽和钉尖、打包钢带要拉紧,不得有松弛现象。出口电极包装箱所用木板应经过熏蒸处理。

3.3.4 电极规格≤ϕ400 mm 可三只包装;>ϕ400 mm 两只包装。

3.3.5 其他炭素材料及其制品:包装现场、工具、材料应清理干净,产品包装时应加以固定,易碎件包装时须用软填料填实,防止松动和运输过程中碰损。散装材料不允许有泄漏现象。

3.3.6 人工装卸每件重量不超过 25 kg,机械装卸每件重量不超过 5 000 kg。

3.3.7 如用户有特殊要求,按供需双方协议。

4 标志

4.1 成品电极在与接头孔底相对应的电极表面上标出安全线标记。

4.1.1 成品电极安全线标记宽度应≥25 mm。

4.1.2 成品电极安全线标记要均匀、清晰,不得由粘涂现象,同一端不允许有双条及以上安全线标记。

4.2 在成品电极接头孔底须粘贴标签,标签上应标明品种、规格、体积密度、电阻率、重量、长度、生产日期等。端部须清晰标明品级、重量等。

4.3 成品炭块需作标记时不能使用易脱落材料,标记要清晰、牢固。

4.4 包装件应在外表面明显部位标明生产厂厂名、产品牌号、型号、规格、品级、数量、毛重、净重等,每件产品应附有合格证或合格标志。

4.5 运输标志和货件上的标记方法按 GB/T 191 的规定进行。

4.6 如用户有特殊要求按供需双方协议。

5 储存、运输

5.1 炭素材料及其制品应按类别、品种、规格、性能,分别放置在清洁的仓库内,码放整齐、码放高度应避免产品变形和垮塌,并要防止受潮和受外界沾污。各类炭糊可放置在室外清洁场地,按品种分开堆放,不得互混。

5.2 炭素材料及其制品应用遮盖或带有篷布的车、船运输,各类炭糊可用无遮盖或篷布的车、船运输。

5.3 装车、船前应将车、船底及接触部位清扫干净。

5.4 产品散装运输,在装卸时应轻起轻放,码放整齐,运输工具底部应铺软垫料,并用小木楔使产品固定,防止滑动造成产品撞击、碰损。

6 质量证明书

炭素材料及其制品按批量出厂时,应附有产品质量证明书。质量证明书中应包括以下项目:

a) 生产厂名称;

b) 需方名称;

c) 产品名称、型号、规格、品级;

d) 重量和件数;

e) 产品标准编号;

f) 理化指标检验结果;

g) 生产厂质量监督部门印记。

ICS 55.080

A 82

中华人民共和国国家标准

GB 9774—2010

代替 GB 9774—2002

水 泥 包 装 袋

Sacks for packing cement

自 2017 年 3 月 23 日起,本标准转为推荐性标准,编号改为 **GB/T 9774—2010**。

2010-09-26 发布

2011-07-01 实施

中华人民共和国国家质量监督检验检疫总局
中国国家标准化管理委员会 发布

GB 9774—2010

前　言

本标准 5.2、5.3、5.4、5.5、5.6 为强制性条款,其余为推荐性条款。

本标准代替 GB 9774—2002《水泥包装袋》。

本标准与 GB 9774—2002 相比主要变化如下:

——将 GB 9774—2002《水泥包装袋》第 1 号修改单内容纳入标准正文中;

——复膜塑编袋、纸塑复合袋物理力学性能不再按"包装规格"不同而分别规定,并将剥离力指标取消,将拉伸负荷经向和纬向指标适当降低(GB 9774—2002 的 4.3 中表 1,本版的 5.2 中表 1);

——增加了单位面积质量试验方法(本版的 6.2);

——增加了拉伸负荷试验方法(本版的 6.3);

——增加了检验报告要求(本版的 7.6);

——增加了水泥包装袋在使用前应进行牢固度用户验收检验(本版的 9.1)要求;

——增加了牢固度用户验收检验内容(本版的附录 C 中 C.6);

——增加了小袋制作方法(本版的附录 D 中 D.3.1)。

本标准的附录 C、附录 D 和附录 E 为规范性附录,附录 A 和附录 B 为资料性附录。

本标准由全国包装标准化技术委员会(SAC/TC 49)提出。

本标准由全国包装标准化技术委员会袋分技术委员会(SAC/TC 49/SC 2)归口。

本标准负责起草单位:中国建筑材料科学研究总院、建筑材料工业技术监督研究中心、河南红旗渠建设集团有限公司、山东丛林集团有限公司、厦门艾思欧标准砂有限公司。

本标准参加起草单位:深圳中艺星实业有限公司、内蒙古蒙西水泥股份有限公司、湖南韶峰集团附属福利厂、洛阳华天包装机械工业有限公司、广西正泰彩印包装有限责任公司、天津华今塑业有限公司、辽宁程程塑料有限公司、黄石华新包装有限公司、安徽省锦翔塑编包装实业有限公司。

本标准主要起草人:江丽珍、颜碧兰、甘向晨、霍春明、于法典、郝卫增、宋立春、刘晨、安学利、李胜泰。

本标准所代替标准的历次版本发布情况为:

——GB 9774—1988、GB 9774—1996、GB 9774—2002。

> 根据中华人民共和国国家标准公告(2017 年第 7 号)和强制性标准整合精简结论,本标准自 2017 年 3 月 23 日起,转为推荐性标准,不再强制执行。

水 泥 包 装 袋

1 范围

本标准规定了水泥包装袋的分类、制袋材料、要求、试验方法、检验规则、标志、包装、运输和贮存以及使用。

本标准适用于装载质量不超过 50 kg 的各种类型的水泥包装袋。

2 规范性引用文件

下列文件中的条款通过本标准的引用而成为本标准的条款。凡是注日期的引用文件,其随后所有的修改单(不包括勘误的内容)或修订版均不适用于本标准,然而,鼓励根据本标准达成协议的各方研究是否可使用这些文件的最新版本。凡是不注日期的引用文件,其最新版本适用于本标准。

GB 175　通用硅酸盐水泥

GB/T 7968　纸袋纸

GB/T 8947　复合塑料编织袋

GB/T 17671—1999　水泥胶砂强度检验方法(ISO 法)(idt ISO 679:1989)

QB/T 1460　伸性纸袋纸

3 分类、规格和基本尺寸、代号、命名和版面印刷

3.1 分类

3.1.1　水泥包装袋按制袋材料分为纸袋、复膜塑编袋和复合袋。

3.1.2　水泥包装袋按制袋工艺分为糊底袋和缝底袋两种,其中纸袋均为糊底袋,复膜塑编袋、复合袋分为糊底袋和缝底袋两种。糊底袋按糊底工艺分为粘合和热封合。

3.1.2.1　糊底袋袋身两侧为平边,两底各粘合成平面六角形,上底一角设有阀口,其典型袋型示意图如图 1 所示。

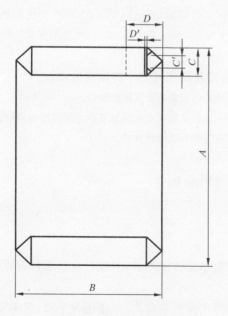

图 1　糊底袋示意图

3.1.2.2 缝底袋袋身两侧有 M 形褶边,两底由缝线缝合,上底一角设有阀口,其典型袋型示意图如图 2 所示。

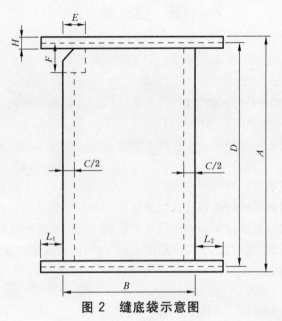

图 2 缝底袋示意图

3.2 规格和基本尺寸

水泥包装袋规格按装载水泥质量一般分为 50 kg 和 25 kg 两种,其基本尺寸参见附录 A。其他规格由供需双方协商确定。

3.3 代号

3.3.1 糊底袋

糊底袋代号为 H-×××-×××-×××。H 代表糊底袋,第一组×××代表长度,单位为毫米(mm);第二组×××代表宽度,单位为毫米(mm);第三组×××代表适用温度,单位为摄氏度(℃)。

示例:H-640-500-080,表示长度为 640 mm,宽度为 500 mm,适用温度为不高于 80 ℃的糊底袋。

3.3.2 缝底袋

缝底袋代号为 F-×××-×××-×××。F 代表缝底袋,第一组×××代表有效长度,单位为毫米(mm);第二组×××代表宽度,单位为毫米(mm);第三组×××代表适用温度,单位为摄氏度(℃)。

示例:F-780-420-100,表示有效长度为 780 mm,宽度为 420 mm,适用温度为不高于 100 ℃的缝底袋。

3.4 命名

水泥包装袋按制袋材料命名,即将所用材料全面体现出来。

示例1:由一层复膜塑料编织布制成的包装袋称为复膜塑编袋。

示例2:由一层复膜塑料编织布和一层纸袋纸制成的包装袋称为复膜塑编袋(内有衬纸)。

示例3:由纸塑复合材料制成的包装袋称为纸塑复合袋。

3.5 版面印刷

水泥包装袋版面印刷内容参见附录 B。

4 制袋材料

4.1 基本要求

水泥包装袋所用制袋材料应对水泥性能无害,并应符合相应材料标准的要求。

4.2 纸袋

由纸袋纸或伸性纸袋纸制作的水泥包装袋,允许使用再生纸,但不得加在最外层或最里层。纸袋纸应符合 GB/T 7968 的要求,伸性纸袋纸应符合 QB/T 1460 的要求。

4.3 复膜塑编袋、复合袋

复膜塑编袋由复膜塑料编织布制作的水泥包装袋(包括有内衬纸的);复合袋是由复合材料等制作的水泥包装袋(包括有内衬纸的)。复膜塑编袋和复合袋所用材料应符合相应材料标准的要求,所用内衬纸应是纸袋纸。

5 要求

5.1 外观

水泥包装袋外观应平整、无裂口、无脱胶、无粘膛并且印刷清晰、完整。

5.2 复膜塑编袋和纸塑复合袋的物理力学性能

复膜塑编袋和纸塑复合袋的物理力学性能应符合表1规定。

表 1 复膜塑编袋、纸塑复合袋的物理力学性能

材料	单位面积质量/(g/m²)		拉伸负荷/(N/50 mm)				
	纸塑复合袋	复膜塑编袋ᵃ	经向	纬向	粘合向	褶边向	缝(糊)底向
全新料	≥65	≥71	≥400	≥350	≥250	≥200	≥200
再生料	≥71	≥77					

ᵃ 含复膜质量且复膜质量应不小于 6 g/m²。

5.3 适用温度

包装袋在其最高适用温度下应能满足包装要求,超过最高适用温度,使用性能则不受保证:

a) 纸袋:适用温度为不高于 80 ℃;

b) 复膜塑编袋(包括有内衬纸的)、复合袋:适用温度有不高于 80 ℃、不高于 90 ℃和不高于 100 ℃三种。

5.4 牢固度

5.4.1 纸袋

任取五条样袋进行跌落试验,以跌落试验不破次数表示,五条样袋跌落不破次数均应不小于 6 次。

5.4.2 复膜塑编袋、复合袋

任取五条样袋,按5.3规定温度热处理后进行跌落试验,以跌落试验不破次数表示,五条样袋跌落不破次数均应不小于 8 次。

5.5 制袋材料对水泥强度的影响

3d 抗折强度比 $R_f \geq 93\%$、3d 抗压强度比 $R_c \geq 95\%$。

5.6 防潮性能

3d 抗压强度比 $R_c \geq 85\%$。

6 试验方法

6.1 外观

在正常光线下目测。

6.2 单位面积质量

任取一条样袋,将袋摊平,用精度为 1 mm 的直尺,在袋的上、下两个对角处取下 100 mm×100 mm 两个方块,方块外边线应与袋边线相距 50 mm~80 mm。用精度为 0.01 g 的天平称取其质量,取两个方块的算术平均值,按式(1)计算单位面积质量:

$$m = m_0/0.01 \qquad\qquad\qquad \cdots\cdots\cdots\cdots\cdots(1)$$

式中:

m——单位面积质量,单位为克每平方米(g/m²);

m_0——两个方块质量的算术平均值,单位为克(g);

0.01——100 mm×100 mm 方块的面积,单位为平方米(m^2)。

注:复膜塑编袋的单位面积质量(m)含复膜质量。

6.3 拉伸负荷

按 GB/T 8947 进行。

6.4 牢固度

按附录 C 进行。

6.5 制袋材料对水泥强度的影响

按附录 D 进行。

6.6 防潮性能

按附录 E 进行。

7 检验规则

7.1 组批

水泥包装袋出厂前的取样编号按工厂实际生产能力分为:

a) 年产量不小于 5 000 万条时,以 10 万条为一个批号;

b) 年产量小于 5 000 万条时,以 5 万条为一个批号;当日产量小于 5 万条时,以 1d 产量为一个批号。

7.2 取样

取样时应随机从同一批号不同部位的 15 捆中各取一条样袋供检验用。

7.3 出厂检验

出厂检验项目为 5.1、5.2、5.3、5.4。

7.4 型式检验

型式检验项目为第 5 章全部要求。有下列情况之一时,应进行型式检验:

a) 新产品或老产品转厂生产;

b) 结构、材料、工艺有较大改变,可能影响产品性能时;

c) 正常生产时,每半年进行一次检验;

d) 产品长期停产后,恢复生产时;

e) 出厂检验结果与上次型式检验有较大差异时;

f) 国家质量监督机构提出型式检验的要求时。

7.5 判定规则

7.5.1 出厂检验

7.5.1.1 外观检验按每个编号任取 15 条样袋,当有 13 条(含)以上符合 5.1 要求,即判定外观检验合格,否则为批不合格。

7.5.1.2 外观检验合格后,对 5.2、5.3、5.4 进行检验,结果均符合要求时,判为批合格,否则为批不合格。

7.5.2 型式检验

外观检验时每个编号任取 15 条样袋,当有 13 条(含)以上符合 5.1 要求,即判定外观检验合格,否则为型式检验不合格。当外观检验合格时,其他性能检验按照相应试验方法中规定的取样量进行检验,结果全部符合要求时,判为型式检验合格,其中任一项不符合要求时,扩大一倍取两组样品进行全部项目(除外观)复检,当两组样品复检均符合要求时,判为型式检验合格,否则为不合格。

7.6 检验报告

当用户需要时,生产者应在水泥包装袋发出之日寄发出厂检验报告。

7.7 仲裁

当供需双方对产品质量有争议时,供需双方应将双方认可的样袋签封,送省级或省级以上国家认可的水泥包装袋质量监督检验机构进行仲裁检验。

7.8 新开发的包装袋的定型批准

新开发的包装袋,应经国家指定的检测机构检测,并有用户试用情况报告和专家鉴定报告,同时应考虑到环境保护的要求,合格后方可投产使用。

8 标志、包装、运输和贮存

8.1 标志

水泥包装袋应标明制袋企业名称和地址、包装袋适用温度。

8.2 包装

水泥包装袋以 100 条、150 条或 200 条为一捆,捆扎的绳索应不磨损袋子或在捆扎处垫上软质材料。产品应有合格证,其上印有制袋企业名称和地址、执行标准号、代号、生产日期、批号、牢固度、适用温度及防潮性能。

8.3 运输和贮存

水泥包装袋在运输和贮存过程中,不得受潮,避免高温和阳光直射,装卸时要防止硬物划破袋子。水泥包装袋贮存期自生产之日起不宜超过 6 个月,超过 6 个月时,应重新进行检验。

9 使用

9.1 水泥包装袋在使用前应进行包装工艺适应性试验和牢固度用户验收检验。

9.2 包装工艺适应性试验:包装袋在水泥厂包装且整个包装系统处于稳定状态下时,能满足正常包装要求,并且满足出包机破包率不大于 0.3% 的要求时,则判定该包装袋在该厂包装工艺适应性合格。该试验由供需双方共同进行。

9.3 牢固度用户验收检验:按附录 C 中第 C.6 章进行。

附　录　A

（资料性附录）

水泥包装袋的基本尺寸

A.1　导言

本附录推荐了规格为 50 kg 和 25 kg 的水泥包装袋的基本尺寸,其他规格水泥包装袋的基本尺寸由供需双方协商确定。

A.2　糊底袋的基本尺寸

糊底袋的基本尺寸参见表 A.1。

表 A.1　糊底袋的基本尺寸

规格	袋长度 A/mm		袋宽度 B/mm		底宽度 C/mm		阀口宽度 C′/mm		阀口长度 D/mm		阀口伸出长度 D′/mm
	基本尺寸	允许偏差	基本尺寸	允许偏差	基本尺寸	允许偏差	基本尺寸	允许偏差	基本尺寸	允许偏差	
25 kg	480	±10	390	±5	90	±3	88	±3	100	±5	2～3
50 kg	640		500		100		98		110		2～3
注：基本尺寸可以根据水泥密度做适当的调整。											

A.3　缝底袋的基本尺寸

缝底袋的基本尺寸参见表 A.2。

表 A.2　缝底袋的基本尺寸

规格	袋长度 A/mm		袋宽度 B/mm		袋有效长度 D/mm		褶边宽度 C/mm		缝线纸宽度 H/mm	阀口折角		袋端留余线扣数	
	基本尺寸	允许偏差	基本尺寸	允许偏差	基本尺寸	允许偏差	基本尺寸	允许偏差		长度 E/mm	宽度 F/mm	活扣 L_1 扣数	死扣 L_2 扣数
25 kg	560	±10	350	±5	500	±5	70	±3	≥24	≥110	90±4	≥2	≥1
50 kg	780		420		730		80						
注：基本尺寸可以根据水泥密度做适当的调整。													

附 录 B

（资料性附录）

水泥包装袋版面印刷内容和示意图

B.1 导言

本附录按水泥产品标准有关要求推荐了水泥包装袋的正面、侧面、背面和上下底面（糊底袋）印刷内容，适用于各种规格的水泥包装袋。

B.2 正面印刷内容

水泥包装袋正面宜印刷如下内容：
a） 水泥品牌、注册商标图形；
b） 水泥生产许可证标志（QS）及编号；
c） 水泥品种；
d） 水泥代号和强度等级；
e） 水泥产品执行标准；
f） 水泥净含量；
g） 水泥出厂编号；
h） 水泥包装日期；
i） 水泥储存条件：不得受潮和混入杂物；
j） 水泥生产企业名称和地址。

注1：如有认证标志，可印于正面适当位置。
注2：水泥生产许可证标志（QS）及编号、水泥出厂编号和水泥包装日期也可印于侧面或背面。

B.3 侧面印刷内容

水泥包装袋一个侧面或两个侧面宜印刷如下内容：
a） 水泥产品名称；
b） 水泥强度等级。

B.4 背面印刷内容

水泥包装袋背面宜印刷如下内容：
a） 水泥包装袋生产日期和适用温度；
b） 制袋企业名称和地址。

注：背面印刷内容也可印于侧面适当位置。

B.5 上下底面印刷内容

糊底水泥包装袋上下底面宜印刷如下内容：
a） 包装袋结构，如三层纸糊底袋其结构表示为 3E，三层纸和一层塑料薄膜糊底袋则表示为 3E+1PE；
b） 阀口处指示性标志。

B.6 版面和字体

B.6.1 版面印刷应清晰完整，无斑点、无重影，颜色符合水泥产品标准规定。

B.6.2 字体由供需双方协商确定。

B.7 版面印刷示意图

以普通硅酸盐水泥为例,水泥包装袋正面、背面和两侧面印刷形式宜按图 B.1 安排。

正面	背面
执行标准:GB 175—2007《通用硅酸盐水泥》 生产许可证标志(QS)及编号:××× 普通硅酸盐水泥(掺火山灰) P·O42.5 净含量50 kg 注册商标图形 品牌 出厂编号:××× 包装日期: 年 月 日 运输和贮存:不得受潮和混入杂物 水泥生产企业名称和地址	 制袋企业名称和地址 制袋日期: 年 月 日 包装袋适用温度:

两侧面

42.5普通硅酸盐水泥(掺火山灰)

图 B.1 水泥包装袋版面印刷示意图

附 录 C

（规范性附录）

水泥包装袋牢固度试验方法

C.1 导言

本附录规定了水泥包装袋的牢固度试验方法,适用于各种规格的水泥包装袋。

C.2 原理

将样袋装满规定质量的砂子,于 1 m 高度自由下落,使水泥包装袋承受一个标准的冲量,考核水泥包装袋能承受多少次冲击,以其数值衡量水泥包装袋的牢固程度。

C.3 试验设备

C.3.1 台秤:精度 0.2 kg。

C.3.2 电热干燥箱:精度 2 ℃。

C.3.3 跌落试验机或试验架应符合以下条件:

    a) 支撑试验样袋的装置在释放前能使样袋处于水平状态;

    b) 支撑装置使样袋置于 1 m±0.02 m 高度(距离冲击面);

    c) 试验机(架)在释放过程中能保证样袋自由跌落;

    d) 冲击面为水平面,质地坚硬,试验时不移动、不变形且不框动,冲击面的大小要足以保证样袋完全跌落在冲击面内;

    e) 试验机(架)在提升、转移和释放样袋时不损伤样袋。

C.4 试验步骤

C.4.1 每编号从 15 条样袋中随机抽取 5 条,纸袋直接从 C.4.2 进行试验。复膜塑编袋、复合袋试验前放入设定温度(根据 5.3)电热干燥箱中,恒温 1 h 后,取出,放入温度 20 ℃±5 ℃、湿度大于 50% 的实验室内(复膜塑编袋也可在自然条件下的室内),冷却 4 h 以上。

C.4.2 在样袋中灌装符合 GB/T 17671—1999 中 5.1.3 规定的 0.5 mm～1.0 mm 中级砂(允许使用粒度不大于 1.0 mm、含水量小于 0.2% 的建筑用砂)50 kg±0.2 kg 或 25 kg±0.2 kg。

C.4.3 将样袋平放于跌落试验机底板中心,样袋胶结口面朝上,并使砂分布均匀;如使用跌落试验架,则直接将样袋置于支撑板中心。

C.4.4 启动机器,提升样袋至 1 m±0.02 m 高度,开启释放装置,使样袋自由下落。

C.4.5 反复操作,纸袋如小于 6 次破包,记录破包次数;复膜塑编袋、复合袋如小于 8 次破包,记录破包次数。如纸袋 6 次未破包,可记录为 6 次,并注明未破包;如复膜塑编袋、复合袋 8 次未破包,可记录 8 次,并注明未破包。

C.5 结果判定

C.5.1 破包判定

有下列情况之一判为破包:

    a) 裂口处大于 50 mm;

    b) 几处裂口合计大于 80 mm;

    c) 阀口外翻。

C.5.2 合格判定

以五条样袋跌落次数表示,当五条样袋跌落不破次数均不小于 6 次(纸袋)或不小于 8 次(复膜塑编袋和复合袋)时,判定牢固度合格。

C.6 牢固度用户验收检验

在水泥厂包装车间,随机抽取装满水泥后的五袋样品,按 C.4.3、C.4.4 和 C.4.5 进行试验。结果判定同第 C.5 章。

附　录　D
（规范性附录）
制袋材料对水泥强度的影响试验方法

D.1　导言

本附录规定了水泥包装袋制袋材料对水泥强度的影响试验方法,适用于各种材料的水泥包装袋。

D.2　试验设备

D.2.1　电热干燥箱:精度为 2 ℃。

D.2.2　符合 GB/T 17671—1999 规定的水泥强度试验用仪器。

D.3　试验步骤

D.3.1　小袋制作

D.3.1.1　复膜塑编袋、复合袋

任取两条被检验样袋,用缝纫机缝制两个有效尺寸为 250 mm×150 mm 小袋,缝纫用针直径约为 1 mm～1.5 mm,上下缝口线直径约为 1 mm,针距约为 10 mm,小袋两面的裁取应能体现原样品的整体特征。复膜塑编袋应去掉内衬纸,其他复合袋,挺度较大的,内衬纸沿小袋长度方向剪开 100 mm,挺度较小的,应去掉内衬纸。制成的小袋预留装水泥口。

D.3.1.2　纸袋

任取两条被检验样袋,糊制两个有效尺寸为 250 mm×150 mm 小袋,小袋上下口、袋身连接处糊制方法和各面的裁取应能体现原样品的整体特征。制成的小袋预留装水泥口。

D.3.2　样品制备

取不少于 2 kg 符合 GB 175 的硅酸盐水泥或普通硅酸盐水泥(强度等级 42.5 以上)混匀,称取两份约 500 g 水泥分别放入两个容积为 1 L 的烧杯中;再各取约 500 g 分别放入两个小袋中,封口。然后将两个烧杯和两个小袋分别置于两个温度为 105 ℃±2 ℃的电热干燥箱中,恒温 2 h,取出并将烧杯和小袋分别置于密闭容器内,放入符合 GB/T 17671—1999 规定的成型实验室冷却 24 h±2 h。

D.3.3　强度试验

将两个小袋中水泥混匀,然后将此水泥与烧杯中水泥分别按 GB/T 17671—1999 规定进行水泥 3d 抗折强度、3d 抗压强度试验。

D.4　结果计算

D.4.1　3d 抗折强度比

3d 抗折强度比按式(D.1)计算:

$$R_f = R_{f2}/R_{f1} \times 100 \quad\quad\quad\quad\quad\quad\quad\quad (D.1)$$

式中:

R_f——水泥 3d 抗折强度比,%;

R_{f1}——烧杯中水泥 3d 抗折强度,单位为兆帕(MPa);

R_{f2}——小袋中水泥 3d 抗折强度,单位为兆帕(MPa)。

D.4.2　3d 抗压强度比

3d 抗压强度比按式(D.2)计算:

$$R_c = R_{c2}/R_{c1} \times 100 \quad\quad\quad\quad\quad\quad\quad\quad (D.2)$$

式中：

R_c——水泥 3d 抗压强度比，%；

R_{c1}——烧杯中水泥 3d 抗压强度，单位为兆帕（MPa）；

R_{c2}——小袋中水泥 3d 抗压强度，单位为兆帕（MPa）。

附　录　E

（规范性附录）

水泥包装袋防潮性能试验方法

E.1　导言

本附录规定了水泥包装袋防潮性能试验方法,适用于各种水泥包装袋。

E.2　原理

以小样袋盛装水泥,置于一定温度、湿度条件下,存放 7 d,测定小样袋中水泥强度,与常温、密闭容器中存放的同一品种水泥强度比较,以判定水泥包装袋的防潮能力。

E.3　试验设备

E.3.1　恒温、恒湿箱:温度精度 5 ℃,湿度精度 5%。

E.3.2　符合 GB/T 17671—1999 规定的水泥强度试验用仪器。

E.4　试验步骤

E.4.1　小袋制作

任取一条被检验样袋,缝制一个有效尺寸为 250 mm×150 mm 小袋,制作方法同附录 D 中 D.3.1。

E.4.2　样品制备

称取约 600 g 符合 GB 175 的硅酸盐水泥或普通硅酸盐水泥(强度等级 42.5 以上),放入小袋中,封口。

E.4.3　养护

将盛有水泥的小袋放入温度为 20 ℃±5 ℃,湿度为 90%±5% 的恒温、恒湿箱中,放置 7 d。

E.4.4　强度试验

将小袋中水泥和对比水泥(常温、密闭容器中存放的同一品种水泥)分别按 GB/T 17671—1999 规定进行水泥 3d 抗压强度试验。

E.5　结果计算

3d 抗压强度比按式(E.1)计算:

$$R_c = R_{c2}/R_{c1} \times 100 \qquad\qquad\qquad (E.1)$$

式中:

R_c——水泥 3d 抗压强度比,%;

R_{c1}——对比水泥 3d 抗压强度,单位为兆帕(MPa);

R_{c2}——小袋中水泥 3d 抗压强度,单位为兆帕(MPa)。

中华人民共和国国家标准

不定形耐火材料包装、标志、
运输和储存

GB/T 15545—1995

Unshaped refractory—Packing, marking,
transportation and storage

1 主题内容与适用范围

本标准规定了不定形耐火材料的包装、标志、运输和储存。

本标准适用于不定形耐火材料。

2 引用标准

GB 191　包装储运图示标志

GB 1413　集装箱外部尺寸和额定重量

GB 2934　联运平托盘外部尺寸系列

GB/T 3830　软聚氯乙烯压延薄膜和片材

GB 4122　包装通用术语

GB 4892　硬质直方体运输包装尺寸系列

GB 4995　木制联运平托盘技术条件

GB 6388　运输包装收发货标志

GB 6543　瓦楞纸箱

GB 6544　瓦楞纸板

GB 9174　一般货物运输包装通用技术条件

GB 10454　柔性集装袋

3 包装

3.1　不定形耐火材料的包装是指该产品的销售包装和运输包装。定义见 GB 4122 的规定。

不定形耐火材料包装的技术要求应符合 GB 9174 及有关国家标准的规定。包装材料不应与产品发生任何物理和化学作用而损坏产品。

3.2　产品经检验,符合标准后才能按产品的品种、牌号分别包装。其包装形式有袋类、桶类、箱(盒)类和集合包装四类,见下表。为区别不同品种、不同牌号的产品,在上述包装形式中可选用彩色包装材料。

3.3　对于结合剂必须在使用前加入的产品,结合剂可单独包装。结合剂小包装件应附在产品包装件的明显位置。

不定形耐火材料包装形式表

包装类型	技术要求	限重,kg
3.2.1 袋类	各类包装袋口均应折叠缝密,针距均匀。内货不外露,不撒漏。不允许手工扎口	
3.2.1.1 纸袋	a. 纸袋应采用坚韧牛皮纸制作,纸面应洁净、无折褶、皱纹、裂口和破洞。纸袋不允许补贴,层数不少于三层。 b. 纸袋缝线涂胶宽度不小于 10 mm,粘合应牢固,不开胶,不虚贴。 c. 纸袋必须机器封口,两端折叠缝口针脚长度应在 11~13 mm 间(缝线为 21 支三合九股到十二股)严禁扎口、散口。 d. 内衬塑料薄膜。 e. 物料不宜过满,袋内应留少许间隙	25、40、50
3.2.1.2 聚丙烯编织袋	a. 聚丙烯编织袋用扁丝,外观应光滑平整,无明显起毛。扁丝宽度应不小于 1.5 mm。单丝相对拉伸强度应不小于 3.5 kg/且,经纬密度 40~64 根/100 mm。 b. 编织袋裁剪必须用热熔切割,以保证切口处熔融粘连不散边。 c. 编织袋缝边、缝口、一般采用工业或民用缝纫机缝线,缝线到边、底距离为 8~12 mm,无边袋口卷折不大于 10 mm。 d. 内衬塑料薄膜	25、40、50
3.2.1.3 复合袋	a. 复合袋是以纸袋纸、涂膜、聚丙烯编织布经热压复合成一体,经切割、压杠缝纫而成。 b. 袋的裁剪必须用热熔切割,以保证切口处熔融粘连不散边。 c. 复合袋缝边、缝口之缝线到边、底的距离为 8~12 mm;缝针密度为 16~25 针/100 mm。袋上口卷折不大于 10 mm;底部折回不小于 10 mm	25、40、50
3.2.1.4 柔性集装袋	应符合 GB 10454 规定	250、500、1000
3.2.2 桶类 3.2.2.1 金属桶	桶应圆整,无明显失圆、凹瘪、歪斜等缺陷,桶体光滑,无毛刺和机械损伤。桶直缝不允许补焊。桶内洁净、无锈、无渣及其他杂质。内衬隔离材料;桶表面漆膜平整光滑、均匀;桶口件装配配套,不渗漏并满足其他供需双方确定的要求	25、40、50、100、200
3.2.2.2 胶合板、纤维板桶	a. 制桶用胶合板不少于 8 层,桶底、桶盖必须使用五层胶合板,不允许有脱胶、鼓泡。纤维板应有良好的抗水性能。 b. 桶体应挺实坚固,无明显失圆、凹瘪、歪斜等缺陷。桶身的两端应有钢带加强箍。 c. 桶口内缘应有衬肩。桶盖封口应采用咬口盖箍紧、销牢。 d. 内衬塑料薄膜或其他防渗漏材料	20、25、40、50、100
3.2.2.3 硬塑料桶	a. 要求不裂、不漏、无老化现象。其造型应便于堆码、装卸和搬运。 b. 封口要用双层桶盖拧紧,内货不渗漏。 c. 内衬塑料薄膜或其他防渗漏材料	20、25、40、50、100

续表

包装类型	技术要求	限重,kg
3.2.3 箱(盒)类 3.2.3.1 瓦楞纸箱(盒)	按 GB 6543 和 GB 6544 的规定,内衬塑料薄膜或其他防渗漏材料	
3.2.4 集合包装	为了便于装卸、储存和运输,将若干包装件(袋、箱、桶)包装在一起,形成一个合适的搬运单元(定义见 GB 4122)	
3.2.4.1 木箱(全封闭木箱、花格式木箱)	制箱板应无明显的毛刺和洞眼。其缺陷不得影响其结构强度。木箱成箱应四角垂直端正,箱板的厚度和宽度应根据所装货物的重量确定。但其厚度不得小于 18 mm,宽度不得小于 70 mm。箱体尺寸应按 GB 4892 规定选择	1000、1200
3.2.4.2 折叠式集装箱(钢制)	箱体可折叠,其尺寸应按 GB 4892 规定选择	1000、1200
3.2.4.3 集装箱	应符合 GB 1413 规定	
3.2.4.4 托盘	应符合 GB 4995 的规定,外部尺寸按 GB 2934 规定选择	
3.2.4.4.1 托盘瓦楞纸板箱	瓦楞纸板应符合 GB 6544。包装件堆码封箱后用钢带捆扎箍牢,用薄钢板护边包角加固	1000、1200
3.2.4.4.2 托盘胶合板(纤维板、刨花板、竹胶板)箱	箱板厚度:纤维板厚度不小于 3 mm,刨花板厚度不小于 8 mm,胶合板应不少于三层。封箱后用钢带捆扎箍牢,用薄钢板护边包角加固	1000、1200
3.2.4.4.3 托盘塑封包装	包装件堆码在托盘上,用钢带捆扎箍牢,塑料薄膜(片)热塑封装。塑料薄膜技术要求应符合 GB 3830 规定	1000

4 标志

4.1 产品的每个包装件应有标志。标志应牢固、不退色,且置于明显位置。

4.2 标志内容

    a. 制造厂名、厂标;

    b. 产品名称、商标;

    c. 产品牌号、等级、标记;

    d. 包装件重量(毛重、净重),集合包装内包装件总数量(如结合剂分别包装应注明数量);

    e. 制造日期、批号;

    f. 有效期限及储存条件;

    g. 防雨、防潮标志;

    h. 其他。

4.3 产品包装储运图示,应符合 GB 191 的规定。

4.4 产品运输包装收发货标志,应符合 GB 6388 的规定。

5 运输

5.1 不定形耐火材料必须包装后才能运输。

5.2 运输前应验明包装件没有严重破损,内装件不撒漏,不损坏,捆扎完好。

5.3 运输工具应安全、牢固、洁净,具有防雨防潮设施。

5.4 搬运时必须轻拿轻放,严禁滚动和抛掷。

5.5 运输距离在 500 km 以外(含 500 km)的包装件应采用集装运输。

6 储存

6.1 包装件经外观检验合格后,储存在有盖的仓库内,不得受潮、雨淋和混入其他杂质。

6.2 产品包装件应按不同品种、牌号和等级,分别堆放,以标牌标记。

6.3 堆垛高度以方便运输,安全操作为原则,集装高度不宜超过 3.6 m。

附加说明:

本标准由中华人民共和国冶金工业部提出。

本标准由冶金部信息标准研究院、冶金建筑研究总院负责起草。

本标准主要起草人高建平、黄梅英、肖玲珠。

本标准水平等级标记 GB/T 15545—1995 Y

GB/T 16546—1996

前　言

　　本标准没有相应的国际标准。本标准根据国内的实际使用情况制订,个别条款采用了俄罗斯标准ГOCT 24717—81《耐火材料和制品标志、包装、运输和储存》。我国定形耐火制品没有独立的包装、标志标准,原来这部分内容分别包括在有关产品标准的最后部分。为了加强耐火制品的包装,保证制品质量,特制订本标准。

　　本标准是按 GB/T 1.1—1993《标准化工作导则　第 1 单元　标准的起草与表述规则　第 1 部分　标准编写的基本规定》编写的。

　　本标准适用于致密和隔热定形耐火制品。

　　本标准由冶金工业部提出。

　　本标准由全国耐火材料标准化技术委员会归口。

　　本标准起草单位:冶金部信息标准研究院。

　　本标准主要起草人:高建平、黄梅英。

中华人民共和国国家标准

定形耐火制品包装、标志、运输和储存 GB/T 16546—1996

Shaped refractory products—Packing, marking,
transportation and storage

1 范围

本标准规定了定形耐火制品包装、标志、运输和储存的技术要求。

本标准适用于致密和隔热定形耐火制品。

2 引用标准

下列标准所包含的条文,通过在本标准中引用而构成为本标准的条文。在标准出版时,所示版本均为有效。所有标准都会被修订,使用本标准的各方应探讨使用下列标准最新版本的可能性。

GB 191—90 包装储运图示标志

GB 1413—85 集装箱外部尺寸和额定重量

GB 1834—80 通用集装箱最小内部尺寸

GB/T 1992—85 集装箱名词术语

GB 2934—82 联运平托盘外部尺寸系列

GB 3830—83 软聚氯乙烯压延薄膜(片)

GB 4122—83 包装通用术语

GB 4892—85 硬质直方体运输包装尺寸系列

GB/T 4995—85 木制联运平托盘技术条件

GB 6388—86 运输包装收发货标志

GB 6543—86 瓦楞纸箱

GB 6544—86 瓦楞纸板

GB/T 7285—93 包装术语 木容器

GB 9846.1—88 胶合板 分类

GB 9846.4—88 胶合板 普通胶合板通用技术条件

GB 12626.2—90 硬质纤维板 技术要求

YB/T 025—92 包装用钢带

3 包装

3.1 定形耐火制品的包装是指该产品的销售包装和运输包装,定义按 GB 4122 的规定。

3.2 包装形式分四种,托盘、木箱、瓦楞纸箱和集装箱,见表 1。根据用户要求,可以选择其他有效的包装形式。

3.3 产品经检验,符合产品标准或由供需双方确定技术条件后,才能按品种、牌号、砖形尺寸分别进行包装。

3.4 包装前,根据砖形尺寸、订货数量设计制品堆码示意图,同时考虑衬垫及防雨、防潮材料。

3.5 重要用途产品,如高炉、焦炉、炼钢转炉、玻璃熔窑等用耐火制品,根据需要,按制品砌筑部位、层次编号,进行组合包装。包装箱内附有装箱单。

3.6 易碎、易损及高档耐火制品,必要时,逐块包装后再进行外包装。

表 1 耐火制品包装形式

包装类型	技术要求	限重 kg	限高 mm
3.3.1 托盘(木制、钢制)	a)木制托盘应符合 GB 2934、GB 4995 规定; b)钢制托盘的技术要求和外部尺寸参照木制托盘的规定,由供需双方确定,托盘铺板应平整、完好,使用安全		
3.3.1.1 托盘瓦楞纸板箱	a)瓦楞纸板应符合 GB 6544 的规定; b)钢带应符合 YB/T 025 的规定; c)制品按堆码设计示意图进行装箱,堆码产生的空间应填充。码盘体应结实、紧密,棱角分明,无明显扭曲、位移;碱性制品必须用防潮材料保护; d)瓦楞纸板围固封箱后,用钢带捆扎成"#"字型,或按用户要求。边角用薄钢板加固	1 500	1 100
3.3.1.2 托盘胶合板(纤维板、刨花板、竹胶板)箱	a)胶合板应符合 GB 9846.4 的规定; b)纤维板应符合 GB 12626.2 的规定; c)箱板厚度不小于 8 mm; d)码盘与封箱后,加固要求同"3.3.1.1"		
3.3.1.3 托盘塑封包装	a)塑料薄膜(片)应符合 GB 3830 的规定; b)制品堆码在托盘上,薄钢板或硬纸板护边角,用钢带捆扎箍牢,然后用塑料薄膜(片)热塑封装	1 200	1 000
3.3.2 木箱(全封闭式、花格式)	a)术语应符合 GB 7285 的规定; b)制箱板应无明显的毛刺和洞眼。木材本身缺陷不得影响箱板的结构强度; c)制箱板和箱档厚度和宽度应根据所装制品重量确定,但其最小厚度不得小于 18 mm,宽度不得小于 70 mm; d)组装木箱对应四角垂直端正,长度方向拼接必须搭钉在箱档上,每块端板用钉不少于 3 个,且呈三角形分布。箱板表面不准显露钉头、钉尖,严禁虚钉、弯钉; e)箱体尺寸按 GB 4892 规定选择; f)花格式木箱板的围板面积不得小于总面积的 60%,两板间隔以不漏内装物为准。必要时,箱体外设置一个"人"字或"×"字形支撑; g)封箱后,用钢带在两端和中间捆扎加固。全封闭木箱,必要时用薄钢板护边角加固;花格式木箱四角必须用钢带钉牢	1 500	1 500

表1(完)

包装类型	技术要求	限重 kg	限高 mm
3.3.3 瓦楞纸箱	a) 瓦楞纸箱尺寸规格应符合 GB 6543 和 GB 6544 规定； b) 封箱后用尼龙带或钢带捆扎箍牢	1 000	1 000
3.3.4 集装箱	定义按 GB 1992 的规定；本标准选用的是普通货物集装箱		
3.3.4.1 通用集装箱	定义按 GB 1992，"2.2.1.1"规定。尺寸和重量系列按 GB 1413、GB 1834		
3.3.4.2 折叠式钢制集装箱	箱体为折叠式框架结构，上部可敞口。尺寸按 GB 4892 规定选择	2 000	1 200

4 标志

4.1 专门用途耐火制品应逐块标记，普通用途制品由供需双方确定。

4.1.1 可采用模压、颜料标记制品的品种、牌号、砖号、等级等。颜料标记应牢固，颜料不应与制品发生任何化学反应。

4.1.2 耐火制品上标记位置，一般应标在非工作面上，或按需方要求。焦炉用耐火制品应标记在砌筑面或燃烧面上。

4.2 每个包装件应有清晰标志，且置于明显位置。

4.3 包装件上标志内容

    a）制造厂名、厂标；

    b）产品名称、注册商标；

    c）产品标准编号、牌号、等级、砖号、数量；

    d）包装件的序号、重量（毛重、净重）；

    e）制造日期、批号；

    f）防雨、防潮标志；

    g）小心轻放、起吊标志；

    h）有效期限和储存条件。

4.4 产品包装储运图示应符合 GB 191 的规定。

4.5 产品运输包装收发标志应符合 GB 6388 的规定。

5 运输

5.1 耐火制品必须包装才能运输。

5.2 运输应验明包装件没有破损且捆扎完好。

5.3 运输工具应安全、牢固、洁净，具有防雨防潮设施。

5.4 搬运时，必须轻拿轻放，严禁翻滚和抛掷。

5.5 批量产品或批量较大的产品包装件，宜采用集装箱运输。

6 储存

6.1 制品经检验符合产品标准后，储存在带盖仓库内，不得受潮、雨淋。

6.2 耐火制品的堆放应保证质量、平稳安全、便于清点、搬运、铲运、吊运操作。

6.3 耐火制品的堆放应按品种、牌号、砖号和等级分别进行堆放。并标明牌号、砖号、批号、生产日期及其他注意事项。

6.4 未经包装的耐火制品堆垛高度不得超过 1.9 m;包装件叠放高度不得超过 4.8 m,但托盘塑封包装叠放高度不宜超过 3 m。

ICS 71.100.10
Q 52

中华人民共和国有色金属行业标准

YS/T 701—2009

铝用炭素材料及其制品的
包装、标志、运输、贮存

Carbonaceous materials and its products used in the production of aluminium—
Packing, marking, transporting and storing

2009-12-04 发布　　　　　　　　　　　　　　　　2010-06-01 实施

中华人民共和国工业和信息化部　　发布

YS/T 701—2009

前　言

本标准由全国有色金属标准化技术委员会提出并归口。

本标准负责起草单位:中国铝业股份有限公司贵州分公司、中国铝业股份有限公司河南分公司。

本标准参加起草单位:索通发展有限公司、山东晨阳碳素股份有限公司。

本标准主要起草人:曾萍、马存真、邹韶宁、田维红、罗梅、郎光辉、钱康行、李庆义、贾鲁宁。

铝用炭素材料及其制品的
包装、标志、运输、贮存

1 范围

本标准规定了铝用炭素材料及其制品的包装、标志、运输、贮存。

本标准适用于铝电解用预焙阳极炭块、阴极炭块、阴极糊和炭胶泥等铝用炭素材料及其制品。

2 规范性引用文件

下列文件中的条款通过本标准的引用而成为本标准的条款。凡是注日期的引用文件,其随后所有的修改单(不包括勘误的内容)或修订版均不适用于本标准,然而,鼓励根据本标准达成协议的各方研究是否可使用这些文件的最新版本。凡是不注日期的引用文件,其最新版本适用于本标准。

GB 190 危险货物包装标志

GB/T 191 包装储运图示标志

GB/T 8946 塑料编织袋

YB/T 025 包装用钢带

3 包装通则

3.1 包装箱、架、托盘要求

3.1.1 包装箱、架、托盘可用木材制造,也可用金属或其他材料制成,要保证其有足够的强度,不能因其破损而使产品受到损坏。

3.1.2 包装箱、架、托盘的尺寸应能满足产品尺寸要求,保证产品在箱内无窜动。采用集装箱发运时,还应考虑与其尺寸匹配。

3.1.3 包装箱、架、托盘加强带的距离除能满足包装箱、架、托盘的坚固性要求外,还应满足吊车叉车的作业要求。

3.1.4 制作木质包装箱、架、托盘时,钉子应呈迈步形排列,钉帽要打靠,钉尖要盘倒,不得有冒钉、漏钉现象,吊运位置宜钉起吊保护铁角。

3.1.5 各种包装箱、架、托盘应规整、清洁、干燥。

3.2 包装材料要求

3.2.1 包装材料应符合环保要求,并可回收、再生或降解处理。主要有木材类、塑料薄膜等。

3.2.2 制作出口包装箱的木材应进行化学熏蒸处理、高温热处理或其他处理,表面上不允许有残留树皮。

3.2.3 塑料薄膜用于内衬、有一定强度和防雨防腐能力。塑料编织袋应符合 GB/T 8946 的规定。

3.3 其他要求

3.3.1 包装捆扎用钢带,质量应符合 YB/T 025 的规定。使用钢带时,应在钢带与产品直接接触的棱角处或钢扣处垫上保护材料。

3.3.2 产品的具体包装方式及处理方法应符合相应的产品标准要求或用户要求。

4 包装方式

4.1 铝电解用预焙阳极包装方式

4.1.1 预焙阳极可裸装或用塑料薄膜简易包装或用木方加钢带打捆包装。用户有特殊要求由供需双方商定。

4.1.2 用木方加钢带打捆包装(包装示意图见图1):将预焙阳极朝上整齐地码放在一个托盘上,托盘为两根方木,下带穿钢带用的沟槽,沟槽的尺寸大小应和使用的钢带相符合。外套塑料薄膜或防水编织袋。用镀锌钢带打捆加固,边角用纸板保护。炭碗应加泡沫保护盖,上盖油毛毡,或用硬纸板覆盖预焙阳极顶部,炭碗方向应保持一致。

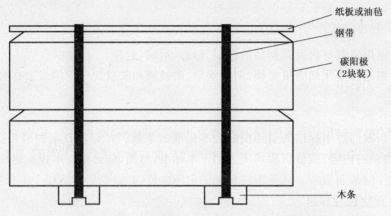

图 1 预焙阳极木方加钢带包装示意图

4.2 铝电解用阴极底部炭块包装方式

4.2.1 用塑料薄膜内包,外用草绳捆包,或用木方加钢带打捆包装。

4.2.2 用木方加钢带打捆包装(包装示意图见图2):炭块先用塑料薄膜内包,外用木箱进行包装。包装箱分为六片组装,将底部炭块摆放在底板上,再用钢带将炭块与底板固定,为保护炭块不受钢带损伤,在炭块与钢带的结合处垫上厚纸板,包上塑料膜;合上两端板和上盖,用钢带环绕将两端板与上盖、底板捆紧,再将侧板合上,并用钢带打捆。箱体尺寸应视销售量、集装箱容量,本着合理、经济、安全的原则而定。

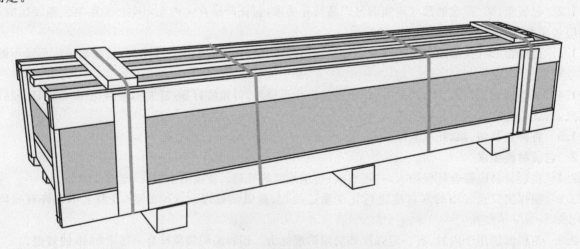

图 2 阴极炭块木方加钢带包装示意图

4.3 铝电解用阴极侧块(含角块、调整块)、炭胶泥包装方式

4.3.1 侧块、角块、调整块均先用塑料膜内包,再用草绳密线捆包后装入箱内,或将炭块堆放在木托盘上,用塑料膜包裹后再用钢带固定。

4.3.2 炭胶泥采用塑料桶或铁皮桶装,加盖密封后,再装入箱内。每桶重量视情况而定。为方便搬运,桶上应有吊环。

4.3.3 箱体外观尺寸视炭块的规格、所装块数、桶数而自行调整。

4.3.4 箱体尺寸应视销售量、集装箱容量,本着合理、经济、安全的原则而定。

4.4 铝电解用阴极糊包装方式

用内有塑料薄膜的加厚编织袋直接包装,或用内有塑料薄膜的加厚编织袋内包,并加盖扎口,底部固定木方托盘。

5 标志

5.1 包装箱标志

5.1.1 应在包件的外表面明显部位标明生产厂厂名、产品名称、产品牌号、批号、规格、数量、毛重、净重、包装件数、产品标准等,每件产品应附有合格证或合格标志。

5.1.2 每个包装箱上应有明显的不易脱落的"防雨"、"防潮"、"小心轻放"、"向上"等的字样及标志,其图案应符合 GB/T 191,阴极糊、炭胶泥还应符合 GB 190 的规定。出口产品包装箱还应按中华人民共和国出入境检验检疫局文件要求,加施除害处理标识。

5.1.3 每个包装箱上应有注册商标或供应厂名称或代号。

5.2 产品标志

产品标志应符合产品标准规定,产品标准未规定时,宜在产品上注明的内容如下:

    a) 产品名称;

    b) 牌号;

    c) 规格;

    d) 批号;

    e) 净重和块数;

    f) 产品标准编号;

    g) 检验印记;

    h) 出厂日期。

6 运输

6.1 铝用炭素材料及制品可采用火车、汽车、轮船、飞机等交通工具运输。

6.2 装运产品的火车车厢、汽车车厢、轮船船舱和集装箱应清洁、干燥、无污染物。

6.3 敞车运输时必须盖好蓬布,以保证包装箱不被水浸入。

6.4 产品在车站、码头中转时,应堆放在库房内。短暂露天堆放时,必须用蓬布盖好,裸件产品下面要用木方垫好,垫高不小于 100 mm。

6.5 产品在车站码头中转或终点装卸时,应采用合适的装卸方式,并注意轻拿轻放,以防将包装箱(件)损坏,而导致产品损伤。

7 贮存

7.1 需方收到产品后,应立即检查包装箱有无破损或进水现象,如遇包装箱破损或进水,应立即组织开箱检查并妥善处理受损产品。如对产品质量有异议,应在收到产品之日起一个月内提出。如需仲裁,仲裁取样应由供需双方共同进行。

7.2 经复验合格的产品应及时保管在清洁、干燥,防止雨雪浸入的库房内。

7.3 产品不能露天存放,必须短暂露天存放时,用蓬布盖好。

7.4 裸件产品不允许直接放在地面上,下面用高度不小于 100 mm 的木方垫好。

七、能源、核技术

中华人民共和国国家标准

放射性物质包装的
内容物和辐射的泄漏检验

Radioactive materials— Packagings— Tests for
contents leakage and radiation leakage

UDC 621.039
.584.001.4

GB 9229—88

本标准参照采用国际标准 ISO 2855《放射性物质—包装—内容物泄漏和辐射泄漏的检验》。

1 主题内容与适用范围

本标准规定了为运输放射性物质设计的货包原型的几种检验方法,这些方法是为了配合实施国家有关放射性物质安全运输规定标准而制订的,目的是为了检验经过上述运输规定中的试验后,货包中的放射性内容物是否仍无泄漏和货包外部辐射泄漏的增加是否仍在限量以下。

本标准并不能适用于所有的放射性物质货包,它的适用范围是:

a. 放射性内容物泄漏检验方法是针对包容放射性物质的某层包装或整个包容系统的密封性而制订的。它适用于低比活度的液体或粉末状物质的货包,如罐头盒和 A 型包装等。

对装铀镭系放射性物质的货包,如果测量其子体(氡—222 等)更为灵敏时,则不必采用本标准所阐述的方法,而可参考 GB 4075 密封放射源分级中附录 E1.1.5 和 E1.1.6 方法进行。

b. 辐射泄漏检验适用于屏蔽层外部的辐射剂量率,如果在设计中已考虑由于外层包装增加防护距离而使剂量率降低,那么也可连同外层包装检验,但对某些尺寸特殊或因某种特性使得检验过程困难的情况,不宜使用本标准的方法。

2 引用标准

GB 4075 密封放射源分级

3 术语

3.1 (放射性)内容物 指货包内含有放射性核素的物质和为这些放射性核素所污染的货包内的气体、液体或固体。

3.2 原型检验 一种新设计的包装在正式使用前所进行的各项性能检验。

3.3 模拟放射性物质 以能量和物理化学性质相近但活度较低的放射性核素代替原装载的放射性核素所制成的试验用样品。

3.4 放射性内容物泄漏 放射性内容物以任何形态从包装内漏出。

3.5 辐射泄漏 在货包外辐射水平超过安全运输规定的限量。

4 放射性内容物泄漏检验

4.1 方法依据

一个面积为 10^{-3} mm² 或更小的漏孔(相当于标准漏氦率约 13.33 Pa·m³/s),在进行检验时,其前 10 mm 内的泄漏将不大于 1.5×10^{-5} L,相当于 2.53 μPa·m³/s。

中华人民共和国核工业部 1988-02-05 批准   1989-01-01 实施

137

按照放射性物质安全运输规定的要求,货包泄漏出的放射性应不超过 1 850 Bq,此数值对于密封容器内的固体放射性物质大约相当标准漏氨率 13.33 μPa·m³/s,对液体则约相当 0.133 3 μPa·m³/s。

综合以上的数值,本标准规定了利用负压检测漏出的气体和放射性双重方法,对固体粉末只需检验气体泄漏,对液体则两者均需检验。

4.2 装置

4.2.1 浸泡罐可以设计成圆柱形,应采用透明材料制做,或装有窥视窗,罐要求承受 0.3 MPa 以上的内压。罐上应装有压力表和进出水阀,罐内有支架可固定样品,当充水后,试样任何部位均应能距水面40 mm 以上,并且通过转动罐体可观察到试样的任何部位。

4.2.2 测量放射性活度的仪器,探测灵敏度对 β 粒子不低于 0.4 Bq,对 γ 射线不低于 80 Bq。

4.3 模拟放射性溶液

最好采用半衰期较短而能量较高的 β、γ 放射性核素,例如 ²⁴Na,配成溶液的放射性浓度应等于

$$a = S \times \frac{V_T}{V_S} \times \frac{1}{L} \qquad\qquad\qquad (1)$$

式中:a —— 模拟溶液的放射性浓度,Bq/L;

S —— 仪器探测灵敏度,Bq;

V_T —— 罐中溶液体积,L;

V_S —— 取样体积,L;

L —— 最小可探测出的泄漏,取 $L = 1.5 \times 10^{-5}$ L/10min。

4.4 操作步骤

试样装入模拟放射性溶液,经过安全运输规定的环境试验以后,去掉货包外部非密封层,放入浸泡罐,固定好,向罐内压入气体至 0.2 MPa,保持 15 min,然后注入去离子水,至水位高过试样表面至少40 mm,注水时应保持罐内压力不降低。注完水后迅速放气至常压,立即观察 5 min 看各部位有无连续气泡逸出,再转动罐体使试样各部位均有机会处于上部,但仍保持距水面 40 mm 以上。再同样观察5 min,如无连续气泡出现,则将上述试验全部重复一次,最后从罐内取样(至少 0.1)测量其放射性。

4.5 判别

如货包内装粉末状放射性物质,当货包上不出现连续气泡时,则可视为不漏,如货包内装液体放射性物质,除不出现气泡外,样品检测不出放射性则可视为不漏。

5 辐射泄漏检验

5.1 方法依据

放射性物质货包经过正常运输条件的试验以后,由于屏蔽损坏使货包表面辐射水平增加时,按照放射性物质安全运输规定不得超过 20%。另外对 B(U) 型货包经过运输的事故条件试验以后,距货包表面 1 m 处的辐射水平还不得超过 10 mSv/h,实际研究结果,在屏蔽层面上有 1 cm² 的缺陷为裂缝或缺口时,如果剂量率增加不足 100% 时是难以探测的,在屏蔽面上有 100 cm² 缺陷,如果剂量率增加不足20%,也探测不出。因此本标准给出的方法,多数情况可以满足安全运输规定的要求,其中 X 光胶片感光法适于探测辐射屏蔽效能减弱比较小的包装,用于 A 型货包,直接测量辐射法适于探测和测量屏蔽效能减弱比较大的包装,对 A 型和 B 型货包均可用。

如果货包的尺寸或其它原因不能使用本方法时则另行设计符合运输规定要求的基本方法。

5.2 X 光胶片感光法

5.2.1 设备和材料

黑度计 黑度(D)的灵敏度范围应为 0~3

X 光胶片

X 光片增感屏(可以不用)

放射源　源的够量应与实际相近，活度应能使胶片在适当时间（例如 5 h）内产生的黑度（D）不小于 1。

5.2.2　检验步骤

在实际检验前，应预先规定标准操作规程。按照 X 光胶片的实际感光灵敏度、源的活性等来确定照射时间和显影条件。

将胶片敷贴在货包外表面，如果货包形状特殊，可以套上铝筒外部再包上 X 光片，铝筒厚度不超过 1 mm，与货包间隙不超过 50 mm，照射分 2 次进行，第 1 次是在安全运输规定的环境试验以前进行。第 2 次是在试验以后进行。两次照射所用的胶片和照射的时间均应相同，且应同时冲洗，洗出胶片的黑度不小于 1。

5.2.3　判别

测量胶片的黑度，如果两张胶片黑度一致，则可认为合格。

5.3　直接测量辐射量法

5.3.1　装置

带碘化钠晶体的探头和配套的照射量或剂量仪表。

可以设计一个放置货包的旋转平台，平台与一个能上下移动带探头的转臂同步，当平台旋转时，转臂能往复自平台边缘至中心的上方移动且与源中心位置的距离应保持大体相等。

5.3.2　放射源

放射源可以采用与实际货包中核素相同或能量相接近的核素，其活度按设计规定的货包屏蔽能力考虑。对 A 型货包可以采用实际的放射源。

测量仪器按源的照射量率 200％ 的包装屏蔽后的 20％ 范围预先刻度。

将货包放在转台中央，转动转台，探头上下转动扫描，每往复 1 次，转台旋转不超过 10°。探头应始终对准源中心部位。

货包在安全运输规定的环境条件试验前后各测量 1 次，测量所用的条件和仪器均应相同。

5.3.3　判别

对比两次测量的记录，如果没有变化，则认为合格。

附加说明：

本标准由全国核能标准化技术委员会提出。

本标准由核工业部原子能研究院负责起草。

ICS 13.280
F 73

中华人民共和国国家标准

GB/T 15219—2009
代替 GB 15219—1994

放射性物质运输包装质量保证

Quality assurance for packaging used in
transport of radioactive material

2009-03-13 发布

2009-11-01 实施

中华人民共和国国家质量监督检验检疫总局
中国国家标准化管理委员会 发布

前　言

本标准代替 GB 15219—1994《放射性物质运输包装质量保证》。

本标准与 GB 15219—1994《放射性物质运输包装质量保证》相比主要改变如下：

——原第 16 章"工作人员的培训"改为"人员配备与培训"并与"组织"一章合并。

——对包装和货包的定义按 GB 11806—2004《放射性物质安全运输规程》作了修订。

——对质量保证分级的内容进行了修订。

——将 HAF0400 改为 HAF003，且对间接引用 HAF003 的有关条款修订为直接引用。

——工艺过程控制中增加了部分内容。

——在"物项控制"一章增加了装卸、运输和贮存控制的内容。

——对章节的顺序进行了相应调整。

——增加了附录 C"质量保证记录保存要求"。

本标准的附录 A、附录 C 为规范性附录，附录 B 为资料性附录。

本标准由中国核工业集团公司提出。

本标准由全国核能标准化技术委员会(SAC/TC 58)归口。

本标准起草单位：中国核电工程有限公司。

本标准主要起草人：王庆、黄逸达、谢亮。

本标准所代替的标准历次版本发布情况为：

——GB 15219—1994。

放射性物质运输包装质量保证

1 范围

本标准规定了放射性物质运输包装的设计、采购、制造、装卸、运输、贮存、检查、试验、操作、维修以及改进的质量保证基本要求。

本标准适用于与放射性物质运输包装的质量有关的所有活动。

2 规范性引用文件

下列文件中的条款通过本标准的引用而成为本标准的条款。凡是注日期的引用文件,其随后所有的修改单(不包括勘误的内容)或修订版均不适用于本标准,然而,鼓励根据本标准达成协议的各方研究是否可使用这些文件的最新版本。凡是不注日期的引用文件,其最新版本适用于本标准。

GB 11806—2004 放射性物质安全运输规程

3 术语和定义

GB 11806—2004 中规定的以及下列术语和定义适用于本标准。

3.1

包装 packaging

完全封闭放射性内容物所必需的各种部件的组合体。通常可以包括一个或多个腔室、吸收材料、间隔构件、辐射屏蔽层和用于充气、排空、通风和减压的辅助装置,用于冷却、吸收机械冲击、装卸与栓系以及隔热的部件,以及构成货包整体的辅助器件。包装可以是箱、桶或类似的容器,也可以是货物集装箱、罐或散货集装箱。

3.2

货包 package

提交运输的包装与其放射性内容物的统称。

4 质量保证大纲

4.1 概述

4.1.1 参与影响放射性物质运输包装质量的活动的单位(以下简称有关单位)应按照质量保证大纲的要求,参照附录 A 的规定制定各自的质量保证大纲(以下称大纲)。大纲应对与放射性物质运输包装有关的工作(例如包装的设计、采购、制造、吊装、运输、贮存、检查、试验、操作、维修以及改进等)控制作出规定;有关单位应编制有计划按系统执行质量保证大纲的程序,并保证按工作进度有效地执行大纲,定期对程序进行审查和修订。

4.1.2 大纲应规定要进行的各种活动的技术方面的要求,明确应使用的工程规范、标准和技术规格书,以及保证满足这些要求的措施。

4.1.3 大纲应确定负责计划和执行质量保证活动的组织结构,并明确规定有关组织和人员的责任和权力。

4.1.4 大纲应根据放射性内容物的危害性对放射性物质的包装及其附件规定适当的管理和验证的方法或等级。应根据物项对安全的重要性,在大纲内对影响这些物项质量的活动规定相应的控制和验证的方法或水平。

4.1.5 大纲应为完成影响质量的活动规定合适的控制条件,这些条件应包括为达到要求的质量所需要的适当的环境条件、设备和技能等。

4.1.6 大纲应规定对从事影响质量活动的人员进行培训和考核。

4.1.7 大纲应规定凡影响包装质量的活动都应按适用于该活动的书面程序、细则、说明书和图纸来完成。程序、细则、说明书和图纸应包括适当的定性和（或）定量的验收标准。

4.1.8 通过大纲的实施应能证明：

    a) 包装的制造方法和制造所使用的材料是符合设计技术条件的；

    b) 重复使用的包装都定期进行了检查，并且在必要时进行了维护和维修或改进，处于良好状态，即使在重复使用之后，仍能符合全部有关的技术要求和技术条件。

5 质量保证的分级和要求

5.1 质量保证的分级

根据包装或包装的附件在安全上的重要性，其物项的质量保证分级如下：

QA1 级：对安全至关重要的物项。它们的失效直接影响公众健康和安全，一般指直接影响货包的包容和屏蔽的物项，而对于盛装易裂变材料的货包则指对临界有影响的物项。

QA2 级：对安全有重大影响的物项。指某些结构、部件或系统，它们的失效不直接影响公众健康和安全，而只有同某个次级事件或失效一起发生时，才处于不安全状态。

QA3 级：对安全没有或没有明显影响的物项。指某些结构、部件或系统，它们的失效不会显著减弱包装的有效性，且不大可能发生影响公众健康和安全的后果。

5.2 质量保证要求

对不同质量保证等级的质量保证要求的实例参见附录 B，附录 B 的内容是一个实例，仅阐明不同质量保证等级的物项对应于不同的质量保证要求。各质量保证等级（QA1，QA2 和 QA3）的具体质量保证要求，应遵照有关单位按本标准的基本要求编制的有关文件的规定执行。

5.3 质量保证分级与货包类型的关系

质量保证要求应与包装中放射性内容物的危害性相适应。对具有重大危险性的放射性物质（如 UF₆），其包装物项的质量保证等级应适当提高。

5.3.1 豁免货包和 IP-1 型货包

包装的设计、制造等应符合 QA3 级质量保证要求。

5.3.2 盛装非易裂变材料的 A 型货包和 IP-2、IP-3 型货包

影响包容系统和屏蔽系统完好性的物项应符合 QA1 级质量保证要求，对安全影响小的物项应符合 QA3 级质量保证要求，其余的物项应符合 QA2 级质量保证要求。

5.3.3 盛装易裂变材料的货包（非 B 型货包）

影响临界安全的物项应符合 QA1 级质量保证要求，其余的物项按 5.3.2 处理。

5.3.4 B 型货包

影响包容系统和屏蔽系统完好性以及临界安全的物项应符合 QA1 级质量保证要求，其余的物项按 5.3.2 处理。

5.3.5 C 型货包

影响包容系统和屏蔽系统完好性以及临界安全的物项应符合 QA1 级质量保证要求，其余的物项按 5.3.2 处理。

6 组织

6.1 责任、权限和接口

6.1.1 为了管理、指导和实施质量保证大纲，应建立一个有明文规定的组织结构并明确规定其职责、权限等级及内外联络渠道。在考虑组织结构和职能分工时，应明确实施质量保证大纲的人员既包括活动

的从事者也包括验证人员,组织结构和职能分工必须做到:

    a)   由被指定负责该工作的人员来实现其质量目标,可以包括由完成该工作的人员所进行的检验、校核和检查;

    b)   当有必要验证是否满足规定的要求时,这种验证只能由不对该工作直接负责的人员进行。

6.1.2   必须对负责实施和验证质量保证的人员与部门的权限与职能作出书面规定。上述人员和部门行使下列质量保证职能:

    a)   保证制定和有效地实施相应适用的质量保证大纲;

    b)   验证各种活动是否正确地按规定进行。

    这些人员和部门应拥有足够的权力和组织独立性,以便鉴别质量问题,建议、推荐或提供解决办法。必要时,对不符合、有缺陷或不满足规定要求的物项采取行动,以制止进行下一步工序、交货、安装或使用,直到作出适当的安排。

6.1.3   负责质量保证职能的人员和部门应具有必需的权力和足够的组织独立性,包括不受经费和进度约束的权力。由于人员数目、进行活动的类型和场所等有所不同,因此,只要行使质量保证职能的人员和部门已经拥有所需的权力和组织独立性,执行质量保证大纲的组织结构可以采取不同的形式。

6.1.4   单位间的工作接口

    在有多个单位的情况下,应明确规定每个单位的责任,并采取适当的措施以保证各单位的接口和协调。必须对参与影响放射性物质运输包装质量的活动的单位之间和小组之间的联络做出规定。主要信息的交流应通过相应的文件,应规定文件的类型,并控制其分发。

6.2   人员配备与培训

6.2.1   为了挑选和培训从事影响质量的活动的人员,应制定相应的计划,以选定和培训合适的人员。

6.2.2   必须根据从事特定任务所要求的学历、经验和业务熟练程度,对所有从事影响放射性物质运输包装质量的活动的人员进行考核,应制定培训大纲和程序,以便确保这些人员达到并保持足够的业务熟练程度。

7   设计控制

7.1   概述

7.1.1   必须制定设计控制措施并形成文件,保证把审管部门和 GB 11806 中相应的要求都正确地体现在技术规格书、图纸、程序和说明书中。设计控制措施还应包括确保在设计文件中规定有定量和定性验收标准的条款。必须对规定的设计要求和质量标准的变更和偏离加以控制。

7.1.2   必须制定措施,以便正确选择对包装起重要作用的材料、零件、设备和工艺,并审查其适用性。

7.1.3   必须在下列方面实施设计控制措施:包装的临界物理、辐射屏蔽、应力、热工、水力和事故分析;材料相容性;在役检查、维护和维修的可达性、便于退役的相关特性以及检查和试验的验收准则等。

7.1.4   所有设计活动应形成文件,使未参加原设计的技术人员能进行充分的评价。

7.2   设计接口的控制

    必须书面规定从事设计的各单位和各组成部门间的内部和外部接口,应足够详细地明确规定每一单位和组成部门的责任,包括涉及接口文件编制、审核、批准、发布、分发和修订。必须为设计各方规定涉及设计接口的设计资料(包括设计变更)交流的方法。资料交流应用文字记载并予以控制。

7.3   设计验证

7.3.1   设计控制措施应为验证设计和设计方法是否恰当作出规定(例如通过设计审查、使用其他的计算方法、执行适当的试验大纲等)。设计验证应由未参加原设计的人员或小组进行。必须由设计单位确定验证方法,并应用文件给出设计验证结果。

7.3.2   当用一个试验大纲代替其他验证或校核方法来验证具体设计特性是否适当时,应包括适当的原型试样件的鉴定试验。这个试验必须在受验证的具体设计特性的最苛刻设计工况下进行。

7.3.3　制定的设计验证管理措施应与本标准的第 4 章、第 5 章和第 6 章的要求相一致。

7.4　设计变更

必须制定设计变更(包括现场变更)的程序,并形成文件。应仔细地考虑变更所产生的技术方面的影响,所要求采用的措施要用文件记载。对这些变更应采用与原设计相同的设计控制措施。除非专门指定其他单位,设计变更文件应由审核和批准原设计文件的同一小组或单位审核和批准。在指定其他单位时,应根据其是否已掌握相关的背景材料,是否已证明能胜任有关的具体设计领域的工作,以及是否足够了解原设计的要求及意图等条件来确定。必须把有关变更资料及时发送到所有有关人员和单位。

8　采购控制

8.1　概述

8.1.1　必须制定措施并形成文件,以保证在采购物项和服务的文件中包括或引用审管部门有关的要求、设计准则、标准、技术规格书以及为保证质量所必需的其他要求。

8.1.2　采购要求中应包括本标准中规定的有关条款,特别要注意第 4 章规定的分级方法。

8.1.3　采购人员和主管部门及其代理人应有权接触供方的工厂设施、物项、材料和检验、检查记录,当需要对记录进行复查或批准时,供方应提交有关的文件和资料。

8.1.4　必要时,有关的采购文件的要求应扩展至下一层次分包商和供应厂商。

8.2　对供方的评价和选择

8.2.1　必须将被评价的供方按照采购文件的要求提供物项或服务的能力作为选择供方的基本依据。

8.2.2　对供方的评价应包括:

　　a)　对供方能证明其以往类似采购活动质量的资料的评价;

　　b)　对供方新近的可供客观评价的、成文的、定性或定量的质量保证记录的评价;

　　c)　到实地考察评价供方的技术能力和质量保证体系;

　　d)　利用抽查产品进行评价。

8.3　对所购物项和服务的控制

8.3.1　必须对所购物项和服务进行控制,以保证符合采购文件的要求。控制包括由承包者提供质量客观证据,对供方施行实地检验和监查以及物项和服务的交货检验等措施。

8.3.2　证明所购物项和服务符合采购文件要求的文字证据应按照规定提交其所有者、使用者或主管部门。

9　文件控制

9.1　文件的编制、审核和批准

必须对工作的执行和验证所需要的文件(例如程序、细则及图纸等)的编制、审核、批准和发放进行控制。控制措施中应明确负责编制、审核、批准和发放有关影响质量活动文件的人员和单位。负责审核和批准的单位或个人有权查阅作为审核和批准依据的有关背景材料。

9.2　文件的发布和分发

必须按最新的分发清单发布和分发文件,使参加活动的人员能够了解并使用完成该项活动所需的正确合适的文件。

9.3　文件变更的控制

变更文件必须按明文规定的程序进行审核和批准。审、批单位有权查阅作为批准依据的有关背景材料,并应对原文件的要求和意图有足够的了解。变更的文件应由审核和批准原文件的同一单位进行审核和批准,或者由其专门指定的其他单位审核和批准。必须把文件的修订及其实际情况迅速通知所有有关的人员和单位,以防止使用过时的或不合适的文件。同时应保存一份完整的文件,包括原始的和修改的文件。

9.4 电子记录和数据的控制

应对电子记录和数据的使用、管理、贮存和保护进行控制,防止记录和数据的丢失、损坏或无授权更改。

10 物项控制

10.1 材料、零件和部件的标识

10.1.1 必须按照制造、装配、安装和使用要求,制定标识物项(包括部分加工的组件)的措施。根据要求,通过把批号、零件号、系列号或其他适用的标识方法直接标识在物项上或记载在可以追溯到物项的记录上,以保证在整个制造、装配和安装以及使用期间保持标识。标识物项所需要的文件,应在整个制造过程中都能随时查阅。

10.1.2 必须最大可能地使用实体标识,在实际不可能或不满足要求的情况下,应采用实体分隔、程序控制或其他适用的方法,以保证标识。这些标识措施应能在各种场合下防止使用不正确的或有缺陷的材料、零件和部件。

10.1.3 在使用标记的情况下,标记必须清楚,不能含混且不易被擦掉。在使用这种方法时,不得影响物项的功能。标记不得被表面处理或涂层所遮盖,否则应用其他的标识方法代替。当把物项分成几部分时,每一部分都应保持原标识。

10.2 装卸、运输和贮存控制

必须按照说明书的要求,制定措施控制用于包装的材料和部件的吊装、贮存、运输和保管使其免受损坏或降低性能。对于特殊产品,如有必要,应明确规定特殊的保护环境条件,例如惰性气体保护、湿度和温度条件等等。

10.3 包装的使用、维护和改进控制

应当制定措施,以控制包括装卸、标识、发货和接收的所有活动,必要时,还应包括内容物的鉴别和控制、包装的清洗、装箱、保管和一些特殊工艺的控制以及对货包的密封性、辐射和污染水平的监测。这些措施应当使任何对安全性的危害减至最小,防止内容物的损坏、变质和丢失,使货包能符合有关的规定,并使货包托运能被批准。

对包装或其零部件的改进旨在提高它们的性能和安全性,应制定适当的措施以控制对包装或其零部件的改进,使其符合有关的规定,并得到相关部门的批准。

11 制造工艺过程控制

必须按照本标准和有关规范、标准、技术规格书和准则的要求对所使用的影响质量的工艺过程予以控制,对焊接、热处理和无损检验等特殊的工艺过程,应采取措施保证这些工艺过程是由合格的人员,按照认可的程序、使用合格的设备、按现有标准来完成。对于现有规范、标准、技术规格书中未涵盖的特殊工艺或质量要求,应对人员资格、程序或设备的鉴定要求另行作出规定。

12 检查和试验控制

12.1 检查大纲

12.1.1 为了验证物项、服务和在制造、维修以及使用过程中影响质量的工作符合规定的程序、细则、说明书及图纸的要求,应由从事这些工作的单位或由其指定的单位制定并执行检查大纲。

12.1.2 检查大纲应包括在规定时间内进行包装的在役检查和人员培训。

12.1.3 检查的范围应足以保证质量和验证检查项目符合原规定的要求。

12.1.4 必须保证在役检查或其他情况下发现的不符合要求的包装,在其缺陷被纠正之前不得使用。

12.1.5 对安全有影响的物项,如果要求在停工待检点进行检查或见证这种检查时,应在适当的文件中

注明这些停工待检点。未经指定的单位批准,不得进行停工待检点以后的工作。

12.2 试验大纲

12.2.1 为证实包装及零部件符合设计要求,并能长期使用,必须制定试验大纲,并保证其执行。

12.2.2 必须按书面程序做试验。书面程序应列有设计中规定的要求和验收指标,并由有资格的人员使用已检定过的仪器进行试验。

12.2.3 试验结果应以文件形式给出并加以评定,以保证满足规定的试验要求。

12.2.4 试验应包括材料试验、制造过程中的试验和验收试验,以及运行和维修条件下包装是否满足要求的各种试验。

12.3 测量和试验设备的标定和控制

12.3.1 为了确定是否符合验收准则,应制定一些措施,以保证所使用的工具、量具、仪表和其他检查、测量、试验设备和装置具有合适的量程、准确度和精度等。

12.3.2 为了使准确度保持在要求的限值内,在规定的时间间隔或在使用之前,对影响质量的活动中所使用的试验和测量设备应进行检定和调试。当发现偏差超出规定限值时,应对以前测量和试验的有效性进行评价,并重新评定已试验物项的验收。必须制定控制措施,以保证适当地装卸、贮存和使用已标定过的设备。

12.4 检查、试验和使用状态的显示

12.4.1 包装或其零部件的试验和检查状况应通过使用标记、打印、标签、工艺卡、检查记录、安全铅封或其他合适方法予以标识,指明经过试验和检查的物项是否可验收或列为不符合项。

12.4.2 必须在物项的整个制造、维修和使用过程中保留检查和试验状态标记以保证只有经过检查和试验合格的物项才能使用。

13 对不符合项的控制

13.1 必须制定措施并形成文件,以控制不满足要求的物项和工艺过程,防止其误用。在实际可行时应当用标记、标签和(或)实体分隔的方法来标识不符合项。

13.2 必须按文件规定的程序对不符合项进行审查,并确定是否验收、报废、修理或返工。

13.3 必须规定对不符合项进行审查的责任和对不符合项进行处理的权限。

13.4 对已经接受的不符合要求(包括偏离采购要求)的物项,应通知采购人员,必要时向指定的机构报告。对已接受的变更,放弃要求或偏差的说明都应形成文件,以指明不符合要求物项的"竣工"状态。

13.5 必须按合适的程序,对经修理和返工的物项重新进行检查。

14 纠正措施

质量保证大纲应规定采取适当的措施,以保证鉴别和纠正有损于质量的情况,例如故障、失灵、缺陷、偏差、有缺陷或不正确的材料和设备以及其他方面的不符合项。对于严重的有损于质量的情况,大纲应对查明起因和采取纠正措施作出规定,以防止其再次出现。对于严重的有损于质量的情况,应用文件阐明其鉴别、起因和所采取的纠正措施,并向有关管理部门报告。

15 质量保证记录

15.1 质量保证记录的收集、贮存和保管

15.1.1 必须按书面程序、细则和第4章的要求建立并执行质量保证记录制度。记录应包括审查、检查、试验、监督、材料分析等的结果以及有密切关系的资料,例如人员、程序和设备的合格证明、需作的修理和其他适当文件。

15.1.2 必须保存足够质量保证记录,以提供影响质量活动的证据。所有质量保证记录应字迹清楚和完整,并与所记述的物项相对应。

15.1.3 必须为记录的鉴别、收集、编入索引、归档、贮存、保管和处置作出规定。记录的贮存方式应便于检索,记录应保存在适当的环境中,减少发生变质或损坏情况和防止丢失。

15.2 包装记录和档案

15.2.1 包装的所有者或使用者应为每个包装建立并保存其使用和维修的记录。

15.2.2 应参照附录C的内容要求,保存每个包装的质量保证记录,并列入包装档案的索引。

15.2.3 包装的档案还应当包括以下资料和记录:

a) 审管部门对包装设计的批准证书和每个包装的设计号和货包顺序号;

b) 装卸和维修说明书;

c) 产品合格证书或交付使用证书,包括所用试验程序的摘要;

d) 供重复检查试验用的试验程序;

e) 重复检查试验合格证书;

f) 包装转移或装运记录原件;

g) 包装的修改批准证书和修改文件;

h) 明显的损伤记录;

i) 修复文件。

当包装需要在远离保存上述详细资料地点的地方进行维修或维护时,应能使包装的所有者和使用者获得完成维修或维护任务所需要的资料。

16 监查

16.1 概述

必须采取措施验证质量保证大纲的实施及其有效性。必须根据需要执行有计划的、有文件规定的内部及外部监查制度,以验证是否符合质量保证大纲的各个方面,并确定大纲实施的有效性。监查应根据书面程序和监查项目表(提问单)进行。负责监查的单位应选择和指定合格的监查人员。参加监查的人员应是对所监查的活动不负任何直接责任的。在内部监查时,对被监查的活动的实施负有直接责任的人,不得参与挑选监查小组人员的工作。监查人员应用文件给出监查结果,应由对被监查的领域负责的机构对监查中所发现的缺陷进行审核,监督被监查活动的负责人对不符合项进行纠正,并验证纠正措施的实施。

16.2 监查的计划安排

必须根据活动情况及其重要性来安排监查计划,在出现下列一种或多种情况时应进行监查:

a) 有必要对大纲实施的有效性进行系统或部分的评价时;

b) 在签订合同或发给订货单前,有必要确定承包者执行质量保证大纲的能力时;

c) 已签定合同并在质量保证大纲执行了足够长的一段时间之后,有必要检查有关部门在执行质量保证大纲、有关的规范、标准和其他合同文件中是否行使所规定的职能时;

d) 对质量保证大纲中规定的职能范围进行重大变更(例如机构的重大改组或程序的修订)时;

e) 在认为由于质量保证大纲的缺陷会危及物项或服务的质量时;

f) 有必要验证所要求的纠正措施的实施情况时。

附　录　A
（规范性附录）
质量保证大纲要点

质量保证要点	设计者	制造者	使用者	承运人	安全审评者[a]
质量保证大纲	○	○	○	○	○
组织	○	○	○	○	○
设计控制	○	—	—	—	○
采购控制	○	○	○	—	○
文件控制	○	○	○	○	○
物项控制	1)	○	○	—	○
工艺过程控制	1)	○	—	—	○
检查和试验控制	○	○	○	○	○
对不符合项的控制	○	○	○	○	○
纠正措施	○	○	○	○	○
质量保证记录	○	○	○	○	○
监查	○	○	○	○	○

注：1)如制造由设计者控制时,则应在该栏内加○；

[a] 该栏适用于由安全鉴定人员独立进行安全评价(内部和外部)的组织。此评价的范围事实上可以包括包装的设计、制造、维修和装卸以及装运操作。

附　录　B
（资料性附录）
质量保证要求

B.1　对 QA1 级物项的要求

a) 设计应以最严格的工程规范和标准为依据,并通过正式的设计审查或原型样机鉴定试验进行设计验证;

b) 材料或服务的采购文件应规定只接受合格供货商清单中的供货商的供应;

c) 制造计划应规定材料跟踪和检查,以及使用鉴定合格的焊接工艺和焊工;

d) 试验应使用经过鉴定的试验方法,检查应由有资质的人员进行;

e) 监查应由指定的有资格的人员进行;

f) 制造后物项的最终验收和准许发货,应由使用单位(或买方)或由他们指定的代理人批准。

B.2　对 QA2 级物项的要求

a) 设计应以最严格的工程规范和标准为依据,并通过替代分析计算进行设计验证;

b) 试验和检查应按规定的标准、规范或技术要求进行,应由有资质的人员进行;

c) 监查员必须是指定的有资格的人员。

B.3　对 QA3 级物项的要求

设计应采用现行的标准物项。所有物项应按使用要求进行检验。

注:本附录内容是一个实例,仅阐明不同质量保证等级的物项对应于不同的质量保证要求。各质量保证等级(QA1,QA2 和 QA3)的具体质量保证要求,应遵照责任单位(或设计等单位)按本标准的基本要求编制的有关文件的规定执行。

附　录　C

（规范性附录）

质量保证记录保存要求

C.1　对 QA1 级物项的要求

a)　用于审查和批准的设计文件,包括新包装的设计和对已有包装的设计改进;

b)　各项活动的审查、监查和监督结果;

c)　用于确认合格供货商审查和批准的文件;

d)　具有可追溯性的采购文件和合格供货商提供的材料合格证书;

e)　特定人员的资质证明,如焊工、无损检验人员、质保监查人员和质检人员;

f)　用于设计和制造活动经批准的程序;

g)　用于检查、检验的仪器仪表及设备清单和确认仪器仪表设备已经过标定的文件;

h)　质检和生产活动的检验和试验结果,检验人员的指派,检验及试验方法,验收准则,对任何偏离项的纠正措施;

i)　商品采购件的所有支持性文件。

C.2　对 QA2 级物项的要求

a)　用于审查和批准的设计文件,包括新包装的设计和对已有包装的设计改进;

b)　各项活动的审查、监查和监督结果;

c)　特定人员的资质证明,如焊工、无损检验人员、质保监查人员和质检人员;

d)　用于设计和制造活动经批准的程序;

e)　用于检查、检验的仪器仪表及设备清单和确认仪器仪表设备已经过标定的文件;

f)　质检和生产活动的检验和试验结果,检验人员的指派,检验及试验方法,验收准则,对任何偏离项的纠正措施;

g)　商品采购件的所有支持性文件。

C.3　对 QA3 级物项的要求

质量保证记录不要求保存。

前　言

国际原子能机构(IAEA)安全丛书第 6 号《放射性物质安全运输规程》(我国参照制订国家标准为 GB 11806)对用于运输放射性物质的 B 型货包在正常运输条件和运输中事故条件下容许释放的放射性活度作了规定。一般来说,直接测量放射性活度的释放是不现实的,常用的方法是建立放射性活度释放与非放射性流体泄漏之间的关系。对此可采用多种泄漏检验方法,具体方法将取决于该方法的灵敏度和对具体货包的适用程度。

1996 年发布的国际标准 ISO 12807:1996《放射性物质安全运输——货包的泄漏检验》是 IAEA 安全丛书第 6 号《放射性物质安全运输规程》的配套系列标准之一。为了证明所运输的放射性物质货包能满足《放射性物质安全运输规程》所规定的货包包容要求,该国际标准规定了进行放射性货包泄漏检验的一种常用方法——等效气体泄漏检验法的检验准则和检验方法,可应用于货包的设计验证、制造验证、装运前验证和定期验证阶段。

本标准等效采用 ISO 12807:1996《放射性物质安全运输——货包的泄漏检验》,在技术内容上与 ISO 12807:1996 等同。在编写规则上符合 GB/T 1.1—1993 的要求。本标准发布后将作为 GB 11806 《放射性物质安全运输规定》的配套标准使用。

本标准附录 A 列出了几种推荐的定性和定量检验方法及各方法的灵敏度和适用范围。附录 B 给出了等效气体泄漏检验法的具体计算方法。附录 C 提供了几种运输泄漏的计算实例。附录 D 是对本标准部分内容的解释。

ISO 12807:1996 的前言与本标准技术内容没有联系,因此本标准未引用 ISO 前言。

本标准的附录 A、附录 B、附录 C、附录 D 都是提示的附录。

本标准由全国核能标准化技术委员会核燃料分技术委员会提出。

本标准起草单位:核工业标准化研究所。

本标准主要起草人:韩全胜、康椰熙、宓培庆、邱孝熹。

中华人民共和国国家标准

放射性物质安全运输
货包的泄漏检验

GB/T 17230—1998
eqv ISO 12807—1996

Safe transport of radioactive material

Leakage testing on packages

---

1 范围

本标准规定了一种用于放射性物质运输货包泄漏检验的气体泄漏检验法。

采用该方法可在设计、制造、装运前和定期检验等阶段对运输货包进行验证,以证明货包符合规定的包容要求。

本标准并未规定具体的气体泄漏检验程序,仅给出了进行各种气体泄漏检验方法的最低要求。

本标准适用于有规定包容要求的 B 型货包,其他类型的货包也可参照使用。

2 引用标准

下列标准所包含的条文,通过在本标准中引用而构成为本标准的条文。本标准出版时,所示版本均为有效,所有标准都会被修订,使用本标准的各方应探讨使用下列标准最新版本的可能性。

GB 11806—89　放射性物质安全运输规定

GB/T 12604.7—1995　无损检验术语　泄漏检验

3 定义、符号和单位

3.1 本标准除采用 GB 11806—89 和 GB/T 12604.7—1995 中的定义外,还使用如下定义。

3.1.1 活度释放率 activity release rate

单位时间内,通过包容系统的漏孔或渗透性壁面所漏出的放射性内容物的活度。

3.1.2 阻塞机制 blockage mechanism

由于可能存在的泄漏通道被液体或固体物质阻塞而使放射性物质保留在包容系统内的一种机制。

3.1.3 气体泄漏检验法 gas leakage test methodology

该方法建立了运输包容系统内放射性内容物的容许活度释放率与给定检验条件下气体泄漏率的等效关系,是验证货包符合规定的包容要求最常用的方法。

3.1.4 介质 medium

能携带放射性物质通过漏孔的任何流体,这种流体本身可以是放射性的,也可以是非放射性的。

3.1.5 渗透 permeation

气体依靠"吸附-扩散-解吸"机制穿过渗透性固体壁(即使没有漏孔)的过程。除非气体本身具有放射性,否则不应将渗透认为是放射性的释放。

3.1.6 渗透率 permeation rate

单位时间内,通过渗透壁的气体量,渗透率取决于分压梯度。

3.1.7 标准化泄漏率　standardized leakage rate(SLR)

在已知条件下,相对于温度为 298 K(25℃)、入口压力为 1.013×10^5 Pa、出口压力为 0 Pa 的参考条件,对干燥空气流进行归一,计算得到的泄漏率。其单位表示为 $Pa \cdot m^3 \cdot s^{-1}$SLR。

3.1.8 标准化氦泄漏率　standardized helium leakage rate(SHeLR)

在已知条件下,相对于温度为 298 K(25℃)、入口压力为 1.013×10^5 Pa、出口压力为 0 Pa 的参考条件,对干燥氦气流进行归一,计算得到的氦泄漏率。其单位表示为 $Pa \cdot m^3 \cdot s^{-1}$SHeLR。

3.2 本标准使用表 1 中的符号和单位。

表 1　符号和单位

符　号	定　义	单　位
A_2	A 型货包中容许装入的非特殊形式放射性物质的最大活度	Bq
C	活度浓度,以 C_A 或 C_N 表示	$Bq \cdot m^{-3}$
C_A	运输中事故条件下,可从包容系统释放的介质平均活度浓度	$Bq \cdot m^{-3}$
C_N	正常运输条件下,可从包容系统释放的介质平均活度浓度	$Bq \cdot m^{-3}$
D	最大容许直径,以 D_A 或 D_N 表示	m
D_A	运输中事故条件下,毛细管漏孔最大容许等效直径	m
D_N	正常运输条件下,毛细管漏孔最大容许等效直径	m
FC_{iA}	运输中事故条件下,放射性核素 i 由放射性内容物进入到包容系统的释放份额	
FC_{iN}	正常运输条件下,放射性核素 i 由放射性内容物进入到包容系统的释放份额	
FE_{iA}	运输中事故条件下,放射性核素 i 从包容系统释放到环境中的份额	
FE_{iN}	正常运输条件下,放射性核素 i 从包容系统释放到环境中的份额	
I_i	放射性核素 i 的活度	Bq
L	最大容许容量泄漏率,以 L_A 或 L_N 表示	$m^3 \cdot s^{-1}$
L_A	运输事故条件下,在压力为 P_A 时,介质最大容许容量泄漏率	$m^3 \cdot s^{-1}$
L_N	正常运输条件下,在压力为 P_N 时,介质最大容许容量泄漏率	$m^3 \cdot s^{-1}$
P_A	运输中事故条件下包容系统的压力	Pa
P_N	正常运输条件下包容系统的压力	Pa
Q_{SLR}	标准化泄漏率,以 $Q_{A(SLR)}$ 或 $Q_{N(SLR)}$ 表示	$Pa \cdot m^3 \cdot s^{-1}$
Q_A	运输中事故条件下,介质的容许泄漏率,由 L_A 计算得出	$Pa \cdot m^3 \cdot s^{-1}$
$Q_{A(SLR)}$	运输事故条件下,容许的标准化泄漏率(SLR)	$Pa \cdot m^3 \cdot s^{-1}$
Q_N	正常运输条件下,介质的容许泄漏率,由 L_N 计算得出	$Pa \cdot m^3 \cdot s^{-1}$
$Q_{N(SLR)}$	正常运输条件下,容许的标准化泄漏率(SLR)	$Pa \cdot m^3 \cdot s^{-1}$
Q_{TDA}	在设计验证阶段相对于运输中事故条件下,示踪气体或检验气体的容许检验泄漏率,它由 $Q_{A(SLR)}$ 来确定	$Pa \cdot m^3 \cdot s^{-1}$
Q_{TDN}	在设计验证阶段相对于正常运输条件下,示踪气体或检验气体的容许检验泄漏率,它由 $Q_{N(SLR)}$ 来确定	$Pa \cdot m^3 \cdot s^{-1}$
Q_{TF}	在制造验证阶段,示踪气体的容许检验泄漏率	$Pa \cdot m^3 \cdot s^{-1}$
Q_{TS}	在装运前验证阶段,示踪气体的容许检验泄漏率	$Pa \cdot m^3 \cdot s^{-1}$
Q_{TP}	在定期验证阶段,示踪气体的容许检验泄漏率	$Pa \cdot m^3 \cdot s^{-1}$
R	最大容许活度释放率,以 R_A 或 R_N 表示	$Bq \cdot s^{-1}$
R_A	在运输中事故条件下,内容物的最大容许活度释放率	$Bq \cdot s^{-1}$
R_N	在正常运输条件下,内容物的最大容许活度释放率	$Bq \cdot s^{-1}$
RG	气体内容物最大容许活度释放率,以 RG_A 或 RG_N 表示	$Bq \cdot s^{-1}$
RG_A	在考虑到渗透作用后的运输事故条件下,气体内容物的最大容许活度释放率	$Bq \cdot s^{-1}$
RG_N	在考虑到渗透作用后的正常运输条件下,气体内容物的最大容许活度释放率	$Bq \cdot s^{-1}$
RI_{iA}	在运输中事故条件下,放射性核素 i 的可释放活度	Bq
RI_{iN}	在正常运输条件下,放射性核素 i 的可释放活度	Bq
RI_T	所有放射性核素总的可释放活度,以 RI_{TA} 或 RI_{TN} 表示	Bq
RI_{TA}	在运输中事故条件下,所有放射性核素的可释放总活度	Bq

表 1(完)

符　号	定　义	单　位
RI_{TN}	在正常运输条件下,所有放射性核素的可释放总活度	Bq
RP	由于渗透引起的活度释放率,用 RP_A 或 RP_N 表示	$Bq \cdot s^{-1}$
RP_A	在运输中事故条件下,由渗透引起的活度释放率	$Bq \cdot s^{-1}$
RP_N	在正常运输条件下,由渗透引起的活度释放率	$Bq \cdot s^{-1}$
SHeLR	标准化氦泄漏率	$Pa \cdot m^3 \cdot s^{-1}$ SHeLR
SLR	标准化泄漏率	$Pa \cdot m^3 \cdot s^{-1}$ SLR
V_A	运输中事故条件下介质的体积	m^3
V_N	正常运输条件下介质的体积	m^3

4　规定的包容要求

根据 GB 11806—89 的规定,对于运输放射性物质的 B 型货包,在经过了规定的试验后,包容系统应满足表 2 的要求:

表 2　B 型货包的包容要求

运输条件	包容要求
正常的运输条件	不大于 $A_2 \times 10^{-6}$/h
运输中事故条件	对 ^{85}Kr 在一周内不大于 $10A_2$,对其他放射性核素一周内不大于 A_2

放射性内容物的 A_2 值必须根据 GB 11806—89 的有关规定予以确定。

5　检验程序

5.1　概述

可以通过测量放射性内容物释放率或其他的方法来证明货包符合包容要求。本标准规定了如何通过等效气体泄漏检验来证明包装满足包容要求,该方法是通过进行原型或模型检验,并参考原有的演示、计算或合理推论,将所有测得的检验泄漏率与内容物潜在的释放相联系。

本标准以下列各点为前提:

a) 可从货包中释放的放射性物质可以是下列物质形式中的任何一种或它们的任意组合:

——液体

——气体

——固体

——固体悬浮液

——气体中的悬浮固体颗粒(气溶胶)

当考虑到放射性内容物的物理形态和特性时,可用最大容许漏孔直径来表示最大容许活度释放率。

b) 气体泄漏检验程序可用于测量气体流量,可用数学关系使流量与单个笔直毛细管(可认为该毛细管在绝大多数情况下至少可以代表一个漏孔或多个漏孔)的直径相联系。

c) 当从第 5.1 b)条气体泄漏检验中得到的单个笔直毛细管直径等于或小于第 5.1 a)条中的最大容许漏孔直径时,符合包容要求可用气体泄漏检验程序来证明。

本标准认为活度释放或不释放(密封),可以以下列一种或几种方式发生:

——粘滞流

——分子流

——渗透

——阻塞

5.2 程序

应以图1流程图为指南,使用下述程序。流程图中每一方框内的内容表示该步骤的结果。

图1第1步至第8步与放射性内容物的包容有关,而第10步至第12步与检验气体的泄漏有关。第9步是连接放射性内容物包容和检验气体泄漏的参考步骤。

因为可释放的放射性物质可能是气体、液体或固体形态,也可能是各种形态的组合。因此对于具体的放射性物质形态,有必要根据下列程序中相应步骤来确定容许标准化泄漏率。

图1是一个通用的流程图,在某些情况下并不一定要完成所有步骤(例如,以液相存在的一种放射性核素)。在另外一些情况下(诸如不同形态的放射性物质混合物),可能需要反复地重复某些步骤。但是,对于上述任何一种情况都必须对正常运输条件和运输中事故条件完成图1相应的步骤。

5.2.1 容许活度释放率的确定

应确定各种可释放的放射性内容物的量,同时将可释放的内容物与规定的包容要求相比较。参见图1第1步到第3步和第6章。

5.2.2 标准化泄漏率(SLR)的确定

将容许活度释放率换算成等效的标准化泄漏率。参见图1第4步至第9步和第7章。

5.2.3 确定每个验证阶段的容许检验泄漏率

确定设计、制造、装运前和定期验证阶段相应的气体泄漏率。参见图1第10步和8.2。

5.2.4 选择合适的检验方法

为进行设计、制造、装运前和定期验证选择合适的气体泄漏检验法。参见图1第11步和8.2。

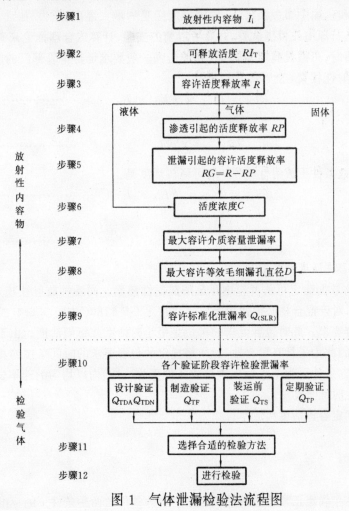

图 1 气体泄漏检验法流程图

5.2.5 检验与记录

必须完成所要求的检验,同时记录检验结果。参见图 1 第 12 步和第 9 章。

6 容许活度释放率的确定

应按照第 6.1 条至第 6.3 条来确定正常运输和运输中事故这两种条件下的容许活度释放率。

6.1 第 1 步 列出放射性内容物 I_i

列出各种放射性内容物的量,并给出其中每个放射性核素的活度和物理特性。将内容物按不同的物相(即液相、气相和固相)分别考虑。气溶胶可看作气相,溶液中的悬浮细颗粒可当作液体处理。

6.2 第 2 步 确定总的可释放活度 RI_T

在某些情况下,放射性内容物可能被包容系统中多个容器所包容(例如,运输包装内的已辐照燃料组件)。那么,不论是运输中事故条件还是正常运输条件,只有一部分的放射性内容物可从最内层容器向包容系统释放(FC_{iN},FC_{iA});而且这一部分从最内层释放的放射性物质中也只有极小部分可能从包容系统释放到环境中去(FE_{iN},FE_{iA})。如果放射性内容物是放射性核素的混合物,其释放份额的数值将取决于具体的放射性核素,因而可得出多个释放份额数值。另外,即使是同一种放射性核素,正常运输条件下与运输中事故条件下的释放份额也是不同的。

可释放份额取决于下列因素:

1)在运输中事故条件和正常运输条件下,包容系统内容物的物理和化学形态。

2)可能的释放方式。如气体渗透、气溶胶的迁移,或颗粒与存在于系统中的水或其他物质反应以及固体颗粒的可溶性等。

3)在正常运输条件和运输中事故条件下,内容物能经受的最大温度、压力、振动、机械拉伸或挠曲等等。这些因素可通过进行原型或模型试验,并参考以前的实验、计算或合理推论来确定。

当释放份额不能定值时,可假设其值为 1.0。释放份额一般要求征得审管部门的同意。

正常运输条件下,放射性核素 i 的可释放活度是:

$$RI_{iN} = FC_{iN} \times FE_{iN} \times I_i \quad\cdots\cdots\cdots\cdots\cdots\cdots\cdots\cdots (1)$$

其可释放总活度为:

$$RI_{TN} = \sum_i RI_{iN} \quad\cdots\cdots\cdots\cdots\cdots\cdots\cdots\cdots (2)$$

同样地,在运输中事故条件下放射性核素 i 的可释放活度是:

$$RI_{iA} = FC_{iA} \times FE_{iA} \times I_i \quad\cdots\cdots\cdots\cdots\cdots\cdots\cdots\cdots (3)$$

其可释放总活度为:

$$RI_{TA} = \sum_i RI_{iA} \quad\cdots\cdots\cdots\cdots\cdots\cdots\cdots\cdots (4)$$

6.3 第 3 步 确定最大容许活度释放率 R

由第 1 步和第 2 步的数据确定可从货包中释放的放射性核素。而各种放射性核素的 A_2 值应根据 GB 11806—89 予以确定,对于混合物必须使用等效 A_2 值(见 GB 11806 中的 5.2.4.2)。然后根据本标准第 4 章表 2 计算出包容要求。此时包容要求的单位是每小时活度或每周活度。由于气体检验泄漏率通常以每秒流量为单位,因此为了具有可比性,必须将规定的包容要求的时间单位换算为秒。本标准假定在规定的期限(正常运输条件下为 1 h;运输中事故条件下为一周)内以均匀的速率发生泄漏。如果审管部门同意也可采用其他时间平均法。

根据上述步骤即可确定容许活度释放率。

7 标准化泄漏率的确定

7.1 概述

按图 1 第 4 步至第 9 步确定正常运输条件和运输中事故条件这两种条件下的标准化泄漏率。

本章详细描述了所有泄漏机制的标准化泄漏率(由此可确定检验泄漏率)的确定方法。根据7.2至7.7来确定最大容许标准化泄漏率,最大容许标准化泄漏率在数值上与规定的包容要求是等效的。

为了满足第4步至第9步的要求,必须了解包装内放射性内容物的性质和包容系统的情况。当放射性内容物不能实际确定时,用户应估计所含的放射性内容物组份,并征得审管部门的同意。

7.2 第4步 确定由渗透引起的活度释放率 RP

对于放射性气体,确定由渗透引起的活度释放率,参见附录B(提示的附录)中的B14。

7.3 第5步 确定由泄漏引起的最大容许活度释放率 RG

当内容物含有放射性气体时,从第3步确定的规定的包容要求中减去第4步得到的由渗透引起的释放率,即是由泄漏引起的最大容许活度释放率。

7.4 第6步 确定包容系统介质的活度浓度 C

分别指定 C_N 和 C_A 为正常运输条件和运输中事故条件下可从包容系统释放到环境中去的介质中的活度浓度。C_N 和 C_A 的值取决于每个放射性核素的活度浓度,以及可释放至容器的空腔中然后又可释放至环境中去的介质份额。

介质体积为 V_N 时,C_N 由下式计算:

$$C_N = \frac{RI_{TN}}{V_N} \quad\quad\quad\quad\quad (5)$$

介质体积为 V_A 时,C_A 由下式计算:

$$C_A = \frac{RI_{TA}}{V_A} \quad\quad\quad\quad\quad (6)$$

7.5 第7步 确定介质的最大容许容量泄漏率 L

用第3步的数据(如果必须考虑渗透则用第5步的数据)除以第6步的数据,就得到第7步的结果。该值表示由泄漏可从货包释放的介质的最大容许容量流量。此时介质处于工作压力和温度条件下。

在正常运输条件下,介质的最大容许容量泄漏率 L_N 由下式计算:

$$L_N = \frac{R_N}{C_N} \quad\quad\quad\quad\quad (7)$$

在运输中事故条件下,介质的最大容许容量泄漏率 L_A 由下式计算:

$$L_A = \frac{R_A}{C_A} \quad\quad\quad\quad\quad (8)$$

7.6 第8步 确定最大容许等效毛细管漏孔直径 D

对于液体,通过附录B(提示的附录)中的公式(B7)可将第7步的容量泄漏率换算成单个漏孔的直径。

对于气体和气溶胶,可通过下列公式将第7步的容量泄漏率(L_N 和 L_A)换算成容许泄漏率(Q_A 和 Q_N):

$$Q_N = L_N \times P_N \quad\quad\quad\quad\quad (9)$$

$$Q_A = L_A \times P_A \quad\quad\quad\quad\quad (10)$$

并用附录B(提示的附录)中的公式(B1)计算单个漏孔的直径。

对于固体(包括颗粒)和某些液体,通过对放射性物质性质(如颗粒直径或流体粘度)的分析来确定一个放射性内容物不能漏出的极限直径是可能的。由于这种阻塞机制,就不会有放射性活度释放。但使用阻塞机制必须是审管部门可接受的。

7.7 第9步 确定容许标准化泄漏率 Q_{SLR}

当确定了最大容许等效毛细漏孔直径后,该值可用于附录B(提示的附录)中的公式(B1)来确定容许标准化泄漏率。(详见附录C(提示的附录)中 C3、C10、C11 和 C13 的实例)。

应该确定在运输中正常和事故两种条件下的标准化泄漏率;应用 D_A 来确定 $Q_{A(SLR)}$,应用 D_N 来确定 $Q_{N(SLR)}$。如果放射性物质以多种形态存在,应针对每一种形态分别确定 D_A、$Q_{A(SLR)}$、D_N 和 $Q_{N(SLR)}$ 的值。

如果为了计算其他形态的活度释放需要对 $Q_{A(SLR)}$ 值作更严格限制的话,那么应通过评估来确定 $Q_{A(SLR)}$ 的极限值。

同样,如果为了计算其它形态的活度释放需对 $Q_{N(SLR)}$ 值作更严格限制的话,那么也应通过评估来确定 $Q_{N(SLR)}$ 的极限值。

上述确定和评估出的 $Q_{N(SLR)}$ 和 $Q_{A(SLR)}$ 值将用于第 10 步中。

8 包容系统验证要求

8.1 包容系统的验证阶段

8.1.1 概述

应通过在设计、制造、装运前和定期进行的验证程序来证明包装符合包容要求,必须对每个验证阶段建立一套检验要求。

验证程序应证明包装在正常运输条件和运输中事故条件两种条件下都符合所有规定的包容要求。因此,泄漏检验仅仅是验证程序的一部分。必须在不同的验证阶段,建立一套审管部门可接受的程序。

包容系统的组装应按照书面的质量保证程序执行,这个书面程序包括包容系统所有部件都符合有关要求且安装适位、同时有确实可靠的核对清单。

8.1.2 设计验证

设计验证程序应证明货包的设计满足正常运输条件和运输中事故条件下所有规定的包容要求。

应对包装进行检验以证明它的泄漏率低于或等于最大容许检验泄漏率 Q_{TDA} 和 Q_{TDN}。

应分别检验正常运输条件和运输中事故条件下的最大容许检验泄漏率 Q_{TDA} 和 Q_{TDN}。如果检验是在不同于运输中正常运输条件和运输中事故条件的条件(如温度和压力)下进行的,则必须证明测得的泄漏率是适当的和有代表性的。

8.1.3 制造验证

制造验证程序应证明每个按指定设计而制造的包装在正常运输条件和运输中事故条件下都能满足规定的包容要求(假定货包在装运前正确组装,且包装受到合理维护)。

应对包装进行检验以证明其泄漏率低于或等于最大容许检验泄漏率 Q_{TF}。

最大容许检验泄漏率 Q_{TF} 应比 Q_{TDN} 和 Q_{TDA} 更严格。如果检验条件不同于与正常运输条件和运输中事故条件相对应的最坏条件,应选择适当的检验泄漏率,以使检验能证明货包泄漏不会超过正常运输条件和运输中事故条件的最大容许泄漏率。

8.1.4 装运前验证

装运前验证程序应证明在每次装运前货包已组装好,且包装受到维护,以使在运输过程中(正常运输条件和运输中事故条件下)完全满足规定的包容要求。

必须对包装进行检验以证明它的泄漏率低于或等于最大容许检验泄漏率 Q_{TS}。在为了进行制造验证泄漏检验而选择的条件下,最大容许检验泄漏率 Q_{TS} 应是制造验证所确定的检验泄漏率 Q_{TF}。

根据设计、制造或定期验证的具体特性,有关审管部门可以允许一种组合的验证程序,再加上一个不太精确但能提供满足设计条件下等效置信度的泄漏检验。

8.1.5 定期验证

定期验证程序应证明所有依照批准的设计制造的包装,在重复使用之后,仍满足规定的包容要求。

应对包装进行检验以证明它的泄漏率低于或等于最大容许检验泄漏率 Q_{TP}。由于拆开组件可能有困难,待检验的包容范围和密封件数目以及 Q_{TP} 的数值必须是审管部门认可的。

定期验证的周期应是审管部门认可的。

8.2 验证要求

8.2.1 概述

GB/T 17230—1998

必须确定第8.1条中每个验证阶段相应的容许检验泄漏率,以证明包容系统满足规定的包容要求,同时必须选择合适的检验方法。

8.2.2 第10步 确定每个验证阶段的容许检验泄漏率 Q_{TDA},Q_{TDN},Q_{TF},Q_{TS},Q_{TP}

在确定容许检验泄漏率时应使用第9步得到的相应结果。

应用 $Q_{A(SLR)}$ 来确定 Q_{TDA},应用 $Q_{N(SLR)}$ 来确定 Q_{TDN}。对于 Q_{TF}、Q_{TS} 和 Q_{TP} 的确定,应使用 $Q_{A(SLR)}$ 和 $Q_{N(SLR)}$ 的较严格值。

同样,应该规定正常运输条件和运输中事故条件下计算容许标准化泄漏率的较严格值,以便于确定相应的容许检验泄漏率。

8.2.3 第11步 选择合适的检验方法

对应第10步(设计、制造、装运前或定期验证)各阶段所确定的每个容许检验泄漏率,选择一种合适的检验方法,并确定适当的检验程序。

本标准附录A(提示的附录)的表A1列出了一些适用的检验方法。

9 泄漏检验程序要求

9.1 概述

所有的泄漏检验都应按照书面的质量保证大纲进行。检验应能满足泄漏检验的要求。在制造、装运前或定期验证检验中,如果发现实际泄漏率大于最大容许泄漏率,必须采取措施将泄漏率减少到可接受的水平。

9.2 第12步 进行检验并记录结果

通过检验将证明包装符合规定的包容要求。对所用气体泄漏检验法的最低要求列于9.3和9.4。

9.3 检验灵敏度

通过参考有关文献或试验而确定某种泄漏检验方法的灵敏度。当其灵敏度小于或等于8.2.2所确定的示踪气体容许检验泄漏率的一半时,该检验方法的灵敏度被认为是足够的。

要根据检验物项来选择泄漏检验法。例如,气压降低检验(附录A(提示的附录)表A2中A3.1)和气压升高检验(附录A(提示的附录)表A2中A3.2)取决于被检气体体积,因此应对这些检验方法的灵敏度进行调整(时间和体积等因素)。在许多情况下,由于体积、压力、温度、混合物组分或时间的变化,而使泄漏检验方法的灵敏度发生较大变化。通常在能良好控制条件的实验室中进行的泄漏检验法比在现场条件下进行的同一方法更灵敏。

9.4 检验方法的要求

9.4.1 概述

泄漏检验方法应与检验物项相对应,并且当应用于包容系统时,还应有足够的灵敏度能证明其符合包容系统验证的检验要求。

应根据满足包容系统验证要求的活度释放率来确定容许的检验泄漏率和检验灵敏度。

进行泄漏检验时必须有必要的安全防护措施。

所有泄漏检验必须由合格的操作者来完成。

9.4.2 检验

使用者应负责验证所选择的检验方法与实际情况相适应,并正确使用该方法。

必须按照9.4.1进行检验,并形成文件。

161

附　录　A
（提示的附录）
推荐的泄漏检验方法

A1　范围

本附录目的是为用户选择泄漏检验方法提供帮助。本附录仅简要叙述了相应的泄漏检验方法及其灵敏度范围、优缺点和应考虑的有关安全问题。如用户欲了解详细情况请参考有关文献。

由用户负责选择与实际情况相适应的检验方法，并保证其正确使用。

如使用本附录中没有列出的泄漏检验方法，应证明其满足本标准的最低要求，并且是审管部门可接受的。

表 A1 列出了推荐的泄漏检验方法及其标称灵敏度，由于灵敏度是压力、时间、体积、温度和气体特征的函数，通常将不得不为每一种应用而计算其实际灵敏度。在表 A1 中对这些方法进行了分类，本文中分为定性法和定量法两类，定量法能测量总泄漏量；定性法能查明分散的漏孔。如果可能的话，可用标准漏孔对定性法进行核查。

表 A2 列出了推荐的泄漏检验方法及示意图，表中概括了检验方法、标称灵敏度以及每个方法的适用范围，可以用作选择具体容器检验方法的指南。

A2　说明和注意事项

A2.1　爆炸的风险

对于具有较高设计压力或较大的气体体积或二者兼有的检验物项，应注意防止爆炸事故。气体体积较大时，即使是适度的气压，也是有危险的。不论是将压力减少至已知的安全值，还是用液体或固体填充检验物项，以便剩下较小的检验气体体积。最好都做物项液压验证检验，以确保安全。当使用某种液体时，必须保证对泄漏检验没有影响。

如果包容系统几何形状和性能差异的影响可忽略不计，或操作条件没有足够的压力差以获得有意义的结果，那么检验可在与操作不同的温度和压力下进行。在检验过程中，泄漏流方向应与操作过程中相同，流向与此相反时，应证明其合理性。

表 A1　泄漏检验灵敏度

	章节号	检验方法	标称检验灵敏度(Pa·m³·s⁻¹SLR)
定量法	A3.1	气压降低法	$10^{-2} \sim 10^{-6}$ [1]
	A3.2	气压升高法	$10^{-2} \sim 10^{-6}$ [1]
	A3.3	包层充气-气体探测器法	$10^{-4} \sim 10^{-9}$
	A3.4	包层抽真空-气体探测器法	$10^{-4} \sim 10^{-9}$
	A3.5	背压-包层抽真空法	$10^{-4} \sim 10^{-9}$
定性法	A4.1	气泡技术	10^{-4} [2,3]
	A4.2	肥皂泡法	10^{-4} [2]
	A4.3	示踪气体检漏探头法	$10^{-4} \sim 10^{-7}$
	A4.4	示踪气体喷射法	$10^{-4} \sim 10^{-7}$

1) 灵敏度取决于体积、压力、时间、气体特性和温度稳定性
2) 用标准漏孔去核查检验设备和所使用的技术，能获得较高的、可靠的灵敏度
3) 气泡技术包括热水气泡法、真空气泡法和加压空腔气泡法

表 A2 推荐的泄漏检验法摘要

对 应 条 目	示 意 图
A3 定量检验	
A3.1 气压降低法 　　本方法对检验物项空腔或两 O 形圈之间的空间加压,然后测量压力降低。本方法的灵敏度与检验体积成反比。 　　本方法特别适用于检验双 O 形圈的密封性,小的空间体积使本方法具有很高的灵敏度,且不会破坏空间原来的密封性。 　　标称检验灵敏度为 10^{-2} Pa·m³·s⁻¹SLR～10^{-6} Pa·m³·s⁻¹SLR	
A3.2 气压升高法 　　本方法对检验空腔抽真空至 10^3 Pa 或更低,然后在规定的检验期限内测量压力的升高。 　　本方法适用于可与压力阀相连接的检验物项,但也能用于检验双 O 形圈密封性,检验灵敏度与检验体积成反比。 　　标称检验灵敏度 10^{-2} Pa·m³·s⁻¹SLR～10^{-6} Pa·m³·s⁻¹SLR	
A3.3 包层充气法-气体探测器法 　　本方法是将与气体探测器联接的检验物项抽真空,然后向包围物项的包层内填充检验气体(一般是氦气或卤素化合物)。 　　本方法适用于有一个可替换密封层的大型检验物项。使用几个密封层(如双 O 形圈封闭层)时,可依次对每个密封层使用本方法。 　　标称检验灵敏度 10^{-4} Pa·m³·s⁻¹SLR～10^{-9} Pa·m³·s⁻¹SLR	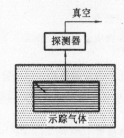
A3.4 包层抽真空法-气体探测器法 　　该方法用检验气体(通常是氦气或卤气)给检验物项加压,同时将检验物项置于一个与气体探测器相连的真空室中。 　　本方法适用于有一个可替换密封层的小型检验物项。使用几个密封层(例如双 O 型圈封闭层)时,每个密封层可依次运用这个方法。 　　标称检验灵敏度 10^{-4} Pa·m³·s⁻¹SLR～10^{-9} Pa·m³·s⁻¹SLR	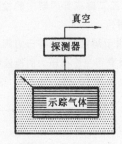

表 A2(续)

对 应 条 目	示 意 图
A3.5 （背压）包层抽真空法 给处于充有检验气体（通常为氦气）的包层中的检验物项加压一段时间后，转移检验物项至一个接有气体探测器的抽空包层中。 本方法适用于从很小直到增压室最大尺寸的各种大小的焊接容器。检验物项内空腔体积至少 10 mm³。 考虑到仪器的成本及本方法操作性，故本方法仅适用于实验室内。 标称检验灵敏度 10^{-4} Pa·m³·s⁻¹SLR～10^{-9} Pa·m³·s⁻¹SLR	示踪气体 真空 探测器 示踪气体
A4 定性法	
A4.1.4.1 热水鼓泡法 将检验物项浸没于热水中增加其内部压力，一串气泡指示一个漏孔。 本方法适用于焊接容器和通常没有压力阀联接的小型检验物项。也适用于在没有高级仪器的场合使用。 标称最大检验灵敏度 10^{-4} Pa·m³·s⁻¹SLR	O_2 热 水
A4.1.4.2 真空鼓泡法 使浸没检验物项的液面上形成一个真空，一串气泡指示一个漏孔。 本方法适用于焊接容器和小型检验物项，也能用于空腔体积大于 10 mm³ 的源体或容器。检验物项的大小仅为真空容器的大小所限制。 标称检验灵敏度 10^{-4} Pa·m³·s⁻¹SLR	真空 O_2
A4.1.4.3 加压空腔泡法 给浸入水、乙二醇或异丙醇中的检验物项加压，一串气泡指示一个漏孔。 本方法适用于焊接容器、与压力阀相连的容器，或可通过干冰的蒸发获得空腔内压力的检验物项。 标称检验灵敏度 10^{-4} Pa·m³·s⁻¹SLR	加压 O_2
A4.2 肥皂泡法 对其表面涂有一层肥皂液的检验物项加压，在表面上的一个肥皂泡指示一个漏孔。 本方法适用于与压力阀相连的容器，以及可通过干冰的蒸发而获得空腔内压力的容器。 标称检验灵敏度 10^{-4} Pa·m³·s⁻¹SLR	加压

表 A2(完)

对 应 条 目	示 意 图
A4.3 示踪气体检漏探头法 　　对充有检验气体(一般是氦气或卤素化合物)的检验物项加压,移动气体探测器探头扫描可能有漏孔的区域,探测漏孔。 　　本方法最适用于有清晰可见的可能存在漏孔区域的大型检验物项(例如焊缝或密封层),必须具有一些用检验气体给焊缝或密封层内增压的设备。 　　标称检验灵敏度 10^{-4} Pa·m³·s⁻¹SLR～10^{-7} Pa·m³·s⁻¹SLR	探测器　　示踪气体
A4.4 示踪气体喷射法 　　对接有气体探测器的检验物项抽真空,同时在其表面喷射检验气体(通常是氦气或卤素化合物)。 　　本方法适用于检验已部分完工的容器,其可能存在漏孔的一侧能被抽空,提供的检验气体在另一侧容易通过。 　　标称检验灵敏度 10^{-4} Pa·m³·s⁻¹SLR～10^{-7} Pa·m³·s⁻¹SLR	真空　　探测器

A2.2 示踪物质

　　示踪物质应该纯净,不含可能影响检验结果的杂质。必须确保使已知有代表性的示踪混合物能到达检验界面。确保不能产生可能影响包容系统内容物或泄漏检验示踪剂特性的有害反应。

A2.3 泄漏率

　　对于一些气泡检验法,在良好的实验室条件下,压力差为 10^5 Pa,则低到 10^{-7} Pa·m³·s⁻¹SLR 的单个泄漏率也能检验出来。但是,检验的能力因许多因素而减弱(如由于缺乏光线而导致能见度低、检验物体的形状、池液的扰动、气体可溶性、操作者疏忽、液体阻塞漏孔、以及由于一些漏孔太小而不能检出等),从而使总的泄漏率有高于最大容许泄漏率的可能性。示踪气体气压应能克服浸液顶部的静液压头和表面张力的影响。

　　肥皂泡检验还存在其他问题(例如保证能同时覆盖检验的所有区域,以及考虑到环境相对湿度和温度的影响),因此气泡检验不能用于定量测量。

　　由于这些原因,当未观察到气泡时,一般认为总泄漏率为 10^{-4} Pa·m³·s⁻¹SLR,除非个别情况下能证明有较高的灵敏度。

A2.4 避免浸湿检验物项

　　对于预计小于 10^{-7} Pa·m³·s⁻¹SLR 的漏孔,在泄漏检验以前应尽可能避免浸湿检验物项。当不能避免浸湿时,检验应在检验物项完全干燥后再进行。

A2.5 分压

　　检验混合物中示踪气体的分压必须是已知的,而且至少为总压力的 10%,必须使用分压百分率校正因子,参见附录 B(提示的附录)中的公式(B13)。

A2.6 真空状态

　　当在正压下进行常规操作时,应考虑在真空状态进行检验时包容边界、封闭层以及密封层的性能。

A2.7 进行泄漏检验

　　所有泄漏检验必须由合格的操作者进行。

A3 定量法

A3.1 气压降低法

A3.1.1 适用范围

本方法适用于可与压力阀相连接的物项,检验体积可以是容器的体积或是双 O 形圈密封层之间的空间体积。

A3.1.2 泄漏率指示

总泄漏率表示为在特定的环境温度和压力下,已知初始压力经过一段时间后的压力降低值。如果检验持续时间长,应对环境温度和压力的变化进行校正。

A3.1.3 检验灵敏度

灵敏度主要取决于检验体积、检验持续时间以及压力、温度测量的准确度。在体积较大的情况下,这种方法较不灵敏;但对于小体积并使用精密仪器时,检验灵敏度能达到 10^{-6} Pa·m^3·s^{-1}SLR。需要指出的是,总体积包括容器的体积加上测量仪器的有关体积。

检验方法的实际灵敏度应根据附录 B(提示的附录)中的公式(B12)计算。

A3.1.4 检验方法

给检验体积加压至规定的检验压力,然后测量规定时间内检验体积压力和温度的变化。为了计算总泄漏率,必须精确测量检验体积。

压力的测量应精确到测量装置量程的 1%内(或更小),这此测量装置的量程应为规定检验压力的 1.5 倍至 4 倍,检验物项在进行测量前应处于或接近热平衡状态,否则测量平均温度过程中的误差可能掩盖泄漏。

A3.1.5 优缺点

用于检验的仪器也有可拆卸的密封层,为此检验结果给出的泄漏率包括了所有密封层(检验设备和容器的),故该方法得到的容器泄漏率可能偏高。如果要求的检验灵敏度为 10^{-6} Pa·m^3·s^{-1}SLR 数量级,则检验设备连接的密闭性对检验灵敏度有影响。

若本方法用在检验工作(例如进行压力降低试验前后的检验)中,则至少有一个检验设备连接处可被拆开并重新密封。

高压能提高检验灵敏度,但可能产生由于检验过程中双 O 形圈移动而造成给出的结果不可靠和高压能使密封层旁通而产生危险等缺点。

因为温度变化会引起相应的压力变化,应尽可能使检验在等温条件下进行。

A3.1.6 注意事项

当检验体积增压时,由于气压升高有发生爆炸的危险,故应注意确保安全。

A3.2 气压升高法

A3.2.1 适用范围

本方法与气压降低法相似,适用于可与压力阀连接的检验物项。与气压降低法相比,本方法的优点是受温度变化的影响较小。

A3.2.2 泄漏率表示

总泄漏率可以表示为在特定环境温度和压力下,已知初始压力经过一段时间后的压力增加值。若检验持续时间长,必须对环境温度和压力的变化进行校正。

A3.2.3 检验灵敏度

检验的灵敏度主要取决于检验体积、检验持续时间以及温度与压力测量的准确度,本方法能用于测量低至 10^{-6} Pa·m^3·s^{-1}SLR 的泄漏率。

检验方法的实际灵敏度可通过附录 B(提示的附录)中的公式(B12)计算。

A3.2.4 检验方法

将检验物项抽真空至适当压力(一般为 10^2 Pa),然后测量规定时间内检验体积温度与压力的变化。为了计算总泄漏率,应准确测得检验体积。

压力的测量应精确到测量装置量程的1%以内(或更少)。这些装置的量程应是规定检验压力的1.5倍至4倍。检验应尽可能在等温条件下进行,因为较小的温度变化能导致较大的压力变化。

A3.2.5 优缺点

除气(当物项抽真空时从检验物项表面跑气)是本方法的一大问题。保持检验物项干净和干燥,可将影响泄漏率测量的除气减少到最低程度。

用于进行检验的检验设备,除待检的密封外,一般要求进一步的密封。检验结果得到的泄漏率包括所有的密封层。因此本方法得出的容器密封层泄漏率可能偏高。在灵敏度较高时,检验设备密封层的密封性能决定了检验的灵敏度。

A3.2.6 注意事项

注意操作真空设备的危险。

A3.3 包层充气-气体探测器法

A3.3.1 适用范围

本方法适用于能放入一个充满示踪气体的包层中的容器。当仅检验单个法兰接头时,可以将包层尺寸减少到刚好包围法兰表面。使用的示踪气体通常是氦气和卤素化合物。

A3.3.2 泄漏率指示

通过一个可探测容器内气体浓度的气体探测器来测量总泄漏率。

A3.3.3 检验灵敏度

灵敏度取决于使用的气体、压力差和探测方法,如果使用二氟二氯代甲烷(R-12),六氟化硫(SF_6)或四氯化碳等卤素气体化合物作为示踪气体,灵敏度可达到 10^{-4} Pa·m³·s⁻¹SLR～10^{-7} Pa·m³·s⁻¹SLR;使用氦质谱仪探测器,灵敏度可达 10^{-4} Pa·m³·s⁻¹SLR～10^{-9} Pa·m³·s⁻¹SLR($3×10^{-4}$ Pa·m³·s⁻¹SHeLR～$3×10^{-9}$ Pa·m³·s⁻¹SHeLR)。

A3.3.4 检验方法

将连接有探测器探头的真空系统连接在容器或两O形圈间空间的检验接口上,用标准漏孔或允许少量示踪气体进入松开的接头或阀门以测定响应时间。

用示踪气体填充包层,同时监测探测器的响应。

A3.3.5 优缺点

本方法要求由合格的操作人员使用。

包层内示踪气体的分压必须已知,且至少为总压的10%。

卤素化合物气体仅能用于不锈钢系统,但首先应对不锈钢系统进行测定,以证明所用卤素不会由于晶间侵蚀而使不锈钢受到有害腐蚀。

卤素化合物气体泄漏检验要求在一个无烟雾(如烟草烟)和其他可能的卤素蒸汽源(如制冷系统的漏孔)的检验室中进行。

A3.3.6 注意事项

在易爆易燃气氛中,喷卤漏孔探测器不能使用正离子。卤素化合物接近高温能分解成剧毒混合物,有些卤素化合物气体本身有毒,因此检验区内应保持良好通风。

A3.4 包层抽真空-气体探测器法

A3.4.1 适用范围

本方法是用示踪气体给容器增压,然后将容器放入一个接有示踪气体探测器的真空包层里。当仅检验单个法兰接头时,可以将包层尺寸减少到刚好包住法兰表面。此外,若使用双O形圈密封接头,则示踪气体探测器应固定在与双O形圈之间空间相连的真空体系上。

常用的示踪气体是氦气和卤素化合物。

A3.4.2 泄漏率指示

用可测量真空包层或空腔内气体浓度的气体探测器进行测量。

A3.4.3 检验灵敏度

灵敏度取决于所用气体、压力差以及检验方法,如果使用二氟二氯代甲烷(R-12),六氟化硫(SF_6)或四氯化碳等卤素气体化合物,灵敏度可达到 10^{-4} Pa·m^3·s^{-1}SLR～10^{-7} Pa·m^3·s^{-1}SLR;如果使用氦质谱仪探测器,其灵敏度可能为 10^{-4} Pa·m^3·s^{-1}SLR～10^{-9} Pa·m^3·s^{-1}SLR(3×10^{-4} Pa·m^3·s^{-1}SHeLR～3×10^{-9} Pa·m^3·s^{-1}SHeLR)。

A3.4.4 检验方法

用示踪气体将容器增至检验压力,将包围容器的包层抽真空(如果检验一个带双 O 形圈的法兰,则将空隙抽真空),然后监测与真空系统相连的监测器的响应。

如果容器不能填充示踪气体,则将检验物项放在一个合适的容器内,用示踪气体从外部增压一段时间(常用值是 3.0×10^6 Pa 加压一小时)。然后减压,在抽成真空前,将检验物项转移至一个包层里。

注:本方法仅用于外部能承受高压的物项。

A3.4.5 优缺点

同 A3.3.5。

A3.4.6 注意事项

同 A3.3.6。

A3.5 (背压)包层抽真空法

A3.5.1 适用范围

本方法适用于不带压力阀的检验物项以及最终密封过程中不能用氦填充的密封源。物项应能承受所选择的外部压力而不受损害。当使用精密的质谱仪时也可使用非氦气体。

A3.5.2 泄漏率指示

用质谱漏孔探测器(MSLD)测量泄漏率。

A3.5.3 检验灵敏度

灵敏度[10^{-7} Pa·m^3·s^{-1}SLR～10^{-9} Pa·m^3·s^{-1}SLR(3×10^{-7} Pa·m^3·s^{-1}SHeLR～3×10^{-9} Pa·m^3·s^{-1}SHeLR)]取决于设备,也取决于检验物项外表面氦气除气率。

A3.5.4 检验方法

将检验物项置于一个合适的检验室内,然后外部用氦增压一段时间。通常为 3.0×10^6 Pa 加压一小时,停止加压后立即将检验物项转移至一个接有质谱漏孔探测器的检验室里,然后抽真空至操作压力,按照操作说明书操作质谱漏孔探测器。在此方法中,当检验物项置于真空中后,通过任何漏孔进入检验物项的氦气从漏孔中释出而被检验到。

A3.5.5 优缺点

本方法特别适用于同时检验几个小型样品。使这些小样品在真空室内迅速地全部进行泄漏检验。

当样品易损时,可以采用长时间低压的方式加压。

A3.5.6 注意事项

因为背压室处于高压下,需要使用特殊设计的设备。

A4 定性法

A4.1 气泡技术

A4.1.1 适用范围

本方法适用于无压力阀连接口的小型检验物项,其大小能方便地进出允许接近观测液体情况的槽箱。

本方法可用于带压力阀或通过以下方式能获得要求的压力差的检验物项:

a) 干冰、液氮或致冷液体的蒸发。

b) 利用槽箱内液面上的真空。

c) 利用槽箱内热的液体。

A4.1.2　漏孔指示

由检验液体中的气泡串指示单个漏孔。

A4.1.3　检验灵敏度

本检验给出了定性的结果。如果没有气泡通过试液,表明其泄漏率为 10^{-4} Pa·m³·s⁻¹SLR~10^{-7} Pa·m³·s⁻¹SLR(具体数值取决于所用的液体)。

各类液体(如水、醇类、矿物油、硅油、乙二醇等)与各种示踪气体配合使用,可提高本方法的灵敏度。

A4.1.4　检验方法

A4.1.4.1　热水鼓泡法

将室温下的检验物项浸入 90℃ 水中,浸没检验物项或将被检验部分放在一个合适的容器中,使它浸入液面下至少 50 mm,然后寻找气泡串。

检验持续的时间应该足以使检验物项和其中的气体被水加热。检验物项停留在水中的时间应通过计算或实验确定。

吸附在检验件表面的常压空气,在真空条件下形成气泡串几秒钟,然后消失,这种气泡串并非表示有漏孔。

A4.1.4.2　真空鼓泡法

将检验物项浸入液体浴中,将液面上空腔抽真空至适当的压力(一般为 10^4 Pa),然后寻找气泡串。浸液应该具有较低的表面张力和较小的蒸气压,而且在检验完成后很容易从检验物项上清除掉。

吸附在检验件表面的常压空气,在真空条件下形成气泡串几秒钟,然后消失,这种气泡串并非表示有漏孔。

A4.1.4.3　加压空腔鼓泡法

用示踪气体将检验物项加压至规定的检验压力至少 15 min,这个压力可通过相连的压力阀或利用干冰得到。当通过干冰蒸发产生内压时,2 kg 的干冰将使 1 m³ 的空间增加 10^5 Pa 压力。

在检验物项仍然受压的状况下,将其可能存在漏孔的区域浸入液体浴中,然后寻找气泡串。吸附在检验件表面的常压空气,在真空条件下形成气泡串几秒钟,然后消失,这种气泡串并非表示有漏孔。

A4.1.5　优缺点

本方法普遍应用于能方便进出合适槽箱的小型容器和焊接小盒。

封口处和表面能吸附空气,从而增加欺骗性的气泡,干扰真正的泄漏。

对于真空气泡技术,检验液中溶解有空气,因此在泄漏检验进行以前,应对液体抽真空一段时间,抽真空的时间取决于液体的体积。

如果必须重复检验,漏孔有可能被液体阻塞。

A4.1.6　注意事项

应考虑到增压有使检验物项破损的危险。当借助于干冰产生压力时,应注意产生所要求内压的干冰不要过量。

注意搬运干冰可能引起"冷烫伤"。

使用安全眼镜或保护罩以保护操作者避免由于液体容器破损可能带来的伤害。

A4.2　肥皂泡法

A4.2.1　适用范围

本方法适用于可与压力阀连接的容器或可通过干冰的蒸发而获得所需压力的容器。

A4.2.2　漏孔指示

各个漏孔可由在检验件外表面涂上的肥皂液或其他液体中形成的气泡来指示。

A4.2.3 检验灵敏度

本检验给出了一个定性的结果,没有气泡穿过肥皂液表明泄漏率低于 10^{-4} Pa·m³·s⁻¹SLR。增加检验压力可提高灵敏度,如果可能的话,应使用具有与包容要求灵敏度相当的标准漏孔对本方法进行核查。

A4.2.4 检验方法

将检验物项加压至规定的检验压力至少 15 min,然后在仍然受压时,在所有可能的泄漏区涂上或涮上肥皂液(低表面张力的工业用肥皂液较为适宜)寻找气泡。肥皂液应覆盖所有可能的泄漏区或连接头,检验后应将所测区域擦拭干净。

当通过干冰蒸发产生内压时,2 kg 干冰将使 1 m³ 空间增加 10^5 Pa 的压力。

A4.2.5 优缺点

本方法与加压空腔鼓泡法相似,但并不受容器大小和质量的限制。如密封处不容易贴近或接头空隙不能被填补或注满的话,本方法是不可靠的。

A4.2.6 注意事项

应考虑到增压有使检验物项破损的危险。当借助于干冰产生压力时,应注意产生所要求内压的干冰不要过量。

注意搬运干冰可能引起"冷烫伤"。

A4.3 示踪气体-探头技术

A4.3.1 适用范围

本方法最适用于大型容器或密封源可能存在漏孔的区域(例如一个明显可见的密封或焊缝)。应有向密封层的外露侧提供示踪气体的设备,并在另一侧安放探测装置进行探测。

常用示踪气体是氦气和卤素化合物气体。

A4.3.2 漏孔指示

由能测量漏出的示踪气体浓度的探测器指示。

A4.3.3 检验灵敏度

灵敏度取决于所用的示踪气体、压力差以及具体的探测器。对卤素化合物系统如二氟二氯代甲烷(R-12),六氟化硫(SF_6)或四氯化碳,其测量灵敏度为 10^{-4} Pa·m³·s⁻¹SLR～10^{-7} Pa·m³·s⁻¹SLR。如用氦气,质谱仪可以探测到泄漏率为 10^{-4} Pa·m³·s⁻¹SLR～10^{-9} Pa·m³·s⁻¹SLR($3×10^{-4}$ Pa·m³·s⁻¹SHeLR～$3×10^{-9}$ Pa·m³·s⁻¹SHeLR)的漏孔。

A4.3.4 检验方法

按照说明书操作探测器,用示踪气体给检验物项或法兰接头加压至检验压力,并在可能存在泄漏的区域"嗅"。检漏探头应紧贴物项表面(小于 1 mm 的距离)且移动速度不超过 20 mm·s⁻¹。

开始检验以前,检漏探头应用标准漏孔进行核查。

A4.3.5 优缺点

检漏探头只能探测单个漏孔,因此不能用于确定容器泄漏率总量。

要求合格的操作者操作漏孔探测器。

卤素化合物气体能用于不锈钢系统,但首先应对不锈钢系统进行测定,以证明所用卤素化合物不会由于晶间侵蚀而使不锈钢受有害腐蚀。

卤气泄漏检验要求在一个无烟雾(如烟草烟)和其他可能的卤素蒸汽源(如制冷系统的漏孔)的检验室中进行。

检验混合物中示踪气体的分压应至少为总压的 10%,而且必须已知。

A4.3.6 注意事项

同 A3.3.6。

A4.4 示踪气体-喷射法

A4.4.1 适用范围

本方法最适用于大型容器的有明显的可能存在漏孔的区域(如封口和焊缝)。利用某些设备向检验区域喷射示踪气体,并用探测器在焊缝或法兰的另一侧进行探测。

常用的示踪气体是氦气或卤素化合物气体。

A4.4.2 泄漏率指示

用测量示踪气体浓度的气体探测器测量泄漏率。

A4.4.3 检验灵敏度

灵敏度取决于所用示踪气体、压力差以及具体的探测器,对于卤素化合物,如二氟二氯甲烷(R-12),六氟化硫(SF_6)或四氯化碳,其测量灵敏度为 $10^{-4}\,Pa \cdot m^3 \cdot s^{-1}SLR \sim 10^{-7}\,Pa \cdot m^3 \cdot s^{-1}SLR$。氦质谱仪可探测到泄漏率为 $10^{-4}\,Pa \cdot m^3 \cdot s^{-1}SLR \sim 10^{-9}\,Pa \cdot m^3 \cdot s^{-1}SLR(3 \times 10^{-4}\,Pa \cdot m^3 \cdot s^{-1}SHeLR \sim 3 \times 10^{-9}\,Pa \cdot m^3 \cdot s^{-1}SHeLR)$的漏孔。

A4.4.4 检验方法

用真空泵将检验物项或双O形圈之间的空间抽真空,然后按照说明书操作气体探测器。将少量的示踪气体喷入已知的漏孔(如一个部分开启的阀门或松动的接头)或应用一个标准漏孔,来测定响应时间,并记下探测器响应所需要的时间。

隔离已知漏孔,再用示踪气体喷射可能存在的泄漏区,每个区域的喷射时间应比响应时间长,然后监测气体探测器的响应。

A4.4.5 优缺点

喷射法仅能探测单个漏孔,而不能用于确定容器的总泄漏率。

要求合格的操作者操作漏孔探测器。

卤素能用于不锈钢系统,但首先应对不锈钢系统进行测定,以证明所用卤气不会由于晶间侵蚀而使不锈钢受到有害腐蚀。

卤气泄漏检验要求在一个无烟雾(如烟草烟)和其他可能的卤素蒸汽源(如制冷系统的漏孔)的检验室中进行。

A4.4.6 注意事项

使用高压气瓶时应特别小心。

附 录 B

(提示的附录)

计 算 方 法

B1 范围

本附录归纳了有关计算方法的基本数据和公式。

如何应用本附录的计算方法请参见附录C的应用实例。

B2 符号和单位

除非另有说明,本附录使用表1和表B1的各种定义、符号和单位。

表 B1　本附录所用符号、定义和单位

符　号	定　义	单　位
a	毛细管长度/泄漏孔长度	m
D	毛细管直径/泄漏孔直径	m
D_B	气泡直径	m
g	重力加速度	$g = 9.81 \text{ m} \cdot \text{s}^{-1}$
g_0	常数	$g_0 = 1 \text{ kg} \cdot \text{m} \cdot \text{N}^{-1} \cdot \text{s}^{-2}$
H	检验时间	s
h	液体高度	m
L	容量泄漏率	$\text{m}^3 \cdot \text{s}^{-1}$
M	相对分子量	$\text{kg} \cdot \text{mol}^{-1}$
M_i	组分 i 的相对分子量	$\text{kg} \cdot \text{mol}^{-1}$
M_{mix}	混合物的相对分子量	$\text{kg} \cdot \text{mol}^{-1}$
P_d	出口压力	Pa
P_i	气体混合物中组分 i 的分压	Pa
P_{mix}	气体混合物总压	Pa
P_s	标准压力	Pa
P_t	示踪气体分压	Pa
P_u	入口压力	Pa
P_1	检验开始时气体压力	Pa
P_2	检验结束时气体压力	Pa
Q	泄漏率	$\text{Pa} \cdot \text{m}^3 \cdot \text{s}^{-1}$
Q_m	分子流泄漏率	$\text{Pa} \cdot \text{m}^3 \cdot \text{s}^{-1}$
Q_{mix}	气体混合物泄漏率	$\text{Pa} \cdot \text{m}^3 \cdot \text{s}^{-1}$
Q_P	渗透泄漏率	$\text{Pa} \cdot \text{m}^3 \cdot \text{s}^{-1}$
Q_v	粘液流泄漏率	$\text{Pa} \cdot \text{m}^3 \cdot \text{s}^{-1}$
R	通用气体常数	$R = 8.31 \text{ J} \cdot \text{mol}^{-1} \cdot \text{K}^{-1}$
S	泄漏率灵敏度	$\text{Pa} \cdot \text{m}^3 \cdot \text{s}^{-1}$
T	流体绝对温度	K
T_0	参考温度	$T_0 = 298 \text{ K}$
T_1	检验开始时气体温度	K
T_2	检验结束时气体温度	K
u	速度	$\text{m} \cdot \text{s}^{-1}$
V	气体体积	m^3
ν	气泡产生率	s^{-1}
μ	流体动力粘度	$\text{Pa} \cdot \text{s}$
μ_i	组分 i 的粘度	$\text{Pa} \cdot \text{s}$
μ_{mix}	混合物粘度	$\text{Pa} \cdot \text{s}$
ρ	密度	$\text{kg} \cdot \text{m}^{-3}$
ρ_g	气体密度	$\text{kg} \cdot \text{m}^{-3}$
ρ_l	液体密度	$\text{kg} \cdot \text{m}^{-3}$
σ	液体表面张力	$\text{N} \cdot \text{m}^{-1}$

B3　气体泄漏

气体泄漏可以本节所述的气流或 B14 所述的渗透的方式发生。

通过小漏孔的气体流量取决于气体的流体和热力学特征、漏孔特点以及流动状态。压力是流体特征,压力差是泄漏的驱动力。在本附录中,使用的漏孔模型是一个简单的笔直圆形毛细管。就本标准所涉及的泄漏范围(即 10^{-8} Pa·m³·s⁻¹～1 Pa·m³·s⁻¹)而言,用修正的过渡流诺森方程(Knudsen)来计算流量是合适的。

$$Q = 0.012\ 3 \frac{D^4}{\mu \cdot \alpha}(P_u^2 - P_d^2) + 1.204 \frac{D^3}{\alpha}\sqrt{\frac{T}{M}}(P_u - P_d) \quad\cdots\cdots(B1)$$

上式对单一种类的气体有效。若用于混合气体,则要求有等效的气体特征参数(见 B5)。

上式第一部分表示粘滞层流(Q_V),是由层流的泊萧叶(Poisenille)定理得来的,第二部分表示分子流(Q_m),是由自由分子流的诺森定律得来的。

公式(B1)可以用在仅有粘滞层流状态、仅有分子流状态或过渡流状态。当以层流为主时,计算出的分子流的贡献很小,可以忽略;同样当分子流占主导地位时,层流的贡献也很小,也可以忽略。

B4 不同条件下的气体泄漏率的相关性

不同条件下的相关性可用公式(B1)求得。可从已知条件计算出毛细管直径,其他条件下的泄漏率可以利用计算出的直径来得到。

对于两不同条件均为纯层流状态的特殊情况,气体 x 与 y 的泄漏率 Q_x 和 Q_y 关系为:

$$Q_x = Q_y \frac{\mu_y}{\mu_x} \times \frac{(P_u^2 - P_d^2)_x}{(P_u^2 - P_d^2)_y} \quad\cdots\cdots(B2)$$

同样地,对于纯分子流状态:

$$Q_x = Q_y \frac{\sqrt{T_x M_y}}{\sqrt{T_y M_x}} \times \frac{(P_u - P_d)_x}{(P_u - P_d)_y} \quad\cdots\cdots(B3)$$

B5 气体混合物

对于一个 n 组分的理想气体混合物,公式(B1)第一部分中的混合物的特征参数(总压 P,粘度 μ)可由下面各公式导出:

$$P_{mix} = \sum_{i=1}^{n} P_i \quad\cdots\cdots(B4)$$

$$\mu_{mix} = \sum_{i=1}^{n} \frac{P_i \mu_i}{P_{mix}} \quad\cdots\cdots(B5)$$

公式(B1)第二部分中的量 $P/\sqrt{M}$ 可按下式计算:

$$\left(\frac{P}{\sqrt{M}}\right)_{mix} = \sum_{i=1}^{n} \frac{P_i}{\sqrt{M_i}} \quad\cdots\cdots(B6)$$

B6 标准状态下的相关性

为了比较在不同状态下测得的泄漏率,应该参考标准状态下的泄漏率。

通常,标准状态是指入口压力 1.013×10^5 Pa、出口压力 0.0 Pa、温度 298 K(25℃)的干燥空气,任何给定的泄漏可由公式(B2)和公式(B3)根据标准状态得到。在标准状态下的泄漏率在本标准中定义为标准化泄漏率(SLR)。

B7 液体泄漏

液体泄漏在低流速时为层流,高流速时为湍流。因为所涉及的孔很小,所以只考虑层流。液体泄漏率可由泊萧叶(Poiseuille)定律推导而来：

$$L = \frac{\pi}{128} \times \frac{D^4}{\mu \cdot \alpha}(P_u - P_d) \qquad\cdots\cdots\cdots\cdots\cdots\cdots (B7)$$

B8 不同状态下液体泄漏率之间的相关性

测量的泄漏率(L_y)和等效泄漏率(L_x)之间的关系，如下式：

$$L_x = L_y\left[\frac{\mu_y}{\mu_x}\right]\frac{(P_u - P_d)_x}{(P_u - P_d)_y} \qquad\cdots\cdots\cdots\cdots\cdots\cdots (B8)$$

B9 气体泄漏率和液体泄漏率的相关性

对于一个含有放射性液体的体系，最大容许等效毛细管漏孔直径 D 可由公式(B7)得到，然后将该 D 值代入公式(B1)计算得到等效气体泄漏率。

B10 气溶胶泄漏

气溶胶是指在气体介质中微粒悬浮物(如：固体粉末)。在货包中形成的气溶胶性质在时间和空间上都是不一致的。微粒悬浮物的产生是由无规律作用力作用于系统的结果；沉降是微粒从气溶胶中移出并且减少可能的释放量的一个持续的过程。悬浮微粒的释放是由微粒进入泄漏流而造成的。因为气溶胶性质的不确定性，以及微粒的进入和沉降既在系统内又在释放通道中发生，因此对气溶胶释放的分析预测是很困难的。所以，还没有一个公式可以描述气溶胶的泄漏率。

B11 气体泄漏率和气溶胶泄漏率的相关性

使用以下相关性，要求质量份额相对于微粒几何直径的分布是已知的。

该相关性要求使最大容许等效毛细管直径等于微粒的一个极限几何直径。所确定的极限几何直径应使可释放的所有微粒的总活度被限制在容许水平之内。

然后将极限几何直径值代入公式(B1)以得到**等效气体泄漏率**。

B12 相关性使用中的注意事项

在使用 B4、B6、B8、B9 和 B11 中的相关性时要特别注意以下注意事项。首先，在充分考虑了流体状态的影响之后，相关性才有效。其次，这些相关性考虑了温度、压力对泄漏流体的影响，但未考虑对漏孔的几何状态的影响。例如：如果一个系统在压力 P 时可正常运行，则在 $0.1P$ 压力下进行的空气泄漏检验的结果是不可信的，这是因为该系统在检验条件下较之于运行条件下变形要小一些。通常，当两种流体的压力和温度条件相同时，并且当这些条件不明显影响漏孔的几何形状时，才可应用这些相关性。

B13 表面张力

在气泡检验法中，除非气泡内压大于液面之上的大气压力、重力产生的液体压力和表面张力引起的压力之和，否则将不可能冒出气泡。要求克服表面张力的气泡内压 P_u 可由公式(B9)估算：

$$P_u > P_d + \frac{2\sigma}{D} \qquad\cdots\cdots\cdots\cdots\cdots\cdots (B9)$$

在气泡检验法中，还必须要考虑其他两个因素：气泡直径 D_B 和产泡率 L。气泡直径和产泡率计算如下：

$$D_B = \left[\frac{6D\sigma g}{g_0(\rho_l - \rho_g)}\right]^{1/3} \qquad\cdots\cdots\cdots\cdots\cdots\cdots (B10)$$

$$\nu = \frac{6L}{\pi \cdot D_B^3} \qquad\cdots\cdots\cdots\cdots\cdots\cdots (B11)$$

B14 渗透

渗透是流体以"吸附-扩散-解吸"的机制通过固体屏障(没有漏孔)的过程。除非流体本身是放射性的,否则不认为是泄漏或释放。如果确实是渗透引起的泄漏,必须将容器壁的这种渗透减至可接受水平。在本标准中,渗透仅适用于气体。

当泄漏检验步骤被用于验证包容系统的密封性时,如果包容系统中含有有机材料(例如高弹性密封 O 形圈),则应该考虑渗透。通常,O 形圈暴露于氦气时,对每 1.013×10^5 Pa 的压差,氦气的标称渗透系数为每厘米 O 形圈 5×10^{-7} $m^3 \cdot s^{-1}$。在泄漏率的检验中减少渗透影响的一些方法如下:

1)在渗透达显著水平之前完成泄漏检验。

2)联合使用示踪剂/密封材料,减少或延迟渗透。

3)当联合使用示踪剂/密封材料时,且在相应温度和压力差下标称稳态渗透率(由制造者提供的)是最大容许泄漏率的 50% 或更小,如果在检验前有足够的时间使数值达到稳定态数值的话,可以从测得的泄漏率中减去标称值。

附录 C(提示的附录)中的 C8 给出了气体渗透计算的进一步解释。

B15 气压升降法泄漏检验

气压降低检验的泄漏率是由理想气体方程推导而来。当检验过程中 V 体积的气体温度从 T_1 变为 T_2,归一化到气体参考温度 T_0 时的泄漏率 Q 为:

$$Q = \frac{VT_0}{H}\left(\frac{P_1}{T_1} - \frac{P_2}{T_2}\right) \qquad\qquad\qquad\text{(B12)}$$

当脚标 1 和 2 互换时,上式适用于气压升高法检验。

B16 示踪气体分压校正

如果混合物中包含示踪气体,由仅检验示踪气体(例如利用质谱泄漏检验仪)的方法得到的测量泄漏率必须经过校正:

$$Q = Q_{\text{mix}}\left(\frac{P_{\text{mix}}}{P_{\text{t}}}\right) \qquad\qquad\qquad\qquad\text{(B13)}$$

B17 泄漏检验法灵敏度

根据本标准 9.3 的规定,所用泄漏检验方法的灵敏度必须等于或小于示踪流体的最大容许泄漏率的一半。

附 录 C

(提示的附录)

工 作 实 例

C1 概述

本附录所有实例均为假设,其目的是为了举例说明本标准中所包含的原理。它们在实际包装中的适用性必须经过审查。

本附录使用 3.2 和附录 B(提示的附录)中的 B2 规定的符号、定义和单位。

C2 干式乏燃料容器的泄漏率检验

C2.1 本例描述了应用气体泄漏检验法来检验乏燃料在正常运输条件下的最大容许容量泄漏率。该乏燃料货包内装七个 PWR 燃料组件且有 2.32 m³ 的自由体积空腔。

乏燃料以大型货包运输。装货前必须对货包进行泄漏检验以确保不仅在正常运输条件下而且在运输中事故条件下，放射性释放不大于规定限值。

参照图 1 进行以下步骤。

C2.2 第 1 步

装运前该乏燃料已冷却 5 年，燃耗为 35 MW·d/kgU。有九种要考虑其释放的放射性核素，这些核素及其在单个燃料组件中的活度列于表 C1 中。

C2.3 第 2 步

假定在正常运输条件下有 3% 的乏燃料棒破损。列于表 C1 中的释放份额是以 3% 的破损燃料棒中所考虑的每种核素检验中测得的释放份额为依据的。杂质的释放份额假定为 1。对于固体，只考虑气溶胶从容器内释放到环境中的释放份额。各核素的释放量列于表 C1 中。

C2.4 第 3 步

规定的包容要求是通过计算释放核素的等效 A_2 值来确定的。等效 A_2 值可利用表 C1 由下式求得：

$$A_{2eq} = \frac{1}{\sum \dfrac{FC_{iA}}{A_{2i}}} = \frac{1}{0.381} = 2.62 \text{ TBq}$$

那么：正常运输条件下最大容许活度释放率为：

$$R_N = A_{2eq} \times 10^{-6} \times 1/3\,600 = 7.28 \times 10^{-10} \text{ TBq·s}^{-1}$$

C2.5 第 4、5 步

本例无渗透，因此第 4、5 步不适用。

C2.6 第 6 步

正常运输条件下平均活度浓度 C_N 可以由空腔的自由体积和内容物（7 根 PWR 组件）来确定：

$$V_N = 2.32 \text{ m}^3$$

那么：$C_N = \dfrac{7 \times RI_{TN}}{V_N} = \dfrac{7 \times 0.784}{2.32} = 2.37 \text{ TBq·m}^{-3}$

C2.7 第 7 步

最大容许容量泄漏率 L_N 为：

$$L_N = \frac{R_N}{C_N} = 3.07 \times 10^{-10} \text{ m}^3 \cdot \text{s}^{-1}$$

表 C1 正常运输条件下冷却 5 年的 PWR 组件中主要核素及其限值

核 素	活度，TBq	释放份额	气溶胶份额	可释放活度，TBq	活度份额 FC_i	FC_i/A_{2i}，TBq^{-1}
^{60}Co	7.81×10^{-1}	1.0	1×10^{-1}	7.81×10^{-2}	9.95×10^{-2}	2.49×10^{-1}
^{85}Kr	7.70×10	$3 \times 10^{-1} \times 0.03$	1.0	6.93×10^{-1}	8.82×10^{-1}	8.82×10^{-2}
^{106}Ru	2.88×10^2	$2 \times 10^{-5} \times 0.03$	1.0	1.73×10^{-4}	2.30×10^{-4}	1.15×10^{-3}
^{134}Cs	9.62×10^2	$2 \times 10^{-4} \times 0.03$	1.0	5.77×10^{-3}	7.36×10^{-4}	1.47×10^{-3}
^{137}Cs	1.60×10^3	$2 \times 10^{-4} \times 0.03$	1.0	9.60×10^{-3}	1.22×10^{-3}	2.44×10^{-3}
^{238}Pu	5.22×10	$2 \times 10^{-5} \times 0.03$	1×10^{-1}	3.13×10^{-6}	4.2×10^{-6}	2.1×10^{-2}
^{239}Pu	6.18	$2 \times 10^{-5} \times 0.03$	1×10^{-1}	3.71×10^{-7}	4.0×10^{-7}	2.0×10^{-3}
^{240}Pu	7.62	$2 \times 10^{-5} \times 0.03$	1×10^{-1}	4.47×10^{-7}	4.0×10^{-7}	2.0×10^{-3}
^{241}Pu	2.03×10^3	$2 \times 10^{-5} \times 0.03$	1×10^{-1}	1.22×10^{-4}	1.6×10^{-4}	1.6×10^{-2}
			总 计	0.784		0.381

C3 湿式乏燃料容器泄漏率检验

C3.1 本例说明了水冷型乏燃料货包所要求的最大容许泄漏率的确定,及确定要求泄漏检验的标准化泄漏率(SLR)计算方法。

参照图1进行以下步骤。

C3.2 第1步和第6步

货包内装有乏燃料和溶解有放射性物质的贮存水池的池水。

不论在正常运输条件还是在运输中事故条件下,假设该货包都没有燃料破损。

假设运输中泄漏的放射性物质有如下组分(根据乏燃料中的裂变产物的组成):

核 素	活度浓度,TBq·m^{-3}	A_{2i},TBq
Sr-90	1.39×10^{-3}	0.1
Ru-106	4.67×10^{-3}	0.2
Cs-134	1.81×10^{-3}	0.5
Cs-137	1.96×10^{-3}	0.5
Cs-144	7.85×10^{-3}	0.2
⋮	⋮	⋮
总 计	3.70×10^{-2}	—

尽管实际上贮存水池池水的活度浓度很低,但此处假设货包空腔内水的活度浓度为3.7×10^{-2} TBq·m^{-3},已对可能的核素变化留有足够余地。

C3.3 第2步

此处,释放份额FE_{iA}和FE_{iN}假设为1.0。释放份额FC_{iA}和FC_{iN}在第一步给出的确定活度浓度中已经考虑了。

C3.4 第3步

货包空腔内水的A_2等效值(A_{2eq})为:

$$A_{2eq}=\frac{\Sigma A_i}{\Sigma(A_i/A_{2i})}$$

对于第1步中所列主要放射性核素:

$$A_{2eq}=\frac{1.76\times10^{-6}}{8.40\times10^{-2}}=0.21\text{ TBq}$$

对于放射性核素总量:

$$A_{2eq}=0.23\text{ TBq}$$

同上,正常运输条件下的R_N和运输事故条件下的R_A有如下关系式:

$$R_N=\frac{A_{2eq}\times10^{-6}}{3\,600}=6.39\times10^{-11}$$

$$R_A=\frac{A_{2eq}}{7\times24\times3\,600}=3.80\times10^{-7}$$

C3.5 第6步

从图1中"液体"直接进行下去。活度浓度由上述第一步给出。

$$C_A=C_N=3.7\times10^{-2}\text{ TBq·m}^{-3}$$

C3.6 第7步

$$L_N=\frac{R_N}{C_N}$$

$$L_N=\frac{6.39\times10^{-11}}{3.7\times10^{-2}}=1.73\times10^{-9}$$

$$L_A = \frac{R_A}{C_A} = \frac{3.80 \times 10^{-7}}{3.70 \times 10^{-2}} = 1.03 \times 10^{-5}$$

C3.7 第8步

由第B7条来计算漏孔直径。

$$L = \frac{\pi}{128} \times \frac{D^4}{\mu \cdot a}(P_u - P_d)$$

在正常运输条件和运输中事故条件下运输货包的温度压力状态和物理性质如下：

状态和物理性质	正常运输条件	运输中事故条件
温度 T, K	380	480
内压 P_u, Pa	4.32×10^5	2.99×10^6
外压 P_C, Pa	2.50×10^4	1.01×10^5
水的粘度 μ, Pa·s	2.66×10^{-4}	1.27×10^{-4}
漏孔长度 a, m	1.2×10^{-2}	1.2×10^{-2}

$L_N = 1.73 \times 10^{-9}$ m³·s⁻¹，那么 $D_N = 2.75 \times 10^{-5}$ m

$L_A = 1.03 \times 10^{-5}$ m³·s⁻¹，那么 $D_A = 1.22 \times 10^{-4}$ m

C3.8 第9步

D_N 小于 D_A，那么 Q 由 D_N 确定，用公式(B1)来确定 Q_{SLR}。

对于空气，确定 Q_v：

$$P_u = 1.013 \times 10^{-5} \text{ Pa}$$
$$P_d = 0.0 \text{ Pa}$$
$$\mu = 1.85 \times 10^{-5} \text{ Pa·s}$$
$$a = 1.20 \times 10^{-2} \text{ m}$$
$$D_N = 2.75 \times 10^{-5} \text{ m}$$

代入：$Q_v = 3.19 \times 10^{-4}$ Pa·m³·s⁻¹

对于空气，确定 Q_m：

$$R = 8.31 \text{ J·mol·K}^{-1}$$
$$T = 298 \text{ K}$$
$$M_{空气} = 0.029 \text{ kg·mol}^{-1}$$
$$P_u = 1.013 \times 10^5 \text{ Pa}$$
$$P_d = 0.0 \text{ Pa}$$
$$a = 1.20 \times 10^{-2} \text{ m}$$
$$D_N = 2.75 \times 10^{-5} \text{ m}$$

代入

$$Q_m = 2.11 \times 10^{-5} \text{ Pa·m}^3 \cdot \text{s}^{-1}$$

那么，$Q_{SLR} = 3.40 \times 10^{-4}$ Pa·m³·s⁻¹SLR

C3.9 第10步

在第9步结果基础上，确定相应阶段的泄漏率 Q_{TD}、Q_{TF}、Q_{TS} 和 Q_{TP}，以便满足如下标准状态：

$$Q = 3.40 \times 10^{-4} \text{ Pa·m}^3 \cdot \text{s}^{-1}\text{SLR}$$

C4 双O形圈密封的气压升高检验

C4.1 本例目的在于阐明利用双O形圈密封原理如何提供一个简单的是否进行装运前泄漏检验的判断方法。双O形圈密封的优点是检验时气体体积很小，使得检验时间减至最短，也不需要高灵敏度的检验仪器。如果应用气压升高法而不用气压降低法,那么气体温度变化的影响也可以减至最小。

货包用法兰接头密封,法兰连接装有两个 O 形圈,在两 O 形圈之间带有泄漏检验口。本例中假设装运前泄漏检验所要求的灵敏度为 10^{-4} Pa·m^3·s^{-1}SLR,检验时气体体积为 1.5×10^{-5} m^3。

参照图 1 进行以下步骤。

C4.2 第 11 步

从表 A1 选择气压升高检验法:

检验泄漏率	$Q_{TS} = 10^{-4}$ Pa·m^3·s^{-1}
检验体积	1.5×10^{-5} m^3
规定初始压力	25 000 Pa
规定最大升压	10 000 Pa
规定检验时间	1 800 s

有必要应用 B15 公式(B12)来核查规定的条件是否满足所要求的已知检验体积的检验泄漏率。代入:

$$V = 1.5 \times 10^{-5} \text{ m}^3$$

$$H = 1 800 \text{ s}$$

$$P_2 = 25 000 \text{ Pa}$$

$$P_1 = 35 000 \text{ Pa}$$

假设:$T_0 = 298$ K,$T_1 = T_2 = T_0$

$$Q = \frac{1.5 \times 10^{-5}}{1 800}(35\ 000 - 25\ 000) = 8.3 \times 10^{-5} \text{ Pa·m}^3\text{·s}^{-1}$$

应用 B4 公式(B2),标准化泄漏率为:

$$Q_{SLR} = 9.1 \times 10^{-5} \text{ Pa·m}^3\text{·s}^{-1}\text{SLR}$$

此结果表明规定的检验条件能满足检验泄漏率的要求。

为了阐明检验气体温度变化的影响,假设:$T_0 = T_2 = 298$ K,$T_1 = 293$ K

$$Q = \frac{1.5 \times 10^{-5} \times 298}{1 800}\left(\frac{35\ 000}{293} - \frac{25\ 000}{298}\right) = 8.83 \times 10^{-5} \text{ Pa·m}^3\text{·s}^{-1}$$

应用 B4 公式(B2),标准化泄漏率为:

$$Q_{SLR} = 9.1 \times 10^{-5} \text{ Pa·m}^3\text{·s}^{-1}\text{SLR}$$

该结果表明检验中气体温度的变化对检验灵敏度影响很小(此结论的例外见 C6)。如果检验气体体积是 1.5×10^{-3} m^3 而不是 1.5×10^{-5} m^3,不仅检验时间必须增加到 50 h,而且允许的压力升高值必须减少至 100 Pa,才能维持相同的检验灵敏度。然而如果允许压力升高值减小,一些检验气体温度的变化可能较明显,如下式:

$$Q = \frac{1.5 \times 10^{-3} \times 298}{1 800}\left(\frac{25\ 100}{293} - \frac{25\ 000}{298}\right) = 8.3 \times 10^{-5} \text{ Pa·m}^3\text{·s}^{-1}$$

应用 B4 公式(B2),标准化泄漏率为:

$$Q_{SLR} = 8.8 \times 10^{-5} \text{ Pa·m}^3\text{·s}^{-1}\text{SLR}$$

但如果 $T_0 = T_2 = 298$ K,$T_1 = 293$ K

$$Q = \frac{1.5 \times 10^{-3} \times 298}{1 800}\left(\frac{25\ 100}{293} - \frac{25\ 000}{298}\right) = 4.4 \times 10^{-4} \text{ Pa·m}^3\text{·s}^{-1}$$

应用 B4 公式(B2),标准化泄漏率为:

$$Q_{SLR} = 4.7 \times 10^{-4} \text{ Pa·m}^3\text{·s}^{-1}\text{SLR}$$

C5 双 O 形圈密封的气压降低检验

C5.1 本例将说明在利用双 O 形圈密封的两圈之间具有较小空间的包容容器泄漏检验中应用气压降

低法。

本例还指明了温度变化对气压降低法灵敏度的影响,该检验方法简单并能应用某些压力指示仪,但使用数字显示的高灵敏度压力传感器和相应电子仪器为好。这类传感器还能与可自动计算泄漏率(并修正温度影响)和标准化泄漏率(SLR)的自动数据处理器相连接。

本例泄漏检验的对象是用双 O 形圈(ϕ200 mm)密封法兰盖并带有压力传感器(准确度为 0.1%)的实际货包中的包容容器。

检验的合格标准是泄漏率应小于 1.0×10^{-5} Pa · m³ · s⁻¹SLR。

C5.2 检验数据:

两 O 形圈间空间: $V = 5.0 \times 10^{-6}$ m³

大气压力: $P_a = 1.0 \times 10^5$ Pa

包容容器内部压力: $P_a = 1.0 \times 10^5$ Pa

初始压力: $P_1 = 2.0 \times 10^5$ Pa

检验时间: $H = 10$ mim

包容容器和检验气体温度 $T_1 = 36℃$(309 K,假设在检验过程中为常数)

注: 本例中,包容容器内部为大气压力,因此出口压力也为大气压力。

C5.3 检验结果

检验结束时压力: $P_2 = 1.996 \times 10^5$ Pa

压力降低值: $P_1 - P_2 = 0.004 \times 10^5$ Pa

C5.4 泄漏率的确定

利用 B15 公式(B12)计算泄漏率:

$$Q = 3.2 \times 10^{-6} \text{ Pa} \cdot \text{m}^3 \cdot \text{s}^{-1}$$

C5.5 标准化泄漏率的确定

标准化泄漏率是通过适用于层流泄漏(绝大多数实际情况下)的 B4 公式(B2)计算:

脚标 y 表示在检验条件下:

$P_{uy} = 1.998 \times 10^5$ Pa(平均)

$P_{dy} = 1.0 \times 10^5$ Pa

$\mu_y = 1.89 \times 10^{-5}$ Pa · s⁻¹(309 K 时空气)

脚标 x 表示在 SLR 条件下:

$P_{ux} = 1.013 \times 10^5$ Pa

$P_{dx} = 0.0$ Pa

$\mu_x = 1.84 \times 10^{-5}$ Pa · s⁻¹(298 K 时空气)

上述检验的标准化泄漏率由 B4 公式(B2)计算:

$$Q_{SLR} = 1.13 \times 10^{-6} \text{ Pa} \cdot \text{m}^3 \cdot \text{s}^{-1} \text{SLR}$$

该泄漏率比合格标准低一个数量级。

C5.6 温度变化的影响

假设无泄漏且双 O 形圈密封空间内空气的压力变化仅与未检出的温度降低 0.5℃(从 309 K 开始)有关,温度变化 0.5℃可使压力由 P_1 下降至 $P_2 = 308.5/309 \times P_1 = 1.996\,76 \times 10^{-5}$ Pa(即变化 324 Pa)。重复前面的计算过程,即可看出温度变化的影响。

对于泄漏率的计算,假设包容容器和检验气体的温度 $T_1 = 36℃$(309 K)在检验过程中为一定值(即 $T_2 = 309$ K)。

$$Q_{SLR} = 0.91 \times 10^{-6} \text{ Pa} \cdot \text{m}^3 \cdot \text{s}^{-1} \text{SLR}$$

由此可以看出,在双 O 形圈密封空间内的空气温度变化 0.5℃,将引起 0.91×10^{-6} Pa · m³ · s⁻¹ SLR 的表观泄漏。相对于本例的合格标准 1.0×10^{-5} Pa · m³ · s⁻¹SLR 来说。这一"表观"泄漏率是不显著的。应该注意的是,对于一个时间较短的检验,因为包容容器的温度惰性,将使温度变化小于0.5℃。即使环境温度变化几度,上述情况也适用。

C6 气压升高检验法和气压降低检验法的比较

本例目的在于说明当考虑测量不确定度时气体升高法优于气压降低法。分析以公式(B12)为依据:

$$Q = \frac{VT_0}{H}\left(\frac{P_1}{T_1} - \frac{P_2}{T_2}\right)$$

气压降低检验条件:

$V = 1 \text{ m}^3$

$H = 1.728 \times 10^5 \text{ s}$

$T_0 = 298 \text{ K}$

$P_1 = 1.0 \times 10^6 \text{ Pa}$ $E_P = \pm 5 \text{ Pa}$

$P_2 = 0.999\,5 \times 10^6 \text{ Pa}$ $E_P = \pm 5 \text{ Pa}$

$T_1 = 293 \text{ K}$ $E_T = \pm 0.1 \text{ K}$

$T_2 = 293 \text{ K}$ $E_T = \pm 0.1 \text{ K}$

E_P和E_T分别表示压力和温度的测量不确定度(E_P表示0.000 5%的准确度)。

气压升高检验条件:

$V = 1 \text{ m}^3$

$H = 1.728 \times 10^5 \text{ s}$

$T_0 = 298 \text{ K}$

$P_1 = 10 \text{ Pa}$ $E_P = \pm 5 \text{ Pa}$

$P_2 = 510 \text{ Pa}$ $E_P = \pm 5 \text{ Pa}$

$T_1 = 293 \text{ K}$ $E_T = \pm 0.1 \text{ K}$

$T_2 = 293 \text{ K}$ $E_T = \pm 0.1 \text{ K}$

E_P表示1%的准确度。

本例中,V、T_0和H在气压降低法和气压升高法中均假设为常数。那么,公式(B12)可以简化为:

$$Q = C\left(\frac{P_2}{T_2} - \frac{P_1}{T_1}\right)$$

$$C = \frac{VT_0}{H}$$

首先,不考虑测量不确定度,代入得:

$$Q = 1.706C$$

其次,考虑测量不确定度,该方程可写为:

$$Q_D = C\left(\frac{P_1 + E_P}{T_1 - E_T} - \frac{P_2 - E_P}{T_2 + E_T}\right)$$

式中,Q_D指的是气压降低检验。

另外,交换脚标1和2,得:

$$Q_R = C\left(\frac{P_2 + E_P}{T_2 - E_T} - \frac{P_1 - E_P}{T_1 + E_T}\right)$$

式中Q_R指的是气压升高检验。

代入所给检验条件:

$$Q_D = 4.070 \times C$$

$$Q_R = -1.741 \times C$$

E_P和E_T产生的总不确定度百分数为:

对于气压降低法：$E_D = |(Q-Q_D)/Q| = $ 约140%

对于气压升高法：$E_R = |(Q-Q_R)/Q| = $ 约2%

结论如下：尽管气压降低法使用了具有较高准确度（0.000 5%）的压力计，但是气压升高法得到的结果却较好。

C7 气压升高法或气压降低法中未知检验体积的确定

C7.1 本例目的在于说明如何利用气压升高法或气压降低法中使用的检验设备来确定未知检验体积。所用原理是气体玻义尔定律，本例仅适用于常温条件。

按图C1准备测量装置。

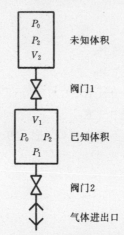

V_1—已知体积；V_2—待测体积；P_0—V_1和V_2的初始压力（阀门1开启，阀门2为关闭）；P_1—V_1加压或抽空后，V_1的压力（阀门1，阀门2均为关闭）；P_2—V_1，V_2的最后压力，（阀门1开启，阀门2关闭）

图 C1 计算未知检验体积的示意图

C7.2 方法

——打开阀门1，测压力P_0；

——关闭阀门1，打开阀门2；

——V_1抽真空或注入气体加压；

——关闭阀门2，测定压力P_1；

——打开阀门1，测定压力P_2；

——用下列方程来确定V_2：

$P \times V = $ 常数

$(P_1 - P_0) \times V_1 = (P_2 - P_0) \times (V_1 + V_2)$

$(P_1 - P_0) \times V_1 = (P_2 - P_0) \times V_1 + (P_2 - P_0) \times V_2$

$(P_1 - P_0) \times V_1 - (P_2 - P_0) \times V_1 = (P_2 - P_0) \times V_2$

$V_1 \times [(P_1 - P_0) - (P_2 - P_0)] = (P_2 - P_0) \times V_2$

$V_1 \times (P_1 - P_0 - P_2 + P_0) = (P_2 - P_0) \times V_2$

$V_1 \times (P_1 - P_2) = (P_2 - P_0) \times V_2$

$$V_2 = \frac{V_1 \times (P_1 - P_2)}{(P_2 - P_0)}$$

C8 气体渗透

C8.1 本例描述了确定通过弹性材料的气体渗透率的分析方法。

渗透系数P由下式计算：

$$P = S \times D$$

式中：P——渗透系数，$m^2 \cdot s^{-1}$；

S——溶解系数，在标准温度压力下，每立方米材料中含有的气体量，m^3；

D——扩散系数，$m^2 \cdot s^{-1}$。

气体通过某种弹性材料的稳定态渗透率由下式表示：

$$Q_P = P \times A/l \times \Delta P$$

式中：Q_P——渗透率，$Pa \cdot m^3 \cdot s^{-1}$；

A——垂直于气流的渗透材料面积，m^2；

l——渗透材料厚度，m；

ΔP——气体在 l 两侧的分压差，Pa。

对于 O 形圈，公式为：

$$Q_P = P \times L \times \Delta P$$

式中：L——O 形圈长度，m。

因为 $A = L \times l$（l 为 O 形圈的环直径）并考虑下述作用相反的两个简化：

a) O 形圈的压缩减小了面积，并扩大了渗透材料的厚度。

b) 非方形截面减小了渗透材料的有效厚度。

渗透和扩散系数与热力学活化能的关系由以下方程描述：

$$P = C_P \times e^{-\frac{E_P}{RT}}$$

$$D = C_D \times e^{-\frac{E_D}{RT}}$$

式中：C_P、C_D——常数因子，$m^2 \cdot s^{-1}$；

E_P、E_D——对应于渗透和扩散的热力学活化能，$J \cdot mol^{-1}$；

R——气体常数，$J \cdot mol^{-1}$；

T——渗透材料的绝对温度，K。

C8.2　例 1：渗透引起的活度释放（氪）

辐照燃料产生的主要放射性裂变气体 ^{85}Kr 从损坏的燃料棒中进入屏蔽罐的空腔内，然后再通过弹性密封材料渗透进入环境。

氪的典型渗透系数为：

	P(23℃=296 K) $m^2 \cdot s^{-1}$	E_P $kJ \cdot mol^{-1}$	$P(T)$ $m^2 \cdot s^{-1}$
硅橡胶	9.5×10^{-10}	8.8	$3.4 \times 10^{-8} \times e^{-1\,060/T}$
氟橡胶	5.0×10^{-13}	55.7	$3.4 \times 10^{-3} \times e^{-6\,700/T}$

在温度 150℃（423 K）时，在屏蔽罐空间内 ^{85}Kr 的分压可达到 100 Pa。

在 373 K（100℃）下，尺寸 1 000 mm×10 mm（长度×直径）密封长度为 $L = \pi \times (1 + 0.01) = 3.2$ m 的硅橡胶 O 形密封圈所允许的稳定态氪渗透率为：

$$Q_P = P \times L \times \Delta P = 2.0 \times 10^{-9} \times 3.2 \times 100$$
$$= 6.4 \times 10^{-7} \, Pa \cdot m^3 \cdot s^{-1} (296 \text{ K})$$

注：因为在此过程中，P 已经由室温下的质谱测量和校正推导而来，上面的计算直接得到室温下的渗透率。

^{85}Kr 的活度浓度为

$$1.234 \times 10^{15} \, Bq \cdot mol^{-1} = 5.05 \times 10^{16} \, Bq \cdot m^{-3} (0℃, 101.325 \text{ kPa})$$
$$= 5.0 \times 10^{11} \, Bq \cdot m^{-3} \cdot Pa^{-1} (296 \text{ K})$$

因此氪的渗透率为：

$$Q_P = 6.4 \times 10^{-7} \times 5.0 \times 10^{11} \times 10 A_2/10^{14} \times 3\,600/h$$
$$= 11.5 \times 10^{-6} \times 10 A_2 \times h^{-1} > 10^{-6} \times 10 A_2 \times h^{-1}$$

此值是不能接受的。

注：因为在与其他放射性裂变气体（例如氙等）的混和物中，^{85}Kr 是混合物的主要组分。因此规定 ^{85}Kr 的活度散失限值为 $10^{-6} \times 10 A_2 \times h^{-1}$。

改用同样大小的氟橡胶，$P(100℃) = 5.3 \times 10^{-11}$ m$^2 \cdot$ s^{-1}（见上面数据），这时导出的氪的渗透率为：

$$Q_P = \frac{5.3 \times 10^{-11}}{2.0 \times 10^{-9}} \times 11.5 \times 10^{-6} \times 10 A_2 \times h^{-1} = 0.3 \times 10^{-6} \times 10 A_2 \times h^{-1}$$

此值是可以接受的。

C8.3 例 2：气体渗透检验（氦）

氦的扩散和典型渗透系数的示例：

	$D(T)$ m$^2 \cdot$ s^{-1}	$P(T)$ m$^2 \cdot$ s^{-1}
硅橡胶	$3.3 \times 10^{-7} \times e^{-1\,160/T}$	$1.9 \times 10^{-7} \times e^{-1\,965/T}$
氟橡胶	$6.6 \times 10^{-6} \times e^{-2\,770/T}$	$3.5 \times 10^{-6} \times e^{-3\,625/T}$

首先考虑稳定态渗透，双 O 形圈的大小还是 1 000 mm × 10 mm，但 $\Delta P = 1.013 \times 10^5$ Pa。

$Q_P(\text{He}, \text{硅橡胶}, 23℃) = 2.5 \times 10^{-10} \times 3.2 \times 10^5 = 8.0 \times 10^{-5}$ Pa $\cdot$ m$^3 \cdot$ s^{-1}

$Q_P(\text{He}, \text{氟橡胶}, 23℃) = 1.7 \times 10^{11} \times 3.2 \times 10^5 = 5.4 \times 10^{-6}$ Pa $\cdot$ m$^3 \cdot$ s^{-1}

$Q_P(\text{He}, \text{氟橡胶}, 107℃) = 2.5 \times 10^{-10} \times 3.2 \times 10^5 = 8.0 \times 10^{-5}$ Pa $\cdot$ m$^3 \cdot$ s^{-1}

虽然上述这些计算只给出了近似的数量级，但在进行某些评估时有用。对于一些精确设计的评估而言，测得每一种气体在有关温度范围内通过某种弹性材料的渗透系数 P 值必将是有益的。

在氦泄漏检验中，$t=0$ 时开始在检验区的一侧用氦气加压。如果没有泄漏孔，则在另一侧检验不到氦气。在一些类似于弹性 O 形圈的渗透屏障情况下，渗透率将由无限小值开始，随时间而增大，可由下式表示：

$$Q'_P(t) = Q_P \times \frac{2l}{\sqrt{\pi D t}} e^{-\frac{l^2}{4Dt}}$$

式中：t——施加氦气压力后的时间，s；

Q_P——稳定态渗透率，Pa $\cdot$ m$^3 \cdot$ s^{-1}；

l——屏障厚度（等于 O 形圈的环直径），m；

D——扩散系数，m$^2 \cdot$ s^{-1}；

$Q'_P(t)$——时间 t 的渗透率，Pa $\cdot$ m$^3 \cdot$ s^{-1}。

当 $Q'_P(t) \approx 0.9 \times Q_P$ 时，在 $D \times t \times l^{-2} \leqslant 0.3$ 时该方程成立，然后 $Q'_P(t)$ 随时间的变化趋近于 Q_P。

使用上述的 O 形密封圈在室温下进行氦气泄漏检验，做如下估算：

$D(\text{He}, \text{硅橡胶}, 23℃) = 6.6 \times 10^{-9}$ m$^2 \cdot$ s^{-1}, $l = 10^{-2}$ m, $t = 15$ min：

那么，$D \times t \times l^{-2} \approx 0.06$

$Q'_P(\text{硅橡胶}, 15\ \text{min}) \approx 0.07 Q_P(\text{硅橡胶}) \approx 5.5 \times 10^{-6}$ Pa $\cdot$ m$^3 \cdot$ s^{-1} 即是通过同样面积的氟橡胶密封圈的稳定态氦气渗透率。

$D(\text{He}, \text{氟橡胶}, 23℃) = 5.7 \times 10^{-10}$ m$^2 \cdot$ s^{-1}, $l = 10^{-2}$ m, $t = 1.5$ h：

$Q'_P(\text{氟橡胶}, 1.5\ \text{h}) \approx 0.002 Q_P(\text{氟橡胶}) \approx 1.10 \times 10^{-8}$ Pa $\cdot$ m$^3 \cdot$ s^{-1} 正好达到技术密封的水平（参见附录 D 的第 D6 条）。

本例表明，如果 $D \times t \times l^{-2}$ 值保持很小、使用低扩散系数的弹性材料、厚的密封层且进行快速测量，氦气泄漏检验结果已排除了渗透作用的影响。对于实际的氦气泄漏检验,如果安装了硅橡胶O形密封圈的话,有必要采取预防措施。氦气在其他常用的弹性密封材料中的渗透和扩散与氟橡胶相类似。

C9 气溶胶泄漏

本例目的是比较气体中固体粒子的散失和检验气体泄漏率的关系。

GB 11806—89 规定在正常运输条件下,B 型货包必须限制放射性物质的散失在 $10^{-6} \times A_2 \times h^{-1}$ 以内。

^{240}Pu 的 A_2 值为 2×10^{-4} TBq,因此它从容器中散失必须小于每小时 2×10^{-10} TBq,^{240}Pu 的比活度为 8.4 TBq·kg^{-1},相当于 7.4 TBq·kg^{-1} 的 PuO$_2$(氧的原子量为 16)。那么,PuO$_2$ 的质量泄漏率必须小于 2.7×10^{-11} kg·h^{-1}。

本例中,空腔内悬浮气溶胶浓度为每立方米 10^8 个 ^{240}PuO$_2$ 粒子(粒子总体平均直径 2×10^{-6} m,比重 1.15×10^4 kg·m^{-3}),假设这些粒子是无孔球形粒子,平均质量约为 4.8×10^{-14} kg。

C9.1 第一种情况

如果在驱动超压 10^5 Pa 下有一个泄漏率为 10^{-6} Pa·m^3·s^{-1} 的单一密封缺口,且在漏孔中气溶胶的稀释可被忽略,那么容量泄漏率为 10^{-11} m^3·s^{-1}。假设在漏孔中为气溶胶无偏取样,则此值相当于每小时 4 粒子或质量泄漏率 2×10^{-13} kg·h^{-1}(即比限定值低两个数量级)。

C9.2 第二种情况

如果保持上述条件和假设,但对泄漏率为 10^{-3} Pa·m^3·s^{-1}SLR 的单一密封缺口,那么容量泄漏率相当于 10^{-8} m^3·s^{-1} 或每小时 3 600 粒子,对应的质量泄漏率为 2×10^{-10}(即比限定值高 1 个数量级)。

然而,如果容器中产生质量平均直径 7×10^{-6} m 的气溶胶粒子(与前述浓度相同),则每个粒子(假设均为无孔球形)的质量约为 2.1×10^{-12} kg。

将该数值用于上述第一种情况(泄漏率 10^{-6} Pa·m^3·s^{-1}SLR),预期每小时 4 个粒子的气溶胶泄漏率相当于约 8×10^{-12} kg·h^{-1} 的质量泄漏率(即接近允许的限定值)。

将同样数值用于第二种情况(泄漏率 10^{-3} Pa·m^3·s^{-1}SLR),预期每小时 3 600 粒子的气溶胶泄漏率相当于 8×10^{-9} kg·h^{-1} 的质量泄漏率(即高于允许的限定值两个数量级)。

C10 气体泄漏率和液体泄漏率的相关性

C10.1 本例目的在于表明放射性内容物总量的确定要仔细考虑,以及如何利用标准化泄漏率来帮助选择泄漏检验方法。

包容系统是盛有 200 mL 含 555 TBq 的 ^{99}Mo($T_{1/2} = 66$ h)、35 TBq 的 ^{132}I($T_{1/2} = 2.3$ h)溶液的桶。^{99}Mo 衰变成 ^{99m}Tc($T_{1/2} = 6.0$ h)。确定其运输中事故条件下的标准化泄漏率(SLR)。

参照图 1 进行以下步骤。

C10.2 第 1 步

所含放射性核素衰变的时间函数曲线见图 C2。

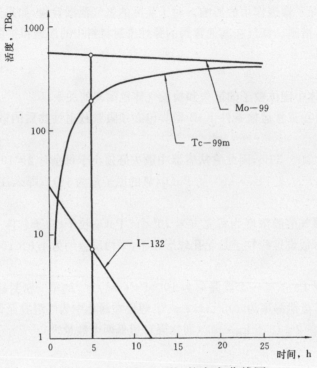

图 C2 ^{99}Mo、^{99m}Tc、^{132}I 的衰变曲线图

C10.3 第 2 步

假设释放份额 FC_i 和 FE_i 值为 1.0。

C10.4 第 3 步

在本例中,时间为 5 h,活度如下:

Mo-99	527 TBq	$A_2 = 0.5$ TBq
Tc-99m	207 TBq	$A_2 = 8.0$ TBq
I-132	8 TBq	$A_2 = 0.4$ TBq
	742 TBq	

混合物的等效 A_2 值为:

$$A_{2eq} = \frac{\Sigma A_i}{\Sigma(A_i/A_{2i})} = \frac{527 + 207 + 8}{(527/0.5) + (207/8.0) + (8/0.4)} = 0.675 \text{ TBq}$$

$$R_A = A_{2eq}(在一周内)$$

$$= 1.12 \times 10^{-6} \text{ TBq} \cdot \text{s}^{-1}$$

C10.5 第 6 步

因为各组分总活度是 742 TBq,体积是 200 mL 或 2.0×10^{-4} m^3,

则:$C_A = 3.71 \times 10^6$ TBq $\cdot$ m^{-3}

C10.6 第 7 步

$L_A = 3.02 \times 10^{-13}$ m$^3 \cdot$ s^{-1}

C10.7 第 8 步

为确定等效空气流量,参考附录 B(提示的附录)中的 B9 来确定漏孔直径 D_A。

假设 $P_u = 2.026 \times 10^5$ Pa

$P_d = 1.013 \times 10^5$ Pa

$a = 5 \times 10^{-3}$ m

$\mu = 5 \times 10^{-4}$ Pa $\cdot$ s

$$L_A = 3.02 \times 10^{-13} \text{ m}^3 \cdot \text{s}^{-1}$$

那么 $D_A = 4.17 \times 10^{-6} \text{ m}$

C10.8 第9步

由公式(B1)来确定标准化泄漏率。

假设 $D_A = 4.17 \times 10^{-6} \text{ m}$

$P_u = 1.013 \times 10^5 \text{ Pa}$,(SLR 状态,空气)

$P_d = 0.0 \text{ Pa}$(SLR 状态,空气)

$a = 5 \times 10^{-3} \text{ m}$

$\mu = 1.85 \times 10^{-5} \text{ Pa} \cdot \text{s}$(空气)

$T = 298 \text{ K}$

$M = 0.029 \text{ kg} \cdot \text{mol}^{-1}$

那么 $Q_{A(SLR)} = \underset{(粘滞流)}{4.13 \times 10^{-7}} + \underset{(分子流)}{1.80 \times 10^{-7}} = 5.93 \times 10^{-7} \text{ Pa} \cdot \text{m}^3 \cdot \text{s}^{-1}\text{SLR}$

注:此结果表明存在过渡流状态,即粘液流和分子流相结合的模型。

C10.9 第10步

如果使用气体泄漏检验法,第9步的结果表明定量氦气泄漏检验法是适用的,见表A1。该方法也可以用于设计验证。

然而要进行装运前验证,必须考虑液体内容物对某些漏孔的阻塞。这样做有两个原因,首先包容系统中加注放射性液体内容物后不可能进行氦气泄漏检验;其次,可以证实(不在本例中进行)粘稠的液体内容物将堵塞 Q 值约为 $10^{-6} \text{ Pa} \cdot \text{m}^3 \cdot \text{s}^{-1}\text{SLR}$ 的单一漏孔。因此对于装运前验证,在包容系统内完成气压升高法检验是可能和可行的。

C11 不同气体泄漏率之间的相关性

C11.1 本例目的是描述不同气体(包括混合气体)泄漏率之间的相互关系

包容系统是一个含有 1 850 TBq 的氚气,压力为 $2.026 \times 10^5 \text{ Pa}$ 的容器。示踪气体是50%氦、50%空气的气体混合物。检验方法是包层抽真空气体探测器法,见表A2。确定在正常运输条件下示踪气体的容许泄漏率。假设所有气流都是纯分子流,标准状态下氚气的活度浓度是 $8.772 \times 10^4 \text{ TBq} \cdot \text{m}^{-3}$。

氚通过容器壁的渗透忽略不计。

参照图1进行以下步骤。

C11.2 第1步

放射性内容物是氚气,总活度为 1 850 TBq。

C11.3 第2步

假设释放份额 FC_i 和 FE_i 值均为 1.0。

C11.4 第3步

$A_2 = 40 \text{ TBq}$

$R_N = 1.11 \times 10^{-8} \text{ TBq} \cdot \text{s}^{-1}$

C11.5 第4步、第5步

可以省略,因为已忽略氚通过桶壁的渗透。

C11.6 第6步

介质的活度浓度为:

$$C_n = 8.772 \times 10^4 \left(\frac{2.026 \times 10^5}{1.013 \times 10^5} \right) = 1.754 \times 10^5 \text{ TBq} \cdot \text{m}^{-3}(工作状态下)$$

C11.7 第7步

$$L_N = R_N / C_N = 6.33 \times 10^{-14} \text{ m}^3 \cdot \text{s}^{-1}(工作状态下)$$

对气体,泄漏是压力乘体积除时间的结果,因此 L_N 可以变换成 Q_N:

$$Q_N = (2.026 \times 10^5)(6.33 \times 10^{-14})$$

$$= 1.28 \times 10^{-8} \text{ Pa} \cdot \text{m}^3 \cdot \text{s}^{-1} \text{(氚、工作状态下)}$$

C11.8 第8步

用公式(B1)来计算 D_N,但本例该计算是不必要的。

C11.9 第9步

因为只考虑分子流,$Q_{N(SLR)}$ 能直接用公式(B3)由 Q_N 导出。

为了转化为在标准状态下空气的泄漏率,令 x 代表空气,y 代表氚气。

因 $T_x = T_y$,公式(B3)为:

$$Q_x = Q_y \frac{\sqrt{M_y}}{\sqrt{M_x}} \times \frac{(P_u - P_d)_x}{(P_u - P_d)_y}$$

对于氚:$M_y = 0.006 \text{ kg} \cdot \text{mol}^{-1}$

$$Q_y = Q_N$$

对于空气,$M_x = 0.029 \text{ kg} \cdot \text{mol}^{-1}$

$$Q_x = Q_{N(SLR)}$$

那么,$Q_{N(SLR)} = 0.445 \times Q_N \times \frac{(P_u - P_d)_x}{(P_u - P_d)_y}$

式中:P_u 和 P_d——气体 x 和 y 的分压。

对于空气:$(P_u - P_d)_x = 1.013 \times 10^5 - 0 = 1.013 \times 10^5 \text{ Pa}$

对于氚,$(P_u - P_d)_y = 2.026 \times 10^5 - 0 = 2.026 \times 10^5 \text{ Pa}$

那么,$Q_{N(SLR)} = 2.91 \times 10^{-9} \text{ Pa} \cdot \text{m}^3 \cdot \text{s}^{-1} \text{SLR}$

然而,如果使用总压力,那么:

$(P_u - P_d)_x = 1.013 \times 10^5 \text{ Pa}$ 和以前一样,但:

$(P_u - P_d)_y = 2.026 \times 10^5 - 1.013 \times 10^5 = 1.013 \times 10^5 \text{ Pa}$

$Q_{N(SLR)} = 5.82 \times 10^{-9} \text{ Pa} \cdot \text{m}^3 \cdot \text{s}^{-1} \text{SLR}$

C11.10 第10步

示踪气体为50%氦和50%空气的混合物。检验中:

$P_u = 1.013 \times 10^5 \text{ Pa}$,氦

$P_u = 1.013 \times 10^5 \text{ Pa}$,空气

$P_d = 0 \text{ Pa}$

首先,比较氦的泄漏和 $Q_{N(SLR)}$。

令 x 代表空气,y 代表氦。使用公式(B3),假设 $T_x = T_y$,由公式(B3)导出:

$$Q_x = Q_y \frac{\sqrt{M_y}}{\sqrt{M_x}}$$

由于 $Q_x = 2.91 \times 10^{-9} \text{ Pa} \cdot \text{m}^3 \cdot \text{s}^{-1} \text{SLR}$

$M_y = 0.004 \text{ kg} \cdot \text{mol}^{-1}$

$M_x = 0.029 \text{ kg} \cdot \text{mol}^{-1}$

那么,$Q_y = 7.84 \times 10^{-9} \text{ Pa} \cdot \text{m}^3 \cdot \text{s}^{-1} \text{SHeLR}$

为了确定混合物的容许检验泄漏率 Q_{TDN},需在 Q_y 中引入两个因子。首先,考虑到实际检验中,只有混合物中的氦可以被检出,则 Q_y 应通过因子 f 导出,

$$f = 1 + \frac{\sqrt{M_x}}{\sqrt{M_y}} = 1.37$$

其次,本标准要求泄漏检验方法的灵敏度必须是最大容许泄漏率的一半。

那么:

$$Q_{TDN} = Q_y \times (1/2) \times (1/1.37) = 2.86 \times 10^{-9} \text{ Pa} \cdot \text{m}^3 \cdot \text{s}^{-1}$$

C12 气泡浸泡检验法的灵敏度

本例目的是表明通过漏孔的不同液体和不同压差对产泡率的影响。

包容系统的密封层要经过气泡检验。包容系统用空气加压至 2.0×10^5 Pa,浸入液面深度为 0.1 m,液体可以是水或乙二醇。

假设有一个直径为 3×10^{-5} m、在工作条件下(25℃)空气泄漏率为 1.0×10^{-4} Pa·m^3·s^{-1} 的单一漏孔。

比较两种浸泡液体的气泡直径和产泡率:

$$g = 9.81 \text{ m} \cdot \text{s}^{-2}$$
$$g_0 = 1 \text{ kg} \cdot \text{m} \cdot \text{N}^{-1} \cdot \text{s}^{-2}$$
$$\rho_1 = 10^3 \text{ kg} \cdot \text{m}^{-3} (水)$$
$$\rho_1 = 1.125 \times 10^3 \text{ kg} \cdot \text{m}^{-3} (乙二醇)$$
$$\sigma = 7.2 \times 10^{-2} \text{ N} \cdot \text{m}^{-1} (水/空气)$$
$$\sigma = 4.8 \times 10^{-2} \text{ N} \cdot \text{m}^{-1} (乙二醇/空气)$$
$$\rho_g = 1.184 \text{ kg} \cdot \text{m}^{-3} (25℃的空气)$$

首先,根据 B13,气泡内压要克服液体的表面张力。

$$P_u = 2.0 \times 10^5 \text{ Pa}$$

对于水,浸入深度 0.1 m 产生 $0.009\,8 \times 10^5$ Pa 的压头。

那么,$P_d = 1.013 \times 10^5 + 0.009\,8 \times 10^5 = 1.023 \times 10^5$ Pa

对与空气接触的水:

$$\sigma = 7.2 \times 10^{-2} \text{ N} \cdot \text{m}^{-1}$$
$$D = 3 \times 10^{-5} \text{ m}$$

那么,

$$P_d + \frac{2\sigma}{D} = 1.023 \times 10^5 + 2\frac{7.2 \times 10^{-2}}{3 \times 10^{-5}} = 1.07 \times 10^5 \text{ Pa}$$

该值小于 P_u,因此可产生气泡。浸泡液体为乙二醇时可得到同样的结论。

其次,应用公式(B10)估算气泡直径:

对于水,

$$D_B = 1.10 \times 10^{-3} \text{ m}$$
$$V_B (气泡体积) = 6.97 \times 10^{-10} \text{ m}^3$$

对乙二醇,

$$D_B = 1.01 \times 10^{-3} \text{ m}$$
$$V_B = 4.08 \times 10^{-10} \text{ m}^3$$

最后,用公式(B11)来估算产泡率:

用下列关系来确定 L(m^3·s^{-1})

$$Q = P \times L$$

式中:P——漏孔出口处的气压 $P = P_d = 1.023 \times 10^5$ Pa

那么，

$$L = \frac{1.0 \times 10^{-4}}{1.023 \times 10^5} = 9.775 \times 10^{-10} \text{ m}^3 \cdot \text{s}^{-1}$$

且

$$V = 1.4 \text{ s}^{-1}(\text{水})$$
$$V = 2.4 \text{ s}^{-1}(\text{乙二醇})$$

这些结果表明，浸泡液体为乙二醇时气泡的直径要比水中气泡的直径小 15%，而产泡率却高 70%。因此气泡检验法用乙二醇作为浸泡液体好于用水。

应用乙二醇法常用的步骤是将乙二醇浴槽上方的空间抽真空，该情况下计算得：

$$V = 220 \text{ s}^{-1}$$

该结果表明，检验方法的灵敏度提高 100 倍。

C13 氚水的包容

C13.1 本例说明了在正常运输条件下应用气体泄漏检验法和在运输中事故条件下应用另一不同方法。本例还阐明了货包设计和放射性内容物对选择装运前验证泄漏检验方法的影响。

该货包是由一层外部防护包装和一个装有 200 L 活度浓度为 1.25 TBq·L⁻¹氚化重水的金属桶组成。金属桶有两个标准的 50 mm 开口。为了进行设计验证和装运前验证规定了合适的检验方法。

根据图 1 进行以下步骤。

C13.2 第 1 步
放射性内容物是氚化重水，总活度为 200×1.25＝250 TBq。包容系统是一个金属桶，介质是氚化重水。

C13.3 第 2 步
假设释放份额 FC_i 和 FE_i 为 1.0。

C13.4 第 3 步
$A_2 = 40$ TBq,(氚化重水)
$R_N = 1.11 \times 10^{-8}$ TBq·s⁻¹
$R_A = 6.61 \times 10^{-5}$ TBq·s⁻¹

C13.5 第 4 步
介质的活度浓度为：
$$C_N = C_A = 1.25 \text{ TBq} \cdot \text{L}^{-1}$$
$$= 1.25 \times 10^3 \text{ TBq} \cdot \text{m}^{-3}$$

C13.6 第 5 步
$$L_N = R_N/C_N = 8.89 \times 10^{-12} \text{ m}^3 \cdot \text{s}^{-1}$$
$$L_A = R_A/C_A = 5.29 \times 10^{-9} \text{ m}^3 \cdot \text{s}^{-1}$$

C13.7 第 6 步
只在正常运输条件下，氚化重水的 L_N 值通过附录 B(提示的附录)中 B9 给出的方法可换算成等效空气流量。首先，确定 D_N：
假设：$P_u = 1.083 \times 10^5$ Pa(由于重水位差)
$P_d = 1.013 \times 10^5$ Pa
$\mu = 1.2 \times 10^{-3}$ Pa·s
金属桶壁厚度为 a，假设其等于毛细管长度，

$$a = 1.6 \times 10^{-3} \, \text{m}$$

那么，$D_N = 1.78 \times 10^{-5}$ m

C13.8 第7步

仅在正常运输条件下，由公式（B1）来计算标准化泄漏率（SLR）。

假设：

$P_u = 1.013 \times 10^5$ Pa

$P_d = 0.0$ Pa

$D_N = 1.78 \times 10^{-5}$ m

$\mu = 1.85 \times 10^{-5}$ Pa·s（空气）

$a = 1.6 \times 10^{-3}$ m

$T = 298$ K

$M = 0.029$ kg·mol^{-1}

那么 $Q_{N(SLR)} = 4.24 \times 10^{-4} + 4.36 \times 10^{-5}$
  （粘滞流）   （分子流）

$= 4.68 \times 10^{-4}$ Pa·m^3·s^{-1} SLR

注：本结果表明粘滞液流模型占主导地位。

C13.9 第8步

见下面第9步的最后一条。

C13.10 第9步

按表 A1 选择合适的设计验证检验方法。

可以选择那些使用卤素和氦气的方法，但这些方法比较复杂。

因需要定量方法，所以选择气压升高或降低检验法。

仅在正常运输条件下，规定的包容要求是 $A_2 \times 10^{-6}$/h 或 40×10^{-6} TBq/h。在检验期间，金属桶中可加注普通水来模拟放射性内容物。因为当桶充满水时，不可能进行气体泄漏检验，因此有如下规定：

——桶中加注普通水；

——按装运方式准备货包；

——按正常运输条件进行检验；

——在桶盖上钻一小孔；

——把桶中的水排干；

——真空干燥；

——进行气压降低检验；

参照附录 B（提示的附录）中的 B15，为了满足第8步的要求确定合适的检验时间（H）、P_1 和 P_2 的值。

C13.11 第10步

在运输中事故条件下，规定的包容要求是一周 A_2 或一周 40 TBq。该值是货包内容物的 16%（或 35 kg）。在此情况下，不需确定 $Q_{A(SLR)}$，因为通过简单的失重测量即可得到结论。这是应用其他方法的一个例子。

为了选择合适的方法进行装运前验证，包装的设计和放射性内容物将影响检验方法的选择。当桶加注氚化重水且 50 mm 盖子已经盖后，就不能接触桶的内容物。表 A1 中的所有方法都不适用于这种情况。

可应用下列替代方法：

——装桶之前，给桶内用空气加压，然后在水浴槽中旋转该桶，进行气泡检验。

——因为气压降低检验法费时间，因此选择气泡法检验而不用气压降低法。

——在桶内装载放射性内容物。

——按核查单的程序验封桶盖。

——将桶放入一密封间内,取气样进行氚监测,氚监测器要有容易检查 40×10^{-6} TBq·h^{-1}规定限值的灵敏度。

C14 使用双层包容并考虑辐解的液体包容系统

C14.1 本例说明装载有液体放射性内容物的 B 型货包符合包容要求的一种方法。

本例考虑了液体的辐解,辐解导致产生气体而使压力升高,使泄漏率增加。

该货包是一个由内外两层包容容器组成的一个双层包容系统,能满足 GB 11806—89 关于液体包装的运输规定。内层包容容器的密封要保证在一年内泄漏到内外层之间的放射性物质是很少的。内外层之间的吸收材料可以阻止容器少量泄漏放射性内容物,避免其接触外层容器的密封层。因此,有足够的吸收材料存在时能使外包装容器没有泄漏。

C14.2 包容系统

见图 C3。

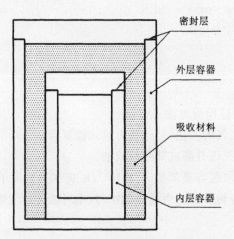

	外容器	内容器
外径,m	0.15	0.11
外高度,m	0.20	0.17
内直径,m	0.13	0.10
内高度,m	0.18	0.15
内容积,m³	2.4×10^{-3}	1.2×10^{-3}

图 C3 包容系统

C14.3 液体包容系统的牢固性

为了证实从内容器中漏出的液体内容物还保留在外容器之内的情况,必须确定:

1)辐解的气体产生率;

2)导致泄漏的压力;

3)一年中可从内容器中泄漏出的液体量;

4)用于将液体保持在外容器内所要求的吸收材料量。

本例中,假设内容器的内压升高仅由辐解所致。

假设:

泄漏率＝1×10^{-6} Pa·m³·s^{-1}SLR;

衰变能＝0.1 W;

大气压力＝1.0×10^{5} Pa;

溶液的气体产生常数 $G = 1 \times 10^3$ 分子 · MeV^{-1}；

内容物的温度随环境温度的变化不明显；

液体内容物是水合溶液；

上述条件稳定存在一年。

C14.4 确定辐解气体产生率

由辐解导致的产气率 (V_g) 可由下式计算：

$$V_g = D \times G \times k \times V_m \times N_0^{-1}$$

式中：D——衰变能，$(0.1\ W)$；

G——气体产生系数，1×10^3 分子 · MeV^{-1}；

k——转化系数，$6.24 \times 10^{12}\ MeV \cdot J^{-1}$；

V_m——气体摩尔体积，在标准状态下 $0.022\ 4\ m^3$；

N_0——阿佛加德罗常数，6.02×10^{23} 分子/mol。

气体产生率为：

$$V_g = 2.32 \times 10^{-11}\ m^3 \cdot s^{-1}$$

C14.5 内层包容容器内压力的计算

假设辐解产生的气体由初始容器(盛有液体内容物的)向内层包容容器的自由空间释放，内容器的内压将随时间而升高，如下式：

$$P(t) \times V_c = P_c \times V_c + P_a \times V_g \times t$$

式中：$P(t)$——在时间 t 时容器的内压，Pa；

P_c——容器的初始压力为 P_a 大气压力；

P_a——大气压力为 1.0×10^5 Pa；

P_s——标准压力为 1.013×10^5 Pa；

V_c——容器的自由体积为 $0.7 \times 10^{-3}\ m^3$；

V_g——产气率，$m^3 \cdot s^{-1}$；

t——辐解的时间，s。

上式可写作：

$$P(t) = P_a + P_r$$

式中：P_r——辐解导致的压力升高值：

$$P_r = \frac{P_s \times V_g \times t}{V_c}$$

应用上述数据计算：$P_r = 3.31 \times 10^{-3} \times t$ Pa

该值在 C14.7 中用于计算时间 t 的泄漏率。

为了确保不超过包容容器的安全工作压力，需要计算一年后内层包容容器由辐解引起的最高压力。

一年后($t = 3.15 \times 10^7$ s)包容容器内的压力升高为：

$$P_r = 1.04 \times 10^5\ Pa$$

$$P_{(1年)} = 2.04 \times 10^5\ Pa$$

C14.6 漏孔直径的计算

应用公式(B1)第一部分(层流部分)能够计算泄漏率为 1×10^{-6} Pa · $m^3 \cdot s^{-1}$ SLR 的漏孔直径。

假设具有均匀孔的毛细管漏孔，各参数为：

Q——标准化泄漏率 1×10^{-6} Pa · $m^3 \cdot s^{-1}$ SLR；

μ——气体的动态粘度 1.85×10^{-5} Pa · s($25℃$的空气)；

P_u——入口压力，1.013×10^5 Pa；

P_d——出口压力，0.0 Pa；

a——毛细管长度 0.002 2 m(ϕ3 mm 的 O 形圈宽度)。

利用公式(B1)及上述数据,计算漏孔直径为:

$$D = 4.24 \times 10^{-6}\,\text{m}$$

C14.7 一年内总的液体泄漏量的计算

液体泄漏率可由公式(B7)计算:

假设同样的具有均匀孔的毛细管漏孔,各参数为:

液体——20℃的水;

$L(t)$——液体的等效泄漏率,m³·s⁻¹;

μ——液体的动态粘度 95×10⁻⁵ Pa·s(20℃水);

P_u——入口压力 $P_u = P_a + P_r$,Pa;

P_d——出口压力 1.0×10⁵ Pa。

在公式(B7)中代入 $P_u = P_a + P_r$:

$$L(t) = \frac{\pi}{128} \times \frac{D^4}{\mu \cdot a} \times 3.31 \times 10^{-3} \times t$$

利用上述数据计算:

$$L(t) = 1.25 \times 10^{-20} \times t\ \text{m}^3 \cdot \text{s}^{-1}$$

时间 t 后液体的泄漏量为:

$$V_t = \int L(t)\,\mathrm{d}t = 1.3 \times 10^{-14} \times t^2/2\ \text{m}^3$$

因此,一年后液体泄漏的最大体积为:

$$V = 6.2 \times 10^{-6}\ \text{m}^3$$

C14.8 吸收内容器中液体泄漏所需的吸收材料量的确定

处于内外两层容器之间吸收容量大于 6.2×10⁻⁶ m³ 的一层吸收材料是足以吸收在最不利条件下内层泄漏的液体的。这些吸收材料可防止泄漏液体与外层容器的密封 O 形圈接触,从而保证将放射性液体密封在包容系统内部。

附 录 D
(提示的附录)
注 释

本注释的目的是为应用本标准条款和 GB 11806—89 相应要求而提供建议和指导,以使与规定的包容要求达成一致。本注释仅是提供一种满足本标准的方法而不是符合本标准的唯一途径,所提供信息是建议性的而绝不是强制性的(除非审管部门要求使用本章的某部分)。

在准备这些注解时,有一些条目在特定情况下是不言而喻的,因而没有提供注释。为便于相互对照,本附录的章节段落号与标准中的相同,仅在其相应的标准段落号前加 D。

D1 范围

除了本标准规定的气体泄漏检验法以外,用户也可采用其他的方法。当使用其他方法时,必须证明该方法能验证货包的放射性内容物的释放将不超过规定的包容要求。

另外需要强调的是:

——审管部门有强制检查方法的可接受性和正确使用该方法情况的权力。

——选择一些不同的或新的检验方法及其规定的灵敏度通常要由使用者和审管部门协商解决。

D5 检验程序

D5.1 概述

在所有泄漏机制中,在确定最大容许检验泄漏率前,都应确定正常运输条件和运输中事故条件的标准化泄漏率。

与最大容许泄漏率相关的最大容许标准化泄漏率(使用气体做示踪剂)应依据如下有关泄漏机制来确定。

A 气体内容物

放射性气体的泄漏机制可能是通过毛细管(例如破损)的粘滞流、通过细毛细管或多个毛细管的分子流、或是通过弹性密封圈、容器薄壁或同时通过上述任何组合的渗透。

a) 粘滞流

放射性内容物是气体时,主要的泄漏机制可能是粘滞流。

粘滞流(也称作介质流)中流体的成分(例如混合气体)在漏孔内外的组成是相同的。粘滞流依赖于漏孔内外部的总压差。

通常,放射性气体被容器内的非放射性气体稀释(浓度减小)。应确定混合物的活度浓度。因为在正常运输条件或运输中事故条件下泄漏的放射性气体可能是不同的,所以必须确定正常运输条件或运输中事故条件下的活度相关性。例如,假设燃料棒在正常运输情况下不泄漏,但有一定百分比的燃料棒破损;因此,在运输中事故条件下,该燃料棒将释放其气体内容物。

一旦计算出活度相关性,最大容许容量泄漏率能很容易确定。

正常运输条件和运输中事故条件下的最大容许泄漏率可用由附录B(提示的附录)中公式(B1)得到的最大容许容量泄漏率来确定。

b) 分子流

特别是当泄漏率低时或当通过大量细小漏孔泄漏时,分子流可能是主要的流体机制。

分子流中较小分子和原子通过漏孔的迁移速度比较大原子和分子快。分子流依赖于漏孔内外气体混合物组分的不同分压。

正常和事故运输条件的最大容许泄漏率可通过上述计算的最大容许体积泄漏率和附录B(提示的附录)中公式(B1)(分子流SLR的计算)来确定。

c) 渗透

当使用弹性密封材料来有效地将粘滞流和分子流泄漏减小到很低水平时,渗透可能是主要的泄漏原因。

渗透泄漏率依赖于渗透性器壁内外部分压差。

当通过渗透泄漏时,使用标准化泄漏率是不适当的,有必要用附录B(提示的附录)中第B14条的方法直接计算最大容许检验泄漏率。

B 液体内容物

不管是放射性溶液还是含有粒状放射性物质的液体,其泄漏机制是通过漏孔(从最坏的情况分析,可看作单一毛细孔)的粘滞流。

因为液体有相对较高的粘度,液体被认为不能像气体那样以分子流通过细小毛细管而泄漏,也不能通过密封层而渗透。

液体可以以放射性液体、非放射性液体中悬浮有放射性固体、或一种放射性液体中悬浮有放射性固体等形式含有放射性物质。

a) 放射性液体

当内容物为放射性液体时，不论是放射性液体还是含放射性溶质的非放射性溶剂，唯一的泄漏机制是粘滞流机制。

在正常运输条件下或运输中事故条件下，应根据不同数据（例如不同的释放份额）来确定活度浓度。

一旦计算出活度相关性，最大容许容量泄漏率能很容易地确定，正常运输条件或运输中事故条件下的标准化泄漏率也就确定了。

与最大容许活度释放率有关的检验气体的最大容许标准化泄漏率可用附录 B 给出的公式计算得到。

b）含有悬浮放射性固体的非放射性液体

当放射性内容物是非放射性液体中悬浮有极细微的放射性固体颗粒时，泄漏机制是粘滞流机制。

在正常运输条件下或运输中事故条件下，应根据不同数据（例如不同的释放份额）来确定活度浓度。

在确定活度浓度中，要确定最有意义的物质颗粒，还应假设物质颗粒均匀地"悬浮"在液体中。

当物质颗粒的物理性质已知时，只有一部分足够小的颗粒才能通过最大单个毛细管（具有等价于最大容许活度释放率的标准化泄漏率）泄漏孔，而只有这部分才认为是泄漏。大于毛细管直径的粒子被认为是保留在包容容器内。可释放的小粒子份额被认为是释放份额用于计算活度浓度。

该液体可被当作如上述的放射性液体处理，用同样的方法来确定最大容许容量泄漏率和标准化泄漏率。

与最大容许活度释放率相关的检验气体的最大容许标准化泄漏率，可用附录 B 中给出的公式来计算。

c）含有放射性悬浮固体的放射性液体

当放射性内容物是含有放射性颗粒的放射性液体时，泄漏机制是粘滞流机制，且活度浓度的计算要考虑放射性液体和可释放颗粒的悬浮份额两种因素。

该液体可被当作放射性液体处理，使用同样的方法来确定最大容许容量泄漏率和标准化泄漏率。

C 固体内容物

固体内容物（而非分散在液体中的颗粒）的泄漏机制是在重力作用下直接通过漏孔，并且气溶胶中细微固体颗粒可由气体夹带以粘滞流通过漏孔。与液体内容物一样，固体内容物不存在象前面所涉及的气体分子流或渗透的泄漏。

a）气溶胶中细微固体颗粒的泄漏

当放射性内容物含有可通过与最大容许检验泄漏率相关毛细管的细微颗粒时，最可能的泄漏机制是包容容器内的气体粘滞流将悬浮在气体中的放射性物质固体微粒以气溶胶形式带走。

了解颗粒形态可以在最不利的条件下（正常运输条件或运输中事故条件下的）精确计算气体的活度浓度。如可能的话，应假设可能泄漏的全部细微颗粒物质都是悬浮的，其值常用在附录 B 中计算活度浓度。

一旦活度浓度根据附录 B 计算得出，则很容易确定最大容许容量泄漏率。

正常和事故运输条件下的标准化泄漏率可用上述由附录 B 的公式得出的最大容许泄漏率得到。

b）堵塞机制造成的包容容器密闭

当放射性内容物是放射性固体时，只要粒子小于漏孔就可能从包容容器中释放。

如果一个特定数值的标准化泄漏率可以证明由于堵塞机制确保内容物（或内容物的一部分）的释放而包容在最大容许释放率内，该泄漏率可看作为最大容许标准化泄漏率。

还可证明（例如通过实验）细的粉末将堵塞直径比它大得多的毛细管。基于此种考虑，可以确定单个毛细管漏孔的最大直径，而后也可以确定与之相关的最大容许标准化泄漏率。影响细粉末堵塞的因素（例如微粒尺寸和形状的变化、粉末的湿度、运输中的撞击和振动、以及其他现象）也必须要考虑。

应用堵塞机制应是审管部门可接受的。

D 内容物是气体、液体和固体混合物

当放射性内容物不只一种形态时(即气、液、固三种形态的任意组合),要用到上述对气体、液体、固体规定的方法,确定每一相(气、液、固)的最大容许标准化泄漏率。当某一相的标准化泄漏率占优势时(即,其他相的标准化泄漏率在数值上要小 10 倍),那么占优势相的最大容许标准化泄漏率可作为包容容器的最大容许标准化泄漏率。

当任一相的泄漏都不占优势时,应该确定一个在数值上小于各相分别计算得到的标准化泄漏率,以限制所有放射性物相的全部放射性释放,使其小于货包的最大容许释放率。对所选定的标准化泄漏率,应用附录 B 中的方法和公式计算各放射性物相的释放率。与最大容许活度释放率相关的最大容许标准化泄漏率应用迭代循环计算得到。

D7 标准化泄漏率的确定

包容容器的密封性是通过在已知温度、入口压力、出口压力等条件下测量检验气体泄漏率而确定。如果 SLR 由此泄漏率导出,则可确定该容器的密封性数值,该密封性可与同一包容容器用其他方法在别的检验条件下得到的结果比较。SLR 值还可用于直接比较不同容器的密封性。这样的比较只有在相同条件或在 SLR 所规定的标准条件下确定泄漏率时才是有意义的。

泄漏检验的验收准则

对于一个装载有规定的放射性内容物的容器,在类似于正常或事故运输条件下会造成最大泄漏的特定温度、入口压力和出口压力的规定条件下,附录 B 中的计算方法可用来确定最大容许泄漏率。如果计算出 SLR 值并与最大容许泄漏率相当,则在没有规定具体的泄漏检验方法或条件的情况下,该值就成为泄漏检验的验收准则。

在操作程序和认证中,规定验收准则是有用的,因此可以说:"对于规定的内容物,包容容器装载后泄漏检验的验收限值为 1×10^{-5} Pa·m³·s⁻¹SLR"。

SLR 值的使用(供参考)

在某些情况下,如果标准化泄漏率比较低,审管部门可以允许使用标准化泄漏率的某一规定值而不用其计算值。而当标准化泄漏率比较高时,审管部门可以认为泄漏检验是不适宜的和不必要的,也可能允许使用标准化泄漏率的某一规定值而不用其计算值。

容许标准化泄漏率 $Q_{(SLR)}$

泄漏率 10^{-8} Pa·m³·s⁻¹SLR

本参考空气泄漏率是在实际应用中而不是绝对意义上定义密封性的,或是在释放份额的实际值很难得出时,提供一个标准化泄漏率(SLR)。标准化泄漏率 10^{-8} Pa·m³·s⁻¹SLR 的直径微米级甚至更小的漏孔,很容易被液体或微粒堵塞。尽管这种微小的泄漏能被测出,但在实际中很少被发现。

泄漏率 10^{-2} Pa·m³·s⁻¹SLR

当计算的容许标准化泄漏率(Q_{SLR})等于或大于此值时,货包在装运前验证阶段可以免除泄漏检验。

泄漏率 1 Pa·m³·s⁻¹SLR

本参考泄漏率针对包含有非分散固体材料的包装。如果标准化泄漏率的计算值等于或高于此值,表示有很大的气体泄漏率,可以认为在此情况下进行泄漏检验是无意义的。因此在某些验证阶段,不要求进行定量检验。

包容系统装运前验证

美国标准 ANSI N14.5"放射性物质运输货包的泄漏检验"给出参考空气泄漏率:10^{-4} Pa · m^3 · s^{-1} SLR。

在装货前,包容系统的组装应按照书面的质量保证程序进行,这个书面程序包括了包容系统所有符合要求的部件都安装适位、同时又确实可靠的鉴定清单。

然后由如下公式计算装运前验证的容许检验泄漏率:

$$Q_{TS} = 4\,200 Q_{SLR}$$

使用系数 4 200 是保持在装运前验证阶段是否进行简单的泄漏检验原则的一种方法,该系数是由最差情况的评估推导得来的。在长达 10 天的运输期内活度释放将限制在小于 A_2。如果进行这样的检验,灵敏度不必大于 10^{-4} Pa · m^3 · s^{-1}SLR,但至少为 10^{-2} Pa · m^3 · s^{-1}SLR。按上述规定,容许标准化泄漏率 Q_{SLR} 等于或大于 10^{-2} Pa · m^3 · s^{-1}SLR 的货包无此要求。

泄漏检验方法灵敏度的比较

附录 A 提供了检验货包密封性的泄漏检验方法。各种检验方法要求在不同的条件下(特别是入口压力和出口压力)使用不同的气体。对检验某一特定包容容器而言,泄漏检验方法的灵敏度取决于方法本身的灵敏度和容器的检验体积。

当对包容容器系统进行一些特殊的泄漏检验时,可测得的最小泄漏率就是该容器该检验方法的灵敏度。为了比较泄漏检验方法,确定相同条件或标准条件下的灵敏度是必要的。建议根据 SLR 计算或规定灵敏度。

D8 包容系统验证要求

D8.1 包容系统验证阶段

在运输中事故条件下,引起泄漏的最重要的后果如下:

——机械撞击可引起一固定裂口泄漏且在一周内有不变的泄漏率;

——机械撞击引起临时的裂口漏孔,形成短时间的泄漏(小于 1 s),这对于带压的放射性气体内容物的泄漏是有意义的,而对机械撞击导致破损燃料棒的乏燃料内容物泄漏意义不大,因为当释放的裂变气体到达盖区时,裂口将已经关闭。

——热冲撞可能引起固定的泄漏,但一周内其泄漏率是变化的。

——热冲撞可导致高温和高压,本标准中几乎所有定量的考虑都是基于假定泄漏的几何形状(主要是毛细管)是不变的。火焰检验之后,一些与入口压力关系较大的泄漏,其泄漏率将随时间显著地变化。

D8.1.2 设计验证

设计验证程序将证实 B 型货包的设计是否满足正常运输条件或运输中事故条件下的规定的包容要求。

当检验包容系统和货包的部件时,它们要以载货形式进行组装,在正常运输条件或运输中事故条件下进行检验,以证明它们具有小于或等于最大容许检验泄漏率(Q_{TDA},Q_{TDN})的泄漏率。为证实包容系统承受运输中事故条件的能力,在机械或热检验期间,应考虑瞬态条件可能是最极限条件的可能性。在这些条件下,通过计算(即计算材料热应力和机械应力,以判断材料是否变形,或焊缝、法兰接头、密封层是否有异常应力存在)来评估货包也是唯一可能的方法,这些评估的结果应是审管部门可接受的。

对于包容系统设计验证的检验,放射性内容物可用非放射性内容物来模拟。方法的选择取决于货包设计,附录 A 中所列各种方法都是可行的,但可能的话要考虑本标准应满足的要求。当进行检验时,仅检验某一设计的一个样品。使用缩小比例的模型进行泄漏检验已超出了本标准的范围。

如果检验包容系统全尺寸模型、密封部件或其他个别部件的话,它们应能够充分代表实际货包。模型应按装运条件组装,按照正常运输条件和运输中事故条件根据本标准提交检验。

如果通过比较来表明包容系统的设计适当的话,那么应该使用一个合适的、精确验证的、且基本等效的设计来比较。有限检验可用作比较时的补充。

如果进行证实检验,组装的包容系统的实际泄漏率要在一些已知检验条件下测定,然后进行"证实"。此证实包括能证明在正常或事故运输条件下,密封部件没有异常变形或过分移位,密封部件的温度未超过限值,因而最大容许检验泄漏率 Q_{TDA} 和 Q_{TDN} 也未超出限值的计算、检验或其他技术。

D8.1.3 制造验证

假设货包在装运前受到适当维护且被正确组装,制造验证程序将证实制造出来的每一给定设计的包装满足正常运输条件和运输中事故条件下规定的包容要求。实际泄漏率可以小于 Q_{TF},在正常运输条件下检验时允许降低包容系统检验要求。

第一次使用之前,每个可重复使用的包容系统应按装运要求组装并检验,以证明它的泄漏率小于或等于最大容许检验泄漏率 Q_{TF}。Q_{TF} 值要经审管部门同意,但该值一般是 Q_{TDA} 或 Q_{TDN} 的更严格值。在可能的范围内包容系统的所有接口和密封层要在完全组装状态下检验。在某些情况下,对接口和密封层的检验可能不得不在部分组装或部件水平进行以接近并检验其表面。

除了样本量小于 100% 或者在 12 个月内已进行过检验这两种情况外,一次性包容系统也要同重复使用包容系统一样,按同样的要求进行检验。

在选择规定样本量时,要考虑批量、最大可接受的缺陷百分数和置信水平。

有证据表明泄漏率可忽略的包容容器部件可不必检验,例如厚壁容器。

检验前,货包不须承受正常运输条件或运输中事故条件。

D8.1.4 装运前验证

每次装运前,装运前验证程序应证实组装的货包在运输中和各种条件下(正常或事故)能满足规定的包容要求。为此,必须验证货包已正确组装且已具备包容功能。这可以通过一个质量保证的组装程序和泄漏率小于或等于最大容许检验泄漏率 Q_{TS} 的泄漏检验完成。

当欲采用的装运前泄漏检验法的检验泄漏率达不到按本标准确定的最大容许检验泄漏率时,必须要经审管部门的认可。

在装运前,包容系统的组装应按照书面的质量保证程序进行,这个程序包括了包容系统的所有符合要求的部件都安装适位、同时又确实可靠的鉴定清单。

在制造或定期验证阶段在包容系统检验后已经打开的或关闭的部件,要进行装运前验证检验。被检验的部件,重点是封闭部件和装有密封垫圈的部位。

其他部件的装运前检验要按照审管部门的要求进行。

D8.1.5 定期验证

定期验证程序证实所有按照获准设计制造的包装即使重复使用仍符合管理包容要求。

应检验包装以证明其泄漏率小于或等于最大容许检验泄漏率 Q_{TP},因为拆开组件可能有困难,因此,包容程度和检验密封部件数目以及 Q_{TP} 的数值必须是审管部门可接受的。

包容系统的定期验证不必检验不能接近的接口和密封层,但要包括诸如封盖、阀门、管接头、防爆盘等部件。

可重复使用的 B 型货包包容系统的部件变更时,或当不经常更换的部件被替换时,包容系统所受影响的部分应进行检验以证明其泄漏率小于或等于最大容许检验泄漏率 Q_{TF}。不影响包容系统的零件在变更或替换后,不必进行检验。

D9 气体泄漏

本标准表明气体泄漏检验方法可用来证实货包符合规定的包容要求。

根据活度释放准则来确定气体泄漏率基本是依赖于对源项的了解(即,放射性均匀分布在货包包容体积内),通常这是不能了解得很精确而要做最坏的假设。因此,当计算气体泄漏率时,没有必要将其计算到很精确的数字,因此本标准的公式也只是在可接受的准确度下给出流量。

有许多流动方式可调节通过毛细管的气流。这些方式及其泄漏率如下:

分子流　　　　　$<10^{-6}$ Pa・m³・s⁻¹SLR

粘滞流(层流)　10^{-2} Pa・m³・s⁻¹SLR～10^{-7} Pa・m³・s⁻¹SLR

湍流　　　　　　$>10^{-3}$ Pa・m³・s⁻¹SLR

阻塞流　　　　　大的泄漏

一般认为随着固定大小的毛细管两侧的压力差的增加,通过毛细管的气流以分子流、粘滞流、湍流直至阻塞流的形式出现。

分子流和粘滞流　可以由诺森方程直接计算:

$$Q = \frac{\pi}{128} \times \frac{D^4}{\mu \cdot a} \times \frac{(P_u^2 - P_d^2)}{2} + \frac{1 + \sqrt{\frac{M}{RT}} \frac{(P_u + P_d)D}{2\mu}}{1 + 1.24 \sqrt{\frac{M}{RT}} \frac{(P_u + P_d)D}{2\mu}} \sqrt{\frac{2\pi}{6}} \sqrt{\frac{RT}{M}} \frac{D^3}{a}(P_u - P_d)$$

方程的第一部分代表粘滞流组分,是由泊萧叶定律导出的;第二部分代表分子流,由诺森定律对自由分子流导出。方程可以在不失较大准确度($Q \approx 10^{-8}$ Pa・m³・s⁻¹SLR 时,最大为10%)的情况下简化:

$$Q = \frac{\pi}{128} \times \frac{D^4}{\mu \cdot a} \times \frac{(P_u^2 - P_d^2)}{2} + \sqrt{\frac{2\pi}{6}} \sqrt{\frac{RT}{M}} \frac{D^3}{a}(P_u - P_d)$$

对于空气:

$R = 8.31$ J・mol⁻¹・K⁻¹

$M = 0.028\ 95$ kg・mol⁻¹

$\mu(25℃) = 1.85 \times 10^{-5}$ Pa・s

简化的诺森方程为

$$Q_{(空气,25℃)} = 1\ 327 \times \frac{D^4}{a} \times \frac{(P_u^2 - P_d^2)}{2} + 122 \frac{D^3}{a}(P_u - P_d) \quad Pa・m^3・s^{-1}$$

由于在计算中毛细管进出口的压力损失与毛细管大小和流速相比是不重要的,因此可忽略。

湍流　一般在雷诺(Reynold)数为2 100以上发生,粘滞流一般在雷诺数大约为1 200时发生,在1 200～2 100之间有一过渡区。

$$R_e = \frac{\mu \times D \times \rho}{\mu} = \frac{Q}{D} \times \frac{4M}{\pi\mu \times RT}$$

阻塞流　一般在孔板或很短的毛细管中发生。在 A/D 比率较大的毛细管中很难产生阻塞流。对于阻塞流:

$$Q = \left(\frac{2}{K+1}\right)^{\frac{1}{K-1}} \sqrt{\frac{2K}{K+1} \times \frac{RT}{M}} \times A \times P_u \quad (A = 面积)$$

$$K_{(空气)} = 1.402 \rightarrow Q_{(空气,25℃)} = 154.42 \times D^2 \times P_u$$

应用简化的诺森方程并假设毛细管长为 10^{-2} m,计算标准化泄漏率(覆盖检验放射性货包所用的范围)毛细管直径是可能的。

$$Q = 10^{-8}\ Pa・m^3・s^{-1} \qquad D = 1.67 \times 10^{-6}\ m \quad (A)$$

$Q = 10^{-5}\ \mathrm{Pa \cdot m^3 \cdot s^{-1}}$ $D = 10.6 \times 10^{-6}\ \mathrm{m}$ (B)

$Q = 10^{-2}\ \mathrm{Pa \cdot m^3 \cdot s^{-1}}$ $D = 61.5 \times 10^{-6}\ \mathrm{m}$ (C)

$Q = 10^{0}\ \mathrm{Pa \cdot m^3 \cdot s^{-1}}$ $D = 195 \times 10^{-6}\ \mathrm{m}$ (D)

图 D1 表示在不同的压力范围(高达 4×10^6 Pa)内,通过毛细管 A、B、C、D 的流动,指出了不同的流体状态(MNOP:最大正常工作压力)。

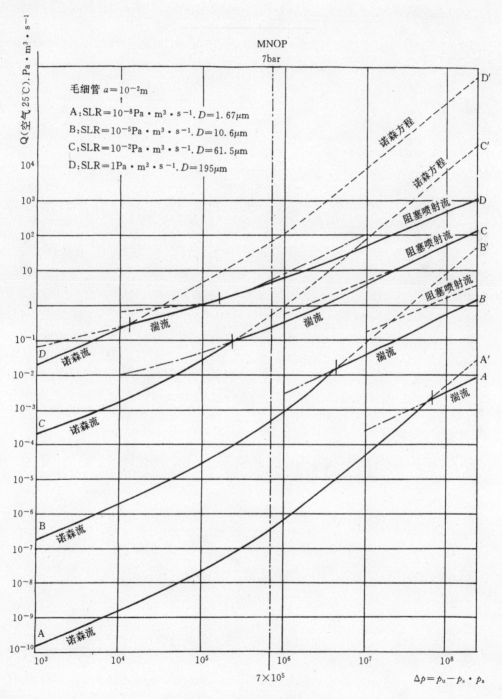

图 D1 流体示意图

在泄漏率从 10^{-8} Pa·m³·s⁻¹SLR~10^0 Pa·m³·s⁻¹SLR 和压力在 10^3 Pa~4×10^6 Pa 的区间内,可以看出:

a) 毛细管 A 和 B 的曲线位于诺森方程对分子流和粘滞流应用的范围内。

　　b) 毛细管C的曲线刚刚进入湍流区,当其趋近区域边界时,毛细管C中的流动就成阻塞流机制。诺森方程在区域边界条件下使用时,将过高估计泄漏率30%～40%。

　　c) 毛细管D的曲线当趋近区域边界时刚刚进入湍流区。使用诺森方程将过高估计泄漏率10%～20%。

　　上述数据表明,在10^{0} Pa·m^{3}·s^{-1}SLR和4×10^{6} Pa的范围内应用诺森方程计算泄漏率是合适的。

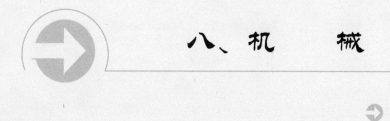

八、机　械

前　言

本标准是 GB/T 90—1985《紧固件验收检查、标志与包装》"第二篇 标志与包装"的修订本,主要修改如下:

　　a) 调整补充了紧固件"产品上的标志"的技术要求(第 3 章);

　　b) 调整补充了产品运输包装的技术要求(第 4～8 章);

　　c) 调整了包装标志的技术要求与内容(第 9 章)。

本标准自实施之日起,代替 GB/T 90—1985 第二篇。

本标准由中国机械工业联合会提出。

本标准由全国紧固件标准化技术委员会归口。

本标准由机械科学研究院负责起草。

本标准由全国紧固件标准化技术委员会秘书处负责解释。

中 华 人 民 共 和 国 国 家 标 准

GB/T 90.2—2002

紧固件 标志与包装

代替 GB/T 90—1985 第二篇

Fasteners—Marking and packaging

---

1 范围

　　本标准适用于国家标准中规定的紧固件(即螺栓、螺柱、螺母、螺钉、垫圈、木螺钉、自攻螺钉、销、铆钉、挡圈、紧固件-组合件和连接副以及焊钉)产品上的标志与运输包装。

2 引用标准

　　下列标准所包含的条文,通过在本标准中引用而构成为本标准的条文。本标准出版时,所示版本均为有效。所有标准都会被修订,使用本标准的各方应探讨使用下列标准最新版本的可能性。

　　GB/T 116—1986　铆钉技术条件

　　GB/T 3098.1—2000　紧固件机械性能　螺栓、螺钉和螺柱(idt ISO 898-1:1999)

　　GB/T 3098.2—2000　紧固件机械性能　螺母　粗牙螺纹(idt ISO 898-2:1992)

　　GB/T 3098.4—2000　紧固件机械性能　螺母　细牙螺纹(idt ISO 898-6:1994)

　　GB/T 3098.6—2000　紧固件机械性能　不锈钢螺栓、螺钉和螺柱(idt ISO 3506-1:1997)

　　GB/T 3098.15—2000　紧固件机械性能　不锈钢螺母(idt ISO 3506-2:1997)

　　GB/T 10433—2002　电弧螺柱焊用圆柱头焊钉

3

紧固件产品上的标志应符合紧固件国家标准、行业标准的规定。其中,"紧固件制造者识别标志"(或紧固件经销者识别标志)有别于商标,属于标准化与产品质量范畴,应经全国性标准化机构统一协调、确认并予公告。

4

紧固件产品应清除污垢及金属屑。无金属镀层的产品应涂有防锈剂,以防在运输和贮藏中受腐蚀。在正常的运输和保管条件下,应保证自产品出厂之日起半年内不生锈。

5

产品运输包装是以运输储存为主要目的的包装,必须具有保障货物安全、便于装卸储运、加速交接点验等功能。

6

产品运输包装应符合科学、牢固、经济、美观的要求。以确保在正常的流通过程中,能抗御环境条件的影响而不发生破损、损坏等现象,保证安全、完整、迅速地将产品运至目的地。

7

产品运输包装材料、辅助材料和容器,均应符合有关国家标准的规定。无标准的材料和容器须经试验验证,其性能应能满足流通环境条件的要求。

8

产品的包装形式及方法由紧固件制造者确定。

9

产品包装箱、盒、袋等外表应有标志或标签。标志应正确、清晰、齐全、牢固。内货与标志一致。标志一般应印刷或标打,也允许拴挂或粘贴,标志不得有褪色、脱落。

　　标志内容如下:

　　a) 紧固件制造者(或经销者)名称;

　　b) 紧固件产品名称(全称或简称);

　　c) 紧固件产品标准规定的标记;

　　d) 紧固件产品数量或净重;

e) 制造或出厂日期；

f) 产品质量标记；

g) 其他：有关标准或运输部门规定的，或制造、销售和使用者要求的标志。

ICS 25.100.70
J 43

中华人民共和国国家标准

GB/T 2495—2017
代替 GB/T 2495—1996

固结磨具 包装

Bonded abrasive products—Packing

2017-12-29 发布

2018-07-01 实施

中华人民共和国国家质量监督检验检疫总局
中国国家标准化管理委员会 发布

前　言

本标准按照 GB/T 1.1—2009 给出的规则起草。

本标准代替 GB/T 2495—1996《普通磨具　包装》，与 GB/T 2495—1996 相比主要技术变化如下：

——修改了范围(见第 1 章,1996 年版的第 1 章)；

——修改了规范性引用文件(见第 2 章,1996 年版的第 2 章)；

——删除了产品需检验合格后方可进行包装的要求(1996 年版的 3.1.3)；

——修改了对包装件重量的要求(见 3.3.3,1996 年版的 3.3.4)；

——修改了部分产品的常规包装要求(见表 1,1996 年版的表 1)；

——修改了纸箱包装件的封箱、捆扎要求(见 3.4.2,1996 年版的 3.4.2)；

——修改了检验规则(见第 5 章,1996 年版的第 7 章)；

——修改了包装件标志的内容(见 6.1,1996 年版的第 4 章)；

——增加了外径为 1 800 mm 的磨具包装物内部尺寸(见附录 A,1996 年版的附录 A)。

本标准由中国机械工业联合会提出。

本标准由全国磨料磨具标准化技术委员会(SAC/TC 139)归口。

本标准起草单位:山东鲁信高新技术产业有限公司、深圳市二砂深联有限公司、白鸽磨料磨具有限公司、珠海大象磨料磨具有限公司。

本标准主要起草人:郭茂欣、杨少军、赖天忠、陈德光、邹艳玲、盛业民、韦球。

本标准所代替标准的历次版本发布情况为:

——GB/T 2495—1984；

——GB/T 2495—1996。

固结磨具 包装

1 范围

本标准规定了固结磨具产品的包装技术要求、包装件及包装材料试验方法、检验规则、包装件标志、运输和贮存。

本标准适用于固结磨具包装。

2 规范性引用文件

下列文件对于本文件的应用是必不可少的。凡是注日期的引用文件,仅注日期的版本适用于本文件。凡是不注日期的引用文件,其最新版本(包括所有的修改单)适用于本文件。

GB/T 191 包装储运图示标志

GB/T 4857.3 包装 运输包装件基本试验 第3部分:静载荷堆码试验方法

GB/T 4857.5 包装 运输包装件 跌落试验方法

GB/T 4857.18 包装 运输包装件 编制性能试验大纲的定量数据

GB/T 4892 硬质直方体运输包装尺寸系列

GB/T 6388 运输包装收发货标志

GB/T 6543 运输包装用单瓦楞纸箱和双瓦楞纸箱

GB/T 6544 瓦楞纸板

GB/T 7284 框架木箱

GB/T 8166 缓冲包装设计

GB/T 9174 一般货物运输包装通用技术条件

GB/T 12464 普通木箱

GB/T 22865 牛皮纸

QB/T 1649 聚苯乙烯泡沫塑料包装材料

QB/T 3811 塑料打包带

3 技术要求

3.1 一般要求

3.1.1 产品的包装应符合科学、经济、牢固、美观的要求。

3.1.2 包装设计应根据产品特点、流通环境条件和客户要求进行,做到包装紧凑、防护合理、安全可靠。

3.1.3 包装件外形尺寸和质量应符合国内运输方面有关超限、超重的规定。硬质直方体运输包装件的尺寸应符合 GB/T 4892 的规定。包装物内部尺寸参照附录 A。

3.2 材料要求

3.2.1 外包装用普通木箱应符合 GB/T 12464 的规定;框架木箱应符合 GB/T 7284 的规定。

3.2.2 外包装用瓦楞纸箱应符合 GB/T 6543 的规定;瓦楞纸板应符合 GB/T 6544 的规定。

3.2.3 其他外包装用材料应符合 GB/T 9174 的规定或按有关标准执行。

3.2.4 内包装缓冲材料应不易虫蛀,不易霉变和不易疲劳变形。常用缓冲材料有:瓦楞纸板,瓦楞纸,泡沫塑料衬垫等。

3.2.5 缓冲包装的设计方法可采用 GB/T 8166 规定的方法。

3.3 包装物、包装件及包装方法要求

3.3.1 包装物要求干燥、整洁。

3.3.2 包装件内应附有产品质量检验合格证。

3.3.3 产品应与包装标志相一致,包装物内的产品不应松动和碰撞。

3.3.4 两片及以上包装的木箱包装件质量一般不大于 120 kg,两片及以上包装的瓦楞纸箱包装件质量一般不大于 30 kg。

3.3.5 常规包装方法要求见表1。

表 1 常规包装方法要求

产品名称		外径范围 D/mm	内包装		外包装	
			材料	方法	包装物	方法
砂轮和磨头	通用砂轮和磨头	≤20	塑料袋、纸盒	多片包装	双瓦楞纸箱或相当包装物	多盒包装
		>20~100	牛皮纸、纸托盘	多片包装		多包包装
		≥100~175	牛皮纸	多片摞装		多包包装
		>175~400	专用缓冲衬垫	多片包装		多片摞装,各片或摞之间与箱内壁用双瓦楞纸板缓冲
		>400~600	专用缓冲衬垫	按厚度采用多片或单片包装	木箱或相当包装物	摞装、全缓冲方式
		>600~750	专用缓冲衬垫	按厚度采用多片或单片包装		摞装,部分缓冲方式
		>750	专用缓冲衬垫或角衬垫	—		单片包装或包装件符合3.3.4规定
	切割砂轮	≤230	塑料袋、纸盒	多片摞装	双瓦楞纸箱或相当包装物	多盒包装
		>230~500	塑料袋、纸盒	多片摞装		多盒包装
			塑料袋	多片摞装		多包包装,必要时 5 片~10 片一摞,每摞间用瓦楞纸缓冲
		>500	按"通用砂轮和磨头"相应规格范围的包装要求执行			
	修磨用钹形砂轮	全部	塑料袋、纸盒	多片摞装	双瓦楞纸箱或相当包装物	多盒包装
	杯、碗、碟、筒形砂轮	全部	—	—		加厚瓦楞纸板或泡沫塑料衬垫缓冲
磨石		—	纸盒	多个包装	双瓦楞纸箱或相当包装物	多盒包装
砂瓦		—	—	—		规则排列,每层之间用瓦楞纸缓冲

3.3.6 特殊要求的包装方法由供需双方商定。

3.4 封箱、捆扎要求

3.4.1 普通木箱封箱应符合 GB/T 12464 的规定。

3.4.2 纸箱包装件在入库前应封箱,用塑料打包带捆扎,打包形式根据纸箱规格、货物重量及运输距离可采用"二"字形、"卄"字形、"十"字形、"井"字形、"丰"字形封箱方式。打包带质量应符合 QB/T 3811 的要求,注意将打包带平整的捆在纸箱上,同时避免其切入纸板而损坏纸箱,在正常运输条件下打包带两头搭接要牢固,不得松脱。

3.4.3 捆扎其他材料的包装物,按 GB/T 9174 或有关标准要求执行。

4 包装件及包装材料试验方法

4.1 包装件静载荷堆码试验

4.1.1 试验方法按 GB/T 4857.3 进行。

4.1.2 将捆扎后的包装件置于平整的水泥地面上,在箱顶面放置载荷平板,其四周伸出顶面每边的长度不小于 100 mm,然后在载荷平板上均匀加载。施加在包装件上的载荷(包括加载平板)按式(1)计算:

$$F = K \cdot \frac{H - h}{h} \cdot W \qquad\qquad\cdots\cdots\cdots\cdots\cdots\cdots(1)$$

式中:

F ——载荷,单位为牛(N);

K ——流通期间包装件劣变系数(见表2);

H ——堆码高度,单位为毫米(mm)(根据储运情况一般不大于 2 500 mm);

h ——包装件的高度,单位为毫米(mm);

W ——试验包装件的重量,单位为牛(N)。

表 2 包装件的劣变系数与流通时间的关系

流通时间(月)	<1	1~3	3~6	>6
劣变系数	1.0	1.2	1.5	2.0

4.1.3 持续 24 h,去除载荷,检查包装件。

4.2 包装件跌落试验

4.2.1 试验方法按 GB/T 4857.5 进行。

4.2.2 跌落高度按 GB/T 4857.18 的规定。

4.2.3 试验的包装件应连续跌落七次,跌落位置为一个角和组成这个角的三个面以及三条棱。

4.3 包装材料试验

普通木箱按 GB/T 12464 要求进行试验;框架木箱按 GB/T 7284 要求进行试验;瓦楞纸箱按 GB/T 6543要求进行试验;瓦楞纸板按 GB/T 6544 要求进行试验;泡沫塑料衬垫按 QB/T 1649 要求进行试验;牛皮纸按 GB/T 22865 要求进行试验。

5 检验规则

5.1 对于新设计或包装材料、设计、工艺有较大改变的包装件,要按第4章要求进行试验。试验件的数量不少于3件。

5.2 在经过第4章所规定的试验后,包装箱无明显破损,内装产品无损坏者为合格。上述各项中有一项达不到要求的包装件为不合格。

6 包装件标志、运输和贮存

6.1 运输收发货标志按 GB/T 6388 的要求执行。包装储运图示标志按 GB/T 191 的规定执行。

6.2 包装件应根据包装上的储运图示标志,采取合理的装卸方式,防止货损事故的发生。

6.3 包装件应贮存在通风、干燥的室内仓库中。在货场、码头等露天存放时,应有良好的苫、垫防护措施。

附 录 A
（资料性附录）
固结磨具包装物内部尺寸

表 A.1 中给出了固结磨具包装物内部尺寸,各企业可参照执行。

表 A.1 固结磨具包装物内部尺寸

单位为毫米

磨具外径	包装物尺寸(长×宽×高)	包装物种类	包装形式
≤90 砂轮及磨头	315×315×(175～215)	纸箱	平装
各种磨石及砂瓦	320×300×170		
100、150	315×315×(175～215)		
110、175	365×365×(175～215)		
180、200	415×415×(175～215)		
125、250	340×260×270		立装
300	338×338×(158～185)		平装
350	390×390×(165～185)		
400	440×440×(165～185)		
450	480×480×(155～188)	木箱或纸箱	
500	540×540×(188～210)		
600	640×640×(120～175)		
650	700×700×90		
750	810×810×(90～150)		
800	860×860×(100～160)	木箱	
900	960×960×(100～160)		
1 100	1 200×1 200×120		
1 250	1 350×1 350×(120～160)		
1 600	1 700×1 700×(140～180)		
1 800	1 950×1 950×(150～200)		

ICS 25.140.30
J 47

中华人民共和国国家标准

GB/T 3390.5—2013
代替 GB/T 3390.5—2004

手动套筒扳手 检验规则、包装与标志

Hand operated socket wrenches—Inspection,packaging and marking

2013-11-12 发布

2014-05-01 实施

中华人民共和国国家质量监督检验检疫总局
中国国家标准化管理委员会 发布

前　言

GB/T 3390《手动套筒扳手》为系列国家标准,现由 5 项标准组成:
——GB/T 3390.1　手动套筒扳手　套筒;
——GB/T 3390.2　手动套筒扳手　传动方榫和方孔;
——GB/T 3390.3　手动套筒扳手　传动附件;
——GB/T 3390.4　手动套筒扳手　连接附件;
——GB/T 3390.5　手动套筒扳手　检验规则、包装与标志。
本标准为 GB/T 3390 的第 5 项。
本标准按照 GB/T 1.1—2009 给出的规则起草。
本标准代替 GB/T 3390.5—2004《手动套筒扳手　检验规则、包装与标志》,与 GB/T 3390.5—2004
相比,主要技术内容变化如下:
——对检验项目作了调整(2004 版的表 1,本版的表 1);
——增加了型式检验(本版的 3.2);
——增加了产品标志的要求(本版的 4.1)。
本标准由中国轻工业联合会提出。
本标准由全国五金制品标准化技术委员会工具五金分技术委员会(SAC/TC 174/SC 2)归口。
本标准负责起草单位:宁波安拓实业有限公司、文登威力工具集团有限公司、杭州巨星科技股份有
限公司、上海市工具工业研究所。
本标准参加起草单位:浙江拓进五金工具有限公司、浙江四达工具有限公司、杭州华丰巨箭工具有
限公司、宁波长城精工实业有限公司、力易得格林利(上海)有限公司、宁波德诚工具有限公司、江苏舜天
国际集团江都工具有限公司、沈阳欧泰·凯达扭矩技术有限公司。
本标准主要起草人:张金清、鞠家平、王伟毅、吴祖训、厉广孝、邱瑞龙、王维法、陈立海、朱垂馨、钱贤
平、邹家平、梁滨昌、顾青。
本标准所代替标准的历次版本发布情况为:
——GB/T 3390.5—1982、GB/T 3390.5—1989、GB/T 3390.5—2004。

手动套筒扳手 检验规则、包装与标志

1 范围

本标准规定了手动套筒扳手的检验规则、包装与标志。

本标准适用于装拆六角螺栓和螺母的手动套筒扳手。

2 规范性引用文件

下列文件对于本文件的应用是必不可少的。凡是注日期的引用文件,仅注日期的版本适用于本文件。凡是不注日期的引用文件,其最新版本(包括所有的修改单)适用于本文件。

GB/T 2828.1 计数抽样检验程序 第 1 部分:按接收质量限(AQL)检索的逐批检验抽样计划(GB/T 2828.1—2012,ISO 2859-1:1999,IDT)

GB/T 2829 周期检验计数抽样程序及表(适用于对过程稳定性的检验)

GB/T 5305 手工具包装、标志、运输与贮存

3 检验规则

3.1 交收检验

3.1.1 产品须经制造厂检验合格后方可出厂,并附有产品合格证。

3.1.2 交收检验项目按 GB/T 2828.1 规定的二次抽样方案逐项进行。

3.1.3 检验的样本可由相同规格的产品组成,也可由成套产品组成。

3.1.4 产品的不合格分类、检验项目、接收质量限(AQL)和检查水平按表 1 的规定。

表 1 不合格分类、检验项目、接收质量限(AQL)和检查水平

序号	不合格分类	检验项目	合格质量水平(AQL)	检查水平(IL)
1	B	套筒对边尺寸	2.5	S-3
2		套筒和附件扭矩		S-2
3		套筒和附件硬度		
4	C	套筒和附件基本尺寸	6.5	S-3
5		传动方榫与方孔的结合性能		
6		操作性能		
7		套筒和附件表面质量		I

3.1.5 对检验中发现的不合格品及进行破坏试验后的样品,交货方应予调换。

3.1.6 经检验拒收的产品,可由制造厂重新分类修理后,再提交验收。

3.1.7 由成套产品组成的交验批,在检验中任何一个组件被判为不合格,都应对交验批中的该组件进行修整或更换后,重新进行检验。

3.2 型式检验

3.2.1 有下列情况之一时,应进行型式检验:

 a) 产品定型投产时;

 b) 正式生产后,如结构、材料、工艺有较大改变,可能影响产品性能时;

 c) 正式生产过程中,每年进行一次;

 d) 产品停产一年以上,恢复生产时;

 e) 用户或第三方有特殊要求时。

3.2.2 型式检验在出厂检验合格的产品中的某个批或若干批随机抽取。

3.2.3 型式检验按 GB/T 2829 的规定进行,采用判别水平 III,一次抽样方案。

3.2.4 型式检验的项目、不合格类别、不合格质量水平(RQL)按表 2 规定。

表 2 型式检验

序号	不合格分类	检验项目	样本量 n	不合格质量水平 RQL	合格判定数 Ac	不合格判定数 Re
1	B	套筒对边尺寸			0	1
2		套筒和附件的扭矩		10	0	1
3		套筒和附件的硬度			0	1
4	C	套筒和附件基本尺寸	20		1	2
5		传动方榫与方孔的结合性能			1	2
6		操作性能		20	1	2
7		棘轮扳手的耐久性			1	2
8		套筒和附件表面处理(镀层厚度)			1	2
9		套筒和附件表面质量		25	2	3

4 包装、标志、运输与贮存

4.1 产品标志

在产品上应有固定明晰的产品标志。标志内容包括产品的规格和制造厂商的名称或商标。

4.2 产品的包装、包装标志、运输与贮存

产品的包装、包装标志、运输与贮存应按 GB/T 5305 的规定进行。

ICS 25.140.30
J 47

中华人民共和国国家标准

GB/T 5305—2008
代替 GB/T 5305—1985

手工具包装、标志、运输与贮存

Packaging, marking, transportation and storage of hand tools

2008-12-30 发布

2009-09-01 实施

中华人民共和国国家质量监督检验检疫总局
中国国家标准化管理委员会 发布

前　言

本标准代替 GB/T 5305—1985《手工具包装、标志、运输与贮存》。

本标准与 GB/T 5305—1985 相比主要变化如下：

——修改和调整了包装原则(1985 版的第 2 章,本版的第 4 章);

——增加了包装方式和防护包装方法(本版的第 5 章);

——修改和调整了包装技术要求(1985 版的第 3 章,本版的第 6 章);

——由于在有关章节中引用了相关的国家标准,删除了有关包装件试验的试验条件和试验步骤(1995 版的 3.4);

——删除了"出口包装箱的材质"(1985 版的附录 B)。

本标准的附录 A 和附录 B 为资料性附录。

本标准由中国轻工业联合会提出。

本标准由全国五金制品标准化技术委员会工具五金分技术委员会归口。

本标准由宁波长城精工实业有限公司、杭州钱江五金工具有限责任公司、上海市工具工业研究所负责起草,文登威力工具集团有限公司、江苏舜天国际集团江都工具有限公司、江苏宏宝五金股份有限公司、江苏金鹿集团有限公司、上海田野(集团)工具有限公司、山东泰工工贸有限责任公司、浙江万达实耐宝工具有限公司参加起草。

本标准主要起草人:吴祖训、陈立海、陈国苗、刘玉信、鞠家平、邹家平、王竹鸣、蒋燕花、潘宇杰、叶郁蓬、李亮、顾青。

本标准所代替标准的历次版本发布情况为:

GB/T 5305—1985。

手工具包装、标志、运输与贮存

1 范围

本标准规定了手工具包装、标志、运输与贮存。

本标准适用于作业用手工具产品。

2 规范性引用文件

下列文件中的条款通过本标准的引用而成为本标准的条款。凡是注日期的引用文件,其随后所有的修改单(不包括勘误的内容)或修订版均不适用于本标准,然而,鼓励根据本标准达成协议的各方研究是否可使用这些文件的最新版本。凡是不注日期的引用文件,其最新版本适用于本标准。

GB/T 153 针叶树锯材

GB/T 191 包装储运图示标志

GB/T 2934 联运通用平托盘 主要尺寸及公差

GB/T 4857.3 包装 运输包装件基本试验 第3部分:静载荷堆码试验方法

GB/T 4857.5 包装 运输包装件 跌落试验方法

GB/T 4879 防锈包装

GB/T 4995 联运通用平托盘 性能要求

GB/T 5048 防潮包装

GB/T 6543 运输包装用单瓦楞纸箱和双瓦楞纸箱

GB/T 6544 瓦楞纸板

YB/T 5002 一般用途 圆钢钉

3 术语和定义

本标准的术语和定义参见附录 A。

4 包装原则

4.1 产品的包装应符合科学、经济、牢固、美观和适销的要求。在正常的储运、装卸条件下,应保证产品自制造厂发货日起,至少一年内不因包装不善而产生产品锈蚀、损坏、散失等现象。包装的特殊要求按供需双方协议执行。

4.2 包装设计应根据产品特点、流通环境条件和用户要求进行。包装应防护合理、安全可靠。

4.3 产品应经检验合格,方可进行包装并附有产品合格证书或其他随机文件。

4.4 包装件外尺寸和质量应符合储运要求。

4.5 产品包装不应使用法规禁止的物质。

4.6 产品包装环境应清洁、干燥、无有害介质。

5 包装方式和防护包装方法

5.1 根据产品的特点和储运条件,可选内包装、外包装、销售包装。

5.2 包装方式主要为箱装,原则上采用瓦楞纸箱包装,也可采用木箱或其他适合于产品的包装方式。根据储运情况和用户要求也可以采用托盘包装等方式。其典型结构参见附录 B。

5.3 防护包装方法主要为防潮包装、防锈包装等,应根据产品特点和储运、装卸条件选用适当的防护包装方法。

6 包装技术要求

6.1 材质

6.1.1 瓦楞纸板

包装用瓦楞纸板应根据产品储运条件和用户要求,选择符合 GB/T 6544 要求的瓦楞纸板。

6.1.2 木材

6.1.2.1 包装木箱用木材应在保证包装箱强度的前提下,合理选择材质,应符合 GB/T 153 的规定。

6.1.2.2 箱板、箱档的木材含水率一般为 8%～20%,框架木材的含水率一般不大于 25%。

6.1.3 其他材料

根据产品的储运和用户的要求,也可采用其他包装材料,但都应符合相关标准以及确保包装箱的强度和储运、装卸要求。

6.2 制箱要求

6.2.1 瓦楞纸箱

瓦楞纸箱的制箱应根据产品储运和用户要求,应符合 GB/T 6543 的规定。

6.2.2 木箱

6.2.2.1 木箱的内尺寸和箱板厚度应根据包装箱内装物品的外尺寸和质量而选定。

6.2.2.2 制箱时应采用锯齿形布钉。箱板表面不应显露钉头、钉尖,钢钉不得中途弯曲或钉在箱板与框架的接缝处。

6.2.2.3 根据箱板、箱档的厚度以及框架结构中的尺寸和制箱材料的性能,选择 YB/T 5002 规定的钢钉和合理确定钢钉间的距离。

6.2.2.4 木箱制箱应符合产品储运的相关标准规定。

6.2.3 其他材料的制箱要求

选择其他材料制作包装箱,应满足产品储运和用户的要求,应符合相关标准的规定。

6.3 装箱要求

6.3.1 产品应经防锈处理后,方能进行包装。

6.3.2 根据产品储运和用户的要求,可选择内外包装或其他多重包装。

6.3.3 直接采用内包装的产品,应用中性包装纸或塑料袋包裹。

6.3.4 产品装箱时应尽量使其重心位置居中靠下,重心偏高的产品应尽可能采用卧式包装,重心偏离中心较明显的产品应采取相应的平衡措施。

6.3.5 为减小包装体积和便利储运,组装产品在不影响产品使用性能的条件下,产品上的凸出部件应尽可能拆下后另行包装。

6.3.6 产品与包装箱内的空隙,应采用缓冲材料充填,以防产品在储运中窜动。

6.4 托盘包装

6.4.1 托盘的尺寸应符合 GB/T 2934 的规定。

6.4.2 托盘的技术要求应符合 GB/T 4995 的规定。

6.4.3 托盘包装件的质量一般应不大于 1 000 kg,体积不大于 1 m³。组装托盘包装件时托盘的平面尺寸应与托盘上包装件底部尺寸基本一致。

6.5 防护包装

6.5.1 防潮包装

根据产品储运条件和用户要求,可选择防潮包装,应符合 GB/T 5048 的规定。

6.5.2 防锈包装

根据产品储运条件和用户要求,可选择防锈包装,应符合 GB/T 4879 的规定。

6.5.3 其他防护包装

根据产品储运条件和用户要求,可选择其他防护包装,应符合相关标准的规定。

6.6 包装箱强度

6.6.1 包装箱加固

瓦楞纸箱采用捆扎带捆扎加固,木箱采用氧化钢带加固箱体。应符合产品储运和用户要求。

6.6.2 包装箱强度要求

包装应具有足够的强度,根据包装件的质量和特点,以及实际储运环境条件可适当选择有关的项目试验,但至少应该进行 GB/T 4857.3 中规定的运输包装件静载荷堆码试验方法和 GB/T 4857.5 运输包装件跌落试验方法中的一项。

6.6.3 包装箱强度试验方法

6.6.3.1 包装箱静载荷堆码试验根据产品储运条件和用户要求,按照 GB/T 4857.3 中规定的运输包装件静载荷堆码试验方法的有关部分执行。

6.6.3.2 包装箱跌落试验根据产品储运条件和用户要求,按照 GB/T 4857.5 运输包装件跌落试验方法的有关部分执行。

7 标志

7.1 标志分类

标志分为产品标志和包装标志(包括收发货标志和储运指示标志)。各类产品可根据其特点,正确选用标志内容。

7.2 标志内容

7.2.1 产品标志内容:

    a) 产品名称或代号;

    b) 规格;

    c) 制造厂名称或商标;

    d) 标准编号。

7.2.2 包装标志的内容:

    a) 产品名称或代号;

    b) 规格;

    c) 产品数量;

    d) 产品执行标准;

    e) 包装外尺寸(长×宽×高);

    f) 制造厂名称或商标、厂址或联系方式;

    g) 净重与毛重;

    h) 出厂编号或包装号;

    i) 发货日期;

    j) 到站(港)及收货单位;

    k) 发站(港)及发货单位;

    l) 储运指示标志,按 GB/T 191 的规定正确选用。

7.3 包装箱标志部位的原则规定

7.3.1 产品标志应在包装箱的侧面。

7.3.2 包装标志应在包装箱的端面。

7.3.3 标志应准确、清晰、牢固地显示在箱面上。

8 运输和贮存

8.1 产品的运输规定

8.1.1 装运产品的车厢、船舱应保持清洁、无污染。

8.1.2 严禁与化学物品和潮湿物品混装。

8.1.3 敞车运输时,应用苫布覆盖,以防止雨(雪)水浸入。

8.1.4 产品的装卸应根据包装上的储运指示标志,采用合理的装卸方式,防止货损事故的发生。

8.1.5 产品在中转时,应堆放在库房内,临时露天堆放时应用苫布覆盖,同时堆码的下面应有不少于
200 mm 的垫木。

8.2 产品的贮存规定

8.2.1 产品应贮存于干燥、清洁、通风的库房内,库房内的相对湿度不大于 60%,堆码的下面应有不小
于 100 mm 的垫木。

8.2.2 产品入库后,及时检查包装是否完好以及内装物有无锈蚀等现象。

8.2.3 对破损和浸水受潮的包装应立即更换。

8.2.4 严禁将化学物品和潮湿物品同库贮存。

附　录　A
（资料性附录）
包装通用术语

下列包装通用术语和定义适用于本标准。

A.1

包装　package，packaging

为在流通过程中保护产品，方便储运，促进销售，按一定技术方法而采用的容器、材料及辅助物等的总体名称。也指为了达到上述目的而采用容器、材料和辅助物的过程中施加一定技术方法等的操作活动。

A.2

内包装　contents

包装件内所装的产品或物品。

A.3

运输包装　transport package，shipping package

以运输贮存为主要目的的包装。它具有保障产品的安全，方便储运装卸，加速交接、点验等作用。

A.4

销售包装　consumer package，sales package

以销售为主要目的，与内装物一起到达消费者手中的包装。它具有保护、美化、宣传产品，促进销售的作用。

A.5

包装设计　package design

对产品的包装进行选型、结构和装潢设计。

A.6

外尺寸　outside dimension，external dimension

包装容器的外部最大尺寸。

A.7

内尺寸　inside dimension，inner dimension

包装容器的内部最大尺寸。

A.8

包装件　package

产品经过包装所形成的总体。

A.9

侧面　side panel

由箱子的高和长构成的面。

A.10

端面　end panel

由箱子的高和宽构成的面。

A.11

含水率　moisture content

木材所含水分的重量和木材全干时的重量的比率。

A.12

净重　net weight

内装物的净装量。

A.13

毛重　gross weight

运输包装件的质量或重量。

A.14

捆扎　strapping,tying,binding

将产品或包装件用适当材料扎紧、固定或增强的操作。

A.15

包装检验　package inspection

对产品包装的特性进行检查、测量、计量,并将这些特性与规定的要求进行比较和评价的过程。

A.16

包装试验　package examination

对包装材料和包装容器的防护质量及包装方法作出评价而进行的各种专门的试验。

A.17

包装标准　package standard

为了保证物品在储藏、运输和销售中的安全及科学管理的需要,以包装的有关事项为对象所制定的标准。

A.18

托盘运输　pallet traffic

以托盘承载货物、使用机械设备进行装卸、搬运作业,便于成件包装物的装卸、搬运和堆码作业实现机械化和托盘化。

A.19

托盘　pallet

用于集装、堆放、搬运和运输的放置做为单元负荷的货物和制品的水平平台装置。

A.20

防潮包装　water vapour proof packaging

为防止因潮气浸入包装件而影响内装物质量采取一定防护措施的包装。如用防潮包装材料密封产品,或在包装容器内加适量干燥剂以吸收残存潮气和通过包装材料透入的潮气,也可在密封包装容器内抽真空等。

A.21

防锈包装　rust proof packaging,rust preventive packaging

为防止内装物锈蚀采取一定防护措施的包装。如在产品表面涂刷防锈油(脂)或用气相防锈塑料薄膜或气相防锈纸包封产品等。

A.22

运输包装件基本试验　basic tests of transport package

用以评定运输包装件在流通过程中各种性能的试验。

A.23

堆码试验　stacking test

在包装件或包装容器上放置重物,评定包装件或包装容器承受堆积静载的能力和包装对内装物保护能力的试验。

A.24

跌落试验　drop test

将包装件按规定高度跌落于坚硬、平整的水平面上,评定包装件承受垂直冲击的能力和包装对内装物保护能力的试验。

A.25

瓦楞纸箱　corrugated box

用瓦楞纸板制成的箱。

A.26

木箱　wooden case,wooden boxes

用木材或竹材等制成的有一定刚性的包装容器,通常为长方体。

A.27

装卸　handling

指明物品在指定地点以人力或机械进行搬上或卸下、装入或移动的作业。

A.28

运输　transportation

用各种运输设备将物品从一地点运往另一地点,包括集中、搬运、中转、装卸等一系列作业。

A.29

包装储运指示标志　indicative mark

在储存、运输过程中,为使存放、搬运适当,按规定的标准以简单醒目的图案和文字,表明在包装一定位置上的标志。

A.30

收发货标志　shipping mark

通常由简单的任何图形和字母、数字及文字组成,表明在运输包装的一定位置上,主要供收发货人识别产品的标志。内销产品的收发货标志包括:品名、货号、规格、颜色、毛重、净重、体积、生产厂、收货单位、发货单位等。出口产品的收发货标志包括:目的地名或代号、收货人或发货人的代用简字或代号、件号、体积、重量以及原产国等等。

A.31

相对湿度　relative humidity

在相同的压力和温度下,大气的绝对湿度与饱和湿度之间的比率。

<h1 style="text-align:center">附　录　B</h1>

（资料性附录）

包装方法典型示例

B.1　外包装木箱

外包装木箱的结构型式如图 B.1 所示,端面和侧面均用箱档加固的封闭型箱。

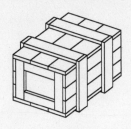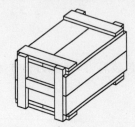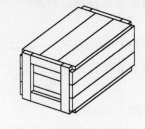

图 B.1　外包装木箱示意图

B.2　外包装瓦楞纸箱

外包装瓦楞纸箱结构型式如图 B.2 所示。

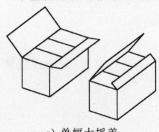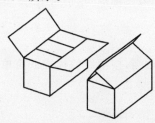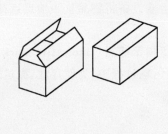

a) 单幅大摇盖　　　　　　　b) 双幅大摇盖　　　　　　　c) 双幅对口摇盖

图 B.2　外包装瓦楞纸箱示意图

B.3　托盘包装

托盘包装如图 B.3 所示,由外包装木箱或外包装纸箱组合在托盘上并用捆扎带捆扎,以利于机械化装卸。

图 B.3　托盘包装示意图

ICS 21.100.20
J 11

中华人民共和国国家标准

GB/T 8597—2013
代替 GB/T 8597—2003

滚动轴承　防锈包装

Rolling bearings—Rust proof packaging

2013-09-18 发布

2014-06-01 实施

中华人民共和国国家质量监督检验检疫总局
中国国家标准化管理委员会　发布

前　言

本标准按照 GB/T 1.1—2009 给出的规则起草。

本标准代替 GB/T 8597—2003《滚动轴承　防锈包装》,与 GB/T 8597—2003 相比,主要技术变化如下:

——修改了规范性引用文件(见第 2 章,2003 年版的第 2 章);

——增加了防锈期的贮存条件(见 4.1);

——增加了除指纹型防锈油、水膜置换型防锈油和溶剂稀释型防锈油的技术要求(见表 1~表 3);

——修改了油膜防锈油和脂型防锈油的技术要求(见表 4、表 5,2003 年版的表 2、表 3);

——增加了杂质颗粒尺寸评定参照标准及轴承清洗方法和干燥方法参照标准(见 4.2.3);

——删除了纸盒,删除了聚乙烯塑料薄膜对厚度的要求(2003 年版的 4.3.1);

——修改了单件内包装的防锈质量试验,增加了判定方法(见 4.3.3,2003 年版的 4.3.4);

——增加了外包装具体分类(见 4.4);

——修改了对包装件的其他标志要求,删除了永久性涂料的规定,增加了防锈材料类型的标志(见 6.3,2003 年版的 7.3);

——修改了储存轴承的室温要求(见 7.2,2003 年版的 8.2);

——修改了防锈材料试验方法,增加了水膜置换性和成膜性试验,删除了盐水浸渍、静力水滴和挥发性试验(见附录 A,2003 年版的第 6 章)。

本标准由中国机械工业联合会提出。

本标准由全国滚动轴承标准化技术委员会(SAC/TC 98)归口。

本标准起草单位:洛阳轴研科技股份有限公司、万向钱潮股份有限公司、常熟长城轴承有限公司、宁波金鹏轴承有限公司、浙江八环轴承有限公司。

本标准主要起草人:陈蓉、王子君、买楠楠、郭增均、邵彦、智灿杰、牛建平。

本标准所代替标准的历次版本发布情况为:

——GB/T 8597—1988、GB/T 8597—2003。

滚动轴承　防锈包装

1　范围

本标准规定了滚动轴承、滚动体、保持架及套圈等轴承商品零件的防锈、包装的技术要求和方法。

本标准适用于制造厂和用户对滚动轴承、滚动体、保持架及套圈等轴承商品零件防锈、内包装、外包装的检查和验收。

2　规范性引用文件

下列文件对于本文件的应用是必不可少的。凡是注日期的引用文件，仅注日期的版本适用于本文件。凡是不注日期的引用文件，其最新版本（包括所有的修改单）适用于本文件。

GB/T 191—2008　包装储运图示标志
GB/T 260—1977　石油产品水分测定法
GB/T 261—2008　闪点的测定　宾斯基-马丁闭口杯法
GB/T 265—1988　石油产品运动粘度测定法和动力粘度计算法
GB/T 511—2010　石油和石油产品及添加剂机械杂质测定法
GB/T 2361—1992　防锈油脂湿热试验法
GB/T 3536—2008　石油产品　闪点和燃点测定　克利夫兰开口杯法
GB/T 3716—2000　托盘术语
GB/T 4122.1—2008　包装术语　第1部分：基础
GB/T 4122.2—2010　包装术语　第2部分：机械
GB/T 4122.3—2010　包装术语　第3部分：防护
GB/T 4879—1999　防锈包装
GB/T 6388—1986　运输包装收发货标志
JB/T 3016　滚动轴承　包装箱　技术条件
JB/T 4036　滚动轴承　运输用托盘和大木箱
JB/T 10560—2006　滚动轴承　防锈油、清洗剂清洁度及评定方法
SH/T 0063—1991　防锈油干燥性试验法
SH/T 0080—1991　防锈油脂腐蚀性试验法
SH/T 0081—1991　防锈油脂盐雾试验法
SH/T 0082—1991　防锈油脂流下点试验法
SH/T 0105—1992　溶剂稀释型防锈油油膜厚度测定法
SH/T 0106—1992　防锈油人汗防蚀性试验法
SH/T 0107—1992　防锈油人汗洗净性试验法
SH/T 0195—1992　润滑油腐蚀试验法
SH/T 0211—1998　防锈油脂低温附着性试验法
SH/T 0212—1998　防锈油脂除膜性试验法
SH/T 0214—1998　防锈油脂分离安定性试验法
SH/T 0216—1999　防锈油喷雾性试验法
SH/T 0311—1992　置换型防锈油人汗置换性能试验方法

GBT 8597—2013

SH/T 0584—1994　防锈油脂包装贮存试验法(百叶箱法)
SH/T 0692—2000　防锈油

3　术语和定义

GB/T 3716—2000、GB/T 4122.1—2008、GB/T 4122.2—2010、GB/T 4122.3—2010界定的术语和定义适用于本文件。

4　技术要求

4.1　防锈期

防锈期是指防锈包装或防锈材料对金属制品有效防锈的保证期。防锈期分为半年、一年、两年,贮存条件符合7.2的规定。
——防锈期半年,适用于大批量发货到同一用户,短期内投入使用的轴承;
——防锈期一年,适用于对有效防锈保证期要求一般的轴承;
——防锈期两年,适用于对有效防锈保证期要求较高的轴承。
供需双方未就防锈期作单独约定的,防锈期为一年。

4.2　防锈

4.2.1　防锈材料的选择应符合国家环保要求。轴承常用防锈材料如下:
   a) 除指纹型防锈油,主要用于工序间防锈及最终防锈前的清洗防锈,防锈期为半年,技术要求见表1;
   b) 水膜置换型防锈油(或称脱水油),主要用于工序间脱水防锈,防锈期为半年,技术要求见表2;
   c) 溶剂稀释型防锈油,分为硬质膜和软质膜,其中硬质膜主要用于室内外防锈,防锈期为两年,软质膜主要用于室内防锈,防锈期为两年,技术要求见表3;
   d) 油膜防锈油(或称润滑油型防锈油),分为Ⅰ类和Ⅱ类,其中Ⅰ类防锈期为一年,Ⅱ类防锈期为两年,技术要求见表4;
   e) 脂型防锈油,主要是脂膜或油脂混合膜,防锈期为两年,技术要求见表5;
   f) 气相防锈材料,主要是含挥发性缓蚀剂的片粒、纸类、薄膜和矿物油类,技术要求应符合GB/T 4879—1999的规定。

表 1　除指纹型防锈油技术要求

检测项目	技术要求	试验方法
闪点/℃	≥38	GB/T 261—2008
运动黏度(40 ℃)/(mm²/s)	≤12	GB/T 265—1988
分离安定性	无相变,不分离	SH/T 0214—1998
除指纹性	试片印汗处无锈蚀	SH/T 0107—1992
人汗防蚀性	试片印汗处无锈蚀	SH/T 0106—1992
除膜性(湿热后)	能除膜	SH/T 0212—1998
腐蚀性(质量变化)(55 ℃±2 ℃,7 d)/(mg/cm²)	钢±0.1　黄铜±1.0	SH/T 0080—1991
湿热试验(钢片,168 h)/级	≤0	GB/T 2361—1992

234

表 2　水膜置换型防锈油技术要求

检测项目	技术要求	试验方法
外观	均相液体	目测
水分	无	GB/T 260—1977
水膜置换性(钢片)	试片工作面无锈蚀	见 A.1
湿热试验 钢片(5 d)/级 铜片(5 d)/级	≤0 ≤1	GB/T 2361—1992
腐蚀试验(55 ℃±2 ℃) 钢片(7 d)/级 铜片(7 d)/级 铝片(7 d)/级	≤0 ≤1 ≤1	SH/T 0080—1991
重叠试验 钢片(5 d)/级 铜片(5 d)/级	≤0 ≤1	SH/T 0692—2000

表 3　溶剂稀释型防锈油技术要求

检测项目	技术要求		试验方法
	软质膜	硬质膜	
闪点/℃	≥70	≥38	GB/T 261—2008
干燥性	柔软或油状态	指触干燥(4 h) 不粘着(24 h)	SH/T 0063—1991
流下点/℃	—	≥80	SH/T 0082—1991
低温附着性	试片规定范围内油膜无揭起或脱落		SH/T 0211—1998
喷雾性	油膜连续		SH/T 0216—1999
分离安定性	无相变,不分离		SH/T 0214—1998
除膜性,包装贮存后	除膜(6 次)	除膜(15 次)	SH/T 0212—1998
透明性	—	能看到印记	SH/T 0692—2000
腐蚀性(质量变化)(55 ℃±2 ℃,7 d)/ (mg/cm²)	钢±0.2　黄铜±1.0　铝±0.2		SH/T 0080—1991
膜厚/μm	≤15	≤50	SH/T 0105—1992
湿热试验(钢片 0 级)/h	≥480	≥720	GB/T 2361—1992
盐雾试验(钢片 0 级)/h	—	≥336	SH/T 0081—1991
包装贮存(钢片 0 级)/d	≥90	≥360	SH/T 0584—1994

注 1：溶剂稀释型防锈油使用时应注意安全,使用场所应保持通风,安装排气装置,及时排除过量的溶剂蒸气,以保证人身安全及环境的清洁。

表 4　润滑油型防锈油技术要求

检测项目	技术要求		试验方法
	Ⅰ类	Ⅱ类	
外观	均匀透明,油相无杂质、分层、沉淀和异味		目测
运动黏度(40 ℃)/(mm²/s)	5～25	＞25	GB/T 265—1988（2004）
闪点(开口)/℃	＞130	＞160	GB/T 3536—2008
透明度(20 ℃±2 ℃)/mm	60,透明	40,透明	见 A.2
盐雾试验 　钢片(48 h)/级 　黄铜片(48 h)/级	— —	≤0 ≤1	SH/T 0081—1991(2006)
叠片试验(周期)	协议		SH/T 0692—2000
煤油溶解性	在煤油中完全溶解,无沉淀物产生		见 A.3
腐蚀性(100 ℃±2 ℃,3 h) 　钢片 　黄铜片	试片无腐蚀痕迹 试片无腐蚀痕迹		SH/T 0195—1992(2007)
湿热试验 　钢片/级 　黄铜片/级	≤0(7 d) ≤1(5 d)	≤0(10 d) ≤1(7 d)	GB/T 2361—1992(2004)
人工汗置换性	印汗处无锈蚀		SH/T 0311—1992(2004)
结胶性(100 ℃,24 h)	油膜处无胶状物		见 A.4
机械杂质	见 4.2.3		

表 5　脂型防锈油技术要求

检测项目	技术要求	试验方法
外观	均匀半流动膏体或均匀软膏体,无相的分层、无臭味	目测
油基稳定性	无相变,不分离	SH/T 0214—1998(2004)
腐蚀试验(质量变化)(55 ℃±2 ℃,7 d)/(mg/cm²)	钢±0.2　黄铜±0.2　铝±0.2	SH/T 0080—1991(2006)
盐雾试验(35 ℃±1 ℃,5％±0.1％盐水溶液) 　钢片(7 d)/级 　黄铜片(7 d)/级 　铝片(7 d)/级	≤0 ≤1 ≤1	SH/T 0081—1991(2006)
湿热试验 　钢片(30 d)/级 　黄铜片(10 d)/级 　铝片(10 d)/级	≤0 ≤1 ≤1	GB/T 2361—1992(2004)

表 5（续）

检测项目	技术要求	试验方法
重叠试验(7 d)/级 　钢-钢叠面 　铜-铜叠面	≤0 ≤1	SH/T 0692—2000
成膜性	连续性油脂膜	见 A.5
人工汗置换性	印汗处无锈蚀	SH/T 0311—1992
油膜除去性	试片无残留油膜	SH/T 0212—1998
机械杂质	无	GB/T 511—2010
储存安定性	存放一年后，技术指标无变化	

4.2.2 轴承按其技术条件、用途的不同，以及用户的具体要求，应选用不同类型的防锈材料。

4.2.3 成品轴承经清洗干燥后应立即使用防锈材料防锈，其中所用的防锈油不应含有大于 5 μm 的杂质。低噪声轴承用防锈油不应有大于 2 μm 的杂质。杂质颗粒尺寸的评定方法应符合 JB/T 10560—2006 附录 C 的规定，轴承清洗方法和干燥方法应符合 GB/T 4879—1999 的规定。

4.2.4 涂油时要求成膜性好，均匀，油膜无杂质、断层和开裂，无块状颗粒物夹附在油膜中。

4.2.5 对于闭型轴承，轴承外部需使用防锈材料，并采取措施防止防锈材料影响轴承内润滑脂的性能。

4.3　内包装

4.3.1　内包装材料

轴承内包装，推荐采用下列材料：
a) 聚乙烯塑料或其他塑料筒(盒)；
b) 耐油纸、牛皮纸；
c) 平纹和皱纹聚乙烯复合纸；
d) 聚乙烯塑料薄膜；
e) 双层或多层铝塑薄膜；
f) 尼龙带或塑料编织带；
g) 防水高强度塑料带；
h) 尼龙塑料薄膜。
注：以上材料均应无腐蚀性，其中塑料薄膜腐蚀性按 A.6 检测。

4.3.2　内包装方法

轴承内包装方法应符合 GB/T 4879—1999 的规定。对可分离轴承成套捆扎包装时，所用捆扎材料应无腐蚀性。对不可分离轴承所用内包装材料也应无腐蚀性。

若有特殊要求时，经制造厂与用户协商同意后，也可采用其他方法包装。

4.3.3　单件内包装的防锈质量试验

内包装防锈材料的质量，按如下要求进行周期试验(每个周期为 7 天，其中室内暴露 2 天，在湿热箱试验 5 天)后，轴承无锈蚀为合格。
a) 对于半年防锈期的内包装，应试验一个周期；
b) 对于一年防锈期的内包装，应试验两个周期；
c) 对于两年防锈期的内包装，应试验三个周期。

4.4 外包装

滚动轴承外包装一般采用双瓦楞纸箱、普通木箱和钙塑瓦楞箱,其外包装箱的技术条件应符合
JB/T 3016 的规定。

5 运输包装

根据不同情况推荐选用下列运输包装方式之一:
——当采用托盘和大木箱进行运输包装时,托盘和大木箱按 JB/T 4036 的规定;
——当特大型轴承不用外包装木箱直接运输时,其外层应采用胶带缠裹。

6 标志

6.1 包装件的发货标志,按 GB/T 6388—1986 的规定。

6.2 包装件的贮运标志,按 GB/T 191—2008 的规定。

6.3 包装件的其他标志如下:

    a) 产品名称、商标、型号、数量、防锈材料类型;

    b) 包装件外形尺寸(长×宽×高);

    c) 包装件编号及尾箱标志。

7 运输和贮存

7.1 轴承在运输过程中应防止雨淋,不应与酸、碱、盐等腐蚀性化学介质直接接触,搬运中不应发生
破损。

7.2 贮存轴承的仓库及其周围附近应无腐蚀性气体,应保持仓库内空气流通,室温要高于防锈油使用
说明书中规定的最低温度,建议相对湿度不应大于80%。

7.3 轴承自防锈之日起在规定的防锈期内不应锈蚀。

附　录　A
（规范性附录）
防锈材料试验方法

A.1　水膜置换性试验

将试片的孔用砂纸打磨后,试片蘸氧化镁粉,在流水中用水磨砂纸仔细打磨其 6 个面至光亮、无任何凹坑、划伤及锈迹。将打磨好的试片用水清洗干净,在三道无水乙醇中脱水后,吹风机冷风吹干,待用。用蒸馏水配制 0.05% 的 NaCl 水溶液,将试片垂直浸入 0.05% 的 NaCl 水溶液中 1 s,取出检查试片的工作面是否全部浸湿或有无锈点,若不完全浸润或有锈点,弃之不用。用滤纸吸取试片上部和下部余液(不得超过 5 s),将试片浸入脱水防锈油中 15 s,取出沥干 15 min 后,放入 20 ℃～30 ℃的湿润槽中1 h,取出检查试片工作面有无锈蚀,试片工作面无锈蚀为合格。

A.2　透明度试验

在 300 mL 的烧杯中加入规定高度的试验油品,置于 20 ℃±1 ℃条件下稳定 20 min 后进行试验,在侧射灯光(100 W)的照明下,目光自上而下透过油层观察透明度。油液透明无杂质为合格。

A.3　煤油溶解性试验

取 10 mL 带塞量筒(或玻璃试管),依次加 5 mL 煤油和试验油,塞上玻璃塞,上下摇动数次,静置桌面 10 min 后,观察试验油在煤油中是否完全溶解,有无沉淀物产生。在煤油中完全溶解,无沉淀物产生为合格。

A.4　结胶性试验

将试验油涂在洁净玻璃片(100 mm×50 mm×3 mm)上,倾斜 15°,静置放于 25 ℃±5 ℃下,沥干24 h,然后将涂油面向上,水平放置于 100 ℃±2 ℃烘箱中,24 h 后检查油膜处有无胶状物质。油膜处无胶状物质为合格。

A.5　成膜性试验

将试验油脂涂在洁净玻璃片(100 mm×50 mm×3 mm)上,倾斜 15°,静置放于 25 ℃±5 ℃下,沥干 24 h,然后将涂油面向上,水平放置于 100 ℃±2 ℃烘箱中,24 h 后检查有无连续性油脂膜。玻璃片上油膜连续为合格。

A.6　塑料薄膜腐蚀性试验

取 10 号钢片(100 mm×50 mm×3 mm)和 H62 黄铜片(100 mm×50 mm×3 mm)各两片,经打磨清洗后,将试验塑料薄膜(25 mm×50 mm)覆盖在金属试片中部,依次再压上一片载玻片(25 mm×75 mm ×1 mm)和不锈钢块(25 mm×25 mm×75 mm),将重叠压好的试样移入 65 ℃±1 ℃烘箱中预热 30 min 后,再移入底部盛有 5% 甘油水溶液的干燥器中,盖好密封盖,放入 50 ℃±1 ℃烘箱中,20 h

后取出试片,检查塑料薄膜与金属片接触面的锈蚀情况。

钢片两片、黄铜片两片均无锈蚀为合格。

钢片两片、黄铜片两片均锈蚀为不合格。

钢片两片、黄铜片两片各有一片锈蚀,复检一次,若两片均无锈蚀为合格,若两片均锈蚀为不合格。

———————————

ICS 55.020
J 08

中华人民共和国国家标准

GB/T 13126—2009
代替 GB/T 13125—1991、GB/T 13126—1991

机电产品湿热带防护包装通用技术条件

General specification for damp heat protective packaging of
mechanical and electrical products

2009-10-15 发布

2010-03-01 实施

中华人民共和国国家质量监督检验检疫总局
中国国家标准化管理委员会 发布

前　　言

本标准代替 GB/T 13125—1991《机械工业产品湿热带防护包装方法通则》和 GB/T 13126—1991《机械工业产品湿热带防护包装通用技术条件》。

本标准与 GB/T 13125—1991 和 GB/T 13126—1991 相比主要变化如下：

——修改了标准名称；

——删除了 GB/T 13125—1991 总则的内容；

——删除了 GB/T 13126—1991 包装的一般技术要求的内容；

——整合了两标准中防护包装基本类型的有关内容；

——删除了试验方法、检验规则和包装标志及随机文件的内容；

——修改了防护包装储运环境条件中,低气压、太阳、其他水源、正弦振动、非稳定振动的参数值；

——删除了 GB/T 13125—1991 中的附录 B。

本标准的附录 A、附录 B 为资料性附录。

本标准由中国机械工业联合会提出并归口。

本标准起草单位:中机生产力促进中心、机械科学研究总院、中国包装科研测试中心。

本标准主要起草人:刘萍、黄雪、王振林、张晓建、李华。

本标准所代替标准的历次版本发布情况为：

——GB/T 13125—1991；

——GB/T 13126—1991。

General Technical Specifications for Protective Packaging of Electromechanical Products in Hot and Humid Zones

1 Scope

This standard specifies the storage and transportation environmental conditions, the basic types of protective packaging, the grades of protective packaging, the selection and application of protective packaging types, and the design of protective packaging for electromechanical products in hot and humid zones.

This standard applies to the packaging of electromechanical products stored and transported in hot and humid zone regions.

2 Normative References

The provisions in the following documents become provisions of this standard through reference in this standard. For dated references, all subsequent amendments (excluding corrections) or revisions do not apply to this standard; however, parties who reach agreement based on this standard are encouraged to investigate whether the latest versions of these documents can be used. For undated references, the latest versions apply to this standard.

GB/T 4768　Mould-proof packaging

GB/T 4798.1　Environmental conditions for electric and electronic products in applications　Part 1: Storage (GB/T 4798.1—2005, IEC 60721-3-1:1997, Classification of environment condition—Part 3: Classification of groups of environmental parameters and their severities—Section 1: Storage, MOD)

GB/T 4798.2　Environmental conditions for electric and electronic products in applications　Part 2: Transportation (GB/T 4798.2—2008, IEC 60721-3-2:1997, Classification of environmental conditions—Part 3: Classification of groups of environmental parameters and their severities—Section 2: Transportation, MOD)

GB/T 4857.9　Packaging　Basic tests for transport packages　Part 9: Water-spray test method (GB/T 4857.9—2008, ISO 2875:2000, Packaging—Complete, filled transport packages and unit loads—Water-spray test, IDT)

GB/T 4857.12　Packaging　Transport packages　Water-immersion test method (GB/T 4857.12—1992, eqv ISO 8474:1986)

GB/T 4879　Rust-proof packaging

GB/T 5048　Moisture-proof packaging

GB/T 7284　Frame wooden box

GB/T 7350　Water-proof packaging

GB/T 8166　Cushioning packaging design method

GB/T 9177　General technical specifications for vacuum and vacuum gas-flushing packaging machines

GB/T 10819　Wooden pallet

GB/T 12339　Protective inner packaging materials

GB/T 12464　Ordinary wooden box

GB/T 14188　General rules for the selection of vapor-phase rust-proof packaging materials

GB/T 18925　Skid wooden box

3 Storage and Transportation Environmental Conditions for Protective Packaging in Hot and Humid Zones

The parameter values for each grade of the storage and transportation environmental conditions for protective packaging in hot and humid zones are given in Appendix A and the provisions of GB/T 4798.1 and GB/T 4798.2. The grades of the storage and transportation environmental conditions for protective packaging in hot and humid zones shall correspond to the grades suitable for the "sub-humid-hot" and "humid-hot" climate zones in GB/T 4798.1 and GB/T 4798.2.

4 Basic Types of Protective Packaging

4.1　The basic types of protective packaging in hot and humid zones are divided into inner protective packaging and outer protective packaging. Inner protective packaging includes moisture-proof packaging, rust-proof packaging, and

霉包装、真空(减压)包装、充气包装、防水包装、缓冲包装等。外包装防护有防浸水包装、防雨水包装、封闭(满板)箱包装、花格箱包装和底盘包装等。

4.2 内包装基本防护类型代号以汉语"内护"二字拼音的第一个字母组合 NH 表示,以下简称"内护类型",见表1。

表 1 内护类型

名称	内护类型代号	主要方法	相应标准
防潮包装 (干燥空气封存包装)	NH1	用低透湿度的薄膜(参见附录 B)或其他防潮阻隔材料,内加适量的干燥剂予以封口密封防潮	GB/T 5048 GB/T 12339
防锈包装	NH2	用防锈油脂涂覆裸金属零部件表面后,装入塑料或复合薄膜制成的容器中密封;或是在密封容器中,使用气相防锈材料进行空间防锈等方法予以包装防锈	GB/T 4879 GB/T 12339 GB/T 14188
防霉包装	NH3	在密封包装容器内放置具有抑菌的挥发性防霉剂或喷杀菌剂,进行防霉包装	GB/T 4768 GB/T 12339
真空包装 (减压包装)	NH4	将包装容器内空气抽出,保持容器内气压处于负压,氧气分压力较低,因而降低了金属氧化腐蚀和霉菌活动程度,这种包装容器一般采用不透气的刚性容器或透气率低的复合材料进行密封包装	GB/T 9177
充气包装	NH5	将包装容器内空气抽出,然后置换以干燥的二氧化碳或惰性气体(如氮气),以避免潮湿空气对内装物的影响	GB/T 4768 GB/T 5048
防水包装	NH6	将产品固定于外包装箱内后,在产品上罩以不透水塑料套后封箱。塑料套宜采用无腐蚀性的聚乙烯塑料薄膜制作	GB/T 7350 GB/T 4857.9
缓冲包装	NH7	根据产品的质量、尺寸、外观、结构特征及其许用脆值等选择合适的缓冲材料,设计确定衬垫的合适的静压力,然后将产品放入外包装容器,并加以支撑	GB/T 8166

4.3 外包装基本防护类型代号以汉语"外护"二字拼音的第一个字母组合 WH 表示,以下简称"外护类型",见表2。

表 2 外护类型

名称	外护类型代号	主要方法	相应标准
防浸水包装	WH1	为防止水渗透入包装件影响内装物质量,用金属、塑料、玻璃钢、木材、玻璃等材料制成包装容器进行包装,能够浸泡在水中规定的时间而无水浸入	GB/T 7350 GB/T 4857.12
防雨水包装	WH2	用防水材料衬垫于包装容器的内侧,或在包装容器外部涂刷防水材料等措施,使包装件在遭受雨淋规定时间,无雨水浸入	GB/T 7350 GB/T 4857.9
封闭(满板)箱	WH3	用木材等钉合成封闭状的木箱,能够避免日光、砂尘、有害动物等对内装产品产生危害	GB/T 7284 GB/T 18925
花格箱	WH4	为方便搬运,并能防止相邻包装件的影响而实施的包装	GB/T 7284
底盘包装	WH5	用木材、钢材等制成底盘或托架,供固定或敞开包装货物运输用的包装容器	GB/T 10819

5 防护包装等级

5.1 防护包装包括内包装防护和外包装防护两类,内包装防护和外包装防护各分三级。特殊情况,由供需双方协商确定。

5.2 按以下条件,内包装防护分为Ⅰ、Ⅱ、Ⅲ三个等级:

    a) Ⅰ级:指储运期限在1年以上、2年以下;在该期限内,包装对被包装产品能提供充分的保护,不会发生受潮、腐蚀、长霉变质和结构损坏;在储运地区会碰到高温、高湿、雨水、日光、盐雾、有害气体等环境因素的影响;被包装产品是易受潮、生锈、长霉的,易变质、劣变和污损的,敏感的及贵重、精密的产品。

    b) Ⅱ级:指储运期限在1年以下、半年以上;在该期限内,包装对被包装产品能提供足够的保护,不会发生腐蚀、变质和结构损坏,储运环境条件优于Ⅰ级,仅受高温、高湿的影响;被包装产品无需像Ⅰ级那样高度保护,对周围温湿度轻度敏感的,及较贵重、较精密的产品。

    c) Ⅲ级:指被包装产品经验收后立即交付使用或储运期限在半年以下的;在储运过程中,包装对产品提供适当的保护,防止产品发生腐蚀、变质和损坏,储运环境条件比Ⅱ级的好,在湿热带或亚湿热带地区比较干燥的秋、冬季节储运时,被装产品对湿热气候不甚敏感,不易受潮、长霉、生锈变质。

5.3 按以下条件,外包装防护分为A、B、C三个等级:

    a) A级:在储运期间受到雨淋水泡的危险,能保护内包装及产品不受损害。海上运输,放置在高温高湿等严酷环境条件下,内装产品对水及阳光敏感的;或是运输途中中转次数较多,受到强烈的机械冲击、振动影响,堆垛高、户外堆放;储运期限在1年以上,开箱期限在货到目的地6个月以上(总储运期限在2年以下)的外包装。

    b) B级:在储运期间受到雨淋危险,能防护内包装及产品不受损害。内装产品对水和阳光较为敏感,或运输中中转次数较少,受到中等强度的机械冲击、振动影响,在户外堆放时需用苦布加以保护的情况,储运环境条件优于A级;储运期限不足1年,货到目的地后贮放时间不超过半年的外包装。

    c) C级:在储运期间不会受到日晒、雨淋,在有篷车内运输、仓库内储存,主要运输和装卸采用机械操作,只受到轻度机械冲击、振动影响,如用托盘、集装箱运输;储运环境条件优于B级;储运期在半年以下,货到目的地后开箱期不超过3个月。

5.4 产品内、外防护包装等级的选用原则均根据被包装产品的性质、储运环境条件和储运期限来划分。凡其中有一个条件符合某种防护等级要求时,则即应采用该防护等级的包装,并应符合相应的防护包装标准。

6 防护包装类型的选择与应用

6.1 机电产品湿热带防护包装类型的选择,应根据产品的特性、体积、质量,以及搬运、装卸、运输、仓储等流通环境条件选择有效的防护内包装和相适应的防护外包装,宜按表3选用。

表3 各种机电产品防护包装类型选择表

序号	产品或构件特征	内包装防护类型	外包装防护类型	被包装产品举例
1	电子元器件	NH1 NH2 NH3 NH4 NH5 NH7	WH2 WH3	电子元器件、部件
2	电子、电工仪器仪表	NH1 NH2 NH3 NH7	WH2 WH3	电工电子仪器、仪表
3	黑色金属构件	NH2 NH4 NH6	WH2 WH4 WH5	农机、通用、重型、机床、工具、轴承等机械产品

GB/T 13126—2009

表 3（续）

序号	产品或构件特征	内包装防护类型	外包装防护类型	被包装产品举例
4	电镀、油漆、涂塑构件	NH1 NH3 NH7	WH3	通用、重型、机床、工具等机械产品
5	有色金属、合金构件	NH2	WH2 WH3	电工、电子产品、机床、仪器、仪表
6	各种有机材料制作	NH1 NH3	WH2 WH3	电工、电子产品、仪器、仪表
7	各种湿热带型产品	NH1 NH7	WH2 WH3	热带电工、仪器、仪表

6.2 各种防护包装方法所对应的防护内容以及适用的标准见表4。包装时可根据产品特点、储运环境条件和储运期限来选用。

表 4 防护包装方法与防护内容一览表

包装方法种类	防护内容	适用标准编号
防潮包装（干燥空气封存包装）	防潮、防锈、防霉	GB/T 5048、GB/T 4879、GB/T 4768
防锈包装	防锈、防潮	GB/T 4879、GB/T 5048
防霉包装	防霉、防潮	GB/T 4768、GB/T 5048
真空包装（减压包装）	防水、防潮、防锈、防霉、防虫	GB/T 5048、GB/T 4879、GB/T 4768
充气包装	防水、防潮、防锈、防霉、防虫	GB/T 5048、GB/T 4879、GB/T 4768
防水包装	防雨水、防浸泡	GB/T 7350
缓冲包装	防冲击、防振动	GB/T 8166

6.3 为防止湿热气候因素影响,要求防潮、防霉、防锈的防护包装,宜优先考虑采用低透湿度的材料或容器将产品密封包装,干燥剂用量应符合 GB/T 5048 的规定。

6.4 当内包装不是采用一种防护措施,而是需要采取多种防护措施,即需要采取复合内包装防护包装结构时,则应根据产品特点和储运环境条件来进行合理的组合。不论选用几种内包装防护类型,其构成原则,一般从内装产品开始按下列顺序进行组合包装:

    a)　防锈保护或(和)防霉保护;

    b)　单件包装或组合包装;

    c)　防潮包装;

    d)　缓冲包装;

    e)　防水包装;

    f)　包装容器。

6.5 机电产品的包装,应结合产品特点、批量、运输地区装卸周转条件,尽可能采用集装化运输。当采用集装化运输,可适当简化单个产品(或其组合)的防护包装措施。其包装件在集装箱内应有良好的固定或卡紧措施,不得移位。

6.6 应将机电产品上所有能够移动的部件移至使产品具有最小外形尺寸的位置,并加以固定。对凸出的零件(手轮、手柄等)及可分离的部件在不影响精度的情况下,一般可卸下,注明记号后另行封装。

6.7 应将所有卸下的液压、气动、润滑、冷却等元件及管道的油口进行封堵保护。

246

7 防护包装设计

7.1 基本原则

防护包装设计主要应遵循以下基本原则：

a) 应保证包装有完善的保护功能，在储运有效期限内，可以承受各种气候的、化学的、生物的、机械的环境因素影响；

b) 应有较好的经济性，在保证防护功能安全可靠的前提下，做到包装防护适度，避免产生包装不足和过度包装现象。

7.2 一般程序

7.2.1 研究并熟悉内装产品特性

在对产品进行防护包装设计前，应研究并熟悉内装产品的特性：

a) 内装产品制造用材料的性质，如其耐热性、耐潮性、腐蚀性、脆性、化学性质等，是否需要采取防护，若要防护，则应确定防护的类型；

b) 内装产品的表面状况，如表面粗糙度、金属部件表面是否有涂漆和镀层保护、保护层承受环境影响的能力；

c) 内装产品的结构特征和复杂程度，如其结构尺寸、质量、重心位置、是否偏心、形状是否规则、易遭损伤部位或表面的位置、是否需要附加的保护；

d) 内装产品的物理机械特性，如其韧性、易碎性、抗冲击和振动的脆值、产品的固有频率、产品的抗压强度等；

e) 内装产品的成本与价值。

7.2.2 研究与掌握包装储运的流通环境条件

在对产品进行防护包装设计前，应研究与掌握包装储运的流通环境条件：

a) 产品包装后的流通过程，如运输距离、储运地区及其气候条件、温度、湿度、气压等；

b) 包装件的装卸条件，如装卸的机械化程度、可能的装卸次数；

c) 运输贮存环境条件，如运输工具的种类、道路或海域条件、储存的仓库条件、储存时间、堆码状态与高度等。

7.2.3 进行防护包装设计

进行防护包装设计时，应主要考虑和确定下列一些问题：

a) 选择和确定包装防护的种类和等级。根据包装件将经历的环境条件、周转次数、储运时间、产品的精密、贵重程度，按标准要求确定防护包装类型和防护等级；

b) 从技术和经济综合考虑，提出产品防护包装的定量技术要求，如包装的防护期限、储运环境条件、包装件储运期限可承受的风险率（或可靠度）等；

c) 按有关标准对内外防护包装进行设计和计算，干燥剂的使用量应符合 GB/T 5048 的规定；衬垫材料的厚度应符合 GB/T 8166 的要求；包装箱结构强度应符合 GB/T 12464、GB/T 7284、GB/T 10819 等标准要求。

附　录　A
（资料性附录）
湿热带防护包装储运环境条件

A.1　湿热带防护包装储运环境条件的主要参数值

湿热带防护包装储存运输环境条件的主要参数值，见表 A.1。

表 A.1　湿热带储运环境条件

环境参数			储运条件	
			储存	运输
气温/℃	低温		−5	−5(−25、−40)
	高温	不通风舱、厢、室内	70	70(85)
		通风舱、厢、室内	40、55	40(55)
	日平均	最低	−5	−5
		最高	35	35
温度变化	日温差/℃		—	30
	温度变化速度/(℃/min)		0.5	—
湿度	高相对湿度/%		100	95
	最大绝对湿度/(g/m³)		35	60(80)
	日平均	最大相对湿度/%	>95	>95
		RH>95%时的 T_{max}/℃	28(33)	28(33)
		最大绝对湿度/(g/m³)	27	27
气压	低气压/kPa		70	70、30
	高气压/kPa		106	106
	气压变化/(kPa/min)		—	6
辐射	太阳/(W/m²)		1 120	1 120
	热/(W/m²)		—	600
阳光直射下黑色物体表面最高温度/℃			—	80
降雨强度/(mm/min)			6、15	6、15
其他水源/(m/s)			—	1、3
风速/(m/s)			1、5、30	30
白蚁及有害动物			有	有
霉菌			有	有
含盐空气			沿海有	沿海、海洋有
化学活性物质			化工企业附近有，等级见表 A.2	
机械活性物质	砂尘/(g/m³)		0.03、0.3	0.1、10
	灰尘	漂浮/(mg/m³)	0.01、0.2、5.0	3.0
		沉降/[mg/(m²·d)]	10、35、500	72

表 A.1（续）

环境参数		储运条件	
		储存	运输
正弦振动	振幅/mm	0.3、1.5、3.0、7.0	3.2、3.5、7.5
	加速度/(m/s²)	1、5、10、20	10、15、20、40
	频率/Hz	2～9、9～200	2～9、9～200、200～500 2～8、8～200、200～500
平稳随机振动	功率谱密度/(m²/s²)	—	30、3、1
	频率/Hz	—	2～10、10～200、200～2 000
非稳定振动 （包括冲击）	L 型冲击谱/(m/s²)	40	—
	I 型冲击谱/(m/s²)	100	100、300
	II 型冲击谱/(m/s²)	250	300、1 000
自由 跌落	不同包装件质 量跌落的高度/m	＜20	—	0.25、1.2、1.5
		20～100	—	0.25、1.0、1.2
		＞100	—	0.1、0.25、0.5
静载荷/kPa		5	5、10
注：括号中的值为包装件需通过其他气候地区储运时应考虑的值。			

A.2 湿热带防护包装储运环境条件的等级

湿热带防护包装储运环境条件的等级应与 GB/T 4798.1 和 GB/T 4798.2 中适合"亚湿热"和"湿热"气候区的等级相对应,见表 A.2。

表 A.2 湿热带储运环境条件等级

环境条件		等级	
		储存	运输
气候		1K4、1K5、1K6、1K8	2K4、2K5、2K5H
特殊环境	a) 热辐射	1Z1	
	b) 周围空气运动	1Z3、1Z4	
	c) 降雨以外的水	1Z5、1Z6	
生物		1B3	2B3
化学活性物质		1C1、1C2、1C3	2C1、2C2、2C3
机械活性物质		1S1、1S2、1S3、1S4	2S1、2S2、2S3
机械		1M1、1M2、1M3、1M4	2M1、2M2、2M3、2M4
注：表中,K——气候环境条件;Z——特殊气候环境条件;B——生物环境条件;C——化学活性物质条件;S——机械活性物质条件;M——机械环境条件。			

附　录　B

（资料性附录）

内包装用薄膜的透湿度和热合性能

B.1 几种塑料薄膜的透湿度（参考值），见表 B.1。

表 B.1　两种塑料薄膜的透湿度

薄膜名称	厚度/mm	透湿度/[g/(m²·24 h)]	温湿度试验条件
聚乙烯	0.08	12.4	40 ℃,100％
	0.1	11.4	40 ℃,100％
	0.2	2～3	40 ℃,90％
聚氯乙烯	0.20	40	40 ℃,100％

B.2 各种薄膜的热接合性能，见表 B.2。

表 B.2　八种薄膜的热接合性能

序号	薄膜名称	粘合剂粘封	热封法	脉冲封合	超声波封合	高频封合
1	聚乙烯	○	√	√	○	×
2	非拉伸聚丙烯	×	√	√	√	×
3	拉伸聚丙烯	×	○	√	√	×
4	聚酯	○	×	○	√	×
5	软聚氯乙烯	○	√	○	○	√
6	聚苯乙烯	○	○	√	√	○
7	尼龙	○	○	√	○	○
8	聚乙烯复合薄膜	○	√	√	○	×
注：√——表示良好；○——表示可以；×——表示不行。					

ICS 55.020
A 80

中华人民共和国国家标准

GB/T 13384—2008
代替 GB/T 13384—1992,GB/T 15464—1995

机电产品包装通用技术条件

General specifications for packing of mechanical and electrical product

2008-07-18 发布

2009-01-01 实施

中华人民共和国国家质量监督检验检疫总局
中国国家标准化管理委员会　发布

前　言

本标准代替 GB/T 13384—1992《机电产品包装通用技术条件》和 GB/T 15464—1995《仪器仪表包装通用条件》。

本标准与 GB/T 13384—1992 和 GB/T 15464—1995 相比,主要变化如下:

——总则改为基本要求;

——整合了两标准中包装方式与防护包装方法的有关内容;

——明确了木材选用、木材各部位允许缺陷度的参照标准,修改了对木材含水率的要求,增加了对木材熏蒸的要求;

——增加了对其他材质包装箱加固方式的要求;

——在防护包装的内容中,明确了参照的引用标准,简化了标准内容;

——明确了试验项目参照的引用标准,取消了具体选择的试验项目,简化了标准。

本标准由全国包装标准化技术委员会(SAC/TC 49)提出并归口。

本标准起草单位:深圳市美盈森环保科技股份有限公司、机械科学研究总院、中机生产力促进中心。

本标准主要起草人:黄雪、蔡少龄、刘萍、张晓建、任广。

本标准所代替标准的历次版本发布情况为:

——GB/T 13384—1992;

——GB/T 15464—1995。

机电产品包装通用技术条件

1 范围

本标准规定了机械、电工、仪器仪表等产品包装的基本要求、包装方式与防护包装方法、技术要求、试验方法、包装标志与随机文件等内容。

本标准适用于机械、电工、仪器仪表等产品的运输包装。

2 规范性引用文件

下列文件中的条款通过本标准的引用而成为本标准的条款。凡是注日期的引用文件,其随后所有的修改单(不包括勘误的内容)或修订版均不适用于本标准,然而,鼓励根据本标准达成协议的各方研究是否可使用这些文件的最新版本。凡是不注日期的引用文件,其最新版本适用于本标准。

GB/T 191 包装储运图示标志(GB/T 191—2008,ISO 780:1997,MOD)

GB/T 4768 防霉包装

GB/T 4857(所有部分) 包装 运输包装件基本试验

GB/T 4879 防锈包装

GB/T 4892 硬质直方体运输包装尺寸系列

GB/T 4897(所有部分) 刨花板

GB/T 5048 防潮包装

GB/T 5398 大型运输包装件试验方法(GB/T 5398—1999,neq ASTM D 1083:1991)

GB/T 6543 运输包装用单瓦楞纸箱和双瓦楞纸箱

GB/T 6544 瓦楞纸板

GB/T 6980 钙塑瓦楞箱

GB/T 7284 框架木箱

GB/T 7350 防水包装

GB/T 8166 缓冲包装设计方法

GB/T 9846(所有部分) 胶合板

GB/T 10819 木制底盘(GB/T 10819—2005,JIS Z 1405:1984,MOD)

GB/T 12464 普通木箱(GB/T 12464—2002,JIS Z 1402:1999,NEQ)

GB/T 12626(所有部分) 硬质纤维板

GB/T 13041 包装容器 菱镁砼箱

GB/T 13123 竹编胶合板

GB/T 13144 包装容器 竹胶合板箱

GB/T 16470 托盘包装(GB/T 16470—1996,neq MIL-STD 147D)

GB/T 18924 钢丝捆扎箱(GB/T 18924—2002,JIS B 1407:1989,NEQ)

GB/T 18925 滑木箱(GB/T 18925—2002,JIS Z 1402:1990,MOD)

GB/T 18926 包装容器 木构件(GB/T 18926—2008,ASTM D 6199—2007,NEQ)

3 基本要求

3.1 包装应符合科学、经济、牢固、美观和适销的要求。在流通环境下,应保证产品在供需双方协议期内不因包装不善而产生锈蚀、霉变、降低精度,残损或散失等现象。

GB/T 13384—2008

3.2 包装设计应根据产品特点、流通环境条件和客户要求进行,做到包装紧凑、防护合理、安全可靠。

3.3 产品需经检验合格,做好防护处理,方可进行内外包装。随机文件应齐全。

3.4 包装件外形尺寸和质量应符合国内外运输方面有关超限、超重的规定。硬质直方体运输包装件的尺寸应符合 GB/T 4892 的规定。

3.5 产品包装环境应清洁、干燥,无有害介质。

4 包装方式与防护包装方法

4.1 包装方式主要有箱装(普通木箱、滑木箱、框架木箱、瓦楞纸箱、胶合板箱、纤维板箱、钙塑箱、菱镁砼箱、竹胶合板箱、塑料箱、钙塑瓦楞箱、金属箱、蜂窝纸板箱等)、敞开包装、局部包装、捆扎包装、裸装、袋装和托盘包装等。

4.2 防护包装方法主要有:防水包装、防潮包装、防霉包装、防锈包装、缓冲包装、防尘包装和防静电包装等。应根据产品特点和储运、装卸条件,选用适当的防护包装方法。

5 技术要求

5.1 包装材料

选用的包装材料不应引起产品的表面色泽改变或锈蚀,也不应由于包装材料的变形而引起产品损坏。

5.1.1 木材

包装用木材应符合以下要求:

a) 在保证包装容器强度的前提下,根据合理用材的要求,按 GB/T 18926 的规定选用适当的树种;

b) 同一包装箱的箱板色泽应基本一致,外表面应平整,无明显毛刺和虫眼(已修补的虫眼例外);

c) 木材各部位允许缺陷度按 GB/T 18926 的规定;

d) 制作容器时木材的含水率一般不大于20%,但滑木、辅助滑木、外箱档、花格木箱、木制底盘和托盘用木材的含水率可以在25%以下;

e) 需要时应对所用木材进行药物熏蒸或热处理等除虫害处理。

5.1.2 瓦楞纸板

包装用瓦楞纸板应符合 GB/T 6544 的规定。

5.1.3 胶合板

包装用胶合板应符合 GB/T 9846 的规定。

5.1.4 纤维板

包装用纤维板应符合 GB/T 12626 的规定。

5.1.5 刨花板

包装用刨花板应符合 GB/T 4897 的规定。

5.1.6 菱镁砼

包装用菱镁砼应符合 GB/T 13041 的规定。

5.1.7 钙塑瓦楞板

包装用钙塑瓦楞板应符合 GB/T 6980 的规定。

5.1.8 竹编胶合板

包装用竹编胶合板应符合 GB/T 13123 标准的规定。

5.1.9 其他材料

包装还可以采用经试验证明性能可靠的其他材料,也可采用两种或两种以上的材料。但不管使用何种材料,都应确保其强度和性能符合产品的特点和流通环境的要求。

254

5.2 箱装

5.2.1 制箱

5.2.1.1 木箱

普通木箱应符合 GB/T 12464 的规定,滑木箱应符合 GB/T 18925 的有关规定,框架木箱应符合 GB/T 7284 的规定,钢丝捆扎箱应符合 GB/T 18924 的规定,其他类型的木箱如框档胶合板箱、纤维板箱、刨花板箱等应符合 5.2.1.6 的规定。

5.2.1.2 瓦楞纸箱

瓦楞纸箱应符合 GB/T 6543 的规定。

5.2.1.3 菱镁砼箱

菱镁砼箱应符合 GB/T 13041 的规定。

5.2.1.4 钙塑瓦楞箱

钙塑瓦楞箱应符合 GB/T 6980 的规定。

5.2.1.5 竹胶合板箱

竹胶合板箱应符合 GB/T 13144 的规定。

5.2.1.6 其他材质包装箱

采用其他材料制作包装箱时,其结构和制作应与其材质相适应,其包装箱的强度与上述各包装箱一样,应通过第 6 章规定的试验。

5.2.2 装箱

5.2.2.1 产品装箱时应尽量使其重心位置居中靠下。重心偏高的产品应尽可能采用卧式包装。重心偏离中心较明显的产品应采取相应的平衡措施。

5.2.2.2 在不影响产品性能的情况下,产品上能够移动的零部件应移至使产品具有最小外形尺寸的位置,并加以固定。产品上凸出的零部件应尽可能拆下,标上记号,根据其特点另行包装,一般应固定在同一箱内。

5.2.2.3 产品上有特殊要求的零部件应尽可能拆下,标上记号,按特殊要求另行包装。

5.2.2.4 产品(或内包装箱)应稳妥地固定于外包装箱内。固定方式可采用缓冲材料塞紧、木块定位紧固、螺栓紧固、压杠紧固等。一般情况下,产品(或内包装箱)不应与外包装箱箱板直接接触,应与外包装箱的内侧面、内端面、顶面之间保留有一定的间隙。

5.2.2.5 附件箱、备件箱等应尽量固定在主机箱内的适当位置,装在箱内的附件备件等也应采取相应的固定措施。

5.2.2.6 产品包装箱内应清洁、干燥,无异物。

5.2.3 加固

5.2.3.1 木箱封箱后,按相应木箱标准的规定对其进行加固。

5.2.3.2 纸箱和钙塑箱封箱后,需要时可采用塑料捆扎带或氧化钢带等捆扎,塑料捆扎带宽度应不小于 14 mm。捆扎时应使塑料带或钢带紧捆在纸箱上,同时采用相应措施避免其切入纸板而损坏纸箱。

5.2.3.3 其他材质的包装箱封箱后,应按其箱型的大小,参考 GB/T 12464、GB/T 18925、GB/T 7284 的规定对其进行加固。

5.2.4 包装箱的强度包装箱应具有足够的强度。根据包装件的质量和特点,在第 6 章所规定的试验方法等试验项目中选作有关试验项目。试验后,箱内固定物无明显位移,产品外观、性能、精度和有关技术参数应在规定允许公差范围内,包装箱应无明显破损和变形并符合有关标准的规定和设计要求。

5.3 敞开包装

敞开包装件底盘的材质为木材时,应符合 GB/T 10819 的规定;底盘为其他材质时,应根据其材质的特点和强度,参照 GB/T 10819 的规定的原理进行设计、制作和包装。产品应紧固在底盘上,以防运输中发生移动。

5.4 捆扎包装

5.4.1 捆扎包装件为每件重量不大于 2 t,长度小于或等于 6 m 的捆装件,每捆捆扎道数不少于 4 道,长度大于 6 m 的捆装件,每件捆扎道数不少于 5 道,捆扎应整齐牢固。

5.4.2 捆扎管件时,两端应堵住。管件上螺纹部位应采取相应的保护措施。

5.5 托盘包装

托盘包装应符合 GB/T 16470 的规定。

5.6 防护包装

5.6.1 防水包装

防水包装应符合 GB/T 7350 的规定。

5.6.2 防潮包装

防潮包装应符合 GB/T 5048 的规定。

5.6.3 防锈包装

防锈包装应符合 GB/T 4879 的规定。

5.6.4 防霉包装

防霉包装应符合 GB/T 4768 的规定。

5.6.5 缓冲包装

5.6.5.1 缓冲包装的设计方法可采用 GB/T 8166 规定的方法。

5.6.5.2 缓冲材料应具有不易虫蛀、不易长霉和不易疲劳变形等特点。缓冲材料应紧贴(或紧固)于产品(或内包装箱、盒)和外包装箱内壁之间。

5.6.6 防尘包装

产品进行防尘包装时应采取相应的防尘措施,产品易进尘处必须用柔软的中性纸包扎或聚乙烯薄膜袋套封。

6 试验方法

应根据包装件本身特点和要求,以及实际流通环境条件,适当选做 GB/T 4857 中有关项目的试验,以及 GB/T 5048、GB/T 4879 和 GB/T 5398 有关项目的试验。

7 包装标志与随机文件

7.1 产品分多箱包装时,箱号应采用分数表示,分子为箱号,分母为总箱数。主机箱应为 1 号箱。

7.2 包装储运指示标志应根据产品特点,按照 GB/T 191 的有关规定正确选用。重心明显偏离中心的包装件,应标注"由此起吊"和"重心"的标志。

7.3 随机文件一般包括使用说明书、合格证明书、装箱单(包括总装箱单和分装箱单)等。产品分多箱包装时,使用说明书、合格证明书、总装箱单一般放在主机箱内,分类装箱单应放在相应的包装箱内。有关包装开箱注意事项等文件可装入塑料袋粘贴在包装箱上。

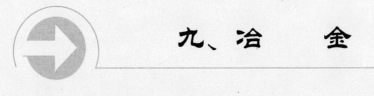

九、冶　　金

ICS 77.140.50
H 46

中华人民共和国国家标准

GB/T 247—2008
代替 GB/T 247—1997

钢板和钢带包装、标志及
质量证明书的一般规定

General rule of package, mark and
certification for steel plates(sheets)and strips

2008-12-06 发布

2009-10-01 实施

中华人民共和国国家质量监督检验检疫总局
中国国家标准化管理委员会　发布

前 言

本标准参照 ASTM A 700:2005《装运钢铁产品的包装、标记和装载方法实施规范》(英文版),并结合我国钢板、钢带的实际包装情况以及国内物流运输实际情况对 GB/T 247—1997《钢板和钢带检验、包装、标志及质量证明书的一般规定》进行修订。

本标准代替 GB/T 247—1997《钢板和钢带检验、包装、标志及质量证明书的一般规定》。

本标准与 GB/T 247—1997 相比,对以下主要技术内容进行了修改:

——本标准名称修改为《钢板和钢带包装、标志及质量证明书的一般规定》;

——删除了原标准检验规则部分;

——调整了部分术语和相关定义;

——增加了部分包装材料环保要求;

——删除原标准中不再适用的包装方式;

——根据国内物流条件对原标准中的部分包装方式进行了细化。

本标准由中国钢铁工业协会提出。

本标准由全国钢标准化技术委员会归口。

本标准主要起草单位:武汉钢铁股份有限公司、天津钢铁有限公司、济钢集团有限公司、首钢总公司、冶金工业信息标准研究院。

本标准主要起草人:陈平、魏远征、曾小平、孙根领、师莉、邹锡怀、陈晓红、姚平、谢懋亮、史丽欣、李树庆、王晓虎。

本标准所代替标准的历次版本发布情况为:

GB/T 247—1963、GB/T 247—1976、GB/T 247—1980、GB/T 247—1988、GB/T 247—1997。

钢板和钢带包装、标志及
质量证明书的一般规定

1 范围

本标准规定了钢板和钢带的包装、标志、运输、贮存及质量证明书的一般技术要求。

本标准适用于热轧、冷轧及涂镀钢板和钢带的包装、标志、运输、贮存及质量证明书。

2 规范性引用文件

下列文件中的条款通过本标准的引用而成为本标准的条款。凡是注日期的引用文件,其随后所有的修改单(不包括勘误的内容)或修订版均不适用于本标准,然而,鼓励根据本标准达成协议的各方研究是否可使用这些文件的最新版本。凡是不注日期的引用文件,其最新版本适用于本标准。

GB/T 15574 钢产品分类

GB/T 18253 钢及钢产品 检验文件的类型

3 术语和定义

下列术语和定义适用于本标准。

3.1
包装 package

将一件或一件以上产品裹包或捆扎成一个货物单元。

3.2
标签 label

固定在包装件上的纸条或其他材料制品,上面标有产品名称、规格、生产厂等内容。

3.3
标志 mark

用于标识钢材特性的任何一种方法,如喷印、打印等。

3.4
吊牌 tap

用钢丝、U形钉等固定在包装件或容器上的一种活动标签。

3.5
护角 corner protector

安放在产品或包装件边部或棱边上起保护作用的构件。

3.6
捆带 strapping

用来捆扎产品或包装件的挠性材料。

3.7
锁扣 locker

锁紧捆带的构件。

3.8
捆带防护材料 hand protector

放在产品或包装件与捆带之间的材料,防止产品或包装件损坏和防止包装捆带被切断。

3.9

托架　platform

用木质、金属或其他材料制成的构架,由为机械搬运方便而设的支架及其支撑的面板或垫木组成。面板可以是整体的或骨架式的。

3.10

捆扎方向　bundle direction

3.10.1

横向　transverse direction

垂直于钢板轧制方向的方向。

3.10.2

纵向　longitudinal direction

钢板的轧制方向。

3.10.3

周向　circle direction

钢带(卷)的外圆周方向。

3.10.4

径向　eye direction

钢带(卷)中心轴方向。

3.11

重量(包装件)　weight(package)

3.11.1

毛重　gross weight

货物本身的重量和所有包装材料重量之和。

3.11.2

净重　net weight

货物本身的重量。

3.11.3

理论计重　theoretical weight

根据钢材的公称尺寸和密度计算的重量。

3.12

字模喷印　stencil

利用预先裁制好的模板进行喷印作标志。

4　包装

4.1　一般规定

4.1.1　包装应能保证产品在正常运输和贮存期间不致松散、受潮、变形和损坏。

4.1.2　各类产品的包装要求应按其相应产品标准的规定执行。当相应产品标准中无明确规定时,应按本标准的规定执行,并应在合同中注明包装种类或包装代号。若未注明则由供方选择。需方有责任向供方提出它对防护包装材料的要求以及提供其卸货方法和有关设备的资料。

4.1.3　供需双方协商,亦可采用其他包装方式。

4.1.4　本标准中钢产品的分类按 GB/T 15574 的规定执行。

4.2　包装材料

4.2.1　包装材料应符合有关标准和环境保护法律法规的规定。本标准中没有包括的或没有具体规定的材料,其质量应当与预定的用途相适应。包装材料可根据技术和经济的发展而改变。

4.2.2 产品交付后,需方要面临包装材料的处置问题,因此,包装所使用包装材料应是简单而有效,且便于分类处置,回收。

4.2.3 防护包装材料

包装时采用防护包装材料的目的是:(1)防止湿气渗入;(2)尽量减少油损;(3)防止沾污产品;(4)防止产品撞伤。常用的防护包装材料有防锈纸、防锈膜、塑料膜、瓦楞纸、纤维板等。

4.2.4 辅助包装材料

包装时采用辅助包装材料的目的是避免防护包装材料自身受损伤或避免防护包装材料对钢板(卷)产生损伤。常用的辅助包装材料有护角、锁扣、垫片等。

4.2.5 包装捆带

包装件应通过包装捆带捆紧,包装捆带可以是窄带或钢丝。捆带锁紧方式可分为有锁扣和无锁扣两种。

4.2.6 保护涂层

在运输和贮存期间,为保护钢材而选用防腐剂时,应考虑涂敷的方法和涂层的厚度,这些涂层应容易去除,涂层的种类由供方确定。如需方有特殊要求时,应在合同中注明。

4.3 重量和捆扎道数

本标准规定包装件的最大重量与规定的捆扎方式和捆扎道数是相匹配的。经供需双方协商,可以增加包装件重量,当增加包装件重量时,可相应增加捆扎道数,必要时还可改变捆扎方式。

当包装件重量小于 2 t 时,捆扎道数可以酌减。

4.4 钢板包装

4.4.1 热轧钢板包装

热轧钢板的包装应符合表 1 的规定。

表 1 热轧钢板包装

序 号	技 术 要 求	图 例	备 注
1	—	图 1	适用于热轧裸露散装钢板
2	捆带:横向不少于 4 根,边部可加护角	图 2	适用于热轧裸露包装钢板
3	防锈纸 塑料薄膜 底垫板(可不加) 包装盒 垫木或托架 捆带视托架或垫木数量而定	图 3	适用于表面质量要求较高的热轧钢板
4	护角 防锈纸 塑料薄膜 顶部缓冲材料 底垫板(可不加) 包装盒 垫木或托架 捆带视托架或垫木数量而定	图 4	适用于表面质量要求更高,且运输距离长或运输环节多的热轧钢板
注:包装盒可用上盖板+侧护板进行替代。如采用整体式包装盒,可不用塑料薄膜。			

1——钢板。

图 1

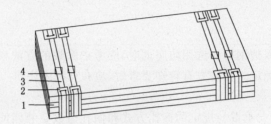

1——钢板；

2——护角；

3——捆带；

4——锁扣。

图 2

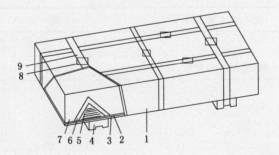

1——包装盒；

2——底垫板；

3——托架；

4——垫木；

5——钢板；

6——防锈纸；

7——塑料薄膜；

8——锁扣；

9——捆带。

图 3

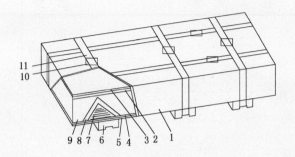

1——包装盒；

2——护角；

3——顶部缓冲材料；

4——底垫板；

5——托架；

6——垫木；

7——钢板；

8——防锈纸；

9——塑料薄膜；

10——锁扣；

11——捆带。

图 4

4.4.2 冷轧及涂镀钢板包装

冷轧及涂镀钢板的包装应符合表 2 的规定。

表 2 冷轧及涂镀钢板包装

序 号	技 术 要 求	图 例	备 注
1	防锈纸 底垫板（可不加） 包装盒 托架 捆带视垫木或托架数量而定	图 5	适用于运输距离短和运输环节少的冷轧、涂镀钢板（不包括镀锡钢板）等
2	防锈纸 塑料薄膜 底垫板（可不加） 包装盒 托架 捆带视垫木或托架数量而定	图 6	适用于运输距离长或运输环节多的冷轧、涂镀钢板（不包括镀锡钢板）等
3	防锈纸 顶部、底部缓冲材料 底垫板 包装盒 托架 捆带视垫木或托架数量而定	图 7	适用于运输距离短和运输环节少的镀锡钢板等

表 2（续）

序　号	技　术　要　求	图　例	备　　注
4	防锈纸 护角 塑料薄膜 顶部、底部缓冲材料 底垫板 包装盒 托架 捆带视垫木或托架数量而定	图 8	适用于运输距离长或运输环节多的镀锡钢板等

注 1：包装盒可用上盖板＋侧护板进行替代。如采用整体式包装盒，可不用塑料薄膜。

注 2：如采用垫木和面板组成的托架可不用底垫板。

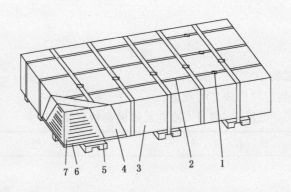

1——锁扣；

2——捆带；

3——包装盒；

4——防锈纸；

5——托架；

6——底垫板；

7——钢板。

图 5

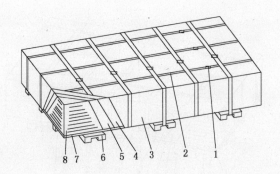

1——锁扣；
2——捆带；
3——包装盒；
4——塑料薄膜；
5——防锈纸；
6——托架；
7——底垫板；
8——钢板。

图 6

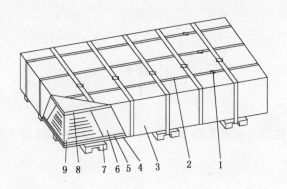

1——锁扣；
2——捆带；
3——包装盒；
4——底垫；
5——底部缓冲材料；
6——防锈纸；
7——托架；
8——顶部缓冲材料；
9——钢板。

图 7

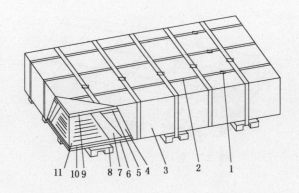

1——锁扣；

2——捆带；

3——包装盒；

4——塑料薄膜；

5——护角；

6——底垫板；

7——防锈纸；

8——托架；

9——顶部缓冲材料；

10——底部缓冲材料；-

11——钢板。

图 8

4.4.3 垫木和托架

4.4.3.1 垫木

采用纵向垫木的包装件需要的最少垫木数如表 3 所示,采用横向垫木的包装件需要的最少垫木数如表 4 所示。

4.4.3.2 托架

托架可由横纵垫木组成,或者由垫木和面板组成,如图 9、图 10 所示。垫木的最少数目应当与表 3 和表 4 所示的纵向或横向垫木相同,实际结构可以有所不同。

4.4.3.3 经供需双方商定,可以另行规定垫木和托架的数量。

表 3 采用纵向垫木的包装件需要的最少垫木

钢板公称厚度 t/mm	垫 木 根 数		
	2 根	3 根	4 根
	钢板宽度 W/mm		
$t{\leqslant}0.5$	$500{\leqslant}W{\leqslant}1\,000$	$1\,000{<}W{\leqslant}1\,500$	$1\,500{<}W{\leqslant}2\,000$
$0.5{<}t{\leqslant}1.0$	$500{\leqslant}W{\leqslant}1\,000$	$1\,000{<}W{\leqslant}1\,700$	$1\,700{<}W{\leqslant}2\,500$
$1.0{<}t{\leqslant}1.5$	$500{\leqslant}W{\leqslant}1\,250$	$1\,250{<}W{\leqslant}2\,000$	$W{>}2\,000$
$t{>}1.5$	所有宽度	—	—
注：长度大于 5 000 mm 或宽度小于 500 mm 的钢板不用纵向垫木。			

表 4 采用横向垫木的包装件需要的最少垫木[a]

钢板公称厚度 t/mm	垫 木 根 数		
	2 根	3 根	5 根
	钢板长度 L/mm		
$t \leq 0.5$	$L < 1\,000$	$1\,000 \leq L \leq 2\,000$	$L > 2\,000$
$0.5 < t \leq 1.0$	$L < 1\,000$	$1\,000 \leq L \leq 2\,500$	$L > 2\,500$
$1.0 < t \leq 1.5$	$L < 1\,250$	$1\,250 \leq L \leq 3\,000$	$L > 3\,000$
$1.5 < t \leq 2.5$	$L < 1\,800$	$1\,800 \leq L \leq 4\,000$	$L > 4\,000$
$t > 2.5$	$L < 2\,000$	$2\,000 \leq L \leq 5\,000$	$L > 5\,000$

[a] 横向垫木的根数应能保证板包在吊运过程中不产生明显变形,端部垫木距钢板端部距离应不超过 300 mm。

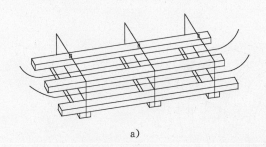 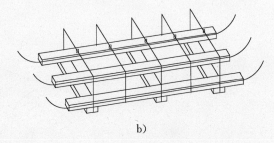

a)　　　　　　　　　　　　　　b)

图 9

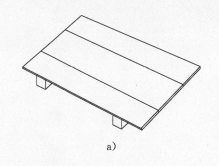 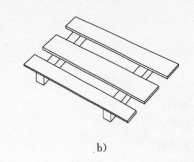

a)　　　　　　　　　　　　　　b)

图 10

4.5 钢带包装

4.5.1 热轧钢带包装

热轧钢带的包装应符合表 5 的规定。

表 5 热轧钢带包装

序 号	技 术 要 求	图 例	备 注
1	每小卷周向不少于 1 根捆带; 整卷径向不少于 3 根捆带	图 11	适用于合包窄钢带和纵切钢带
2	每小卷周向不少于 1 根捆带; 整卷径向紧固器一副	图 12	适用于合包窄钢带和纵切钢带
3	捆带:周向不少于 3 根; 拐角可加护角	图 13	适用于热轧钢带(卧式)
4	捆带:周向不少于 3 根,径向不少于 2 根; 拐角加护角	图 14	适用于热轧钢带(立式)
5	紧固器:至少 1 副	图 15	适用于热轧高强度厚钢带

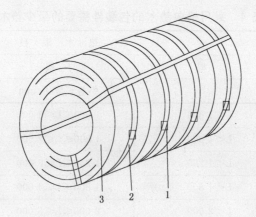

1——锁扣；
2——捆带；
3——钢带。

图 11

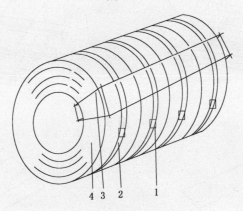

1——锁扣；
2——捆带；
3——紧固器；
4——钢带。

图 12

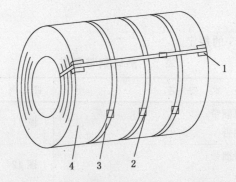

1——护角；
2——捆带；
3——锁扣；
4——钢带。

图 13

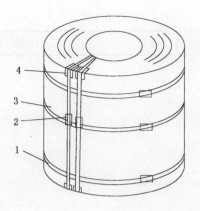

1——捆带；

2——锁扣；

3——钢带；

4——护角。

图 14

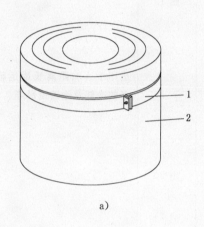

a)

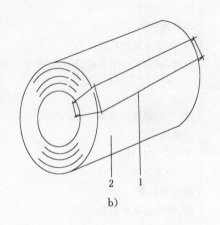

b)

1——紧固器；

2——钢带。

图 15

4.5.2 冷轧及涂镀钢带包装

冷轧及涂镀钢带的包装应符合表 6 的规定。

表 6 冷轧及涂镀钢带包装

序 号	技 术 要 求	图 例	备 注
1	防锈纸或塑料薄膜 内周金属护角圈 捆带：周向不少于 3 根，径向不少于 3 根	图 16	适用于简包装冷轧及涂镀钢带
2	内、外周缓冲护角圈 塑料薄膜 外周缓冲材料 内、外周护板 端部圆护板 内、外周金属护角圈 捆带：周向不少于 3 根，径向不少于 3 根	图 17	适用于彩涂钢带

表 6（续）

序 号	技 术 要 求	图 例	备 注
3	内、外周缓冲护角圈 防锈纸或防锈膜 内、外周护板 端部圆护板 内、外周金属护角圈 捆带:周向不少于3根,径向不少于3根	图 18	适用于运输距离短和运输环节少的冷轧及涂镀钢带等
4	防锈纸 塑料薄膜 内、外周缓冲护角圈 外周缓冲材料 内、外周护板 端部圆护板 内、外周金属护角圈 捆带:周向不少于3根,径向不少于3根	图 19	适用于运输距离长或运输环节多的冷轧及涂镀钢带等
5	内、外周缓冲护角圈 防锈膜 外周缓冲材料 内、外周护板 端部圆护板 内、外周金属护角圈 捆带:周向不少于3根,径向不少于3根	图 20	
6	防锈纸 塑料薄膜 外周护板 顶部圆盖 顶部外周金属护角圈 顶部外周缓冲护角圈 托架 捆带:周向不少于3根,径向不少于2根	图 21	适用于运输距离长或运输环节多的冷轧及涂镀立式钢带
7	防锈纸或防锈膜 外周护板 顶部圆盖 顶部外周金属护角圈 顶部外周缓冲护角圈 托架 捆带:周向不少于3根,径向不少于2根	图 22	适用于运输距离短和运输环节少的冷轧及涂镀立式钢带

表 6（续）

序 号	技 术 要 求	图 例	备 注
8	钢带之间增加缓冲材料 防锈纸 塑料薄膜 外周护板 顶部圆盖 顶部外周金属护角圈 顶部外周缓冲护角圈 托架 捆带：周向不少于 3 根，径向不少于 2 根	图 23	适用于运输距离长或运输环节多的冷轧及涂镀立式分条钢带
9	钢带之间增加缓冲材料 防锈纸或防锈膜 外周护板 顶部圆盖 顶部外周金属护角圈 顶部外周缓冲护角圈 托架 捆带：周向不少于 3 根，径向不少于 2 根	图 24	适用于运输距离短和运输环节少的冷轧及涂镀立式分条钢带

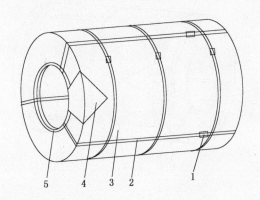

1——锁扣；

2——捆带；

3——防锈纸或防锈薄膜；

4——钢带；

5——内周金属护角圈。

图 16

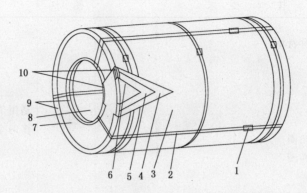

1——锁扣；
2——捆带；
3——外周护板；
4——外周缓冲材料；
5——塑料薄膜；
6——钢带；
7——端部圆护板；
8——内周护板；
9——内、外周金属护角圈；
10——内、外周缓冲护角圈。

图 17

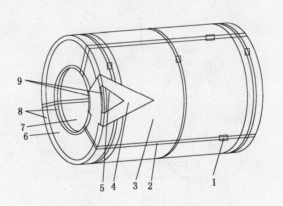

1——锁扣；
2——捆带；
3——外周护板；
4——防锈纸或防锈薄膜；
5——钢带；
6——端部圆护板；
7——内周护板；
8——内、外周金属护角圈；
9——内、外周缓冲护角圈。

图 18

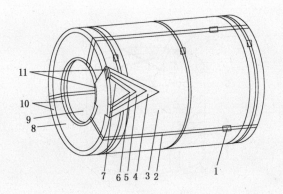

1——锁扣；

2——捆带；

3——外周护板；

4——外周缓冲材料；

5——塑料薄膜；

6——防锈纸；

7——钢带；

8——端部圆护板；

9——内周护板；

10——内、外周金属护角圈；

11——内、外周缓冲护角圈。

图 19

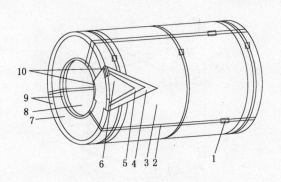

1——锁扣；

2——捆带；

3——外周护板；

4——外周缓冲材料；

5——防锈膜；

6——钢带；

7——端部圆护板；

8——内周护板；

9——内、外周金属护角圈；

10——内、外周缓冲护角圈。

图 20

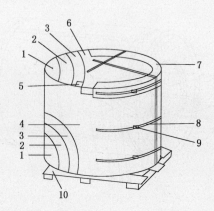

1——钢带；

2——防锈纸；

3——塑料薄膜；

4——外周护板；

5——顶部外周缓冲护角圈；

6——顶部圆盖；

7——顶部外周金属护角圈；

8——捆带；

9——锁扣；

10——托架。

图 21

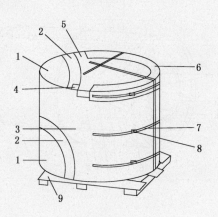

1——钢带；

2——防锈纸或防锈膜；

3——外周护板；

4——顶部外周缓冲护角圈；

5——顶部圆盖；

6——顶部外周金属护角圈；

7——捆带；

8——锁扣；

9——托架。

图 22

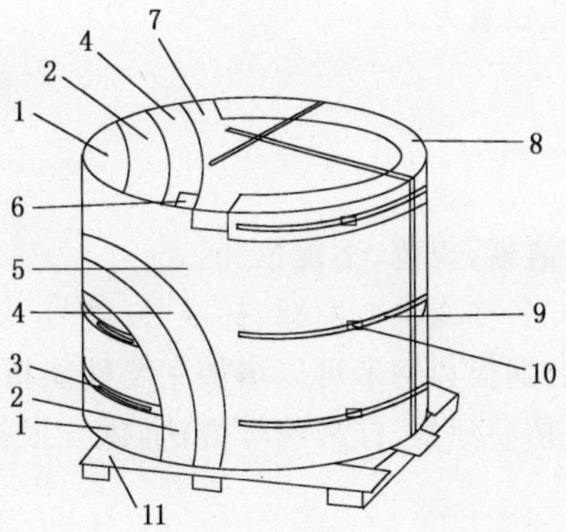

1——钢带；

2——防锈纸；

3——缓冲材料；

4——塑料薄膜；

5——外周护板；

6——顶部外周缓冲护角圈；

7——顶部圆盖；

8——顶部外周金属护角圈；

9——捆带；

10——锁扣；

11——托架。

图 23

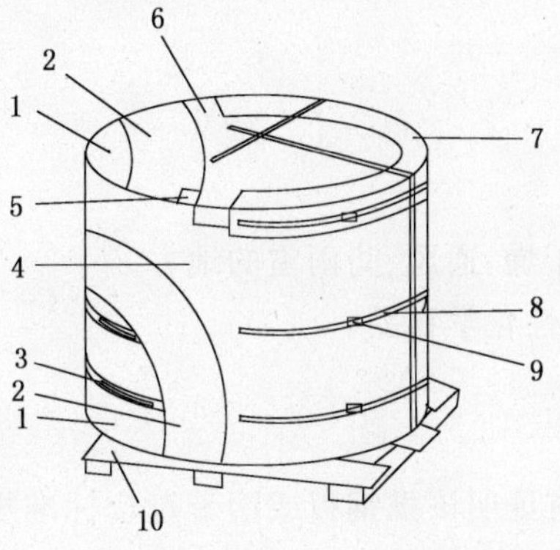

1——钢带；

2——防锈纸或防锈膜；

3——缓冲材料；

4——外周护板；

5——顶部外周缓冲护角圈；

6——顶部圆盖；

7——顶部外周金属护角圈；

8——捆带；

9——锁扣；

10——托架。

图 24

4.5.3 热轧酸洗钢带包装

热轧酸洗钢带包装可参照冷轧包装方式。

5 标志

5.1 一般规定

5.1.1 标志应醒目、牢固,字迹应清晰、规范、不褪色。

5.1.2 标志应包括如下内容:供方名称或供方商标、标准号、牌号、规格、重量及能够追踪从钢材到冶炼的识别号码。对于精加工程度高的钢板和钢带可以增加主要性能指标、级别等内容。

5.1.3 标志可以采用喷印、压印、粘贴标签、挂吊牌等方法,供方根据实际情况选择一种或一种以上方法。成品标志信息应完整。

5.2 钢板标志

5.2.1 裸露不捆扎的钢板应逐张标志;裸露捆扎包装的钢板,应在最上面的一张钢板上作标志,可粘贴标签或挂吊牌等。

5.2.2 用防护包装材料和各种辅助包装材料裹包的钢板,应在包装件的外部粘贴标签或挂吊牌。

5.3 钢带标志

5.3.1 可在卷内径表面、外周表面或端面粘贴或挂吊牌。

5.3.2 用防护包装材料和各种辅助包装材料裹包的钢带,在包装件的外部粘贴标签或挂吊牌。

5.3.3 单卷窄带因可供标志的面积所限,标志内容和数量可酌减,但应保证标识可追溯性。

6 运输

6.1 运输过程中钢板和钢带应避免碰撞。

6.2 运输过程中宜防水、防潮。

6.3 产品在车站、码头中转时,宜堆放在库房,如露天堆放,应用防雨布等覆盖,同时下边要用垫块垫好。

6.4 应采用合适的方法装卸。

7 贮存

7.1 钢板和钢带应贮存在清洁、干燥、通风、防雨雪的地方。

7.2 钢板和钢带附近不得有腐蚀性化学物品。

8 质量证明书

每批交货的钢板或钢带应附有证明该批钢板或钢带符合标准规定及订货合同的质量证明书,质量证明书可以以纸制或电子数据格式提供。质量证明书的类型应符合 GB/T 18253 的规定。质量证明书上应注明:

    a) 供方名称;

    b) 需方名称;

    c) 合同号;

    d) 品种名称;

    e) 标准号;

    f) 规格;

    g) 级别(如有必要);

    h) 牌号及能够追踪从钢材到冶炼的识别号码;

    i) 交货状态(如有必要);

j)　重量,件数;

k)　规定的各项试验结果;

l)　供方有关部门的印记或有关部门签字;

m)　发货日期或生产日期;

n)　相关标准规定的认证标记(如有必要)。

ICS 77.140.70
H 44

中华人民共和国国家标准

GB/T 2101—2017
代替 GB/T 2101—2008

型钢验收、包装、标志及质量
证明书的一般规定

General requirement of acceptance，packaging，marking and
certification for section steel

2017-07-31 发布

2018-04-01 实施

中华人民共和国国家质量监督检验检疫总局
中国国家标准化管理委员会 发布

前　言

本标准按照 GB/T 1.1—2009 给出的规则起草。

本标准代替 GB/T 2101—2008《型钢验收、包装、标志及质量证明书的一般规定》，与 GB/T 2101—2008 相比，主要变化如下：

——增加了术语；

——增加了冲击试验结果的评定方法；

——修改了型钢的验收规则；

——修改了包装的相关规定；

——删除了银亮钢的包装要求；

——修改了标志的相关规定；

——增加了贮存和运输的规定；

——修改了质量证明书的规定内容。

本标准由中国钢铁工业协会提出。

本标准由全国钢标准化技术委员会(SAC/TC 183)归口。

本标准起草单位：河钢股份有限公司唐山分公司、冶金工业信息标准研究院、首钢总公司、鞍山宝得钢铁有限公司、四川德胜集团钒钛有限公司、河北津西钢铁集团股份有限公司。

本标准主要起草人：邓翠青、范立娟、王玉婕、熊化冰、王洪新、麦吉昌、赵一臣、刘宝石、徐峰、罗清明、叶高旗。

本标准所代替标准的历次版本发布情况为：

GB/T 2101—1980、GB/T 2101—1989、GB/T 2101—2008。

型钢验收、包装、标志及质量
证明书的一般规定

1 范围

本标准规定了型钢(钢坯、钢棒、钢筋和盘条等产品)的术语和定义、检验规则、包装、标志、贮存、运输及质量证明书的一般要求。

本标准适用于热轧、冷拉(轧)、锻制及热处理型钢。

2 规范性引用文件

下列文件对于本文件的应用是必不可少的。凡是注日期的引用文件,仅注日期的版本适用于本文件。凡是不注日期的引用文件,其最新版本(包括所有的修改单)适用于本文件。

GB/T 15574　钢产品分类

3 术语和定义

下列术语和定义适用于本文件。

3.1
包装　package

为在流通过程中保护产品、方便储运、促进销售,采用材料及辅助物的过程中施加一定技术方法的操作活动。

3.2
标签　label

固定在包装件或产品上的纸质或其他材料制品,上面标有产品名称、炉/批号、牌号、规格、生产厂等内容。

3.3
吊牌　tap

用铁丝、U形钉、平头钉等固定在包装件或产品上的一种活动标签。

注:常用纸质、硬质塑料、金属等材料制造。

3.4
标志　mark

标识钢材特性的方法或内容。

注:常用的方法有喷印、盖印、滚印、打印、粘贴印记或贴(挂)标签、吊牌。

3.5
捆扎材料　strapping

用来捆扎型钢或包装件的挠性材料。

注:常采用的挠性材料有钢带、盘条、铁丝等。

3.6
捆扎保护材料　hand protector

放置在型钢之间或型钢与捆扎材料之间的,防止型钢损坏和防止包装捆扎材料被切断的材料。

注:常采用木材、金属、纤维板、塑料等材料。

3.7

试验单元 test unit

根据产品标准和合同的要求,以在抽样产品上所进行的试验为依据,一次接收和拒收产品的件数或吨数。

3.8

抽样产品 sample product

检验、试验时,从试验单元中抽取的部分产品(例如:一根型钢)。

3.9

试料 sample

为了制备一个或几个试样,从抽样产品上切取足够量的材料。

注:在某些情况下,试料就是抽样产品。

3.10

样坯 rough specimen

为了制备试样,经过机械处理加工和其后在适当情况下热处理的试料。

3.11

试样 test piece

经机加工或未经机加工后,具有合格尺寸且满足试验要求状态的样坯。

注:在某些情况下,试样可以是试料,也可以是样坯。

3.12

成品分析 product analysis

在交货产品上进行的化学成分分析。

3.13

序贯试验 sequential testing

一组或一系列试验(例如冲击试验),由该试验得到的平均值和单个值来判定产品是否符合产品标准和(或)合同的要求。

4 检验规则

4.1 检查和验收

4.1.1 型钢的质量由供方质量监督部门进行检查和验收。

4.1.2 交货的型钢应符合相应产品标准的规定,需方可以按相应产品标准的规定进行检验。

4.1.3 需方应在拆捆前按照型钢每捆的标志检查该捆型钢的长度、重量、每捆根数等内容,对上述内容有质量异议时不应拆捆。

4.2 组批规则

型钢应成批检验和验收,组批规则应符合相应产品标准的规定。

4.3 检验项目、取样数量和取样部位和试验方法

型钢检验项目、取样数量和取样部位和试验方法应符合相应产品标准的规定。

4.4 化学成分的检验

产品标准对化学成分检验有规定时,执行相应产品标准规定;产品标准对化学成分检验未规定时,采用成品分析检验。

4.5 冲击试验结果的评定

4.5.1 当产品标准无规定时,从抽样产品上切取一组 3 个试样,其平均值应符合规定值的要求,允许其中一个试样的单个值低于规定值,但不得低于规定值的 70%。

4.5.2 如果没有满足 4.5.1 要求,但低于规定值的试样不超过 2 个,且低于规定值 70% 的试样不超过 1 个,生产厂可从同一抽样产品上再取一组 3 个试样,在第二组试样试验后,如果同时满足下列条件,其试验单元判为合格:

    a) 6 个试样的平均值不低于规定值;

    b) 低于规定值的试样不超过 2 个;

    c) 低于规定值 70% 的试样不超过 1 个。

如果不满足上述条件,则该试验单元判为不合格。

4.6 复验与判定规则

4.6.1 序贯试验(冲击试验等)

按 4.5 所规定的冲击试验结果的评定方法,结果不合格时,应将试验结果不合格的抽样产品挑出报废,再从该试验单元的剩余部分取 2 个抽样产品,在每个抽样产品上各选取新的一组 3 个试样,这两组试样的试验结果均应合格,否则该试验单元应拒收。

4.6.2 非序贯试验(拉伸试验、弯曲试验等)

4.6.2.1 如果不合格的结果不是由平均值计算出的,而是从试验中测得的,如拉伸试验、弯曲试验等,应采用下列方法:

    a) 试验单元是单件产品时,应对不合格项目做相同类型的双倍试验,双倍试验应全部合格,否则,产品应拒收;

    b) 试验单元不是单件产品时,除非另有协议,供方可以将抽样产品从试验单元中挑出,也可不挑出:

        1) 如果抽样产品不从试验单元中挑出,应从同一批中再任取双倍数量的试样进行该不合格项目的复验。复验结果应全部合格。

        2) 如果抽样产品从试验单元中挑出,应随机从同一试验单元中选出另外两个抽样产品。然后从两个抽样产品中分别制取的试样,在与第一次试验相同的条件下再做一次同类型的试验,其试验结果应全部合格。

4.6.2.2 产品复验不合格时,允许对该试验单元产品逐个进行检验,合格的单件产品允许交货。

4.6.3 不准许复验项目

出现白点时不准许复验。

4.6.4 其他要求

产品标准中有规定时,按产品标准规定,产品标准中未规定时,按 4.6.1、4.6.2、4.6.3 的规定。

5 包装

5.1 一般规定

5.1.1 成捆型钢应保持端部平齐。

5.1.2 产品的包装在贮存和运输期间不应松散、变形和损坏。

5.1.3 需方对型钢的包装方式有特殊要求(如防潮)的应在合同中注明。若未注明,捆扎材料和包装方式由供方选择。

5.1.4 型钢产品的分类应符合 GB/T 15574 的规定。

5.2 包装材料

5.2.1 成捆型钢应采用捆扎材料捆扎牢固。

5.2.2 根据需方要求,为保护型钢不受损坏和捆扎材料不被切断,可在型钢间、型钢与捆扎材料间使用捆扎保护材料。

5.2.3 根据需方要求,包装可使用防护包装材料。常用的防护包装材料有牛皮纸、气相防锈纸、塑料薄膜、防油纸等。

5.3 捆扎包装

5.3.1 热轧型钢

5.3.1.1 尺寸小于或等于 90 mm 的方钢、钢棒、钢筋、六角钢、八角钢和其他小型型钢以及边宽小于 200 mm 的等边角钢、边宽小于 200 mm×125 mm 的不等边角钢、宽度小于 150 mm 的扁钢、每米重量不大于 60 kg 的其他型钢应成捆交货,超出以上规格范围的型钢也可以选择成捆交货;H 型钢和剖分 T 型钢可成捆交货,也可单根交货。

5.3.1.2 成捆交货的 H 型钢和剖分 T 型钢的包装应符合表 1 的规定;成捆交货的其他型钢的包装应符合表 2 的规定。包装类别通常由供方选择,经供需双方协议并在合同中注明可采用其他包装类别。

表 1

包装类别	每捆重量 kg	捆扎道次		同捆长度差 mm
		长度≤12 000 mm	长度>12 000 mm	
		不少于		
1	≤2 000	4	5	定尺长度允许偏差
2	>2 000~≤4 000	3	4	≤2 000
3	>4 000~≤5 000	3	4	—
4	>5 000~≤10 000	5	6	—

注:长度大于 24 000 mm 的 H 型钢可不成捆交货。

表 2

包装类别	每捆重量 kg	捆扎道次		同捆长度差 mm
		长度≤6 000 mm	长度>6 000 mm	
		不少于		
1	≤2 000	4	5	≤1 000
2	>2 000~≤4 000	3	4	≤2 000
3	>4 000~≤5 000	3	4	—

长度小于或等于 2 000 mm 的锻制钢材,捆扎道次应不少于 2 道。

注:倍尺交货的型钢同捆长度差不受表 2 限制。

5.3.1.3 同一批中的短尺应集中捆扎,少量短尺集中捆扎后可并入大捆中,与大捆的长度差不受表2限制。

5.3.1.4 采用人工进行装卸的型钢,需在合同中注明,每捆重量不得大于80 kg,长度大于或等于6 000 mm,捆扎不少于3道;长度小于6 000 mm,捆扎不少于2道。

5.3.1.5 根据需方要求并在合同中注明,成捆交货的型钢亦可先捆扎成小捆,然后将数小捆再捆成大捆。见图1示例。

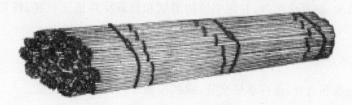

图 1　由小捆捆成大捆包装示意图

5.3.1.6 成捆交货的工字钢、角钢、槽钢、方钢、扁钢等应采用咬合法或堆垛法包装,见图2和图3。

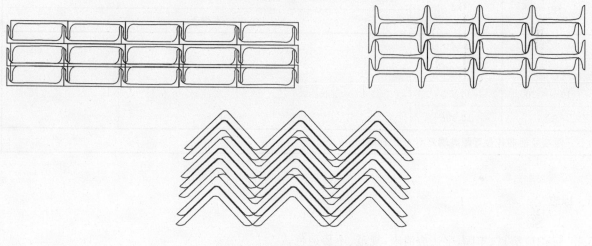

图 2　咬合法包装示意图

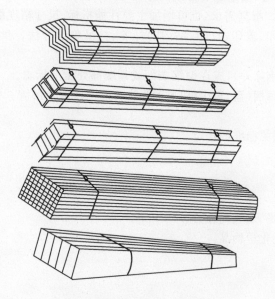

图 3　堆垛法包装示意图

5.3.1.7 热轧盘条应成盘或成捆(可由数盘组成)交货。盘和捆均用铁丝、盘条或钢带捆扎牢固,不少于4道。

5.3.1.8 对于钢帘线用钢等有特殊要求的产品,根据需方要求可增加防锈和防碰伤包装。

5.3.2 冷拉钢

冷拉钢应成捆或成盘交货。成捆交货时包装应符合表2的规定,成盘交货时应符合5.3.1.7的规定。根据需要可涂防锈油、防锈涂剂等,并用中性防潮纸和包装材料依次包裹,铁丝捆牢。捆重不得大于2 t。

5.3.3 冷弯型钢

冷弯型钢一般采用成捆交货,也可单根交货,成捆包装应符合表3的规定。

表 3

理论重量 kg/m	每捆最大重量 kg	捆扎道次		
		长度≤7 000 mm	长度>7 000 mm~10 000 mm	长度>10 000 mm
		不少于		
<1	1 000	3	4	5
1~<10	3 000			
10~<20	5 000			
≥20	10 000			
两端处的捆扎位置距离端部不大于1 000 mm。				

6 标志

6.1 标志应醒目、牢固,字迹应清晰、规范、不易褪色。

6.2 标志应至少包括如下内容:制造厂名称或商标、产品名称、产品标准号、牌号、炉/批号、产品规格或型号、长度、重量或每捆根数。根据需求,也可增加主要性能指标、尺寸精度级别、条码或二维码等内容。

6.3 标志可采用热轧印、喷印、盖印、打印、贴(挂)标签、挂吊牌等方法。供方可选择一种或多种标志方法。

6.4 单根交货的型钢(冷拉钢除外),应在型钢端面或靠端部处做上标志。

6.5 成捆(盘)交货的型钢,每捆(盘)至少贴(挂)两个标签或挂两个吊牌。每根型钢做有标志时,可不贴(挂)标签或挂吊牌。

6.6 型钢涂色标志应符合相关标准的规定。

7 贮存

7.1 型钢应贮存在清洁、干燥、通风的地方。

7.2 型钢附近不得有腐蚀性化学物品。

8 运输

8.1 运输过程中型钢应避免碰撞。

8.2 运输过程中应进行防水防潮的有效防护。

8.3 应采用适当的方法和吊具(如无油钢丝绳防止油污等)装卸。

9 质量证明书

9.1 每批交货的型钢应附有证明该批型钢符合标准要求和订货合同的质量证明书。

9.2 质量证明书应由供方质量监督部门盖章。

9.3 质量证明书应包括以下内容:

    a) 供方名称或商标;

    b) 需方名称;

    c) 质量证明书签发日期或发货日期;

    d) 产品标准号;

    e) 牌号;

    f) 炉(批)号、交货状态、重量、根数或件数;

    g) 品种名称、尺寸(型号或规格)和级别;

    h) 产品标准和合同中所规定的各项检验结果;

    i) 供方质量监督部门印记。

ICS 23.040.10
H 48

中华人民共和国国家标准

GB/T 2102—2006
代替 GB/T 2102—1988

钢管的验收、包装、标志和质量证明书

Acceptance，packing，marking and quality certification of steel pipe

2006-09-12 发布

2007-02-01 实施

中华人民共和国国家质量监督检验检疫总局
中国国家标准化管理委员会 发 布

前　言

本标准与ASTM A 700:1999《国内运输钢材的包装、标志和装货方式的标准实施办法》的一致性程度为非等效。

本标准代替GB/T 2102—1988《钢管的验收、包装、标志和质量证明书》。

本标准与GB/T 2102—1988相比,主要变化如下:

——修改了钢管的验收规则;

——增加了规范性引用文件、术语;

——增加了钢管捆扎包装材料的规定;

——增加了钢管铁丝捆扎包装每道次铁丝股数的规定;

——增加了管端开坡口钢管的管端保护规定。

本标准由中国钢铁工业协会提出。

本标准由全国钢标准化技术委员会归口。

本标准起草单位:冶金工业信息标准研究院、天津钢管集团有限责任公司、浙江久立不锈钢管股份有限公司、攀钢集团成都钢铁有限责任公司。

本标准主要起草人:黄颖、郑述懿、邵羽、李奇、蔡兴强、安健波。

本标准1980年首次发布,1988年2月第一次修订。

钢管的验收、包装、标志和质量证明书

1 范围

本标准规定了钢管的验收、包装、标志和质量证明书的一般技术要求。

本标准适用于钢管的验收、包装、标志和质量证明书。当产品标准有特殊规定时,应按产品标准的规定执行。

2 规范性引用文件

下列文件中的条款通过本标准的引用而成为本标准的条款。凡是注日期的引用文件,其随后所有的修改单(不包括勘误的内容)或修订版均不适用于本标准,然而,鼓励根据本标准达成协议的各方研究是否可使用这些文件的最新版本。凡是不注日期的引用文件,其最新版本适用于本标准。

GB/T 8170 数值修约规则

GB/T 15574 钢产品分类(GB/T 15574—1995,eqv ISO 6929:1987)

3 术语

下列术语和定义适用于本标准。

3.1

包装 package

将一根或一根以上产品裹包、捆扎或放置在容器中组成一个货物单元。

3.2

标志 mark

标识钢材特性的方法或内容,常用的方法有喷印、盖印、滚印、打印、粘贴印记或贴(挂)标签、吊牌。

3.3

标签 label

固定在包装件上的卡片,卡片上面标志内容包括产品名称、规格、制造厂等。

3.4

吊牌 tag

固定在包装件或容器上的一种活动标签,常用硬质塑料、金属材料制造。

3.5

捆扎材料 strapping

用来捆扎钢管或包装件的挠性材料,常采用的挠性材料有钢带、钢丝等。

3.6

捆扎保护材料 hand protector

放置在钢管之间或钢管与捆扎材料之间的,防止钢管损坏和防止包装捆扎材料被切断的材料。

4 验收规则

4.1 检查和验收

钢管的质量由制造厂技术质量监督部门进行检查和验收。供方应保证交货钢管符合相应产品标准的规定。需方有权按相应产品标准进行检查和验收。

4.2 组批规则

钢管应成批提交验收,组批规则应符合相应产品标准的规定。

4.3 检验项目、取样数量、取样部位和试验方法

钢管的检验项目、取样数量、取样部位和试验方法,应符合相应产品标准的规定。

4.4 冲击试验结果的判定

4.4.1 当产品标准无规定时,单根抽样钢管冲击试验应采用一组 3 个试样,一组 3 个试样的平均值应不小于规定值(最小平均值),允许其中有 1 个试样的值(单个值)低于规定值,但应不低于规定值的 70%。

4.4.2 若单根抽样钢管的一组 3 个试样的结果没有满足上述规定,但低于规定值的试样不超过 2 个,且低于规定值 70%的试样不超过 1 个,制造厂可从同一抽样钢管上再取一组 3 个试样,在第二组试样试验后,如果同时满足下列条件,该抽样钢管判为合格:

   a) 6 个试样的平均值不小于规定值;

   b) 低于规定值的试样不超过 2 个;

   c) 低于规定值 70%的试样不超过 1 个。

如果没有满足上述条件,该抽样钢管应判为不合格。

4.5 复验和判定

4.5.1 代表一批钢管的试验结果,某一项不符合产品标准的规定时,制造厂可从同一批剩余钢管中,任取双倍数量的试样,进行不合格项目的复验。冲击试验每根复验抽样钢管的试验要求和判定原则应符合 4.4 条的规定。若所有复验结果(包括该项目试验所要求的任一指标)均符合产品标准的规定,则除最初检验的不合格钢管外,该批钢管判为合格。

4.5.2 下列检验项目,初验不合格时,不允许进行复验:

   a) 低倍组织缺陷中有白点;

   b) 金相检验中的显微组织、晶粒度、脱碳层。

4.5.3 若复验结果不合格或初验金相检验不合格,制造厂可将该批剩余钢管逐根检验或整批重新进行热处理。重新热处理的钢管,应作为新的一批重新检查和验收。钢管重新热处理的次数应不超过 2 次。

4.6 化学成分的验收

如产品标准未作特殊规定,钢管的化学成分按熔炼成分验收。

4.7 数字修约

当需要评定试验结果是否符合规定值时,试验结果应修约到与规定值末位数字所标识的数位相一致,其修约方法应符合 GB/T 8170 的规定。

5 包装

5.1 一般规定

5.1.1 包装应能避免钢管在正常装卸、运输和贮存中松散和受损。

5.1.2 需方对钢管的包装材料和包装方式有特殊要求的应在合同中注明,若未注明,包装材料和包装方式由供方选择。

5.1.3 钢管产品的分类应符合 GB/T 15574 的规定。

5.2 包装材料

5.2.1 包装材料应符合有关标准的规定。本标准中没有包括的或没有具体规定的材料,其质量应当与预定的用途相适应。包装材料可根据技术和经济的发展而改变。

5.2.2 成捆钢管应采用捆扎材料捆扎牢固。捆扎材料可以是钢带、钢丝或非金属柔性材料等。

5.2.3 根据需方要求,为保护钢管不受损坏和捆扎材料不被切断,可在钢管与钢管间、钢管与捆扎材料间使用保护材料。保护材料可以是木材、金属、纤维板、塑料或其他适宜的材料。

5.2.4 根据需方要求，钢管内表面有清洁要求时，包装可用防护包装材料。常用的防护包装材料有牛皮纸、气相防锈纸、防油纸、塑料薄膜或在钢管两端加盖塑料封帽，外径大于 426 mm 的钢管没有封帽时可用麻袋布或塑料布封口包装管端两头。

5.2.5 根据需方要求，钢管表面可涂保护层。保护涂层应是防腐蚀材料，必要时应考虑到涂敷的方法、涂层厚度且容易去除。

保护涂层材料推荐使用表 1 所示的材料。若需方未在合同中注明，保护涂层材料由供方选择。

表 1

涂 层 类 型	涂层的方法	目 的
A 型——由溶在石油中的防锈剂组成的软质保护剂	冷喷、浸或刷	保护钢管在短期（室内贮存不超过三个月）保存期内不腐蚀、不生锈
C 型——硬质无水清漆、树脂或塑料涂层	冷喷、浸或刷	保护钢管在运输和室外贮存（不超过六个月）不腐蚀
D 型——溶在溶剂的中等软质薄膜保护剂	冷喷、浸或刷	保护定尺长度钢管的端部
水溶性	冷喷、浸或刷	保护钢管在运输和室外贮存（不超过六个月）不腐蚀

5.3 捆扎包装

5.3.1 钢管一般采用捆扎成捆包装交货。每捆应是同一批号（产品标准允许并批者除外）的钢管。抛光钢管、高精度钢管和冷拔（轧）不锈钢管每捆重量应不超过 2 500 kg，其余钢管每捆重量不应超过 5 000 kg。经供需双方协议，并在合同中注明，每捆钢管的重量可采用其他规定。

5.3.2 钢管捆扎包装件的形式，如图 1、图 2、图 3 和图 4 所示。捆扎部位应为距钢管两端端部 300 mm～500 mm 起，均匀分布各道次。经供需双方协商，也可采用其他捆扎包装件的形式。

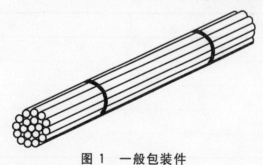

图 1 一般包装件

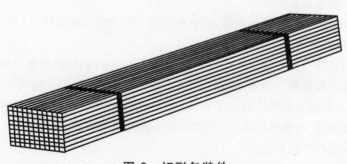

图 2 矩形包装件

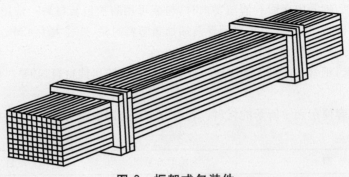

图 3　框架式包装件

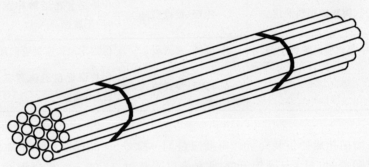

图 4　六角形包装件

5.3.3　每捆钢管的捆扎道数应符合表 2 的规定。

表 2

每捆钢管长度/m	最少捆扎道数
≤3	2
>3～4.5	3
>4.5～7	4
>7～10	5
>10	6

5.3.4　外径大于 159 mm 的钢管或截面周长大于 500 mm 的异型钢管,可散装交货。钢丝捆扎时,每道次应最少拧成 2 股,并根据钢管外径和每捆钢管重量的增加而增加每道次钢丝股数。

5.3.5　成捆钢管的一端应放置平齐。

5.3.6　定尺长度(或倍尺长度)交货的钢管,其搭配交货的非定尺(或非倍尺)长度钢管,应单独捆扎包装。短尺钢管应单独捆扎包装交货。

5.3.7　管端带螺纹的钢管应拧有螺纹保护器。公称直径小于 65 mm 的带螺纹低压流体输送用焊接钢管,可不拧螺纹保护器。根据需方要求,并在合同中注明,带螺纹的钢管一端可拧有管接头。

　　带螺纹的钢管及其管接头的螺纹和加工表面,应涂螺纹脂、防锈油或其他防锈剂。

5.3.8　管端开坡口的钢管,根据需方要求,钢管两端可加管端保护器。

5.3.9　不锈钢管应采用以下包装方式:

　　a)　壁厚与外径之比小于 3‰的不锈钢薄壁钢管捆扎应采用图 3 所示形式,或采用容器包装;大口
　　　　径不锈钢管应在其两端加上支撑物,以避免运输、装卸过程中发生变形;

　　b)　不锈钢抛光管捆扎前应逐根用塑料薄膜包裹;冷拔或冷轧不锈钢管捆扎前应用不少于两层的

麻袋布、编织带或塑料布紧密包裹。不锈钢管与钢带或钢丝之间应有保护材料;

　　c) 其他不锈钢管依据品种、最后一道工序、尺寸和运输方法的不同而采用适宜的包装方式。

5.3.10　抛光钢管、精密钢管捆扎前内外表面应涂防锈油或其他防锈剂,并用防潮纸和麻袋布(或编织带、塑料布)依次包裹。

5.4　容器包装

5.4.1　经供需双方协商并在合同中注明,壁厚不大于 1.5 mm 的冷拔或冷轧无缝钢管、壁厚不大于 1 mm 的电焊钢管、经表面抛光的热轧不锈钢管、表面粗糙度 Ra 不大于 3.2 μm 的精密钢管,可用坚固的容器(例如铁箱和木箱)包装。

5.4.2　包装后的容器可装钢管重量应符合表 3 的规定。经供需双方协商,每个容器的可装钢管重量可加大。

表 3

钢　管　类　型	每个容器的可装钢管最大重量/kg
外径小于 20 mm 的钢管和截面周长小于 65 mm 的异型钢管	2 500
外径不小于 20 mm 的钢管和截面周长不小于 65 mm 的异型钢管	3 000

5.4.3　钢管装入容器时,容器内壁应垫上油毡纸、塑料布或其他防潮材料。对外表面有要求的钢管不允许松散在容器内,应用捆扎材料将钢管捆扎在一起,以防在吊装和运输中钢管在容器内碰撞、摩擦而造成外表面受损。容器外部应用钢带、双股钢丝或其他方法捆扎拧紧。

5.4.4　管接头单独发货应装入容器。每个容器的最大的重量为 250 kg。

6　标志

6.1　一般要求

6.1.1　标志应醒目、牢固,字迹应清晰、规范、不易褪色。

6.1.2　标志应至少包括如下内容:制造厂名称或商标、产品标准号、钢的牌号、产品规格及可追踪性识别号码。对于精加工程度高的钢管可以增加主要性能指标和尺寸精度级别等内容。

6.1.3　标志可采用喷印、盖印、滚印、打印、粘贴印记或贴(挂)标签、吊牌等方法,供方可选择一种或多种标志方法。

6.1.4　不锈钢管表面所用标记漆或墨水不得含有任何有害的金属或金属盐,如锌、铅或铜。

6.2　钢管标志

6.2.1　外径不小于 36 mm 的钢管应在距钢管一端端头不小于 200 mm 处开始,按 6.1.3 条规定的标志方法逐根进行标志。外径小于 36 mm 的钢管可不逐根标志。

6.2.2　低压流体输送用焊接钢管和镀锌焊接钢管、电线套管、一般用途的电焊钢管、异型断面焊接钢管、复杂断面的异型无缝钢管,可不逐根标志。

6.2.3　合金钢钢管标志应在钢的牌号后印有炉号、批号。

6.2.4　地质、石油用钢管的管接头,应有钢的牌号(钢级)标志。

6.2.5　车左螺纹的带螺纹钢管,应在标准号后印有"左"字或使用英文字母"L"。

6.2.6　成捆包装的每捆钢管应贴(挂)不少于 2 个标签或吊牌,每根钢管上有标记的可贴(挂)1 个标签或吊牌。标签或吊牌上应至少包括以下内容:制造厂名称或商标、产品标准号、钢的牌号、产品规格、炉号(产品标准未规定化学成分者除外)、批号、重量(或根数)和制造日期。

6.2.7　容器包装的钢管及管接头,在容器内应附 1 个标签或吊牌。在容器外端面上,也应贴(挂)1 个标签或吊牌。标签或吊牌上的内容应符合 6.2.6 条的规定。

7　质量证明书

7.1　每批交货的钢管应附有证明该批钢管符合订货合同和产品标准规定的质量证明书。

7.2　质量证明书应由制造厂技术质量监督部门盖章,或由指定的负责人签发。

7.3　质量证明书应包括以下内容:

　　a)　制造厂名称;

　　b)　需方名称;

　　c)　合同号;

　　d)　产品标准号;

　　e)　钢的牌号;

　　f)　炉号、批号、交货状态、重量、根数(或件数);

　　g)　品种名称、规格及质量等级;

　　h)　产品标准中所规定的各项检验结果(包括参考性指标);

　　i)　技术质量监督部门标记;

　　j)　质量证明书签发日期或发货日期。

ICS 77.140.65
H 49

中华人民共和国国家标准

GB/T 2103—2008
代替 GB/T 2103—1988

钢丝验收、包装、标志及
质量证明书的一般规定

General requirements for acceptance, packing, marking and
quality certification of steel wire

2008-08-19 发布
2009-04-01 实施

中华人民共和国国家质量监督检验检疫总局
中国国家标准化管理委员会 发布

前　言

本标准代替 GB/T 2103—1988《钢丝验收、包装、标志及质量证明书的一般规定》。

本标准与 GB/T 2103—1988 相比,主要变化如下:

——对优质钢丝以外的钢丝,加严形状、尺寸和表面检查数量;

——力学性能取样数量的变化,优质钢丝由抽取 10%修改为 5%;

——包装类型的变化,由Ⅰ、Ⅱ、Ⅱc、Ⅲ、Ⅳ及Ⅴ共 6 种,修改为 A～G 共 7 种;

——包装名称的变化,将防潮、防锈油和气相防锈包装合并为防锈包装;

——包装方法的变化,修改了防护包装和防锈包装的外包装,增加不带芯轴或带芯轴密排层绕包装、线轴包装和带线架包装;

——修改了直条钢丝的捆扎道次;

——包装材料的变化,将一般钢丝和优质钢丝的捆扎钢丝和捆扎钢带的要求,合并为无镀层钢丝的要求;

——增加了包装方法(见附录 A)。

本标准附录 A 为资料性附录。

本标准由中国钢铁工业协会提出。

本标准由全国钢标准化技术委员会归口。

本标准主要起草单位:东北特殊钢集团有限责任公司、冶金工业信息标准研究院、贵州钢绳股份有限公司、宝钢集团上海二钢有限公司。

本标准主要起草人:徐效谦、真娟、王玲君、戴石锋、杨红英、周代义。

本标准所代替标准的历次版本发布情况为:

——GB 2103—1980,GB/T 2103—1988。

钢丝验收、包装、标志及
质量证明书的一般规定

1 范围

本标准规定了钢丝的验收规则、包装、标志、质量证明书及贮存和运输等。

本标准适用于钢丝验收、包装、标志及质量证明书的一般规定,当钢丝产品标准另有规定时,应按相应产品标准规定执行。

2 规范性引用文件

下列文件中的条款通过本标准的引用而成为本标准的条款。凡是注日期的引用文件,其随后所有的修改单(不包括勘误的内容)或修订版均不适用于本标准,然而,鼓励根据本标准达成协议的各方研究是否可使用这些文件的最新版本。凡是不注日期的引用文件,其最新版本适用于本标准。

GB/T 4879—1999　防锈包装

YB/T 025—2002　包装用钢带

YB/T 5294—2006　一般用途低碳钢丝

JB/T 6067—1999　气相防锈塑料薄膜

JB/T 6071　气相防锈剂

QB/T 1319　气相防锈纸

SH/T 0692—2000　防锈油

3 验收规则

3.1 检查和验收

3.1.1 钢丝的检查和验收由供方质量监督部门进行。

3.1.2 供方必须保证交货的钢丝符合相应产品标准和合同的要求。需方有权按相应产品标准和合同的要求进行验收。

3.2 组批规则

钢丝应成批验收。每批钢丝由同一牌号、同一炉号(或同一生产批号)、同一形状、同一尺寸及同一交货状态的钢丝组成。

3.3 取样数量

3.3.1 钢丝的取样数量应符合相应产品标准的规定。

3.3.2 如果产品标准未规定取样数量,则按下列规定执行:

钢丝应逐盘进行形状、尺寸和表面检查。

从检查合格的钢丝中抽取 5%,但不少于三盘,进行力学性能试验及其他试验。

3.4 复验与判定规则

在检查中,如有某一项检查结果不符合产品标准或合同的要求,则该盘不得交货。并从同一批未经试验的钢丝盘中取双倍数量的试样进行该不合格项目的复验(包括该项试验所要求的任一指标),复验结果即使有一个试样不合格,则不得整批交货,但允许对该批产品逐盘检验,合格产品允许交货。供方可以对复验不合格钢丝进行分类加工(包括热处理)后,重新提交验收。

4 包装

4.1 包装类型

4.1.1 钢丝按 GB/T 4879—1999 中的 3 级包装(防锈期限 2 年)规定进行包装,包装类型和要求应符合表 1 规定。包装类型应在产品标准中规定,或在合同中注明。未注明的由供方根据产品特性和运输方法确定包装方式。经供需双方协商,也可采用其他方法进行包装。

表 1　钢丝的包装类型及包装要求

包装类型	包装名称	防锈剂	内包装	外包装	捆扎
A	无防护包装	—	—	—	盘卷捆扎不少于 4 处,直条按表 2 规定
B	防护包装	—	—	防潮、防水、无腐蚀材料或聚丙烯编织物等	盘卷捆扎不少于 4 处,直条按表 2 规定
C	防锈包装	防锈油、脂	中性石蜡纸、聚乙烯薄膜或中性复合材料等	麻布、塑料编织物或其他材料	盘卷捆扎不少于 4 处,直条按表 2 规定
D	不带芯轴或带芯轴密排层绕包装	防锈油或气相缓蚀剂	硬(纤维)纸套桶、中性石蜡纸或气相防锈塑料薄膜	麻布、塑料编织物或其他材料	内、外包装捆扎均不少于 4 处
E	线轴包装	气相缓蚀剂	袋装干燥剂、热塑封包或铝塑薄膜真空封装	瓦楞纸箱	底部垫板,塑料封包
F	工字轮包装	防锈油或气相缓蚀剂	中性石蜡纸	塑料编织物或其他材料	外捆扎不少于 2 处
G	容器包装	防锈油或气相缓蚀剂	内衬气相防锈塑料薄膜或气相防锈纸,干燥剂	包装桶或木箱	牢固封严

4.1.2　直条钢丝要用镀锌钢丝(或软钢丝)捆扎结实,捆扎道次应符合表 2 规定。

表 2　直条钢丝的最少捆扎道次

钢丝长度/m	最少捆扎道次	
	内捆扎	外捆扎
≤3.0	3	3
>3.0~6.0	3	4
>6.0~9.0	4	5
>9.0	5	6

4.2　包装方法

4.2.1　钢丝可以选用成捆、不带芯轴或带芯轴密排层绕、缠线轴(工字轮)、带线架或装容器包装;直条钢丝可以成捆或装箱包装。根据产品标准规定或需方要求,可以供应定盘重、定捆重或定尺长度的钢丝。

4.2.2　钢丝具体包装方法参见附录 A《钢丝包装方法》。

4.3 包装材料

4.3.1 捆扎用钢丝或钢带的技术指标应不低于表 3 规定。若采用其他捆扎材料,材料性能应不低于捆扎钢丝或钢带的要求。

4.3.2 内包装材料应选用中性石蜡纸、聚乙烯薄膜、气相防锈纸和气相防锈塑料薄膜等中性、耐油、防潮的包装材料,也可用耐油复合材料直接包装。

4.3.3 防锈材料

4.3.3.1 防锈油应选用 SH/T 0692—2000 标准中列出的溶剂稀释型防锈油、润滑油型防锈或气相防锈油中的任一种或几种混合使用。若采用其他防锈油,其质量不应低于上述防锈油的技术指标。

4.3.3.2 要求气相防锈的钢丝应采用符合 QB/T 1319 规定的气相防锈纸,或符合 JB/T 6067—1999规定的气相防锈塑料薄膜包装,或放入气相防锈粉剂、片剂、丸剂等符合 JB/T 6071 规定的气相缓蚀剂,内包装要求密封。

表 3 捆扎用钢丝或钢带的技术要求

捆扎材料	钢丝分类	无镀层钢丝		镀层钢丝	
	钢丝直径/mm	<1.6	≥1.6	<1.6	≥1.6
捆扎钢丝	标准	YB/T 5294—2006,1 类镀锌(SZ)丝 或强度相近的软钢丝		YB/T 5294—2006,1 类镀锌(SZ)丝	
	直径/mm	≤1.6	>1.6~2.0	≤1.6	>1.6~2.0
捆扎钢带	标准	YB/T 025—2002,Ⅱ-P-G 类		YB/T 025—2002,Ⅱ-P-D 类	
	规格/mm	0.4~0.6×13~16	>0.6~0.8×13~32	0.4~0.6×13~16	>0.6~0.8×13~32

5 标志

钢丝内外包装均应挂有标牌,标牌字迹要清晰,绑敷牢固、不易脱落,标牌上应包含但不限于以下内容:

    a) 供方名称或商标;
    b) 产品名称;
    c) 牌号;
    d) 炉号或批号;
    e) 尺寸(规格);
    f) 外包装标牌上应注明毛重、净重及件数。

6 质量证明书

每批钢丝必须附有质量证明书,质量证明书应包含但不限于以下内容:

    a) 供方名称或商标;
    b) 需方名称;
    c) 发货日期;
    d) 产品标准号;
    e) 产品名称及牌号(组别);
    f) 炉号或批号;
    g) 尺寸(规格);
    h) 交货状态;
    i) 重量、件数;

j)　合同号；

k)　产品标准规定的各项检验结果（包括参考性指标）；

l)　包装类型；

m)　质量监督部门印章。

7　贮存和运输

7.1　钢丝应在清洁、干燥、并在防雨防潮条件下分类贮存。

7.2　钢丝应平稳装卸，整齐堆垛，防止从高处跌落。

7.3　钢丝在中途转运过程中应放在干燥场地，底层用干燥垫木，上面用雨布封严，防止受潮。

附　录　A

（资料性附录）

钢丝包装方法

A.1　成捆包装

A.1.1　每捆钢丝允许由一盘卷或数盘卷钢丝组成，除需方另有要求，每捆钢丝重量由供方根据生产和运输条件确定，一般不大于 2 000 kg。

A.1.2　每盘卷应由一根钢丝组成，要用镀锌钢丝（或软钢丝）、钢带或不影响钢丝表面质量并能满足捆扎要求的材料捆扎结实，捆扎应均匀，不少于 4 处。用钢带包装时，带下必须衬垫无腐蚀性软垫。直径小于 0.7 mm 的成盘钢丝，可用自身端头缠绕扎紧；直径不大于 4 mm 的成盘钢丝，端头应弯入盘内或作标志；直径大于 4 mm 的成盘钢丝，端头应有明显标志。

A.2　不带芯轴和带芯轴密排层绕包装

在可拆卸工字轮或收线轴上套一个硬质（纤维）套桶，层绕排线完成后钢丝端头作标识，连同套桶一起卸下，在两端套上硬质（纤维）档环，用镀锌钢丝或不影响钢丝表面质量并能满足捆扎要求的材料捆扎结实，捆扎应均匀，不少于 4 处。按表 1 要求作内、外包装，并捆扎妥当。

A.3　线轴（工字轮）包装

钢丝整齐排绕在线轴（工字轮）上，端部有明显标识。线轴（工字轮）缠绕钢丝高度不得超过 90%，外缠一层气相防锈纸或气相防锈塑料薄膜，再用热缩塑料套封或铝塑薄膜真空封装。封装的线轴装入尺寸合适的瓦楞纸箱中，纸箱表面标志要明显，不易脱落。

A.4　带线架包装

使用带锥度的钢制装线架，将架杆装线部位用塑料薄膜包裹好，架底套上木制环板，然后采用倒立式下线机将钢丝直接卸在线架上，达到额定重量（或长度）后，在钢丝端部作标记，顶部加盖环板，钢丝外围用中性包装纸、塑料薄膜成编织布围裹，再用包装带将上下盖板与线架捆扎牢靠。带线架包装可以单架交货，也可以两个线架套装交货；线架可以一次性使用（丢弃线架），也可以反复使用。

A.5　容器包装

A.5.1　带芯轴的硬纸（纤维）桶包装

倒立式下线机将钢丝直接下到中间带有芯轴的硬纸（纤维）桶中，硬纸（纤维）桶中放入防锈粉和干燥剂，顶部和底部加环形盖板密封，再用钢带捆牢。纸桶一般内衬塑料薄膜，也可用气相防锈塑料薄膜覆盖。几个纸桶可装在一个木质托架上，用钢带捆牢即可发运。

A.5.2　硬纸（纤维）桶、铁桶或木箱包装

将内包装好的盘卷钢丝或带芯轴层绕钢丝直接装入桶或木箱中，加入防锈粉和干燥剂，密封包装。集中包装发运程序同上。

ICS 77.140.65
H 49

中华人民共和国国家标准

GB/T 2104—2008
代替 GB/T 2104—1988

钢丝绳包装、标志及质量证明书的
一般规定

Steel wire ropes—Packing, marking and
certificate—General requirements

2008-08-19 发布　　　　　　　　　　　　　　　2009-04-01 实施

中华人民共和国国家质量监督检验检疫总局
中国国家标准化管理委员会　发布

前　言

本标准代替 GB/T 2104—1988《钢丝绳包装、标志及质量证明书的一般规定》。

本标准与 GB/T 2104—1988 相比主要变化如下：

——改进工字轮包装；

——将工字轮包装金属丝（带）或塑料包装带在距轮缘内部不大于 150 mm 处捆扎二道，改为 200 mm；

——在标志和包装中增加了生产许可证编号；

——删除附表 1。

本标准由中国钢铁工业协会提出。

本标准由全国钢标准化技术委员会归口。

本标准主要起草单位：宝钢集团上海二钢有限公司、贵钢绳股份有限公司、冶金工业信息标准研究院。

本标准主要起草人：周代义、张军、王姜敏、杨红英、王玲君、戴石锋。

本标准所代替标准的历次版本发布情况为：

——GB 2104—1980，GB/T 2104—1988。

钢丝绳包装、标志及质量证明书的
一般规定

1 范围

本标准规定了钢丝绳的三种包装方法、标志及质量证明书等内容。

本标准适用于钢丝绳包装、标志及质量说明书的一般要求。当产品标准或需方有具体规定时,按相应规定执行。

2 包装

2.1 一般情况下,每条钢丝绳都应单独包装。

2.2 包装方法分下列3种。包装类型应在合同中注明。若未注明,由供方选择。

2.2.1 方法一:无工字轮包装

钢丝绳应用镀锌铁丝(或低碳钢丝)、钢带或不影响钢丝绳表面质量并能满足捆扎要求的材料捆扎结实、均匀,用防潮材料包严缠紧,包装材料端部用金属丝(带)扎牢,最后用镀锌铁丝(或低碳钢丝)、钢带或塑料包装带捆扎结实、均匀。根据钢丝绳卷外径大小和重量,考虑横向捆扎和纵向捆扎(见图1),金属丝捆扎端头必须平伏。

除非另有要求,每卷钢丝绳的重量不应大于 500 kg。

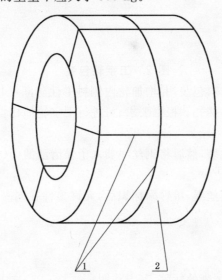

1——金属丝(带)或塑料包装带;

2——外包装。

图 1 无工字轮包装

2.2.2 方法二:工字轮包装

工字轮可选用木材、钢、钢木或其他适当材料制成,应有足够的强度,以保证正常运输中不受损坏。

工字轮应不潮湿,木质工字轮应干燥且中心轴孔必要时用金属材料加固。工字轮轮芯直径由供方选择,但要保证所卷钢丝绳拆卷后不变形。工字轮边缘应高出所卷钢丝绳的最外层:直径小于 15 mm 的钢丝绳,其高出量不应小于钢丝绳直径的 2 倍;直径大于或等于 15 mm 的钢丝绳,其高出量不应小于 30 mm。

为保证防潮效果,在卷绳前,轮芯和轮壁可衬一层中性防潮纸或其他中性防潮材料。卷绳时,钢丝绳应排绕整齐、紧密。卷绳后,应切净绳头松散部分并将其固定结实。然后,在外层钢丝绳上紧密地包上一层中性防潮材料,再用金属丝(带)或塑料包装带在距轮缘内侧不大于 200 mm 处捆扎二道(见图2),不应有明显外露的钢丝绳。如捆扎道的间距大于 500 mm,应在中间部位增加一道(见图 2 虚线部位),用金属丝捆扎的端头应平伏。

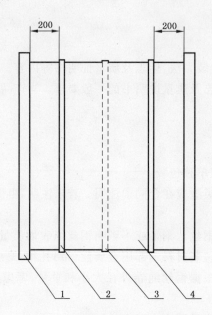

1——工字轮;

2、3——金属丝(带)或塑料包装带;

4——外包装。

图 2　工字轮包装

根据需要,工字轮增加防护材料包装,并增加轮内侧衬中性防潮材料,外层再用木板或其他相当的防护材料覆盖,最后用金属丝(带)捆扎。根据要求,可进行工字轮加托盘(托架)包装。

2.2.3　方法三:桶(箱)包装

2.2.3.1　先按 2.2.1 或 2.2.2 包装,然后将钢丝绳装入干燥清洁的桶(箱)中,桶(箱)盖应封闭严实,以便防污防潮。

2.2.3.2　对定尺有要求的卷装钢丝绳,单件附标识后,允许多件在同一桶(箱)内,对于裸装钢丝绳,在桶(箱)内应加防潮材料。

3　标志

钢丝绳包装外部应附有牢固清晰的标牌,其上注明:

　　a)　供方名称和商标、地址;

　　b)　钢丝绳名称;

　　c)　产品标准号;

　　d)　钢丝绳的直径、结构、表面状态、捻法和长度;

　　e)　钢丝绳净重和毛重;

　　f)　钢丝绳公称抗拉强度;

　　g)　钢丝绳破断拉力或钢丝破断拉力总和;

　　h)　钢丝绳出厂编号;

　　i)　钢丝绳制造日期;

j)　QS 标志；

k)　生产许可证号(需要时)；

l)　检查员印记。

4 质量证明书

交货钢丝绳应附有质量证明书,其中应注明:

a)　供方名称、地址、电话和商标；

b)　钢丝绳名称；

c)　产品标准编号；

d)　钢丝绳的直径、结构、表面状态、捻法和长度；

e)　钢丝绳净重；

f)　钢丝绳公称抗拉强度；

g)　钢丝绳中试验钢丝的公称直径和公称抗拉强度；

h)　实测钢丝绳破断拉力或实测钢丝破断拉力总和；

i)　钢丝绳中钢丝试验结果(具体按产品标准要求)；

j)　钢丝绳出厂编号；

k)　技术监督部门印记；

l)　生产许可证号(需要时)；

m)　质量证明书编号；

n)　质量证明书审核员的印记或签名；

o)　开具质量证明书日期。

ICS 77.120.10
H 61

中华人民共和国国家标准

GB/T 3199—2007
代替 GB/T 3199—1996

铝及铝合金加工产品
包装、标志、运输、贮存

Wrought aluminium and aluminium alloy products—
Packing, marking, transporting and storing

2007-04-30 发布

2007-11-01 实施

中华人民共和国国家质量监督检验检疫总局
中国国家标准化管理委员会 发布

前　言

本标准代替 GB/T 3199—1996《铝及铝合金加工产品　包装、标志、运输、贮存》。

本标准与 GB/T 3199—1996 相比,主要变化如下:

——对铝材包装方式进行了修改,对每一种包装方式做了详细的描述并绘制了结构示意图;

——增加了铝材表面贴膜的质量要求;

——增加了出口木质包装箱检验检疫要求;

——增加了在起吊位置加保护铁角以及用塑钢带捆扎产品(或在钢扣与产品接触处加垫保护材料)的要求;

——增加了包装材料的种类,及其可回收、可降解处理的要求;

——增加了防锈油水份要求;

——取消了采用工业凡士林和机械油混用的涂油防锈要求。

本标准由中国有色金属工业协会提出。

本标准由全国有色金属标准化技术委员会归口并负责解释。

本标准负责起草单位:西南铝业(集团)有限责任公司。

本标准参加起草单位:广东坚美铝型材厂有限公司、福建省南平铝业有限公司、东北轻合金有限责任公司、云南新美铝铝箔有限公司、中铝瑞闽铝板带有限公司。

本标准主要起草人:邓志玲、卢继延、林洁、王国军、高珺、吴建国、李瑞山、章吉林。

本标准所代替标准的历次版本发布情况为:

——GB/T 3199—1982、GB/T 3199—1996。

铝及铝合金加工产品
包装、标志、运输、贮存

1 范围

本标准规定了铝及铝合金加工产品的包装、标志、运输和贮存。

本标准适用于铝及铝合金加工产品：板、带、箔、管、棒、型、线、锻件和粉材。

2 规范性引用文件

下列文件中的条款通过本标准的引用而成为本标准的条款。凡是注日期的引用文件，其随后所有的修改单（不包括勘误的内容）或修订版均不适用于本标准，然而，鼓励根据本标准达成协议的各方研究是否可使用这些文件的最新版本。凡是不注日期的引用文件，其最新版本适用于本标准。

GB 190 危险货物包装标志

GB/T 191 包装储运图示标志

YB/T 025 包装用钢带

SH/T 0692 防锈油

3 包装通则

3.1 包装箱、架、托盘要求

3.1.1 包装箱、架、托盘可用木材制造，也可用金属或其他材料制成，要保证其有足够的强度，不能因其破损而使产品受到损坏。

3.1.2 包装箱、架、托盘的尺寸应能满足产品尺寸要求，保证产品在箱内无窜动或挤折。采用集装箱发运时，还应考虑与其尺寸匹配。

3.1.3 包装箱、架、托盘加强带的距离除能满足包装箱、架、托盘的坚固性要求外，还应满足吊车叉车的作业要求。

3.1.4 制作木质包装箱、架、托盘时，钉子应呈迈步形排列，钉帽要打靠，钉尖要盘倒，不得有冒钉、漏钉现象，吊运位置宜钉起吊保护铁角。

3.1.5 制作金属包装箱、架、托盘时，应焊（铆）接牢固，不得有漏焊（铆）；焊疤（铆钉）要打磨，不得损伤铝材。

3.1.6 各种包装箱、架、托盘应规整、清洁、干燥。

3.2 包装材料要求

3.2.1 包装材料主要有纸类、木材类、金属类、塑料类、复合材料类、麻类等。所有包装材料应符合环保要求，并可回收、再生或降解处理。

3.2.2 与铝材直接接触的包装材料的水溶性应呈中性或弱酸性，其中纸的含水率≤10%，木材的含水率≤20%。

3.2.3 制作出口包装箱的木材应进行化学熏蒸处理、高温热处理或其他处理，且木材上不允许有残留的树皮。

3.2.4 保护膜用胶应与铝材表面状态相匹配,不得发生化学反应及胶转移现象。

3.3 其他要求

3.3.1 包装捆扎用钢带或塑钢带,钢带质量应符合 YB/T 025 标准要求。使用钢带时,应在钢带与产品直接接触的棱角处或钢扣处垫上保护材料。

3.3.2 产品的具体包装方式及处理方法应符合相应的产品标准要求或用户要求。

4 包装方式

4.1 板材包装方式

4.1.1 下扣式、普通箱式、夹板式及保护角式

4.1.1.1 下扣式、普通箱式、夹板式及保护角式包装方式的包装结构示意图如图1~图4所示。

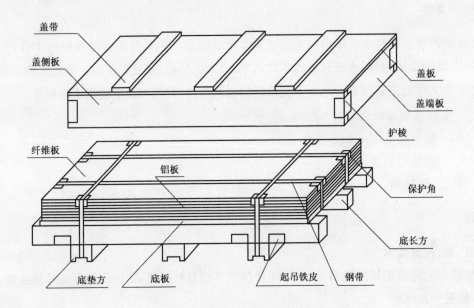

图 1 下扣式包装结构示意图

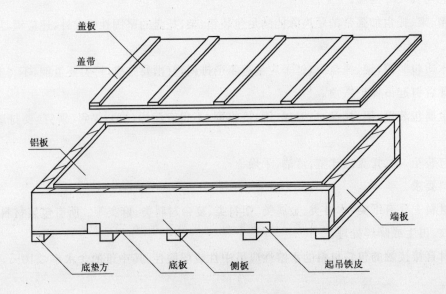

图 2 普通箱式包装结构示意图

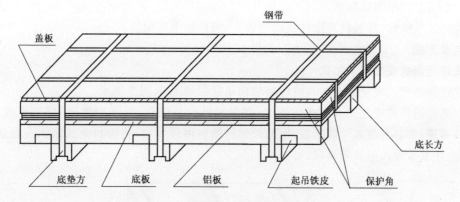

图 3　夹板式包装结构示意图

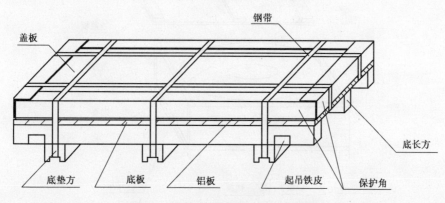

图 4　保护角式包装结构示意图

4.1.1.2 下扣式、普通箱式、夹板式及保护角式包装时，应首先在包装箱底铺上一层塑料薄膜，接着铺一层中性（或弱酸性）防潮纸或其他防潮材料，然后将板材按下述方法之一装入包装箱内：

　　a) 涂油、板间垫纸后装箱；

　　b) 涂油、板间不垫纸装箱；

　　c) 不涂油、板间垫纸或垫泡沫塑料片后装箱；

　　d) 不涂油、不垫纸装箱；

　　e) 表面贴膜后装箱。

4.1.1.3 装好后，再将已铺好的包装材料向上规则包好，接头处用粘胶带密封好，上面覆盖一层塑料薄膜，并用粘胶带固定好，然后加盖（加保护角），用钢带捆紧。

4.1.2 简易式或裸件式

4.1.2.1 简易式或裸件式的包装结构示意图如图 5 所示。

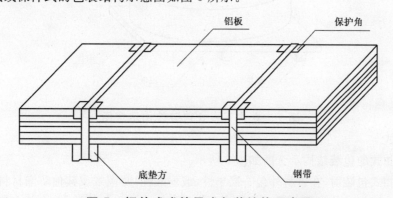

图 5　裸件式或简易式包装结构示意图

4.1.2.2 简易式包装时，在板材外包一层中性（或弱酸性）防潮纸或其他防潮材料，一层塑料薄膜，封口后放在底垫方上,然后用钢带捆紧。

4.1.2.3　裸件式包装时,将板材直接放在底垫方上,然后用钢带捆紧。

4.2　带材包装方式

4.2.1　立式普通箱式或立式下扣式

4.2.1.1　立式普通箱式或立式下扣式的包装结构示意图如图6、图7所示。

4.2.1.2　立式普通箱式或立式下扣式包装时,在带材外包一层中性(或弱酸性)防潮纸或其他防潮材料、一层塑料薄膜,卷芯内放入干燥剂后,用粘胶带将塑料薄膜封口,将带材立式装入包装箱内,也可多卷重叠后按上述要求装入包装箱内,加盖封箱。

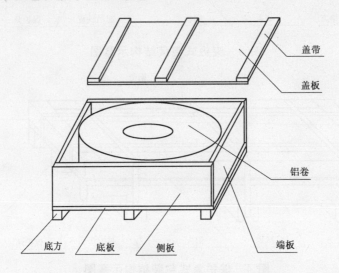

图6　立式普通箱式包装结构示意图

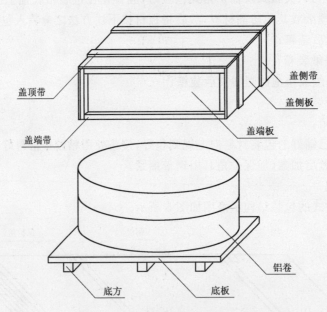

图7　立式下扣式包装结构示意图

4.2.2　卧式下扣式

4.2.2.1　卧式下扣式的包装结构示意图如图8所示。

4.2.2.2　卧式下扣式包装时,在带材外包一层中性(或弱酸性)防潮纸或其他防潮材料、一层塑料薄膜,卷芯内放入干燥剂后,用粘胶带将塑料薄膜封口。将带材卧式装入包装箱内,也可多卷重叠后按上述要求装入包装箱内,加盖封箱。

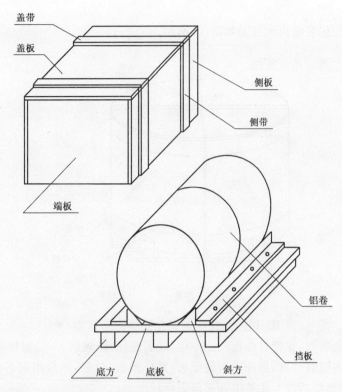

图 8 卧式下扣式包装结构示意图

4.2.3 卧式"井"字架式

4.2.3.1 卧式"井"字架式的包装结构示意图如图 9 所示。

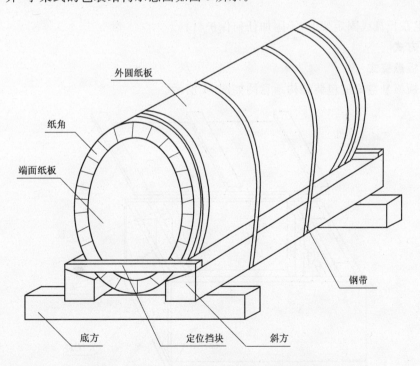

图 9 卧式"井"字架式包装结构示意图

4.2.3.2 卧式"井"字架式包装时,在带材外包一层中性(或弱酸性)防潮纸或其他防潮材料、一层塑料薄膜,卷芯内放入干燥剂后,用粘胶带将塑料薄膜封口后,最外面用硬纸板(或纤维板)包复,然后用钢带(或塑钢带)将带材固定在卧式"井"字架上,或多卷串联后按上述要求固定在卧式"井"字架上。

4.2.4 立式托盘式

4.2.4.1 立式托盘式的包装结构示意图如图10所示。

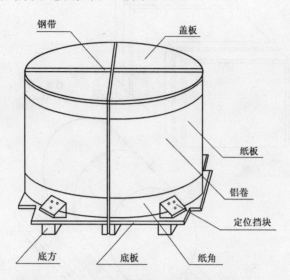

图 10 立式托盘式包装结构示意图

4.2.4.2 立式托盘式包装时，在带材外包一层中性(或弱酸性)防潮纸、一层塑料薄膜，卷芯内放入干燥剂后，用粘胶带将塑料薄膜封口后，最外面用硬纸板(或纤维板)包复，然后用钢带(或塑钢带)将带材立式固定在托盘上或多卷串联后按上述要求立式固定在托盘上。

4.2.5 简易式

在带材外包一层中性(或弱酸性)防潮纸、一层塑料薄膜后，用钢带固定在"井"字架或立式托盘上。

4.2.6 裸件式

将带材固定在托盘或固定架上，不附加任何保护材料。

4.3 铝箔包装方式

4.3.1 卧式插板悬空式

4.3.1.1 卧式插板悬空式的包装结构示意图如图11所示。

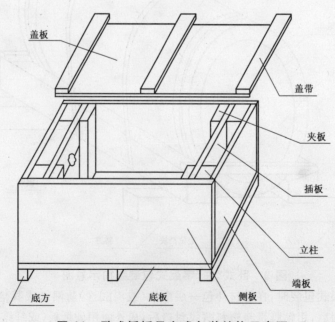

图 11 卧式插板悬空式包装结构示意图

4.3.1.2　卧式插板悬空式包装时,在铝箔卷外面包一层中性(或弱酸性)防潮纸或其他防潮材料,套上塑料袋,卷端面垫上软衬垫,放入干燥剂,然后将塑料袋两端收拢后塞入卷芯内密封好,在卷芯内插入钢管芯(木轴)后将铝箔卷以卧式悬空放入包装箱内,加盖封箱。

4.3.2　卧式芯管支承扣合式

4.3.2.1　卧式芯管支承扣合式的包装结构示意图如图12所示。

4.3.2.2　卧式芯管支承扣合式包装时,在铝箔卷外面包一层中性(或弱酸性)防潮纸或其他防潮材料,套上塑料袋,卷端面垫上软衬垫,放入干燥剂,然后将塑料袋两端收拢后密封固定好,将铝箔卷以卧式悬空放入包装箱内,加盖封箱。

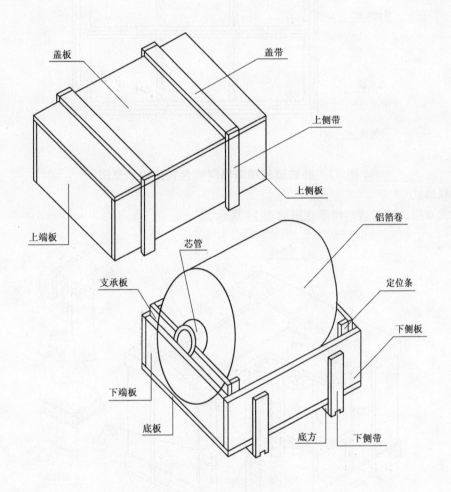

图 12　卧式芯管支承扣合式包装结构示意图

4.3.3　卧式塑料端盖悬空式

4.3.3.1　卧式塑料端盖悬空式的包装结构示意图如图13所示。

4.3.3.2　卧式塑料端盖悬空包装时,在铝箔卷外面包一层中性(或弱酸性)防潮纸或其他防潮材料,套上塑料袋,在卷芯内放入干燥剂,端面垫上软衬垫,将塑料袋两端收拢后塞入卷芯内,再插入塑料端盖,然后以卧式悬空放入包装箱内,加盖封箱。

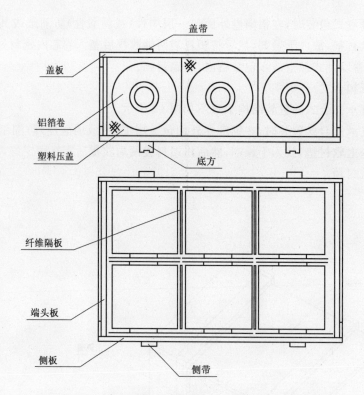

图 13 卧式塑料端盖悬空式包装结构示意图

4.3.4 立式双层式

4.3.4.1 立式双层式的包装结构示意图如图 14 所示。

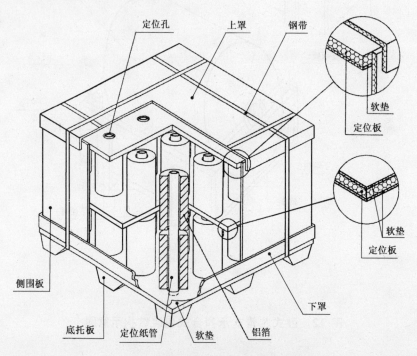

图 14 立式双层式包装结构示意图

4.3.4.2 立式双层式包装时,先在下罩上方铺一层软垫,将铝箔卷轴向垂直对正底板上的定位孔依次放置,当下层放置完毕后,在铝箔卷的顶部先铺一层软垫,然后放置定位板,重复上述步骤;当双层装满后,用定位纸管由上向下插入芯管中将上下铝箔卷定位,在铝箔卷的空隙处固定放置适量干燥剂,套上塑料袋、侧围板加罩封箱打包。

4.3.5 立式普通箱式或立式下扣式

4.3.5.1 立式普通箱式或立式下扣式的包装结构示意图如图6、图7所示。

4.3.5.2 立式普通箱式或立式下扣式包装时,在铝箔卷外包一层中性(或弱酸性)防潮纸或其他防潮材料、一层塑料薄膜,卷芯内放入干燥剂后,用粘胶带将塑料薄膜封口,将铝箔卷立式装入包装箱内或多卷重叠后按上述要求立式装入包装箱内,加盖封箱。

4.3.6 卧式下扣式

4.3.6.1 卧式下扣式的包装结构示意图如图8所示。

4.3.6.2 卧式下扣式包装时,在铝箔卷外包一层中性(或弱酸性)防潮纸或其他防潮材料、一层塑料薄膜,卷芯内放入干燥剂后,用粘胶带将塑料薄膜封口,将铝箔卷卧式装入包装箱内或多卷重叠后按上述要求装入包装箱内,加盖封箱。

4.3.7 卧式"井"字架式

4.3.7.1 卧式"井"字架式的包装结构示意图如图9所示。

4.3.7.2 卧式"井"字架式包装时,在铝箔卷外包一层中性(或弱酸性)防潮纸、一层塑料薄膜,卷芯以内放入干燥剂后,用粘胶带将塑料薄膜封口后,最外面用硬纸板(纤维板)包复,然后用钢带(塑钢带)将铝箔卷固定在卧式"井"字架上或多卷串联后按上述要求固定在卧式"井"字架上。

4.4 管、棒及工业型材的包装方式

4.4.1 普通箱式

4.4.1.1 普通箱式的包装结构示意图如图15所示。

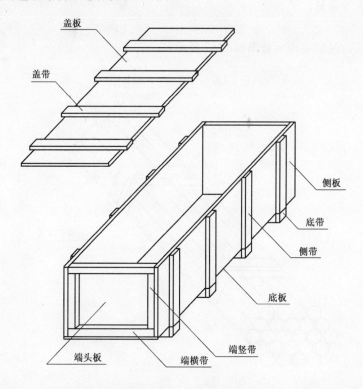

图 15 普通箱式包装结构示意图

4.4.1.2 普通箱式包装时,应首先在包装箱内铺一层塑料薄膜,接着铺一层中性(或弱酸性)防潮纸或其他防潮材料,然后将产品涂油后或不涂油直接装入包装箱内,再将已铺好的包装材料向上规则包好,接头处用粘胶带密封好,加盖封箱。

4.4.2 简易式

4.4.2.1 简易式的包装结构示意图如图16所示。

GB/T 3199—2007

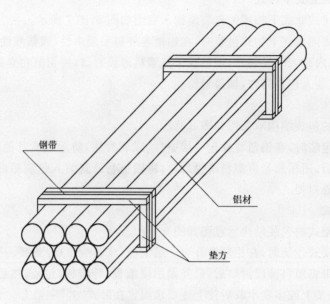

图 16　简易式包装结构示意图

4.4.2.2　简易式包装时,将产品放进垫有塑料薄膜或无塑料薄膜的四方形定位框架内,在打钢带处四周包上木方,然后用钢带捆紧。

4.4.3　裸件成捆式

4.4.3.1　裸件成捆式的包装结构示意图如图 17 所示。

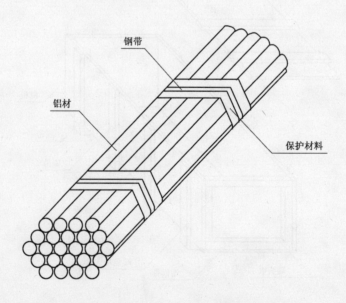

图 17　裸件成捆式包装结构示意图

4.4.3.2　裸件成捆式包装时,将产品用麻袋(或其他保护材料)缠绕后用钢带打紧或仅在打钢带处缠麻袋(或其他保护材料),其他部位裸露。

4.4.4　裸件成排式

4.4.4.1　裸件成排式的包装结构示意图如图 18 所示。

324

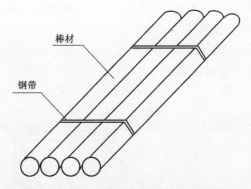

图18 裸件成排式包装结构示意图

4.4.4.2 裸件成排式包装时,将产品摆成一排,然后用钢带打紧成排,以便于产品堆放和叉车装卸。

4.5 建筑型材的包装方式

4.5.1 卷纸缠绕式

4.5.1.1 卷纸缠绕式的包装结构示意图如图19所示。

4.5.1.2 卷纸缠绕式包装时,型材不涂油,装饰面贴膜、垫纸或其他材料(也可不贴膜、不垫纸或其他材料)后,按紧密排列方式堆叠成捆,再用包装材料以一定的间隔按相同的旋转缠绕方向(顺时针或逆时针方向)包裹型材。为了便于产品的堆放,每捆型材的横截面应尽量成矩形。

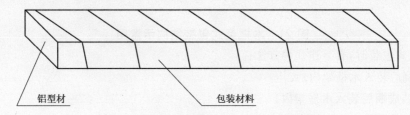

图19 卷纸缠绕式包装结构示意图

4.5.2 直纸成捆式

4.5.2.1 直纸成捆式的包装结构示意图如图20所示。

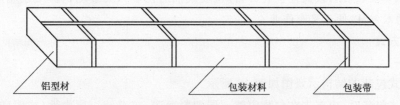

图20 直纸成捆式包装结构示意图

4.5.2.2 直纸成捆式包装时,型材不涂油,装饰面贴膜、垫纸或其他材料(也可不贴膜、不垫纸或其他材料)后,按紧密排列方式堆叠成捆,再将包装材料平铺,将型材平放于包装材料上,使包装材料与型材的端头对齐,然后用包装材料包裹型材,并用包装带将包装材料缠紧在型材上。包装带的间距宜控制在600 mm左右,允许有一端头包装带的间距与中部的间距不一致。为了便于产品的堆放,每捆型材的横截面应尽量成矩形。

4.5.3 纸箱式

纸箱式包装时,型材不涂油,装饰面贴膜、垫纸或其他材料(也可不贴膜、不垫纸或其他材料)后,按紧密排列方式装入纸箱内,用粘胶带将纸箱封口,然后用包装带将纸箱捆扎紧固。

4.5.4 普通箱式

4.5.4.1 普通箱式的包装结构示意图见图15。

4.5.4.2 普通箱式包装时,在包装箱内铺一层塑料薄膜,一层中性(或弱酸性)防潮纸或其他防潮材料,型材不涂油,装饰面贴膜或垫纸(也可不贴膜、不垫纸)后或卷纸缠绕后装入箱内,再将已铺好的包装材料向上规则包好,用粘胶带封口,加盖封箱。

4.5.5 木框架式

4.5.5.1 木框架式的包装结构示意图如图 21 所示。

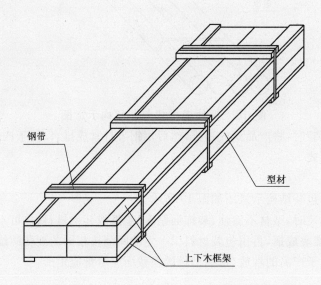

钢带

型材

上下木框架

图 21 木框架式包装结构示意图

4.5.5.2 木框架式包装时,有下述几种方法:

    a) 卷纸缠绕后装入木框架内;

    b) 直纸包装成捆后装入木框架内;

    c) 装入纸箱后再装入木框架内。

然后,再用钢带将木框架与型材捆扎紧固。

4.5.6 集装箱式

型材先用卷纸缠绕、直纸(或其他包装材料)包装成捆后再装入集装箱内。集装箱底部应垫有高度不小于 100 mm 的木方,以便于叉车作业。

4.6 线材的包装方式

4.6.1 普通箱式

4.6.1.1 普通箱式包装的结构示意图如图 15 所示。

4.6.1.2 普通箱式包装时,应首先在包装内铺一层塑料薄膜,接着铺一层中性(或弱酸性)防潮纸或其他防潮材料,然后将产品涂油后或不涂油直接装入包装箱内,再将已铺好的包装材料向上规则包好,接头处用粘胶带密封好,加盖封箱。

4.6.2 简易式

将产品涂油或不涂油,缠纸或缠麻袋包装。

4.6.3 裸件式

不附加任何保护材料。

4.7 锻件的包装方式

4.7.1 普通箱式

4.7.1.1 普通箱式的包装结构示意图如图 22 所示。

4.7.1.2 普通箱式包装时,应先在箱内铺一层塑料薄膜,再铺一层中性(或弱酸性)防潮纸或其他防潮材料,产品装入后,再将已铺好的包装材料向上规则包好,接头处用粘胶带密封好,加盖封箱。

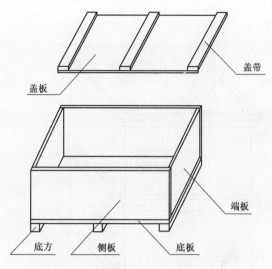

图 22 普通箱式包装结构示意图

4.7.2 简易"井"字架式

4.7.2.1 简易"井"字架式的包装结构示意图如图 23 所示。

4.7.2.2 简易"井"字架式包装时,将锻环放在"井"字架上,上面再盖一个"井"字架,用螺杆夹紧。

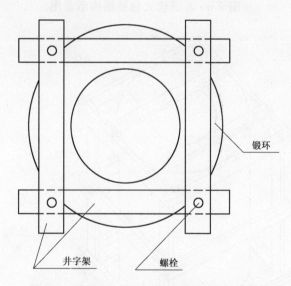

图 23 简易"井"字架式包装结构示意图

4.7.3 裸件式

不附加任何保护材料。

4.8 粉材包装方式

4.8.1 袋式

袋式包装时,将铝粉装入塑料编织袋或其他袋内。

4.8.2 桶式

桶式包装时,先将铝粉装入塑料袋,再装入铝桶或铁桶内。

4.8.3 普通箱式

将装有铝粉的铝桶或铁桶装入全封闭包装箱内,如图 24 所示。

4.8.4 木框架式

将装有铝粉的铝桶或铁桶装入木框架内(亦称花栏式),如图 25 所示。

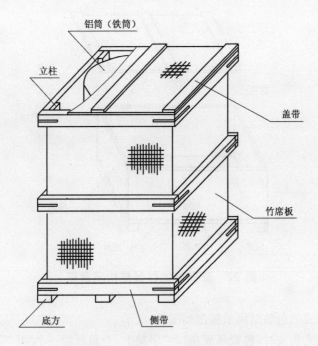

图 24 普通箱式包装结构示意图

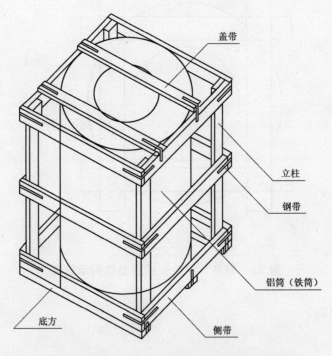

图 25 木框架式（花栏式）包装结构示意图

4.9 防腐处理

4.9.1 常用的防锈油有 FA101、7005 防锈油等,防锈油质量应符合 SH/T 0692 标准的要求。

4.9.2 防锈油应根据产品特点及气温适当调整使用粘度,防锈油的含水率≤0.03%。

4.9.3 需采用气相防腐等特殊要求的,由供需双方协商,并在合同中注明。

4.10 包装箱(件)净重

每个包装箱(件)的净重按产品标准或合同要求执行,当产品标准或合同中未做规定时,可参照表1的规定执行。

表 1

品　种	每箱(件)净重/kg	品　种	每箱(件)净重/kg
板	300～3 000	锻件	100～500
带	≥100	箔	35～1 000
管、棒、型	200～1 000	粉	≤50
线	≤100	—	—

5　标志

5.1　包装箱标志

5.1.1　在每个包装箱(件)上,贴(挂)上 2 个箱牌或标签。宜注明以下内容:

　　a)　到站;

　　b)　收货单位名称及代号;

　　c)　产品名称;

　　d)　批号;

　　e)　合金牌号及状态代号;

　　f)　规格(或型号);

　　g)　质量;

　　h)　包装件数;

　　i)　产品标准编号;

　　j)　发站;

　　k)　包装时间。

5.1.2　每个包装箱上应有明显的不易脱落的"防潮"、"小心轻放"、"向上"的字样及标志,粉材箱上还应有"易燃"字样和标志,其图案应符合 GB/T 191、GB/T 190 的规定。出口产品包装箱还应按中华人民共和国出入境检验检疫局文件要求,加施除害处理标识。

5.1.3　每个包装箱上应有注册商标或供应厂名称或代号。

5.2　产品标志

　　产品标志应符合产品标准规定,产品标准未规定时,宜在产品上打印或贴上标牌,打印或标牌的内容如下:

　　a)　牌号及状态代号;

　　b)　规格(或型号);

　　c)　批号;

　　d)　数量(件数或净重);

　　e)　产品标准编号;

　　f)　检验印记;

　　g)　生产日期。

6　运输

6.1　铝及铝合金加工产品可采用火车、汽车、轮船、飞机等交通工具运输。

6.2　装运产品的火车车厢、汽车车厢、轮船船舱和集装箱应清洁、干燥、无污染物。

6.3　严禁铝及铝合金加工产品同化学活性物质及潮湿材料装在同一个车厢、船舱、集装箱内运输。

6.4　敞车运输时必须盖好蓬布,以保证包装箱不被水浸入。

6.5　铝粉材的运输应符合国家有关易燃易爆危险品运输的规定。

6.6 产品在车站、码头中转时,应堆放在库房内。短暂露天堆放时,必须用蓬布盖好,下面要用木方垫好,垫高不小于 100 mm。

6.7 产品在车站码头中转或终点装卸时,应采用合适的装卸方式,并注意轻拿轻放,以防将包装箱(件)损坏,而导致产品损伤。

7 贮存

7.1 需方收到产品后,应立即检查包装箱有无破损或进水现象,如遇包装箱破损或进水,应立即组织开箱检查并妥善处理受损产品。属于外观质量及尺寸偏差的异议,应在收到产品之日起一个月内提出,属于其他性能的异议,应在收到产品之日起三个月内提出。如需仲裁,仲裁取样应由供需双方共同进行。

7.2 经复验合格的产品应及时保管在清洁、干燥、无腐蚀性气氛、防止雨雪浸入的库房内。

7.3 涂油产品的防腐期按产品标准规定,产品标准未规定时,防腐期为一年。若在运输、贮存期间,遭水浸入,应立即开箱并进行防腐处理,以防止产品腐蚀。需长期贮存时,不涂油的产品应涂油,涂油产品超过防腐期应重新涂油。

7.4 产品不能露天存放,但必须短暂露天存放时,用蓬布盖好。

7.5 裸件产品不允许直接放在地面上,下面用高度不小于 100 mm 的木方垫好。

ICS 77.100
H 42

中华人民共和国国家标准

GB/T 3650—2008
代替 GB/T 3650—1995

铁合金验收、包装、储运、标志和质量
证明书的一般规定

The general rules for inspection, packing, storing, transportation, marking and
certification of ferroalloy

2008-08-05 发布　　　　　　　　　　　　　2009-04-01 实施

中华人民共和国国家质量监督检验检疫总局
中国国家标准化管理委员会　发布

前　言

本标准代替 GB/T 3650—1995《铁合金验收、包装、储运、标志和质量证明书的一般规定》。

本标准与 GB/T 3650—1995 比较,主要变化如下:

——增加了标准的前言;

——对表 1 中部分铁合金产品及其必测元素进行了调整;

——补充了标记和标签内容;

——修改了质量证明书的部分内容。

本标准由中国钢铁工业协会提出。

本标准由全国生铁及铁合金标准化技术委员会归口。

本标准起草单位:中钢集团吉林铁合金股份有限公司、冶金工业信息标准研究院、山西晋能集团有限公司。

本标准主要起草人:刘绍安、王爽、马勤、张瑞香、张耀。

本标准所代替标准的历次版本发布情况为:

——GB/T 3650—1983、GB/T 3650—1987、GB/T 3650—1995。

铁合金验收、包装、储运、标志和质量
证明书的一般规定

1 范围

本标准规定了铁合金验收、包装、储运、标志和质量证明书。
本标准适用于铁合金产品的交付。

2 规范性引用文件

下列文件中的条款通过本标准的引用而成为本标准的条款。凡是注日期的引用文件,其随后所有的修改单(不包括勘误的内容)或修订版均不适用于本标准,然而,鼓励根据本标准达成协议的各方研究是否可使用这些文件的最新版本。凡是不注日期的引用文件,其最新版本适用于本标准。

GB/T 1250 极限数值的表示方法和判定方法

3 验收

3.1 铁合金产品的技术要求应符合相应标准的规定,各产品的必测元素应符合表1的规定。需方如有特殊要求时,由供需双方另行协商。

3.2 铁合金产品应做严格精整,表面及断面不应带有目视显见的非金属夹杂物,但个别少量夹渣及锭模涂料允许存在。

3.3 需方可按相应标准对铁合金产品质量进行复验,如有异议,应在到货30天内提出,产品未经复验之前原则上不准动用。对交货批有异议时,由供需双方按铁合金产品有关国家标准仲裁。无相应国家标准,按供需双方协议规定仲裁。

表 1 各产品必测元素

产 品 名 称	必须测定的元素
硅铁	Si,Al
锰铁(包括高、中、低碳锰铁、微碳锰铁)	Mn,Si,C,P,S
高炉锰铁	Mn,Si,P
锰硅合金	Mn,Si,C,P,S
铬铁(包括高、中、低、微碳铬铁、真空法微碳铬铁)	Cr,Si,C,P,S
氮化铬铁	Cr,Si,C,P,S,N
硅铬合金	Si,Cr,C,S,P
钨铁	W,Si,C,P,S,Mn
钼铁	Mo,Si,C,S,P
钒铁	V,Si,C,P,S
钛铁	Ti,Si,P,Al
铌铁	Nb,Ta,Al,Si,C,P,S,W,Mn,Sn,Pb,As,Sb,Bi ,Ti
氧化钼块	Mo,Cu,S
硅钙合金	Ca,Si
硼铁	B,C,Al
磷铁	P,Si,C,S

表 1（续）

产　品　名　称	必须测定的元素
金属锰	Mn,C,Si,P,S,Fe
金属铬	Fe,Si,Al,C,S,Pb
电解金属锰	C,S,P,Se,Si,Fe
稀土硅铁合金	RE,Si
稀土镁硅铁合金	RE,Mg,Si,Ca
五氧化二钒	V_2O_5,Si,P,Na_2O+K_2O
锰氮合金	Mn,C,P,S,N,Si
钒氮合金	V,Si,C,P,S,N

3.4 铁合金的化学成分结果判定按 GB/T 1250"修约值比较法"规定进行。

4 包装

铁合金产品按合同或技术标准要求,分散装供货和包装供货两种形式。其装货形式和装货量需在合同中注明。

5 储运

5.1 产品入库应分品种、分批号存放,如露天存放,应防潮并防止混入杂物。

5.2 产品储运时,应有标识,防止混批、混号。

6 标志

6.1 每一包装件的表面须注有不掉色的标记,根据合同或标准要求,包装件内可附有标签;标记和标签的内容应符合表 2 的规定。

6.2 产品储运过程中,容易造成产品损坏或产生危害人身及财产安全的,应当在其表面做出警示标志。

表 2　标记和标签内容

表面标记内容	标　签　内　容
a) 生产厂名称(产品产地);	a) 生产厂名称(产品产地);
b) 产品名称;	b) 交货批;
c) 交货批;	c) 产品名称、牌号、组别及化学成分;
d) 净重。	d) 生产日期。

7 质量证明书

每批交货的产品应附有证明产品符合订货合同或标准要求的质量证明书。

质量证明书上应注明:

　　a) 生产厂名称(产品产地);

　　b) 产品牌号及化学成分(按合同或标准报出必测元素的实测值。按分级批交货时,其必测元素的实测值为组成该批各炉加权平均值或综合大样的实测值);

　　c) 交货批件数和运输工具编号;

　　d) 净重及基准重;

e)　检查员代号；

f)　标准号或合同号；

g)　出厂或生产日期；

h)　产品粒度。

ICS 77.160
H 72

中华人民共和国国家标准

GB/T 5243—2006
代替 GB/T 5243—1985

硬质合金制品的标志、包装、运输和贮存

Marking, packing, transport and storage
of cemented carbide products

2006-09-26 发布

2007-02-01 实施

中华人民共和国国家质量监督检验检疫总局
中国国家标准化管理委员会 发布

GB/T 5243—2006

前　言

本标准代替 GB/T 5243—1985《硬质合金制品的标志、包装、运输和贮存》。

本标准与 GB/T 5243—1985 相比,主要变化如下:

——对标志的分类作出了详细规定;

——对标签、合格证、质量证明书的要求作出了详细规定:

——明确了包装、运输、贮存的方式。

本标准由中国有色金属工业协会提出。

本标准由全国有色金属标准化技术委员会归口。

本标准由自贡硬质合金有限责任公司负责起草。

本标准主要起草人:周明智、杨建国。

本标准由全国有色金属标准化技术委员会负责解释。

本标准所代替标准的历次版本发布情况为:

——GB/T 5243—1985。

硬质合金制品的标志、包装、运输和贮存

1 范围

本标准规定了硬质合金制品的标志、包装、运输和贮存。

本标准适用于烧结态硬质合金制品。

2 规范性引用文件

下列文件中的条款通过本标准的引用而成为本标准的条款。凡是注日期的引用文件,其随后所有的修改单(不包括勘误的内容)或修订版均不适用于本标准,然而,鼓励根据本标准达成协议的各方研究是否可使用这些文件的最新版本。凡是不注日期的引用文件,其最新版本适用于本标准。

GB/T 191 包装储运图示标志

3 标志

3.1 标志的分类

标志包括标牌、标签、合格证、质量证明书。标牌、标签属于产品外标志。合格证、质量证明书放在包装箱内,属于产品内标志。

标牌、外标签贴(挂)在包装箱外表面上,内标签贴在包装盒外表面上。

3.2 标志的要求

3.2.1 每盒制品应有标签,每箱制品应有合格证、质量证明书。

3.2.2 制品印记硬质合金牌号时,应符合以下要求:

   a) 对能摆放平稳的制品,其最大平面的面积不小于 80 mm² 时,每个制品应清楚地印记硬质合金牌号;

   b) 对需方有特殊要求的制品,按需方要求印记。

3.2.3 制品包装箱上应贴(挂)好标牌,注明防潮、防震、易碎等标志。标牌的格式、颜色、大小、形状应符合 GB/T 191 的规定。

3.2.4 内、外标签的格式、颜色、大小、形状由供方确定。内、外标签上应注明:

   a) 供方名称及地址:

   b) 商标;

   c) 制品名称;

   d) 牌号;

   e) 批号;

   f) 型号;

   g) 净重(或数量);

   h) 包装日期。

3.2.5 合格证的格式、颜色、大小、形状由供方确定。合格证上应注明:

   a) 供方名称;

   b) 商标;

   c) 产品标准;

   d) 技术监督部门印记;

   e) 检验日期。

GB/T 5243—2006

3.2.6 质量证明书的格式、颜色、大小、形状由供方确定。质量证明书上注明：

a) 供方名称；

b) 商标；

c) 制品名称；

d) 牌号；

e) 批号；

f) 型号；

g) 产品标准；

h) 检验结论及技术监督部门印记；

i) 检验日期。

4 包装

4.1 制品包装盒可采用塑料盒或纸盒，制品包装箱可采用木箱或纸箱。

4.2 根据制品类别，可采用不同的包装方式。

4.3 以塑料盒或纸盒包装的制品，可根据制品类别，确定是否采用包装填充材料；以木箱或纸箱包装的制品，应采用包装填充材料。

4.4 每个独立包装单位的制品，应为同一牌号、同一型号的制品。

4.5 其他包装方式也可由供需双方协商确定。

5 运输

5.1 制品可采用火车、汽车、轮船、飞机等交通工具运输。

5.2 装运制品的火车车厢、汽车车厢、轮船船舱和集装箱应清洁、干燥、无污染物。

5.3 严禁制品同化学活性物质及潮湿性材料装在同一个车厢、船舱、集装箱内运输。

5.4 制品应采用棚车或封闭船舱运输。敞车运输时，应用毡布盖好，以防雨、雪浸入。

5.5 制品在车站、码头中转时，应堆放在库房内。需短暂露天堆放时，应用防雨、雪的毡布盖好，下面用木方垫好，垫高不小于 100 mm。

5.6 制品在运输过程中，应防止剧烈震动。装卸制品时，应轻拿轻放，以防制品损坏。

6 贮存

6.1 制品应贮存在库房内。库房应清洁、干燥、无腐蚀性气氛；库房应能防止雨、雪浸入；库房内不允许同时贮存化学活性物质及潮湿性材料。

6.2 制品需短期内露天堆放时，应有防止雨、雪浸入的措施。

<hr />

ICS 77.150.50
H 64

中华人民共和国国家标准

GB/T 8180—2007
代替 GB/T 8180—1987

钛及钛合金加工产品的
包装、标志、运输和贮存

Wrought titanium and titanium alloy products
packing, marking, transporting and storing

2007-04-30 发布

2007-11-01 实施

中华人民共和国国家质量监督检验检疫总局
中国国家标准化管理委员会 发布

341

前　言

本标准代替 GB/T 8180—1987《钛及钛合金加工产品的包装、标志、运输和贮存》。

本标准与 GB/T 8180—1987 相比，主要有以下变动：

——增加了规范性引用文件；

——对包装通则部分增加了相关内容，进行了完善；

——增加了主要包装材料的规定；

——完善了棒材的包装，增加了典型包装形式图例；

——完善了管材的包装，增加了典型包装形式图例；

——完善了板、带、箔材的包装，增加了典型包装形式图例；

——完善了饼、环材的包装，增加了典型包装形式图例；

——增加了铸锭的包装及典型包装形式图例；

——增加了钛铜复合棒的包装；

——增加了网板的包装；

——增加了网篮的包装；

——增加了验收要求。

本标准由中国有色金属工业协会提出。

本标准由全国有色金属标准化技术委员会归口。

本标准由宝钛集团有限公司、宝鸡钛业股份有限公司负责起草。

本标准主要起草人：黄永光、张平辉、王永梅、王韦琪、冯军宁。

本标准由全国有色金属标准化技术委员会负责解释。

本标准所代替的历次版本发布情况为：

——GB/T 8180—1987。

钛及钛合金加工产品的
包装、标志、运输和贮存

1 范围

本标准规定了钛及钛合金加工产品的包装、标志、运输和贮存。

本标准适用于钛及钛合金板材、管材、棒材、带材、丝材、锻件（饼材、环材、异型锻件等）、钛铸件等加工产品的包装、标志、运输和贮存。

2 规范性引用文件

下列文件中的条款通过本标准的引用而成为本标准的条款。凡是注日期的引用文件，其随后所有的修改单（不包括勘误的内容）或修订版均不适用于本标准，然而，鼓励根据本标准达成协议的各方研究是否可使用这些文件的最新版本。凡是不注日期的引用文件，其最新版本适用于本标准。

GB 191　包装储运图示标志

GB/T 4456　包装用聚乙烯吹塑薄膜

YB/T 025　包装用钢带

3 包装

3.1 包装通则

3.1.1 产品的包装应能保证产品在运输和贮存期间不致松散、受潮和变形损坏。

3.1.2 各类产品的包装应按其相应技术标准的规定执行，当相应标准中无明确规定时，可按本标准的规定执行。

3.1.3 同一箱、捆、包的产品应是同一批的产品。特殊情况下，当几批产品装入同一箱时，应分别打捆、打包，分别标志明确。

3.1.4 每包装件的重量和尺寸应符合有关承运部门的货运规定。

3.1.5 用箱包装时，箱壁均应衬以聚乙烯塑料薄膜或中性防潮纸等。产品装箱时，箱内各件之间须用纸屑等物填实、固定，以防窜动，互相碰撞。产品装箱后，四边的包装材料应向上折叠好，上面再盖1层～2层防潮纸后方可加盖、封箱。

3.1.6 用箱包装时，箱内应尽量装满。铁箱（集装箱）每箱的装入量不得少于该箱容积的三分之二。箱内的空余部分应用纸屑或泡沫塑料等物填实、塞紧，防止窜动。

3.1.7 使用各种材料捆绑发运时，应捆扎结实。在可能的情况下捆形应为"△"结构，且一端平齐。同一捆中产品的长度应大致相同。捆缠时应分段缠绕，每5圈～10圈作一死结，横竖交叉处应做压扣锁口。每捆缠绕不得少于3道，且应从端部开始，均匀排布。

3.2 包装方式

钛及钛合金加工产品可选用以下包装方式：木（金属）箱、木夹板（铁皮）夹护、麻布缠绕包裹等。

3.3 包装材料

3.3.1 包装用木材含水量应不大于15%。

3.3.2 捆扎用钢带的质量应符合 YB/T 025 的规定。

3.3.3 塑料薄膜及其制品的质量应符合 GB/T 4456 的规定。

3.3.4 其他包装材料的质量应符合相应的产品标准的规定。

3.4 包装箱

3.4.1 包装箱可用木材、金属材料或其他材料制成,也可采用多层胶合板,箱体应具有足够的强度,能确保产品安全运抵目的地而不产生破损。

3.4.2 包装箱的尺寸规格应能满足产品尺寸的要求,使装入的产品无较大的窜动或挤折。箱体应规整、不歪斜。

3.4.3 长形包装箱加强带的带距应能满足包装箱的坚固性要求,底带大小应能满足吊车和叉车搬运的要求。

3.4.4 木制包装箱的产品装入量及箱壁厚度应符合表1的规定,多层胶合板可按具体材料参照使用。

表 1

装箱量/kg	箱壁厚度/mm
20～50	≥12
>50～200	≥13
>200～1 000	≥15
>1 000～5 000	≥20

3.4.5 木制包装箱连接时,钉子位置应呈迈步排列,钉帽要打靠,钉尖要盘倒,不准有露钉,箱外应用软钢带或双道金属丝加固。

3.4.6 金属制包装箱,其结构形状应便于装运,同时应具有足够的强度,安全可靠。

3.5 棒材包装

3.5.1 直径大于60 mm的钛棒材捆绑发运。每根(或每两根用软金属丝扎紧)用麻布包严后,用软金属丝捆缠、扎紧;表面车、磨光的棒材,应逐根用麻布带(条)缠绕或用塑料薄膜包覆隔开之后,再按上述要求封包和捆扎。包装示意图见图2。

3.5.2 直径不大于60 mm的钛棒用木(金属)箱包装。表面车、磨光的棒材,应逐根用软纸或塑料薄膜包覆隔开之后再装箱。包装示意图见图1。

3.6 管材包装

3.6.1 一般用途的钛管,外层用塑料薄膜封包后再用木(金属)箱包装,也可采用捆绑包装。包装示意图见图2。

3.6.2 热交换器及冷凝器用钛管,应用特制的木(金属)箱包装。管材装箱时,每层管材之间应用软质材料隔开,以防止表面擦伤。包装示意图见图1。

3.6.3 对于特殊管材,每根用软纸或塑料薄膜包好后,外层用塑料薄膜封包后再用木(金属)箱包装。

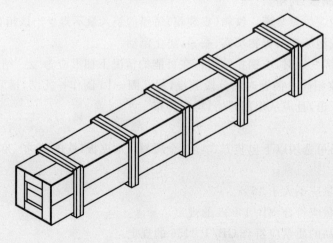

图 1 管棒材用木箱包装示意图

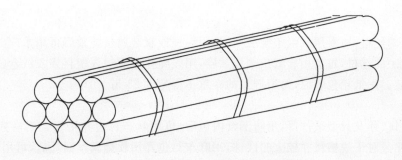

图 2 棒材或管材捆绑发运示意图

3.7 板、带、箔材包装

3.7.1 厚度大于 4 mm 的钛板衬以防潮纸,并用塑料薄膜封包后再用麻布包装(可增加木夹板夹护),然后用软钢带或软金属丝扎紧。厚度不大于 4 mm 的钛板包装时,每张板间用中性防潮纸隔开,外层用塑料薄膜封包后,再用木(金属)箱包装,或用铁皮加井字架包装。包装的钛板同一层内放两块以上时,板材边缘必须用纸隔开。包装示意图见图 3(a)、图 3(b)。

3.7.2 成卷的带材,用软纸包好后,用线绳或胶带捆紧,再用塑料薄膜封包用木箱包装。成卷的箔材,应卷在直径不小于 60 mm 的芯轴上,用软纸或塑料薄膜封包后,每卷用海绵包覆,线绳捆扎,再用木箱包装,各卷之间用填充材料塞紧,防止窜动。不能成卷的,每张用软纸隔开,用塑料薄膜封包后,再用木箱包装。包装示意图见图 3(c)、图 3(d)。

3.7.3 对于厚板,需方要求时,可采用裸件捆绑发运。

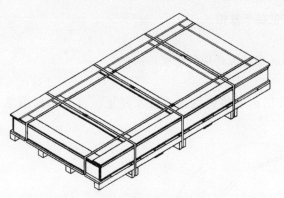

（a）板材用夹板夹护包装

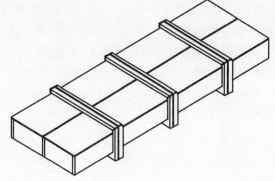

（b）板材用木板箱包装

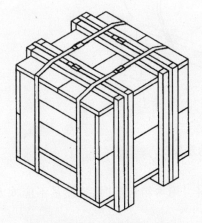

（c）带材用木板箱包装示意图

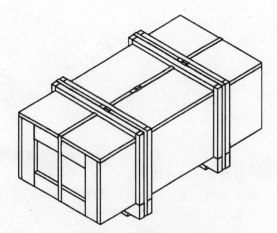

（d）带材和箔材用胶合板箱包装示意图

图 3 板、带、箔材用木箱包装示意图

3.8 丝材包装

3.8.1 盘成线卷的丝材,每卷用软纸条缠绕两层,用线绳或软金属丝扎紧后再用木(金属)箱包装。

3.8.2 绕在线盘上的丝材,每盘用软纸条缠绕数层,用线绳扎紧后封入塑料袋或纸盒(塑料筒)内,再用木箱(或纸箱)包装。用纸箱包装时,每箱产品的净重不得超过 25 kg。

3.9 钛锻件包装

钛锻件,包括饼、环及异型锻件等,用防潮纸内包后,可用麻布封包并用软金属丝捆扎;或用防潮纸内包后再装入木箱。对于规格尺寸较大的锻件,用麻布封包并用软金属丝捆扎后,可用钢带或铁丝固定在木托上。包装示意图见图 4。

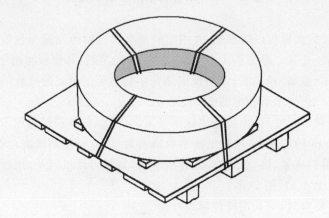

图 4 环材用木托包装示意图

3.10 钛铸件包装

用防潮纸或麻布内包后再用木(金属)箱包装,或用麻布封包并用软金属丝捆扎。

3.11 铸锭包装

应按其技术标准的规定进行,也可采用木托包装,用钢带将铸锭固定在木托上。包装示意图见图 5。

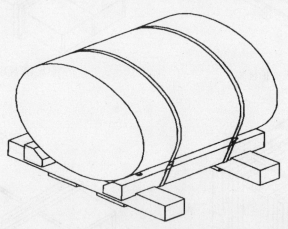

图 5 铸锭用木托包装示意图

3.12 钛铜复合棒包装

用特制的金属(木)箱包装,箱底和箱壁均应衬以软质材料。用木箱包装时,装箱量不应太大,以防箱体损坏。

3.13 网板包装

每张板间用中性防潮纸隔开,外层用塑料薄膜封包后,再用木箱包装。包装的网板同一层内放两块以上时,板材边缘不得搭接。

3.14 网篮包装

逐个用防潮纸包好后放在箱内,每层网篮之间应垫以软质材料,四周用填充材料挤紧,防止窜动。包装箱采用木箱。

3.15 特殊包装

当材料标准或订货单(合同)对包装有特殊规定时,按材料标准或订单的要求进行。

4 标志

4.1 装箱单

装箱的产品应有装箱单,装箱单应有一定的防潮性,其上注明:

a) 供方名称;

b) 需方名称或代号;

c) 产品名称及合同号;

d) 产品牌号、规格、批号;

e) 箱号、净重;

f) 检验印记;

g) 包装日期。

4.2 运输标志

4.2.1 产品发运时,应按承运部门的要求填写和拴挂货物标记(货签)。

4.2.2 产品的每个包装箱、包、捆、件都应有箱牌或标签,其上写明运输标志。运输标志应认真填写,字迹清楚,其内容包括:

a) 运输号码;

b) 到站;

c) 收货单位名称或代号;

d) 合同号、箱号;

e) 产品名称;

f) 净重(毛重)、总件数;

g) 发货单位及发运站名;

h) 出厂日期。

4.3 运输包装指示标志

根据产品的性质或其相应技术标准中的要求,包装箱上应有明显的运输包装指示标志,如"防潮"、"向上"及"由此吊起"等字样和标志,其图形应符合 GB 191 的规定。

5 运输

5.1 装运钛及钛合金加工产品的车厢、船舱等应保持清洁、干燥、无污染物。严禁将钛加工产品同活性化学物品及潮湿性材料同装在一个车厢(船舱)内运输。

5.2 运输时要防止碰撞和活性化学物品的侵蚀。

5.3 产品在车站、码头中转时,应堆放在库房内。露天堆放时,必须用防雨、雪苫布盖好,同时下边要用木方等垫好,垫高不小于 100 mm。

5.4 产品在车站、码头中转或终点卸下时,应采用适当的方式装卸,防止将包装箱摔坏。

6 贮存

所有产品均应放在干燥、清洁的库房内,室内不得有酸、碱等易挥发物或腐蚀性气体,并应注意产品相应技术标准中有关保存期限的规定。

347

7 验收

7.1 需方收货时,应检查包装是否完好和产品有无丢失、损伤现象。由于运输而造成的损伤,需方应在承运者规定的期限内向承运者提出,由承运者负责。

7.2 需方收到产品后,应及时进行核对,如发现与货单或装箱单不符时,应在一个月内向供方提出。

ICS 77.150
H 62

中华人民共和国国家标准

GB/T 8888—2014
代替 GB/T 8888—2003

重有色金属加工产品的
包装、标志、运输、贮存和质量证明书

Wrough heavy non-ferrous metal products-packing，marking，
transportation，storing and cetificate of quality

2014-12-05 发布

2015-05-01 实施

中华人民共和国国家质量监督检验检疫总局
中国国家标准化管理委员会　　发布

前　言

本标准按照 GB/T 1.1—2009 给出的规则起草。

本标准替代 GB/T 8888—2003《重有色金属加工产品的包装、标志、运输和贮存》。本标准与
GB/T 8888—2003 相比,主要变化如下:

——标准名称修改为《重有色金属加工产品的包装、标志、运输、贮存和质量证明书》;

——标准适用范围增加了加工产品"粒";

——规范性引用文件增加了"GB/T 25820　包装用钢带、QB/T 1313　中性包装纸"引用标准,删
除了"GB/T 16266　包装材料试验方法 接触腐蚀"引用标准;

——包装通则中增加"并应做到重不压轻、大不压小、长不压短"的要求,增加了聚酯捆扎带的使用
要求;

——将箱、桶、袋、夹板、托架、托盘等统一命名为"包装容器";

——在对包装容器的要求中,增加了无异物要求,修改了"钉子的布置"的要求;

——增加了主要包装材料及其规定,删除了防锈材料使用时进行接触腐蚀性试验的规定;

——板材包装增加了"加长加宽的宽厚板,用钢托架包装"的规定,删除了"用内衬防潮纸或气相防
锈纸、外罩塑料薄膜的纸箱包装,外用木夹板夹护"的规定;

——板材典型包装形式增加了"宽板夹板包装示意图、宽厚板钢托架式包装示意图",删除了"板材
的纸木夹包装";修改了板材的典型包装形式图例,并对适用产品规格重新规定;

——带材包装增加了"带卷用防潮纸或气相防锈纸和塑料薄膜包裹,缠绕塑料编织布后,用衬垫瓦
楞纸板的木夹板夹护"的规定;增加了带卷包裹后"外罩塑料帽"木夹板包装要求;删除了"带材
缠绕在衬筒上,用木托架、木夹板或木箱包装"的规定;

——带材典型包装形式增加了"窄带木箱式包装示意图、窄带木托式包装示意图";修改了带材典
型包装形式图例;

——直管包装增加了"用塑料薄膜缠绕包装"的规定;用于波导管、水道管和有特殊要求的管材的包
装,增加了"衬中性包装纸"的规定;盘管包装增加了内放线盘管的规定;删除了"花格木箱包
装"的规定;

——棒型材包装增加了"单根或多根棒材用塑料薄膜封装后,用木夹板或金属 U 型槽包装""单根
或多根棒材用塑料编织布缠绕后,用木夹板或金属 U 型槽包装""单根或多根捆扎后,用塑料
薄膜缠绕包装"的规定;铁(木)箱包装增加了"衬中性包装纸"的要求;删除了"圆盘棒用花格木
箱包装"和"圆盘棒用塑料编织布或麻袋布缠绕包装"的规定;

——管棒材典型包装增加了"横向缠绕盘管整托木夹板托盘式塑料薄膜缠绕包装示意图",修改了
管棒"木夹包装";

——线材包装增加了"线材成卷后,用聚酯捆扎带或钢带(适用于电工用铜线坯的包装)直接固定在
木托盘上,用塑料薄膜缠绕加固后,外罩塑料帽、编织帽"的规定;

——线材典型包装形式增加了"横向缠绕线材(电工用铜线坯)木托盘式塑料薄膜缠绕包装示意
图";

——管、棒、线材的包装与型材包装规定整合,删除了其他产品的包装中"各种异型材用衬有防潮材
料的铁(木)箱包装"的规定;

——在检验合格的产品标志上增加了生产厂"地址、电话"的规定;

——修改了质量证明书的规定,"质量证明书应用塑料袋封装,以防损坏。装箱产品的质量证明书

GB/T 8888—2014

应装入箱内,非装箱产品的质量证明书应随货运单发给需方"修改为"装箱产品的质量证明书应装入箱内,装箱产品、非装箱产品的质量证明书应随货运单发给需方";

——修改了验收的规定,将"由于运输而造成的损伤,需方应在承运单位规定的期限内向承运单位提出,由承运单位承担损失。如有争议,供需双方共同与承运单位协商解决"修改为"由于运输而造成的损伤,需方应拒绝接收,并及时通知供方协商解决"。

本标准由全国有色金属标准化技术委员会(SAC/TC 243)归口。

本标准起草单位:中铝洛阳铜业有限公司、佛山市华鸿铜管有限公司、中铝昆明铜业有限公司、有色金属技术经济研究院。

本标准主要起草人:王慧娟、王庆彦、赵万花、张学涛、蒋杰、蒋文胜、王强、赵大军、吴跃军、魏 鑫。

本标准所代替标准的历次版本发布情况为:

——GB/T 8888—1988、GB/T 8888—2003。

352

重有色金属加工产品的
包装、标志、运输、贮存和质量证明书

1 范围

本标准规定了重有色金属加工产品的包装、标志、运输、贮存、质量证明书和验收。

本标准适用于重有色金属板、带、条、箔、管、棒、型、线、粉、球、粒、饼、环和锻件等加工产品。

2 规范性引用文件

下列文件对于本文件的应用是必不可少的。凡是注日期的引用文件,仅注日期的版本适用于本文件。凡是不注日期的引用文件,其最新版本(包括所有的修改单)适用于本文件。

GB/T 191　包装储运图示标志

GB/T 4456　包装用聚乙烯吹塑薄膜

GB/T 6544　瓦楞纸板

GB/T 10003　普通用途双向拉伸聚丙烯(BOPP)薄膜

GB/T 13519　聚乙烯热收缩薄膜

GB/T 14188　气相防锈包装材料选用通则

GB/T 22344　包装用聚酯捆扎带

GB/T 25820　包装用钢带

BB/T 0049　包装用矿物干燥剂

QB/T 1313　中性包装纸

QB/T 3808　复合塑料编织布

3 包装

3.1 包装通则

3.1.1　产品的包装应能保证产品在运输和贮存期间不致松散、变形损坏和受潮腐蚀。

3.1.2　各类产品的包装方法应按其相应产品标准的规定执行。当相应标准中无明确规定时,可按本标准的规定执行。

3.1.3　同一包装单元的产品应是同一牌号、规格和状态的产品。特殊情况下,当不同合金牌号、规格和状态的产品需装入同一单元时,应分别捆、包,并分别标识明确,并应做到重不压轻、大不压小、长不压短,以保证产品不混淆、不损坏。

3.1.4　每单元产品的重量和尺寸应符合有关承运部门的规定。

3.1.5　用箱包装时,产品应用防潮、防锈材料(如塑料薄膜、气相防锈纸或复合材料等)包严。必要时,应放置干燥剂。

3.1.6　用箱或夹板包装时,同层内的产品不得搭接。箱或夹板应用钢带或聚酯捆扎带打紧。

3.1.7　使用各种材料捆扎包装时,应捆扎牢固。

3.1.8　顾客有特殊包装要求时,可由双方协商确定包装方法,并在合同中注明。

GB/T 8888—2014

3.2 包装方式

重有色金属加工产品可选用以下包装方式：箱、桶、袋、夹板、托架、托盘、缠绕、捆扎等。

3.3 包装容器

3.3.1 包装容器（包括箱、桶、袋、夹板、托架、托盘等，以下同）应具有足够的强度，以防因其破坏而使产品受到损坏。

3.3.2 包装容器可用木材、金属或其他材料制成。

3.3.3 各种包装容器应规范、平整、清洁、干燥、无异物。

3.3.4 包装容器的尺寸应能满足产品尺寸的要求，保证产品在容器内无窜动或挤折。采用集装箱运输时，应考虑与其尺寸匹配。

3.3.5 长形包装容器加强筋的间距除能满足包装容器的坚固性要求外，还应满足吊车和叉车作业要求。

3.3.6 木质包装容器制作时，钉子的布置应为双排平行交叉布钉，钉帽要钉实，钉尖要盘倒，不应有露钉尖、虚钉和弯钉等钉接缺陷。

3.4 包装材料

3.4.1 内包装用木材含水量应不大于 15%。

3.4.2 钢带应符合 GB/T 25820 的规定。

3.4.3 防锈材料（如气相防锈纸、防锈剂或复合防锈材料等）应符合 GB/T 14188 的规定。

3.4.4 矿物干燥剂应符合 BB/T 0049 的规定。

3.4.5 普通塑料薄膜及其制品应符合 GB/T 4456 的规定。

3.4.6 拉伸包装用塑料薄膜应符合 GB/T 10003 的规定。

3.4.7 聚乙烯热收缩薄膜应符合 GB/T 13519 的规定。

3.4.8 塑料编织布应符合 QB/T 3808 的规定。

3.4.9 中性包装纸应符合 QB/T 1313 的规定。

3.4.10 瓦楞纸板应符合 GB/T 6544 的规定。

3.4.11 聚酯捆扎带应符合 GB/T 22344 的规定。

3.4.12 其他包装材料应符合相应的技术标准的规定。

3.5 板材的包装

3.5.1 板材的包装形式

板材的包装形式如下：

a) 用衬垫瓦楞纸板、塑料薄膜、中性包装纸、防潮纸或气相防锈纸的铁（木）箱包装；

b) 用气相防锈纸或中性包装纸、防潮纸、塑料薄膜、塑料编织布包裹后（必要时内包装用捆扎带进行固定，并在捆扎带与产品之间做好防护），外用衬垫瓦楞纸板的木夹板（铁皮、纤维板）夹护；

c) 宽度≤500 mm 的铜条，用铁夹夹护包装；

d) 厚度≥10.5 mm 的厚板，用钢带或铁丝捆扎；

e) 加长加宽的宽厚板，用钢带捆扎，也可用钢托架包装；

f) 其他包装形式。

3.5.2 板材的典型包装形式

板材的典型包装形式,见图1~图5。

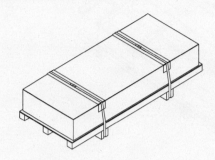 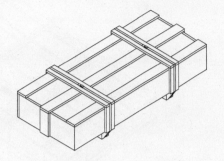

a) 长度≤1 500 mm、宽度<800 mm 产品的内包装　　b) 长度≤1 500 mm、宽度<800 mm 产品的外包装

(当产品厚度>1.2 mm 时,内包装打捆扎带)

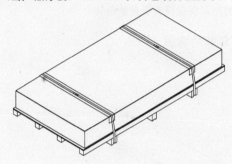 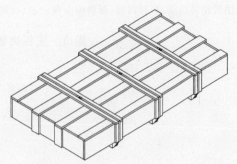

c) 长度>1 500 mm、宽度≥800 mm 产品的内包装　d) 长度>1 500 mm、宽度≥800 mm 产品的外包装

(当产品厚度>1.2 mm 时,内包装打捆扎带)

图 1　板材倒扣式木箱包装示意图

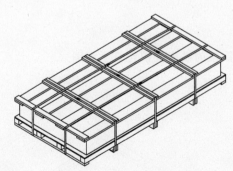 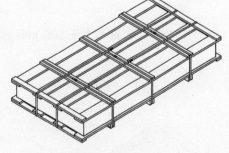

a)　普通板材薄板夹板包装　　　　　b)　普通板材厚板夹板包装

注:产品用气相防锈纸、塑料薄膜、塑料编制布包裹后,用衬垫瓦楞纸板的夹板夹护包装。

图 2　普通板材夹板包装示意图

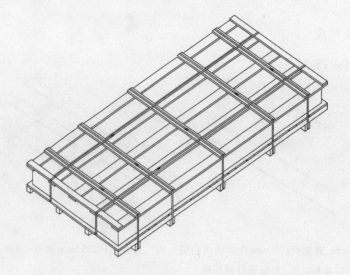

注：产品用气相防锈纸、塑料薄膜、塑料编制布包裹后，用衬垫瓦楞纸板夹板夹护包装。

图 3　宽板夹板包装示意图

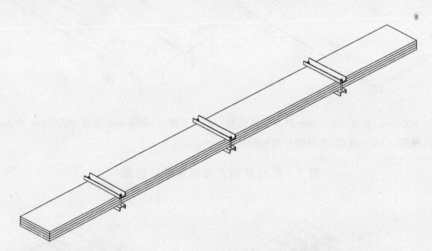

图 4　宽度不大于 500 mm 的铜条的铁夹夹护包装示意图

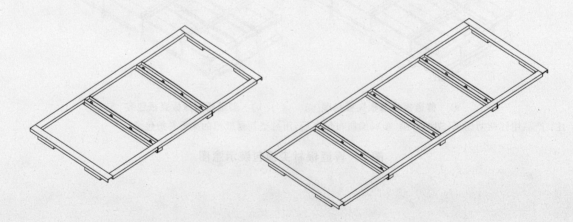

  a)　长度＜4 m 的宽厚板包装用的钢托架　　　　b)　4 m＜长度≤6 m 的宽厚板包装用的钢托架

图 5　宽厚板钢托架式包装示意图

3.6 带材的包装

3.6.1 带材的包装形式

带材的包装形式如下：

a) 带卷缠绕防潮纸后,用衬垫瓦楞纸板或防潮纸的铁箱包装；

b) 带卷缠绕防潮纸后,用衬垫瓦楞纸板和塑料薄膜的木箱包装；

c) 带卷用防潮纸或气相防锈纸包裹后,用衬垫瓦楞纸板或防潮纸的铁箱包装；

d) 带卷用防潮纸或气相防锈纸包裹后,用衬垫瓦楞纸板和塑料薄膜的木箱包装；

e) 带卷用防潮纸或气相防锈纸和塑料薄膜包裹,缠绕塑料编织布后,用衬垫瓦楞纸板的木夹板夹护；

f) 带卷用防潮纸或气相防锈纸和塑料薄膜包裹,外罩塑料帽后,用衬垫瓦楞纸板的木夹板夹护；

g) 带卷用中性包装纸或气相防锈纸和塑料薄膜包裹,缠绕塑料编织布后,用钢带固定在已衬垫瓦楞纸板的木托架上；

h) 带卷用钢带直接固定在铺好瓦楞纸板的木托架上(适用于热轧带坯的包装)；

i) 带卷用防潮纸或气相防锈纸包裹、塑料编织布缠绕后捆扎；

j) 带卷装入衬有防潮纸的铁(木)箱包装；

k) 其他包装形式。

3.6.2 带材的典型包装形式

带材的典型包装形式,见图6～图18。

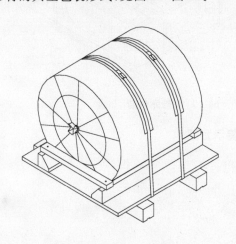 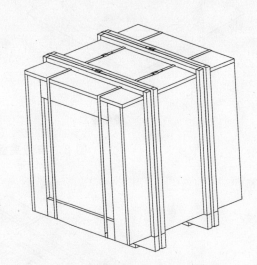

a) 内包装   b) 外包装

图 6 带材托盘箱式包装示意图

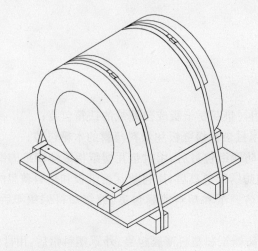

注：产品用气相防锈纸、塑料薄膜、塑料编制布缠绕，托盘包装。

图 7　带材托盘式包装示意图

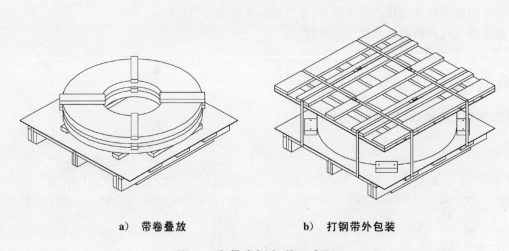

a)　带卷叠放　　　　　　　　b)　打钢带外包装

图 8　窄带夹板包装示意图

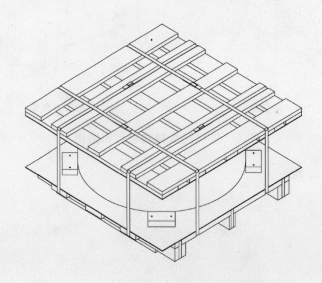

图 9　单卷带材夹板包装示意图

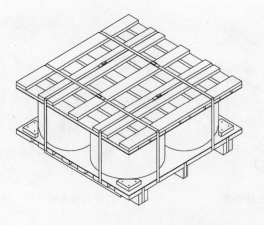 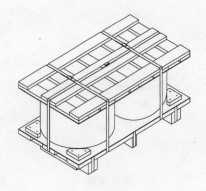

a) 4卷包装   b) 2卷包装

图 10   多卷小带卷夹板包装示意图

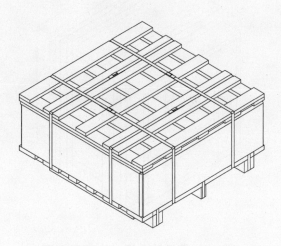

图 11   多卷小带卷纸箱夹板式包装示意图

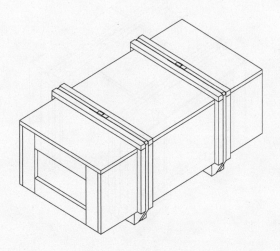

图 12   2卷带材胶合板倒扣箱式包装示意图

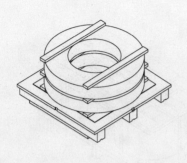 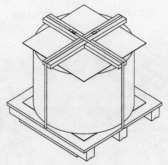 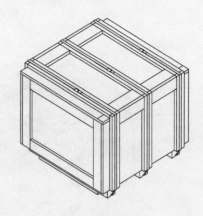

a) 带卷叠放　　　　　b) 打内包装钢带　　　　　c) 打外包装钢带

图 13　窄带木箱式包装示意图

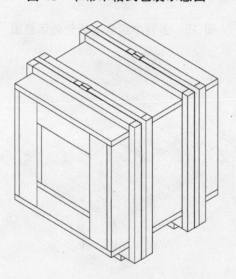

图 14　带材胶合板小木箱示意图

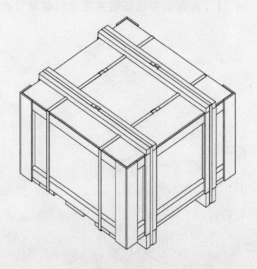

图 15　小带卷纸木箱式多卷包装示意图

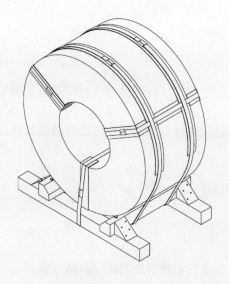

图 16　带坯木托式包装示意图

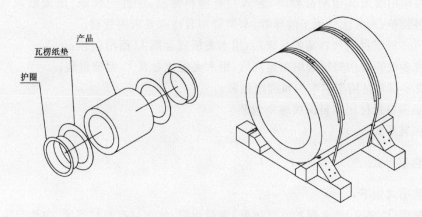

a) 产品厚度为 1.0 mm 及以上时,两端加护圈　　　　b) 将包严的产品固定在木托上

图 17　单卷带材木托式包装示意图

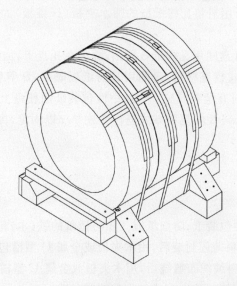

图 18　窄带木托式包装示意图

3.7 箔材的包装

箔材的包装形式如下：

a) 箔材应缠绕在用塑料、纸料、木料或金属制成的衬筒上，成卷后用气相防锈纸、塑料袋等包裹，
再装入铁(木)箱中；

b) 箔卷用气相防锈纸包裹后，用衬有防潮纸或气相防锈纸的铁(木)箱包装；

c) 其他包装形式。

3.8 管、棒、型、线材的包装

3.8.1 直管的包装形式

直管的包装形式如下：

a) 用衬有塑料薄膜、防潮纸或气相防锈纸的铁(木)箱包装；

b) 单根或多根管材用塑料薄膜封装后，用衬有瓦楞纸板的铁(木)包装箱包装；

c) 管材两端用纸或其他制品封堵，装入衬有塑料薄膜、中性包装纸、防潮纸或气相防锈纸的铁
(木)包装箱；本方法适用于波导管、水道管和有特殊要求的管材；

d) 单根或多根管材用塑料薄膜封装后，用木夹板或金属 U 型槽包装；

e) 单根或多根管材用塑料编织布缠绕后，用木夹板或金属 U 型槽包装；

f) 单根或多根管材用塑料编织布缠绕包装；

g) 单根或多根管材用塑料薄膜缠绕包装；

h) 其他包装形式。

3.8.2 盘管的包装形式

盘管的包装形式如下：

a) 层绕盘管(必要时，充入保护性气体后)两端封堵，装入衬有塑料薄膜、中性包装纸、防潮纸或气
相防锈纸的铁(木)包装箱；

b) 蚊香形盘管用塑料袋(或热收缩薄膜)封装后，装入瓦楞纸箱；

c) 平螺旋盘管、层绕盘管用衬垫瓦楞纸板的圆木夹板(纤维板)固定，叠放在托盘上，塑料薄膜缠
绕并加以固定；

d) 平螺旋盘管、层绕盘管盘间用瓦楞纸板隔垫，叠放在托盘上，加以固定；

e) 内放线盘管采用内抽式校直材料，盘间用瓦楞纸板隔垫，盘管缠绕方向要有明确标志，2盘或
3盘一个单元叠放在衬有塑料薄膜、木盘、中性包装纸的托盘上，并用塑料薄膜进行缠绕，整托
可用2+2或3+2或3+3的包装方式进行叠放并加以固定，再用塑料薄膜进行缠绕；

f) 其他包装形式。

3.8.3 棒、型材的包装形式

棒、型材的包装形式如下：

a) 用衬有塑料薄膜、中性包装纸、防潮纸或气相防锈纸的铁(木)箱包装；

b) 单根或多根棒材用塑料薄膜封装后，用木夹板或金属 U 型槽包装；

c) 单根或多根棒材用塑料编织布缠绕后，用木夹板或金属 U 型槽包装；

d) 单根或多根捆扎后，用塑料编织布或麻袋布缠绕包装；

e) 单根或多根捆扎后，用塑料薄膜缠绕包装；

f) 其他包装形式。

3.8.4 线材的包装形式

线材的包装形式如下：

a) 线材缠绕在用塑料、木料或金属制成的衬轴上，成卷后用防潮纸或气相防锈纸包裹后，再用衬有塑料薄膜的铁（木）箱包装；

b) 线材成卷后，用聚酯捆扎带或钢带（适用于电工用铜线坯的包装）直接固定在木托盘上，用塑料薄膜缠绕加固后，外罩塑料帽、编织帽；

c) 线卷用塑料薄膜缠绕，再用塑料编织布或麻袋布缠绕后，用铁（木）箱包装；

d) 线卷用塑料袋包裹后，用衬有防潮纸的铁（木）箱包装；

e) 线卷用衬有防潮纸的铁（木）包装箱包装；

f) 线卷用塑料薄膜和塑料编织布或麻袋布缠绕包装；

g) 其他包装形式。

3.8.5 管、棒、型、线材的典型包装形式

管、棒、型、线材的典型包装形式，见图19～图26。

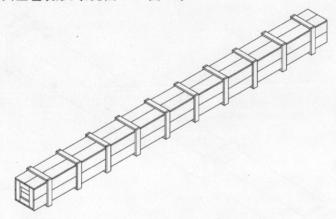

图 19　管棒型材用拼缝木箱包装示意图

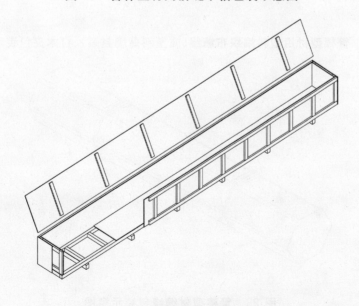

图 20　管棒型材用胶合板木箱包装

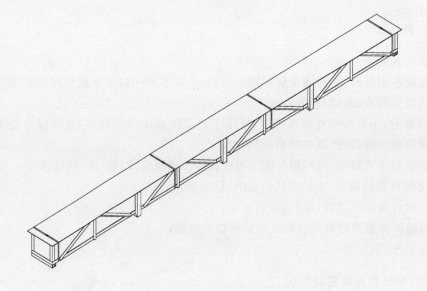

图 21　管棒型材用铁框架胶合板箱包装示意图

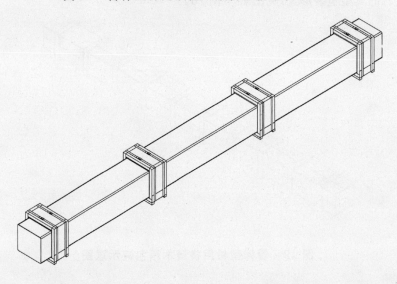

图 22　管棒型材用塑料编织布缠绕(或塑料薄膜封装)、打木夹包装示意图

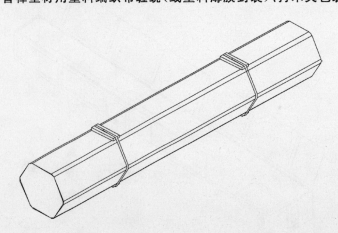

图 23　管棒型材缠绕包装示意图

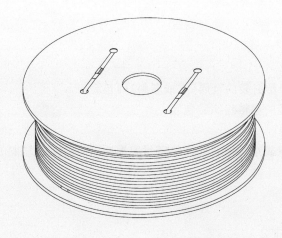

图 24　横向缠绕盘管单卷的木圆夹板包装示意图

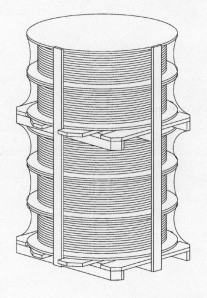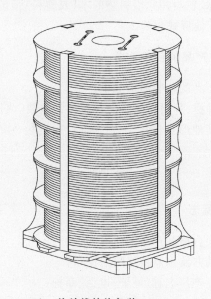

a)　3+2 内放线的外包装　　　　　b)　外放线的外包装

图 25　横向缠绕盘管整托木夹板托盘式塑料薄膜缠绕包装示意图

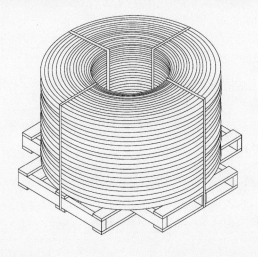

图 26　横向缠绕线材(电工用铜线坯)木托盘式塑料薄膜缠绕包装示意图

3.9 粉材的包装形式

粉材的包装形式如下：

a) 粉材用衬（或不衬）塑料袋的金属（木或塑料）桶包装；

b) 粉材用内衬塑料袋的塑料编织袋包装；

c) 粉材用塑料袋包装；

d) 粉材装入经抽真空或充入保护气体的密封容器中，再用木（或塑料）箱包装；

e) 其他包装形式。

3.10 球、粒材的包装形式

球、粒材的包装形式如下：

a) 球、粒材用衬（或不衬）塑料袋的金属（木或塑料）桶包装；

b) 球、粒材用衬塑料袋的木（或塑料）箱包装；

c) 其他形式包装。

3.11 其他产品的包装形式

其他产品的包装形式如下：

a) 饼材、环材用麻袋内衬塑料袋包装，或用防潮纸和麻袋布包裹包装；

b) 其他形式包装。

4 标志

4.1 产品标志

在检验合格的产品上应有如下标志：

a) 供方技术监督部门的检印；

b) 生产厂名称、地址、电话、商标；

c) 金属（或合金）牌号；

d) 供应状态；

e) 规格；

f) 批号（或熔次号）。

4.2 包装标志

4.2.1 产品的每个包装单元上应有标牌或标签，其上注明：

a) 运输号码；

b) 到站；

c) 收货单位名称或代号；

d) 产品名称；

e) 数量（净重、毛重或件数）；

f) 发货单位及发运站；

g) 发货日期；

h) 其他。

4.2.2 包装上应有明显的"向上""怕雨""禁止翻滚""由此吊起"等字样和标志，其图形应符合
GB/T 191的规定。

4.3　运输标志

产品发运时,应按承运部门要求填写和拴挂货物标记(货签)。

5　运输

5.1　装运产品的车厢、船仓和集装箱应保持清洁,干燥,无污染物。

5.2　不允许将产品同腐蚀性化学物品及潮湿性材料装在同一车厢(船仓)内运输。

5.3　敞车运输时,应用苫布盖好,以保证产品不被雨(雪)浸入。

5.4　产品在车站、码头中转时,应堆放在库房内。露天堆放时,应用苫布盖好,同时下边要用木方等垫好,垫高不小于100 mm。

5.5　产品在车站、码头中转或终点卸下时,应采用合适方式装卸,以防包装损坏和碰伤产品。

6　贮存

经过检验合格的产品,应贮存在符合如下条件的库房内:
a)　库房应清洁、干燥、通风,无腐蚀性气氛;
b)　库房内不得有腐蚀性化学物品和潮湿物品;
c)　库房应防止雨、雪浸入。

7　质量证明书

7.1　每批产品应附有质量证明书,其上注明至少应包含:
a)　供方名称、地址、电话、传真;
b)　产品名称;
c)　牌号;
d)　规格;
e)　供应状态;
f)　批号;
g)　数量(净重和件数);
h)　各项分析检验结果和技术监督部门检印;
i)　产品标准编号;
j)　出厂日期(或包装日期)。

7.2　装箱产品的质量证明书应装入箱内,装箱产品、非装箱产品的质量证明书应随货运单发给需方。

8　验收

需方收到产品后,应在10日内检查包装是否完好和产品有无碰伤、受潮、腐蚀和损伤现象,质量证明书是否完好齐全。有问题应在1个月内向供方提出。由于运输而造成的损伤,需方应拒绝接收,并及时通知供方协商解决。

ICS 77.120
H 68

中华人民共和国国家标准

GB/T 19445—2004

贵金属及其合金产品的包装、
标志、运输、贮存

Products of precious metals and their alloys—
Packing，marking，transporting and storing

2004-02-05 发布

2004-07-01 实施

中华人民共和国国家质量监督检验检疫总局
中国国家标准化管理委员会   发 布

前　言

本标准由中国有色金属工业协会提出。

本标准由全国有色金属标准化技术委员会负责归口。

本标准由贵研铂业股份有限公司负责起草。

本标准由西北有色金属研究院、有研亿金新材料股份有限公司、中国有色金属工业标准质量计量研究所参加起草。

本标准主要起草人：邱红莲、瞿晨阳、李明利、吕保国、贺东江、朱晋、刘继升。

本标准由全国有色金属标准化技术委员会负责解释。

本标准为首次发布。

贵金属及其合金产品的包装、
标志、运输、贮存

1 范围

本标准规定了贵金属及其合金产品的包装、标志、运输、贮存。

本标准适用于贵金属锭、粉、海绵；贵金属合金粉；贵金属化合物粉、晶体、溶液；贵金属浆料；贵金属及其合金板、片、带、窄薄带、箔、棒、线、丝、管、器皿；电触点产品的包装、标志、运输、贮存。

2 术语和定义

下列术语和定义适用于本标准。

2.1 包装单位 unit package

每个包装容器内所装产品的质量（固体）、体积（液体）的净含量。可分若干档次。

2.2 内包装 inner package type

流通过程中对产品起保护、方便使用和促进销售作用的形式。

2.3 中包装 in-between type

体积过小的内包装按一定数量组合装入一中间容器，此中间容器再按一定数量组合装入外包装容器中，此中间容器称为中包装。对产品起保护、方便操作、便于运输和促进销售的作用。

2.4 外包装 outer package type

流通过程中对产品起保护、方便运输作用的形式。

2.5 隔离材料 divider separator

用各种材料制造的，将容器空间分成几层或许多格子等的构件，如隔板、格子板等。其目的是将容器内装物隔开和起缓冲作用。

2.6 单瓦楞纸板 corrugated board of single type

由两层箱板纸和一层瓦楞纸加工而成的纸板。

2.7 双瓦楞纸板 corrugated fibre board of double sheet type

由两层箱板纸、两层瓦楞纸和一层夹芯纸加工而成的纸板。

2.8 气密封口 hermetic seal

容器经封口后，封口处不外泄气体的封闭形式。

2.9 液密封口 liquid seal

容器经封口后，封口处不渗漏液体的封闭形式。

2.10 严密封口 tight seal

容器经封口后，封口处不外漏固体的封闭形式。

3 产品包装

3.1 包装材料及技术要求

3.1.1 塑料瓶

用作粉（或海绵）、固体化合物、溶液及贵金属浆料产品的内包装容器。瓶的材质不应与内装物发生物理及化学作用。能承受正常运输条件下的磨损、撞击、温度、光照及老化作用的影响，瓶壁厚度应与可能受到的压力相适应。盛装溶液的塑料瓶经气密及液密实验合格后方可使用。

带有塑料内塞、塑料螺旋盖或内外一体塑料螺旋盖的广口螺口塑料瓶,作为贵金属及其合金粉;贵金属化合物粉、晶体、溶液的内包装容器。

带有塑料内塞、塑料螺旋盖的倒截锥形塑料瓶,作为贵金属浆料的内包装容器。

3.1.2 塑料袋

制袋材料不与内装物起物理及化学作用,密封性能好,有足够强度,在正常运输条件下能保持其性能。

塑料袋用作电触点产品内包装的容器;其他产品包装的隔离材料。

3.1.3 丝、窄薄带绕轴(盘)

用酚醛塑料、硬聚氯乙烯、有机玻璃或金属制成。清洁光滑,不易变形。尺寸规格与产品规格相适应。

3.1.4 箔材产品卷绕内衬

圆筒形。用纸、木材等材料制作。具有一定强度。表面清洁光滑。

3.1.5 软纸

软纸应柔软、光滑并具有一定韧性,无腐蚀性。用作板(片)、带材产品片间隔离及缠裹包装,棒、线、管及器皿产品缠裹包装,绕在轴上的丝、窄薄带产品的外层包裹。

3.1.6 聚乙烯薄膜

用作板、片、带、棒、线、管材产品软纸包装后的缠裹。根据产品规格确定所用薄膜厚度。

3.1.7 塑料盒

用具有一定强度的塑料制成,清洁光滑。作为丝、窄薄带产品的中包装容器。

3.1.8 单、双瓦楞纸板箱(盒)

用厚度不小于2.5 mm的单瓦楞纸板,或厚度不小于6 mm的双瓦楞纸板制成(一般为长方体)。有足够的强度,正常运输条件下不应破损、变形。用作中包装或外包装容器。

3.1.9 木箱

木板干燥,不应有孔洞、腐烂等明显缺陷,板厚不小于12 mm;一般为长方体,牢固密合。箱的每面不多于三块板。箱板最窄宽度不小于30 mm,并置于拼合中间,每个箱面只允许一块。箱底及箱面也可以用厚度大于7 mm的胶合板。箱钉长度为40 mm,平均50 mm布钉一只,最少两只。根据木箱大小决定是否采用箱档、箱外加捆扎带加固。木箱用作产品的外包装容器。根据产品内包装尺寸确定木箱尺寸。

3.1.10 隔离及充填材料

单、双瓦楞纸板,发泡聚苯乙烯板、块、成形框架、成型盒等;聚氨酯泡沫塑料软片、块等。

3.1.11 玻璃安瓿瓶

用GG-17玻璃制作。用作易吸水的贵金属化合物的内包装容器。

3.2 产品包装一般规定

3.2.1 产品经检测合格并有质量技术监督部门出具合格证书后才可以进行包装。

3.2.2 产品一个包装单位内必须是同一牌号、批号、规格、状态的产品。

3.2.3 产品包装场所的清洁度、温度、湿度、气氛、照明等因素不影响产品质量。

3.2.4 根据产品性质、形态、形状、预定用途及订货数量等选择包装单位及包装形式。

3.2.5 用塑料瓶作粉及溶液的内包装容器时,容器预留容量应为容器满口容量的10%～20%。

3.2.6 产品内包装及中包装件均应附有产品合格证;产品质量证明书装入塑料袋,置于外包装箱内。

3.2.7 中包装或外包装容器内的内包装件及外包装容器内中包装件上、下及周围均应用隔离材料衬、垫及充填。防止在运输过程中包装容器因摩擦、冲撞、滑动等造成容器破裂、变形,影响产品质量。

3.2.8 中包装、外包装封口必须严密、牢固。瓦楞纸板箱用胶带封口。木箱钉封箱盖,圆钉长40 mm,平均钉距80 mm,最少二只。若需捆扎加固时,用捆扎带进行十字、双十字、井字、二道、三道或多道形式捆扎,捆扎带搭接牢固,松紧适度,平整不扭。

3.2.9 产品内包装、中包装及外包装均应有供方专用封签、封条等封口物。

3.2.10 外包装件每件一般不大于 25 kg。

3.2.11 产品包装形式及包装材料也可由供需方双方协商确定。

3.3 包装

3.3.1 贵金属锭用软纸或清洁白纸包裹后装入塑料袋,严密封口。放入木箱或双瓦楞纸箱进行外包装。

3.3.2 贵金属粉(或海绵)、贵金属合金粉及贵金属化合物粉或晶体,用塑料瓶作内包装容器;容易吸水的贵金属化合物也可用玻璃安瓿瓶作内包装容器,严密封口,放入箱中进行中包装或外包装。包装单位(g/瓶):1、5、10、25、50、100、250、500、1 000、5 000。

3.3.3 贵金属溶液用塑料瓶作内包装容器,液密封口,倒置检查是否渗漏,倒置时间不少于 24 h。包装单位(mL/瓶):10,25,100,250,500。用聚苯乙烯成型盒进行中包装,用纸箱或木箱进行外包装。

3.3.4 容易吸水的贵金属盐,如 H_2PtCl_6、$HAuCl_4$ 等,装入安瓿瓶。瓶口熔融密封。

3.3.5 用倒截锥形螺口塑料瓶作为贵金属浆料内包装容器,气密封口,然后装入塑料袋中,气密封口。每瓶不大于 1 kg。用纸箱或木箱进行中包装及外包装。

3.3.6 板、片、带、箔材产品包装:

3.3.6.1 厚度大于 0.8 mm 的板、片材产品依次用软纸、聚乙烯薄膜包裹;若板(片)材产品较软,聚乙烯薄膜缠裹后用夹板夹住,捆扎牢固,以防变形。

3.3.6.2 厚度小于 0.8 mm,大于或等于 0.04 mm 的带材产品卷成卷,需要时卷层间用软纸隔开,每卷至少捆扎两处,依次用软纸、聚乙烯薄膜缠裹,放入箱中进行外包装。产品长度小于 500 mm 时按板、片、材产品包装方法包装。卷孔直径见表1。

表 1   单位为毫米

带材厚度	卷孔直径(不小于)
>0.04~0.08	80
>0.08~0.3	100
>0.3~0.8	150

3.3.6.3 窄薄带材产品绕在轴盘上,轴盘直径不小于 40 mm,一盘只能绕一条,固定带头,软纸包裹。放入塑料盒中,一盒一盘,进行中包装。塑料盒放入箱中进行外包装。

3.3.6.4 厚度小于 0.04 mm 的箔材产品加内衬卷成卷,用软纸包裹,放入盒中进行中包装,一盒一卷。再放入箱或盒中进行外包装。

3.3.7 棒、线、丝材产品包装

3.3.7.1 直径大于 3 mm 的棒材产品逐根、依次用软纸、聚乙烯薄膜缠裹,二根以上时,逐根用软纸缠裹后至少捆扎两处,再用聚乙烯薄膜缠裹。放入箱中进行外包装。

3.3.7.2 直径大于 0.4 mm、小于或等于 3 mm 的线材产品绕成卷,只能一根线材绕一卷,至少捆扎两处,依次用软纸、聚乙烯薄膜缠裹。放入箱中进行外包装。卷孔直径见表2。

表 2   单位为毫米

线材直径	卷孔直径(不小于)
>0.4~0.8	120
>0.8~1.0	150
>1.0~2.0	300
>2.0~3.0	400

线材产品长度小于卷孔直径4倍时按棒材产品包装方法包装。

3.3.7.3 丝材产品绕在丝轴上,一轴只能绕一根丝,牢固固定丝头,软纸包裹。放入盒中进行中包装,一盒一轴。然后再用箱或盒进行外包装。丝轴直径见表3。

表3

单位为毫米

丝材直径	丝轴直径(不小于)
≤0.025	20
>0.025~0.05	40
>0.05~0.1	60
>0.1~0.4	100

3.3.8 普通管、异型管及毛细管材产品,逐根、依次用软纸、聚乙烯薄膜缠裹;二根以上时逐根用软纸缠裹后至少捆扎两处,再用聚乙烯薄膜缠裹。放入箱中进行外包装。无平直度要求的毛细管材产品也可以按线材产品包装方法包装。

3.3.9 贵金属及其合金器皿逐件用软纸包裹,若干件组合放入盒或箱中进行中包装或外包装。

3.3.10 电触点产品用塑料袋作为内包装容器,严密封口;需排气封装的电触点产品,排气后气密封口。每袋不大于2 kg。内包装为一件时装入瓦楞纸盒进行外包装;一件以上时,装入瓦楞纸盒,一盒一袋,进行中包装。若干中包装件装入箱中进行外包装。

4 标志

4.1 产品标志
产品合格证应注明:
a) 供方名称;
b) 产品名称;
c) 产品牌号;
d) 产品状态;
e) 产品批号(熔炼炉号);
f) 产品净质量;
g) 生产日期;
h) 质量技术监督部门印记。

4.2 产品质量证明书
每批产品应附有质量证明书,注明:
a) 供方名称;
b) 需方名称;
c) 合同号;
d) 产品名称;
e) 产品牌号;
f) 产品规格;
g) 产品状态;
h) 产品批号(熔炼炉号);
i) 内包装净质量、件数;
j) 各项分析检测结果;
k) 质量技术监督部门印记;
l) 产品技术规范编号;

m) 出厂时间(或包装日期);

n) 其他。

5 产品运输

5.1 运输标志

在外包装件明显位置标明:

a) 到站名称;

b) 收货方名称、地址、邮政编码,收货人、电话(传真)号码;

c) 货物代号或名称;

d) 货物净含量、皮(重)、件数;

e) 发货方名称、地址、邮政编码,发货人、电话(传真)号码;

f) 需要时用文字或图形标明(表 4)。

表 4

文　　字	图　　形
小心轻放	小心轻放
向　　上	向　　上
怕　　湿	怕　　湿
堆码极限	"最大···千克"　堆码极限

GB/T 19445—2004

表 4（续）

文　　字	图　　形
温度极限	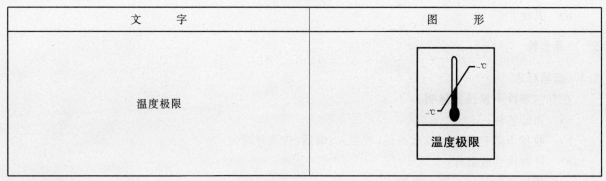

5.2　运输

产品可以用铁路、公路、水运、航空等运输方式。

5.3　需方验收

需方在收到产品后三日（此时间是承运方送货至需方）内检查包装件是否破损、变形、净重、件数。如有争议由供方、需方和承运方三方协商解决。订货方按产品技术规范及订货文件的规定对产品进行复验。

6　产品贮存

产品贮存条件应符合：

a) 安全；

b) 无腐蚀性；

c) 无污染；

d) 相对湿度不大于70%；

e) 温度在0℃～40℃,贵金属浆料在5℃～10℃；

f) 避免日光直接照射；

g) 贮存时间不能超过产品技术规范的规定。

中华人民共和国黑色冶金行业标准

冶金设备制造通用技术条件

包　　　装

YB/T 036.21—92

1　主题内容与适用范围

本标准规定了冶金设备(包括矿山、冶炼、轧钢、环保设备等)及零、部件(以下简称产品)储运包装的技术要求、试验方法、检验规则、包装标志与随机文件。

本标准适用于内销产品,也适用于出口产品。

2　引用标准

GB 41　六角螺母(粗制)

GB 95　平垫圈　C级

GB 102　六角头木螺钉

GB 191　包装储运图示标志

GB 349　一般用途圆钢钉

GB 738　阔叶树材胶合板

GB 897　双头螺柱—bm＝1d

GB 953　等长双头螺柱—C级

GB 1037　塑料薄膜和片材透水蒸气性试验方法　杯式法

GB 1349　针叶树材胶合板

GB 1413　集装箱外部尺寸和额定重量

GB 1834　通用集装箱最小内部尺寸

GB 1923　硬质纤维板

GB 4173　包装用钢带

GB 4456　包装用聚乙烯吹塑薄膜

GB 4768　防霉包装技术要求

GB 4879　防锈包装

GB 5048　防潮包装

GB 5398　大型运输包装件试验方法

GB 5780　六角头螺栓　C级

GB 6388　运输包装收发货标志

GB 7284　框架木箱

GB 7285　木包装容器术语

GB 7350　防水包装技术条件

GB 8166　缓冲包装设计方法

GB 10819　运输包装用木制底盘

冶金工业部1992-12-05批准

1993-07-01实施

GBn 193　出口机械、电工、仪器仪表产品包装通用技术条件

3　一般要求

3.1　产品包装应根据产品的性质和储运环境条件进行包装设计,要求做到防护周密、包装紧凑、牢固可靠、开箱方便、经济合理和美观大方,确保产品在装卸、运输和仓储有效期内,不因包装原因发生损坏和降低产品质量。

3.2　大型产品不应过分拆卸,在运输、装卸及产品的强度、刚度许可范围内,应采用单机或成套包装。

3.3　根据产品的特点和储运条件选择包装型式,如:箱装、局部包装、敞开包装、捆装、裸装等。

3.4　采用集装箱运输的产品,应符合集装箱运输的要求。集装箱外形尺寸、重量和最小内部尺寸按GB 1413和GB 1834的有关规定选择。

3.5　产品包装前,应详细填写装箱单,每箱一份。同一产品敞装、捆装及裸装件要单独填写,并统一编号。包装件的编号写成分数形式,分子表示包装件的顺序号,分母表示包装件的总件数(包括箱装、敞装、捆装、裸装等),主机箱应编为第 1 号,如:总件数为 6 件时,主机箱编号写成 1/6,其余各包装件编号分别写成 2/6、3/6、4/6、5/6 和 6/6。

3.6　发货单位应向收货单位提供所发货物的"开箱及现场保管要领书"供收货单位参考,放于第 1 号箱内,内容包括:

　a.　包装件的编号及内装物的名称;
　b.　开箱方法及顺序;
　c.　现场保管方法;
　d.　超限货物明细表及特殊运输要求;
　e.　其他必要事项。

3.7　产品在包装前应清理干净,防锈、涂装完好,按装箱单清点无误后方可进行包装。

3.8　包装件的重心应靠近中、下部,重心高的产品应尽可能采用卧式包装。

3.9　胶质传动带、运输带等橡胶、皮革制品件应卸下,并另行包装,不得与油脂接触。

3.10　在不影响精度的条件下,应将产品调整到最小轮廓尺寸,并加以固定。

3.11　外购配套的辅机、机件一般可用原包装,但须有本厂标记。

3.12　产品的外露螺纹应涂以防锈油,再用塑料帽、塑料网套等保护;内螺纹涂油后再用塑料塞或木塞堵住。对容器等的开口孔应用木板或塑料板等封口。

3.13　包装件的外形尺寸和重量应符合运输部门的有关规定(附录 E)。

3.14　开箱后,较长时间不进行装配的产品,应重新进行防锈处理。

4　包装技术与方法

4.1　防霉包装

4.1.1　外购配套用的电工、电子、仪器、仪表等产品在储运中大多数都有防霉要求,因此可用原包装,当其随主机在运输中装卸次数较多时,应另加外包装。

4.1.2　自制产品有防霉要求时,应参照 GB 4768 进行防霉处理,如:放防霉剂、在包装容器上开通风窗等。通风窗应设在包装箱的侧面或端面偏上部分,其结构及开设数量参照附录 F。

4.2　防锈包装

4.2.1　出口产品及内销产品中储运期限较长的,按 GB 4879 中的 C 级,防锈期限为 1～2 年。

4.2.2　内销产品一般可按 GB 4879 中的 D 级,防锈期限为半年至 1 年。

4.3　防潮包装

4.3.1　外购配套用的电工、电子、仪器、仪表等产品,一般可用原包装,当其随主机在运输过程中装卸次数较多时,应另加外包装。

4.3.2 自制的需防潮的产品按 GB 5048 执行。出口产品按 I 级防潮包装，内销产品根据内装物的性质、储运期限和储运过程中的温、湿度气候环境，可按 II、III 级防潮包装。硅胶用量参照附录 G，硅胶使用前，必须烘干。

4.4 防水包装

4.4.1 防水包装按 GB 7350 执行。防水材料主要有：塑料复合纸、夹层塑料编织布(塑料编织布两面衬有塑料薄膜)、塑料薄膜等。塑料薄膜的外观质量及物理性能应符合 GB 4456 的规定，见附录 G。

4.4.2 防水材料应平整地贴在包装容器的内壁表面上，尽可能使用整块材料。拼接时可粘合或搭接，搭接宽度不小于 60 mm，并用压板压紧钉牢。

4.5 防震包装

4.5.1 对有防震要求的产品，应采取防震措施，包装方法按 GB 8166 进行设计。

4.5.2 防震材料必须具有质地柔软、富有弹性、不易虫蛀、不易长霉及不易疲劳变形等特点。常用的防震材料有：瓦楞纸板、干木丝、纸屑、聚苯乙烯泡沫塑料、海绵橡胶、塑料气垫和金属弹簧等。

4.6 防尘包装

产品接触砂尘后将影响其质量时，应将产品或包装件易进砂尘处用柔性纸或塑料薄膜套封。

4.7 木箱包装

本标准中的木包装容器术语与 GB 7285 一致。

4.7.1 普通木箱。普通木箱分为普通封闭箱和普通花格箱。其中封闭箱用于包装重量在 200kg 以下，有防震、防潮或防水等要求的产品(见图 1)；花格箱用于包装重量在 200kg 以下，无防震、防潮或防水要求的产品(见图 2)。

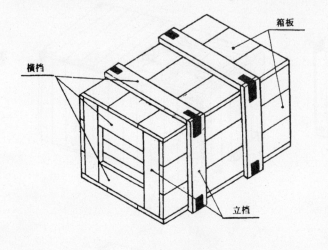
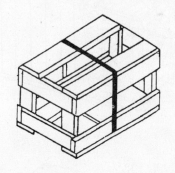

图 1 普通封闭箱　　　　　图 2 普通花格箱

4.7.2 滑木箱。滑木箱分为滑木封闭箱和滑木花格箱。其中滑木封闭箱用于包装重量在 1500kg 以下，有防潮或防水等要求的产品(见图 3)；滑木花格箱用于包装重量在 1500kg 以下，无防潮或防水等要求的产品(见图 4)。

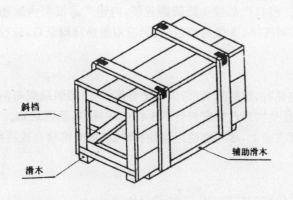 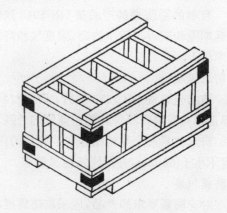

图 3 滑木封闭箱　　　　　　　　图 4 滑木花格箱

4.7.3 框架木箱。根据 GB 7284 的规定，内装物重量为 500～20 000kg 的运输包装用框架木箱，按结构分为 I 类（内框架木箱，见图 5）和 II 类（外框架木箱，见图 6）两类，I 类和 II 类框架木箱按箱板的铺放可分为 1 型、2 型、3 型三种型式，这三种型式按其组装方法均分为 A 型、B 型两种型式（见表 1）。

4.7.3.1 I 类（内框架木箱），框架结构在箱板的内侧，适用于一般产品的包装。

4.7.3.2 II 类（外框架木箱），框架结构在箱板的外侧，适用于包装在长度方向上为整体，并且有足够刚度的产品。

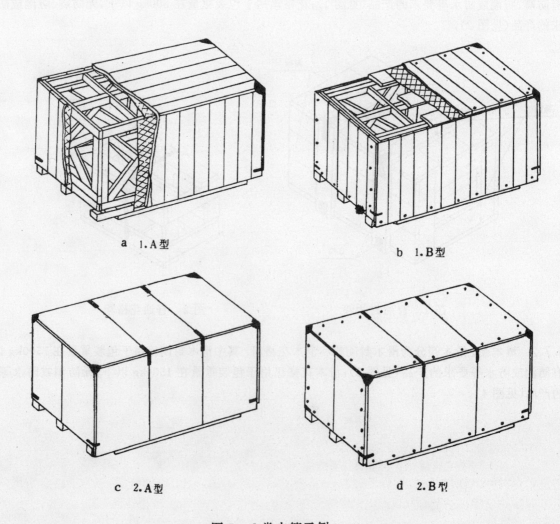

a 1.A型　　　　　　　　　　b 1.B型

c 2.A型　　　　　　　　　　d 2.B型

图 5 I 类木箱示例

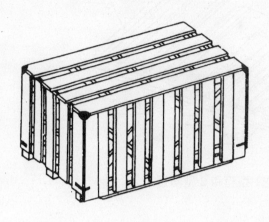

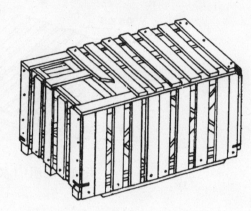

e 3.A型   f 3.B型

续图 5

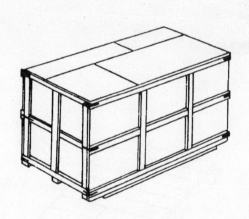

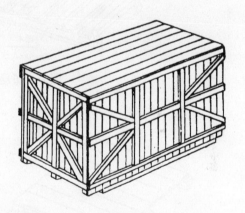

图 6 Ⅱ类木箱示例

表 1 框架木箱的型式

型 式		箱板的铺法	组装方式	适 用 范 围
1型	1.A	木板封闭箱	钢钉组装	用于需防水、防潮等防护的内装物
	1.B		螺栓组装	
2型	2.A	胶合板封闭箱	钢钉组装	
	2.B		螺栓组装	
3型	3.A	花格箱	钢钉组装	用于不需或只需简易防水、防潮等防护的内装物
	3.B		螺栓组装	

4.7.3.3 框架木箱的底座见图7、图8、图9、图10、图11。底座在放上内装物后,在未装侧面、端面之前,不得单靠底座进行起吊等装卸作业。

4.7.3.3.1 框架木箱底座各构件的尺寸(不包括枕木)见表2。

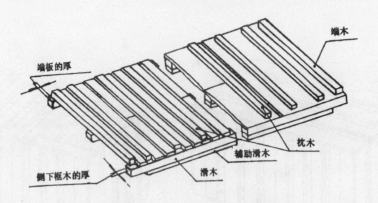

图 7   底座（Ⅰ类 1 型箱和 2 型箱用）

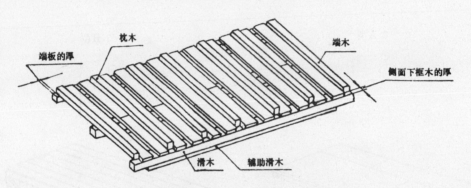

图 8   底座（Ⅰ类的 3 型箱用）

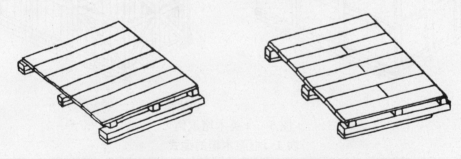

a 下框木厚度为滑木宽度的 1/3 以下时用   b 一般情况用

图 9   （适用内装物为小型多件物品，Ⅰ类箱用）

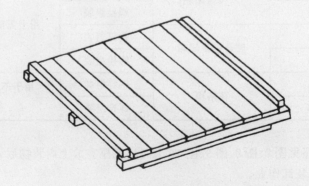

图 10   底座（底板兼枕木，Ⅰ类箱用）

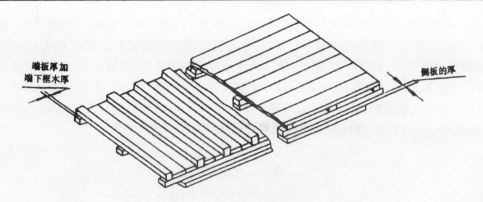

图 11　底座(Ⅱ类箱用)

表 2　底座各构件的尺寸　　　　　　　　　　　　　　　　　　　cm

内装物重量 kg ≤	滑　木[1]		端　木(宽、厚)	端木与滑木联结用螺栓直径 mm	辅助滑木的厚度[6] ≥	底板的厚度	
	箱的内长[2] ≤	尺　寸(宽、厚)				木板	胶合板
700		10×5[3]	9×4.5或6×6	10(或用钢钉钉)	2.4	1.5	0.55
1000		9×6					
1500	350	7.5×7.5[4]或12×6[4]	7.5×7.5			1.8	0.9
2000		9×9					
3000	500	10×10[5]或15×7.5	9×9	12	3		
4000	450						
5000	500	12×12	10×10		4		
7500	450						
10000	700	15×15	12×12		5	2.1	1.2
12500	600			16			
15000	800						
175000	700	18×18	15×15		6		
20000	600						

注:1) 若木材的许用强度低于表 10 规定值的 90%,应采用大一级尺寸的滑木(18×18cm 的大一级为 21×21cm)。许用强度低于表 10 规定值的 80% 以下的木材不能用作滑木。

2) 若箱的内长超过表中给定的范围,可采用大一级尺寸的滑木,或缩短起吊点之间的距离,使之小于给定的范围。

3) 仅 A 型箱用,B 型箱的滑木厚度不小于 6cm。

4) 下框木的厚度为 4 或 4.5cm 时用。

5) 下框木的厚度为 5 或 6cm 时用。

6) 设叉车货叉的插口,或在箱的中部设挂绳索口时,辅助滑木的厚度按图 13、表 3 或图 14 的规定。

4.7.3.3.2 对滑木的要求:滑木两端不得突出箱外。滑木尽可能采用一整根,若长度不够,应按图 12 的规定对接,对接的位置不得在长度的中心处,各滑木的对接位置应错开。滑木宽度为 9cm 以下时,用 M10 螺栓对接,超过 9cm 时用 M12 螺栓对接。滑木一般应均匀排布,对底板兼枕木的形式,若内装物需用螺栓固定在滑木上,限于螺栓孔的位置,滑木的位置可适当偏移。滑木的中心间隔一般不大于 120cm,需用叉车沿横向进叉装卸时,滑木的中心间隔应不大于 100cm(内装物重量为 1500kg 以下时,应不大于 80cm)。超过规定的间隔时,中间要增加相同截面尺寸或相同厚度的滑木。

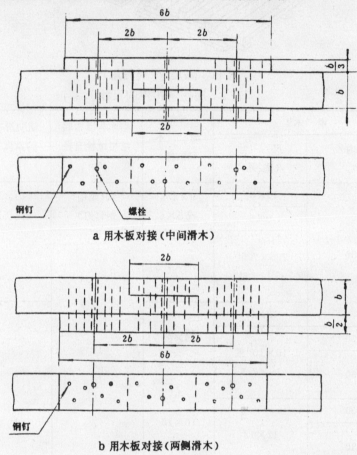

a 用木板对接(中间滑木)

b 用木板对接(两侧滑木)

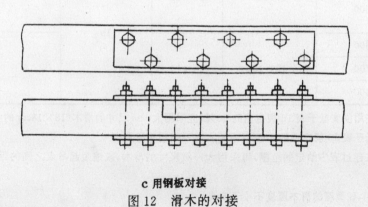

c 用钢板对接

图 12 滑木的对接

4.7.3.3.3 对辅助滑木的要求:辅助滑木宽度不得小于滑木宽度的 80%。设叉车孔时,安装尺寸按图

13和表3的规定。木箱的中部设挂绳索口时,安装尺寸按图14的规定。需用滚杠装卸时,辅助滑木的两端应制成45°导角。Ⅱ类箱两侧的辅助滑木应突出滑木的外缘,其突出的尺寸为侧板的厚度,见图11。

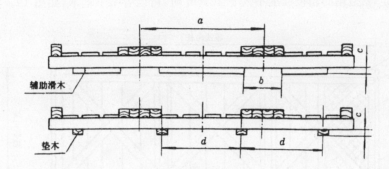

图13　叉车的叉孔

表3　叉孔的尺寸

cm

包装件总重量,t	a	b	c	d
≤	≤	≥	≥	≤
3	95	30	4.5	65
7	140	30	6	110
10	160	40	7.5	110

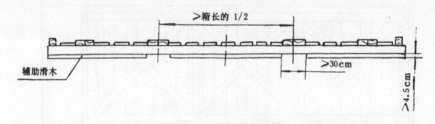

图14　中部挂绳索口

4.7.3.3.4 端木:端木用螺栓或钢钉安装在滑木上,端木距滑木端部的距离等于端板的厚度(对Ⅱ类箱为端板加端下框木的厚度);端木的尺寸及其与滑木联接用螺栓的直径按表2的规定;端木的长度与箱的内宽相等。

4.7.3.3.5 底板:底板厚度按表2的规定;当底板兼作枕木时,其厚度按枕木的规定选择;3型箱的底板宽度不得小于12cm;1型箱和2型箱,底板的间隔不大于1cm,3型箱底板间隔不大于20cm;底板一般为整板,30%以下的底板可在中间滑木上对接。

4.7.3.3.6 枕木:枕木按附录A进行选择;枕木用螺栓或钢钉安装在滑木上,联接螺栓的直径按表4的规定;枕木也可以装在底板之上。

表4　枕木安装方法

枕木厚度,cm	安装方法
≤6	用钢钉钉
≤9	用M10螺栓紧固
<15	用M12螺栓紧固
≥15	用M16螺栓紧固

注:枕木的厚度不大于9cm时,也可用钢钉与中间滑木联结(枕木厚度为9cm时,要用18cm长的钢钉,枕木厚度为7.5cm时要用15cm长的钢钉),每个联结处至少钉2个钢钉。

4.7.3.4 Ⅰ类框架木箱的侧面与端面:1 型箱和 3 型箱的结构见图 15 和图 16,2 型箱的结构见图 17 和图 18。

4.7.3.4.1 框架结构型式:1 型和 3 型箱的框架结构型式按附录 B 选择;2 型箱的框架结构型式按图 17 和图 18 的规定,2 型箱的箱板高度不大于 122cm 时,可以省略下框木,如图 19。

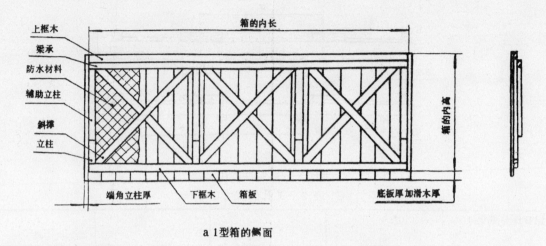

a 1型箱的侧面

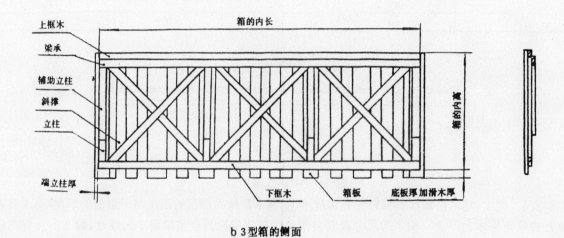

b 3型箱的侧面

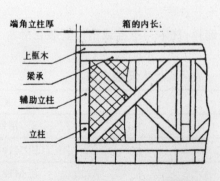

c 上、下框木与角立柱的另一种
装配形式(1型、3型箱通用)

图 15 侧面(Ⅰ类的 1 型箱和 3 型箱)

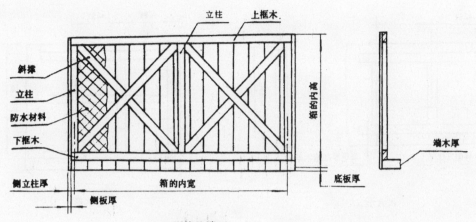

a 1型箱的端面

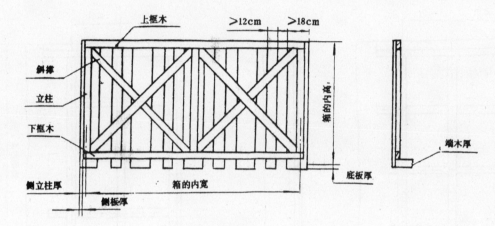

b 3型箱的端面

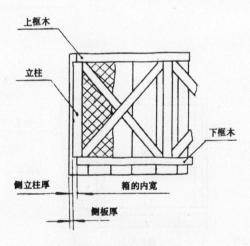

c 上、下框木与角立柱的另一种
装配形式（1型、3型箱通用）

图16　端面（Ⅰ类的1型箱和3型）

单位：cm

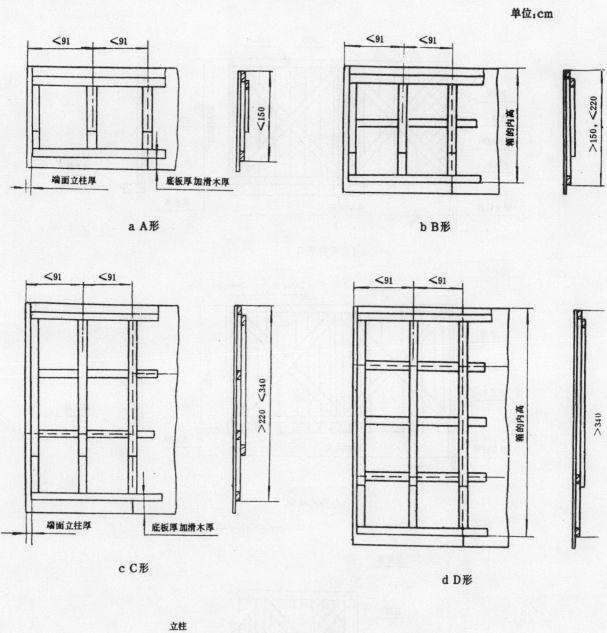

a A形

b B形

c C形

d D形

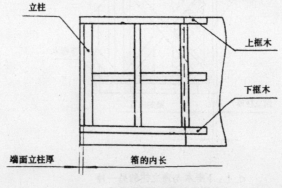

e 上、下框木与角立柱
的另一种装配形式

图17　侧面（Ⅰ类的2型箱）

单位:cm

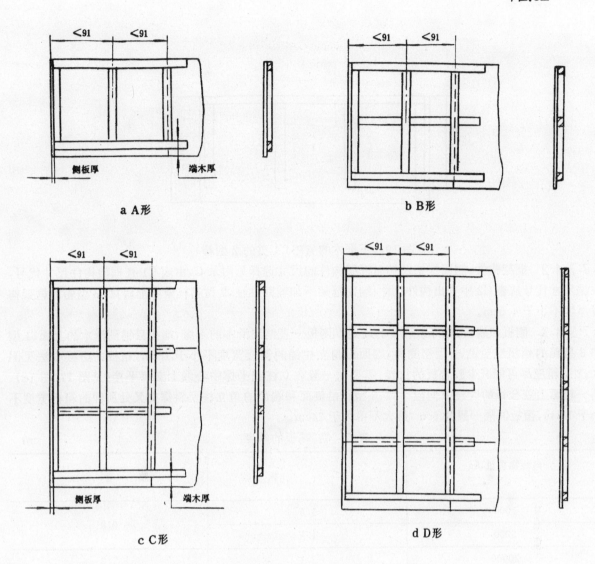

a A形

b B形

c C形

d D形

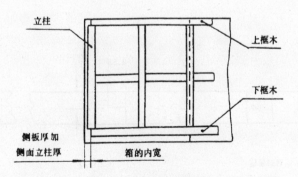

e 上、下框木与角立柱
的另一种装配形式

图18 端面(Ⅰ类的2型箱)

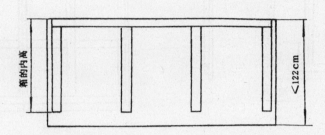

图 19 下框木的省略（Ⅰ类的 2 型箱）

4.7.3.4.2 框架构件：侧面框架及端面框架构件的尺寸选择见附录 C，由表 C1 查框架构件尺寸代号，根据尺寸代号从表 C2 中查出构件尺寸；端面框架不加辅助立柱，2 型箱框架不加斜撑，B 型箱的框架构件厚度不小于 4.5cm。

4.7.3.4.3 侧板和端板：板厚按表 5 的规定。侧板一直铺到滑木的下缘，端板只铺到滑木的上面；1 型和 3 型箱的箱板应竖铺；1 型箱侧面、端面沿角立柱铺的箱板宽度不小于 15cm，箱板的拼接方法见图 20；2 型箱应尽可能减少胶合板的拼接，需要时一般在立柱或平撑中心线上交替平接（见图 17、图 18），同一箱面上胶合板的纹理方向应一致；3 型箱沿侧面和端面的角立柱及斜撑交叉处所铺的箱板宽度不小于 18cm，箱板间隔一般为 6cm，最大不得大于 24cm。

表 5　侧、端板的厚度　　　　　　　　　　　　　　cm

内装物重量,kg ≤	木　　板	胶　合　板
1000	1.5	0.9
5000	1.8	
20000	2.1	1.2

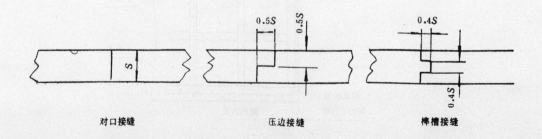

图 20　封闭箱板接缝形式

4.7.3.4.4 梁承。木梁承按图 21 进行安装，铁梁承按图 22 进行安装。木梁承的尺寸选择见附录 C。

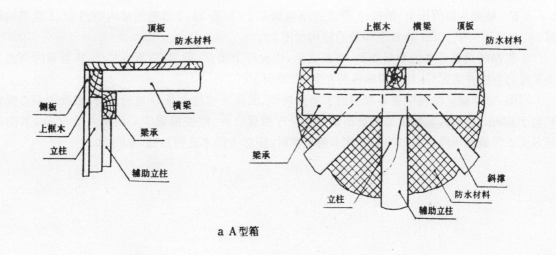

a A型箱

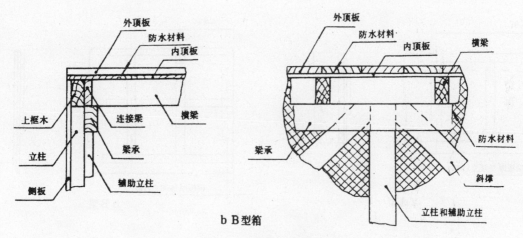

b B型箱

图 21　梁承和辅助立柱

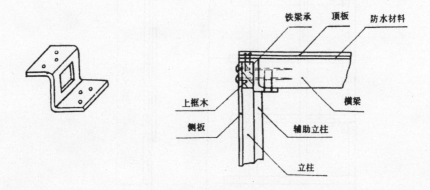

图 22　铁梁承

4.7.3.4.5　辅助立柱:辅助立柱安装在梁承的下面(见图 21),其截面尺寸选择见附录 C,其长度不得小于立柱长度的 2/3;在不需要辅助立柱时,为支承梁承,应钉上长度不小于 30cm 截面为 9×2.4cm 的木板。

4.7.3.5　Ⅱ类框架木箱的侧面与端面:框架结构型式,1 型箱和 3 型箱的结构型式按附录 B 选择,2 型箱的结构应符合图 23 和图 24 的规定;框架构件尺寸选择按本标准 4.7.3.4.2 的规定;侧板和端板按本标准 4.7.3.4.3 的规定。

4.7.3.6 框架木箱的顶盖:结构:1 型箱的结构如图 25 和图 26,2 型箱的结构如图 27,3 型箱的结构如图 28,内宽不大于 90cm 的 B 型箱盖的结构如图 29。

A 型箱的顶盖是在组装好侧面、端面之后,依次钉上横梁、梁撑、顶板等构件,B 型箱的顶盖是预先将顶盖的各构件装配好,然后用螺栓装在侧面、端面上。

横梁:对于储运过程中需要堆码的木箱的横梁,截面尺寸按附录 D 进行选择;横梁的中心间隔一般不大于 60cm;有时内装物上部的突出部分需介于横梁之间,致使横梁中心间隔大于 60cm,其间的侧上框木又正好是起吊绳索通过的部位或木箱较宽时,应对上框木进行加强,见图 30。

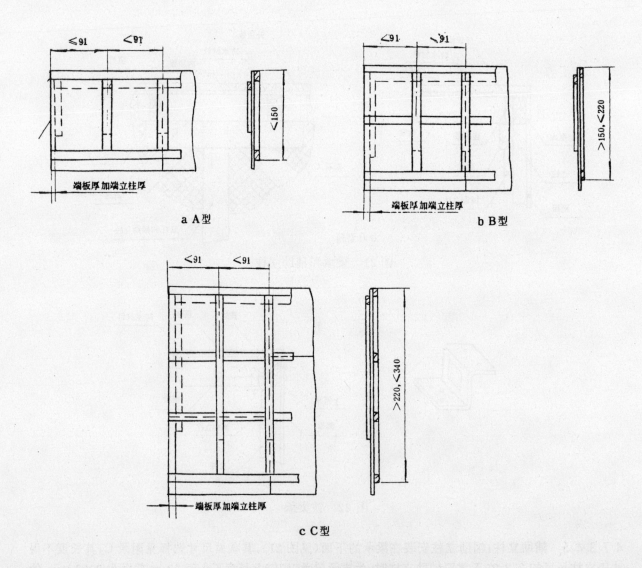

图 23　侧面(Ⅱ类的 2 型箱)

单位:cm

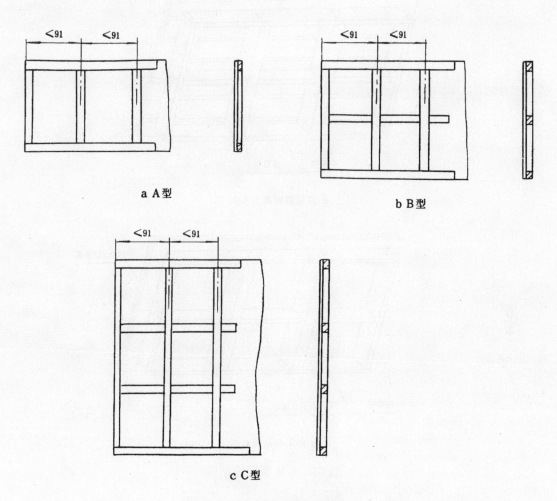

a A型

b B型

c C型

图 24   端面(Ⅱ类的 2 型箱)

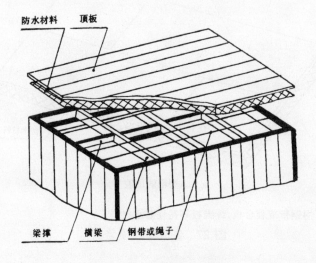

图 25   1.A 型箱的顶盖

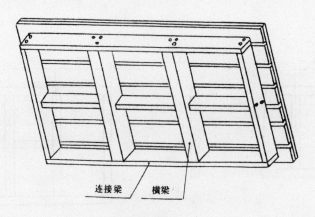

a 两层顶板都是木板

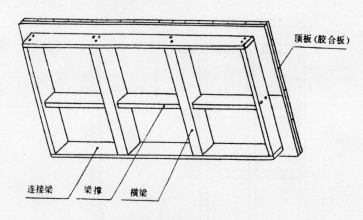

b 内顶板是胶合板

图 26 1.B 型箱的顶盖

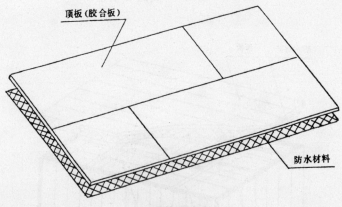

a 2.A 型箱的顶盖

注：与 1.A 型箱一样,可用钢带或胶合板,纤维板等托住防水材料。

图 27 2 型箱的顶盖

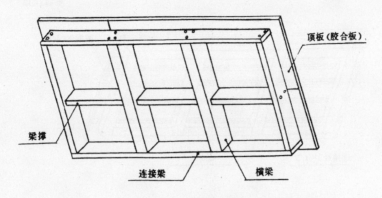

b 2.B型箱的顶盖

续图 27

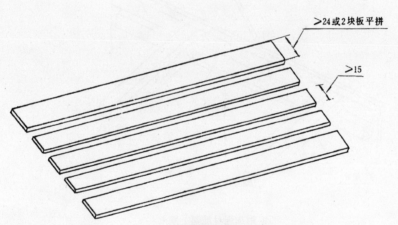

≥24或2块板平拼

≥15

a 3.A型箱的顶盖

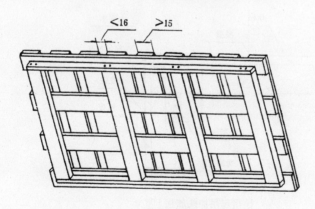

＜16　≥15

b 3.B型箱的顶盖

图 28　3 型箱的顶盖

单位:cm

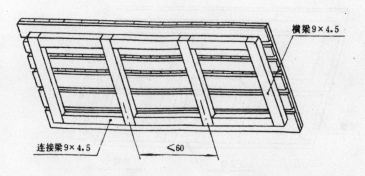

图 29　内宽一大于 90cm 时的 B 型箱的顶盖

注:上图是 1B 型箱的示例,2B 型、3B 型箱类同。

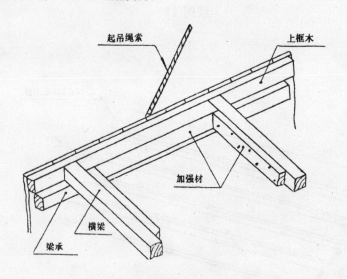

a　用加强材加强上框木

b　用起吊护铁加强上框木

图 30　上框木的加强

对于运输过程中不需堆码的木箱的横梁,截面尺寸按附录 D 进行选择,这种截面尺寸的横梁只需要两根,分别安装在起吊时钢丝绳可能通过的部位,并在每根横梁的左右 20cm 处分别配置截面积不小于横梁截面积 1/3 的副梁,箱的中间到横梁的中心距不应大于 100cm,否则应在中间增加副梁。

出口产品均按储运中需要堆码考虑。

对于内宽不大于 90cm 的 B 型箱所用的横梁,其尺寸和中心间隔按图 29 的规定。

梁撑:梁撑的设置按图 31 的规定,梁撑的宽度不小于 5cm,其厚度不得小于横梁厚度的 2/3。

a 箱的内宽<150cm   b 箱的内宽150~200cm

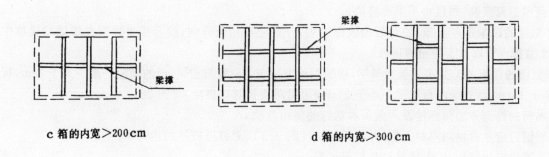

c 箱的内宽>200cm   d 箱的内宽>300cm

图 31　梁撑

连接梁:在 B 型箱横梁的两端,需要有厚度与横梁厚度相同,宽度为 2.4cm 的连接梁(见图 26 和图 27);连接梁的对接方法见图 32。

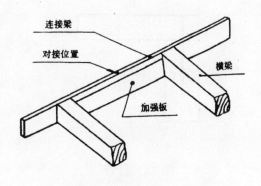

图 32　连接梁的对接

表6　顶板的厚度   cm

内装物重量 kg	箱的内宽 ≤	1 型			2 型	3 型		
		A 型	B 型		A 型和 B 型	A 型	B 型	
			外顶板	内顶板			外顶板	内顶板
≤3000	180	1.8	1.5	1.2	0.9	1.8	1.5	
≤10000	240	2.1	1.8	(胶合板 0.4)	1.2	2.1	1.8	1.2
>10000	350	2.4	2.1	1.2 (胶合板 0.55)	1.5	2.4	2.1	

注：若箱的内宽超过表中规定的范围,应采用厚一级的顶板。

　　1 型箱的顶板:1A 型箱顶板为单层,一般沿长度方向铺设,两边缘的板宽度不小于12cm,板的拼接方法一般采用对口拼接,需要时也可压边拼接;顶板不够长时,可在横梁中心交错对接;1B 型箱的顶板为双层,内顶板沿箱长度方向铺设,外顶板沿箱宽度方向铺设;内、外顶板两边缘的板宽度不小于15cm;内顶板为木板时,板的间隔不大于20cm,内顶板不够长时,可在横梁中心对接;1A 型箱采用 B 型箱的顶盖时,可用钢钉安装,而且可不用连接梁。

　　2 型箱的顶板是单层板:胶合板的表面纹理,一般应顺箱长方向,胶合板拼接应在横梁或梁撑中心线上;2 型箱也可以用 1 型箱的顶板。

　　3 型箱的顶板:3A 型箱顶板为单层,板的铺设方法与 1A 型箱相同,板的间隔一般不大于6cm,板宽度不小于15cm,两边缘木板宽度不小于24cm(可用两块板对口拼接)见图28。

4.8　木箱的钉钉方法和螺栓及六角头木螺钉的使用方法。

4.8.1　钢钉应从薄材向厚材上钉,并将钢钉长度的 2/3 以上钉进较厚的构件中。

4.8.2　不得突出钉头、钉尖或将钉头钉得过深。

4.8.3　在板端部附近,钢钉与板端的距离一般不小于板厚,在板边附近钉钉时,钢钉与板边的距离一般不小于板厚的 1/2。

4.8.4　从箱板向框架钉钉时,钉长一般为板厚的 3～3.5 倍,若构件的厚度为箱板厚度的 2 倍以下,则突出的钉尖必须打弯 0.3cm 以上。

4.8.5　钢钉钉在材边时,要钉在该木板厚度的中央部位,以保证结合强度,见图33。

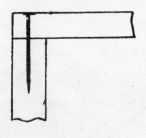

图 33　钉钉

4.8.6　1 型箱与 3 型箱的构件垂直交叉时布钉方法按图34,构件垂直交叉时布钉方法按图35的规定。2 型箱的布钉方法见图36。

单位:cm

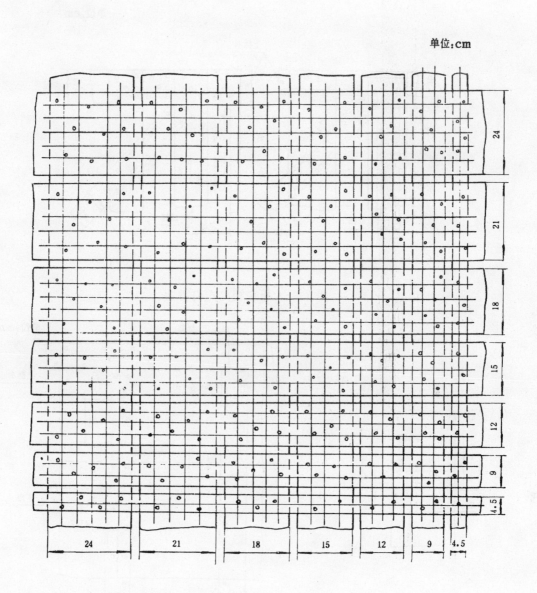

图 34 构件垂直交叉时的布钉方法

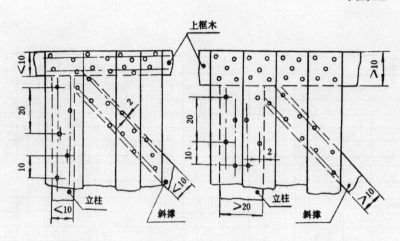

图 35　木板箱板的布钉方法

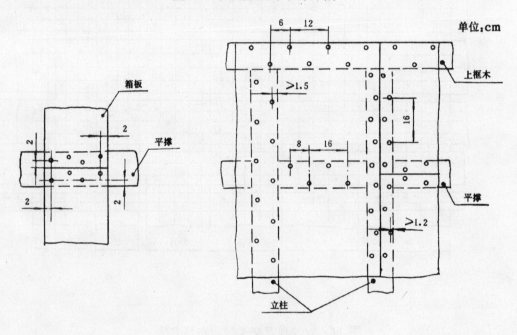

图 36　胶合板箱板的布钉方法

4.8.7　螺栓、螺母及木螺钉均需配用垫圈。

4.8.8　拧紧螺母后,螺栓要突出螺母之外,并用适当方法防止螺母松动。

4.8.9　在滑木或辅助滑木下面等处的螺栓头必须沉入构件内。

4.8.10　使用六角头木螺钉时,要在构件上预先钻出比螺钉直径小 3~4mm 的孔,然后将螺钉拧入。

4.8.11　六角头螺钉的长度,一般要使其螺纹的全部或更长的部分进入较厚的构件,见图37。

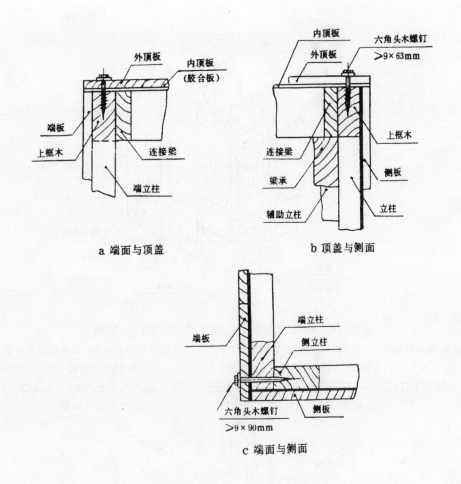

a 端面与顶盖

b 顶盖与侧面

c 端面与侧面

图 37 B 型箱的组装方法

4.9 木箱的组装方法

4.9.1 将端面和侧面装在底座上。端面的安装是将端面下框木放在端木之上,然后用钢钉或六角木螺钉将端板固定在端木上;侧面的安装是将侧面下框木放在底板之上,然后用钢钉或六角头木螺钉将侧板固定在滑木上。对于 B 型箱,将厚度为 1.2cm 以上的连接板预先钉在箱板的内侧,然后用木螺钉安装;在这种情况下,端木距滑木端面的距离等于连接板厚度加端板的厚度;2 型箱不用连接板。

端面和侧面与底座的组装方法如图 38 和图 39 所示。

B 型箱的组装方法见图 40。

单位:cm

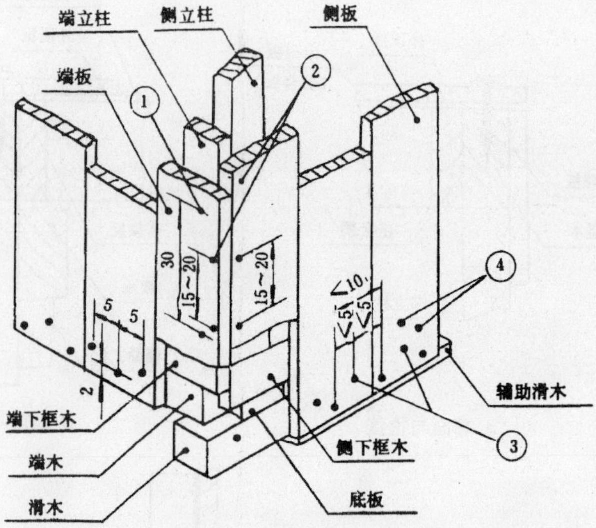

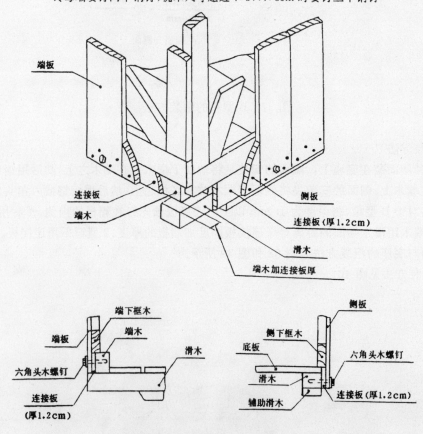

图 38 端面和侧面与底座的组装方法(A 型箱)

①—根据端角立柱的厚度,用 110~150mm 长的钢钉;②—钉长为板厚的 3 倍;③—每块箱板至少钉 2 个钢钉,滑木尺寸不大于 10×10cm 时,钉两行钢钉;滑木尺寸超过 10×10cm 时钉 3 行钢钉;④—从侧面往枕木或横梁上钉钉时,钢钉钉入枕木的长度应为钉长的 2/3 以上,枕木尺寸为 7.5×7.5cm 以下时,其每端要钉两个钢钉,枕木尺寸超过 7.5×7.5cm 时要钉三个钢钉

图 39 端面和侧面与底座的组装方法(1B 型和 3B 型箱)

单位:cm

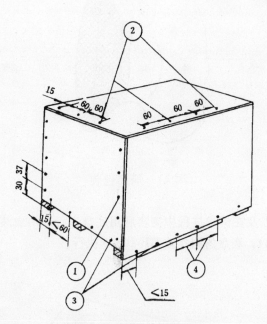

图 40   B 型箱的组装方法

① 一端面与侧角立柱联结用 10×100mm 六角头木螺钉;

② 一顶盖与上框木联结用 10×100mm 六角头木螺钉;

③ 一侧面与滑木、端面与端木联结时用六角头木螺钉的规格如下:

滑木或端木厚度为 7.5cm 时,用 10×80mm 六角头木螺钉;

滑木或端木厚度为 9 或 10cm 时,用 12×100mm 六角头木螺钉;

滑木或端木厚度为 12cm 以上时,用 16×100mm 六角头木螺钉;

④ 一侧面与滑木联结时,六角头木螺钉的最大中心间隔为:

10mm 六角头木螺钉为 40cm;

12mm 六角头木螺钉为 50cm;

16mm 六角头木螺钉为 60cm

4.9.2   端面与侧面的组装:A 型箱的组装见图 38;B 型箱的组装方法见图 37 和图 40。

4.9.3   端面、侧面与顶盖的组装:A 型箱的组装方法见图 25、图 27 和图 28;B 型箱的组装方法见图 37 和图 40;A 型箱用 B 型箱的顶盖时,也可以用钢钉组装。

4.10   局部包装

裸装和敞装的产品需特殊防护的部位,如:传动轴端的法兰盘、轴颈、轴承等应采取图 41 所示的局部包装。

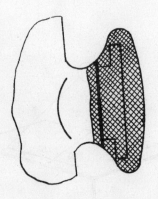

图 41　局部包装

4.11　敞装

仅要求局部保护的产品以及在储运过程中需要利用底盘进行起吊或滚杠装卸、搬运的产品要固定在底盘上,见图 42、图 43、图 44。底盘的制作按 GB 10819 执行。

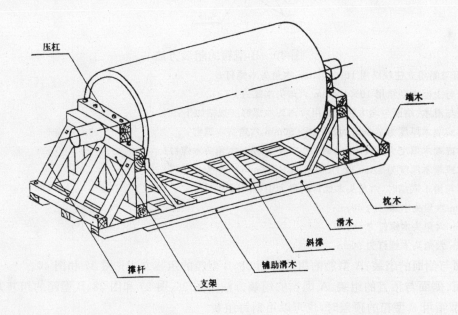

压杠　端木　枕木　滑木　斜撑　辅助滑木　支架　撑杆

图 42　可进行起吊或滚杠装卸的敞装件

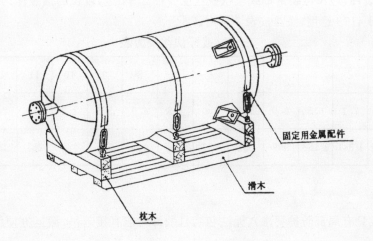

图 43 可进行滚杠装卸的敞装件

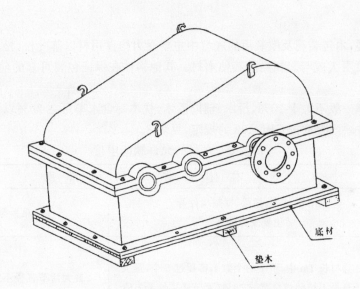

图 44 既不用底盘起吊又不用滚杠装卸的敞装件

4.12 捆装

4.12.1 为产品配套的型材或一般管路等,可采用捆装。根据产品的特点及储运期限合理选择捆扎材料及捆扎方法,在储运过程中不得有散捆现象。

4.12.2 外表粗糙的细长产品,如:管束、金属构件等,可按图45所示,两端用麻布防护后再捆扎。

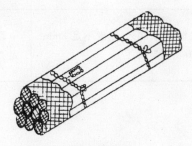

图 45 捆装

4.12.3 较重的捆装件,应用包装钢带或较粗铁丝至少捆 3~4 道,较长的捆装件约每隔 1m 捆一道,拧紧箍牢。钢带按 GB 4173 选用,铁丝按表 7 选用。

表 7 镀锌铁丝拉力表

线 号	1	2	3	4	5	6	7	8	9	10	11	12	13	14	15	16
直径,mm	8.7	7.1	6.5	6.0	5.5	5.0	4.5	4.0	3.5	3.2	2.9	2.6	2.3	2.0	1.8	1.6
许用拉力,kg	1 760	1 341	1 168	989	831	687	556	440	336	281	231	185	145	110	89	70

4.13 裸装

无防护要求(或只有局部防护要求)、无法包装且装卸时能直接起吊、搬运方便的产品,允许直接固定在列车上进行运输。

5 包装材料与要求

5.1 木材

5.1.1 木材的种类,木包装箱及敞装用的底盘中主要受力构件用材以落叶松、松木、冷杉、云杉、榆木为主,也可以采用强度更大或与之相当的其他木材。其他构件在保证包装可靠的前提下可以采用其他木材。

5.1.2 木材含水率一般不大于 20%,滑木、辅助滑木、枕木等含水率可在 25% 以下。

5.1.3 木材的允许缺陷限度按 GBn 193 的规定,见表 8。

表 8 木材的允许缺陷限度

缺陷名称	木 材 允 许 的 缺 陷 限 度	
	滑木、枕木、横梁、框架构件等 主要受力构件	箱板等其他构件
活节和死节	任意材长 1m 中,节子的个数不得超过 5 个,最大节子直径不得超过材宽的 30%(死节必须修补),直径不足 5mm 的节子不计。滑木的主要受力部位不得有死节	最大活节直径不得超过板宽的 40%,最大死节直径不得超过板宽的 25%(死节必须修补),直径不足 5mm 的节子不计
腐朽	不 允 许	不 允 许
虫害	任意材长 1m 中,虫眼个数不得超过 4 个(已修补的虫眼例外),直径不足 3mm 的虫眼不计	任意材长 1m 中,虫眼个数不得超过 10 个(已修补的虫眼例外),直径不足 3mm 的虫眼不计
裂纹	裂纹长度不得超过材长的 20%(宽度不足 3mm 的裂纹不计),不允许有贯通裂纹	裂纹长度不得超过材长的 20%(宽度不足 2mm 的裂纹不计)

续表 8

缺陷名称	木 材 允 许 的 缺 陷 限 度	
	滑木、枕木、横梁、框架构件等 主要受力构件	箱板等其他构件
钝 棱	钝棱最严重部分的缺角宽度不得超过材宽的30%,高度不得超过材厚的1/3	钝棱最严重部分的缺角宽度不得超过材宽的40%,高度不得超过材厚的1/2
弯 曲	顺弯、横弯不得超过1%,翘弯不得超过2%	顺弯、横弯不得超过2%,翘弯不得超过4%
斜 纹	纹理的倾斜度不得超过20%	

5.1.4 木材的宽度与厚度的尺寸公差按表 9 的规定。

表 9 木材宽度与厚度的尺寸公差   mm

尺 寸 范 围	公 差
≤20	+2 −1
21～100	+2
≥101	+3

5.1.5 木材的许用强度按表 10 的规定。

表 10 木材的许用强度   MPa(kgf/cm²)

抗弯强度(f_b)	(顺纹)抗压强度(f_c)	(顺纹)抗拉强度(f_t)
11.0(112)	7.0(71)	14.0(143)

本标准各计算图表所规定的构件尺寸是根据表 10 的许用强度算出的公称尺寸。对实际使用的树种可根据其许用强度与表 10 的许用强度之比,改变其使用量或构件的尺寸(许用强度等于试验强度除以安全系数,抗弯与抗拉的安全系数为 7,抗压的安全系数为 5.5)。

5.1.6 内装物重量大于 20000kg 时,滑木可采用型钢结构。

5.2 胶合板

胶合板一般应选用 GB 1349 和 GB 738 中规定的 Ⅲ 类或性能不低于其要求的木质胶合板及其他材质的胶合板,如竹胶合板等。

5.3 纤维板

纤维板选用 GB 1923 中规定的 3 等以上。

5.4 金属件

5.4.1 钢钉:钢钉按 GB 349 的规定,根据情况还可选用涂胶钉、倒刺钉、托盘钉(螺旋角为 30° 的四线螺旋钉)U 型钉等。

5.4.2 螺栓、螺母和垫圈:螺栓按 GB 102、GB 5780、GB 953、GB 897 的规定,螺母按 GB 41 的规定,垫圈按 GB 95 的规定。

5.4.3 钢带:钢带按 GB 4173 的规定,钢带的最小宽度为 16mm,最小厚度为 0.45mm。

5.4.4 护棱和护角型式见图 46。

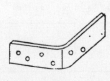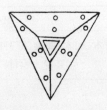

图 46　护棱和护角

5.4.5　其他金属配件,根据需要选用铁制通风孔罩、铁梁承、起吊护铁、各种紧固件及加强构件等。

6　对内装物的要求

6.1　被包装的产品必须是经过检验的合格产品。

6.2　产品需经预处理的,应规定处理方法、条件、时间等要求。

6.3　箱装件的内装物与箱壁的间距应不小于25mm。

6.4　包装时必须将产品可靠地固定在底座或底盘上。固定用螺栓应通过产品底座上的螺栓孔和滑木或枕木,见图47。

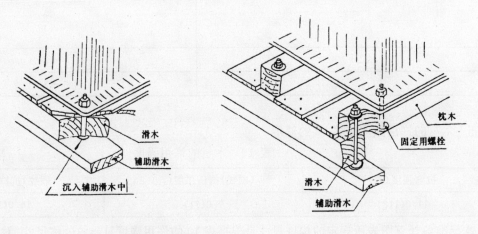

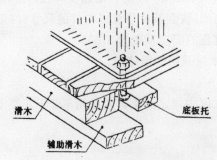

图 47　产品在底座上的固定

6.5　产品不能直接固定在底座上时,应用方木支承,然后用压杠、螺栓固定在箱底上,见图48。

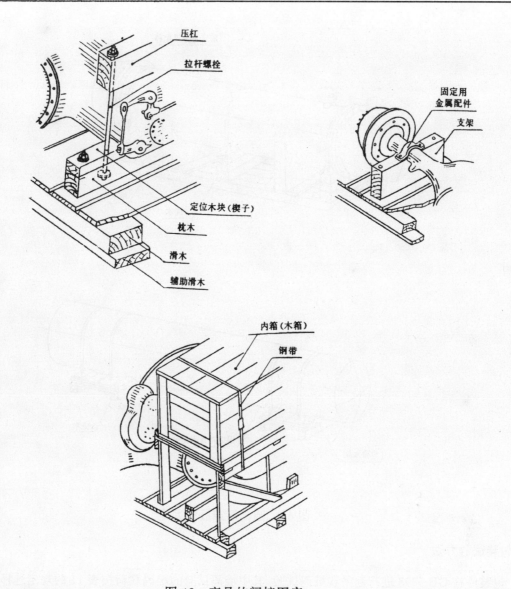

图 48　产品的间接固定

6.6　对圆筒形产品,可用与产品外形轮廓相吻合的定位木块将产品卡紧,再用铁箍将产品箍牢,见图49,然后用螺栓固定在底座上,细长产品每隔1m加一定位木块。定位木块与包装箱可用钢钉钉合,大型产品必须用螺栓紧固。

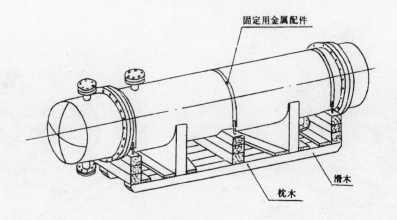

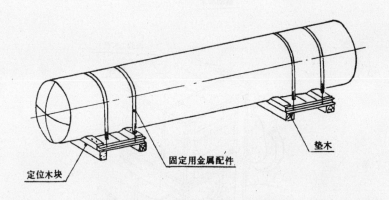

图 49　圆筒形产品的固定

7　包装试验方法

包装件按 GB 5398 进行起吊和堆码试验，其中堆码试验的堆码载荷按表 11 的规定选择。

运输中装卸次数少的包装件也可以不进行试验。

表 11　堆码载荷

内 装 物 重 量 kg	堆 码 载 荷 kPa(kgf/m²)
≤5000	10.0(1020)
>5000	15.0(1530)
>10000	20.0(2040)

8　检验规则

8.1　木箱包装件

8.1.1　各箱面两条对角线之差不大于对角线长度的 0.3%，试验后的对角线长度之差不大于其长度的 0.5%。

8.1.2　各框架构件结合处的缝隙不大于 3mm，试验后不大于 5mm。

8.1.3　侧面与端面连接处的缝隙不大于 3mm，试验后不大于 5mm。

8.1.4 钢钉的大小、布钉及钉钉的方法应符合本标准4.8条的规定。

8.1.5 各金属配件的安装位置应正确,木箱的整体结构整齐。

8.1.6 木箱表面不应有较严重的污垢。

8.1.7 包装标志正确、合理、整齐、清晰、耐久。

8.2 敞装件

8.2.1 底盘水平方向两条对角线的长度之差不大于其长度的0.5%。

8.2.2 各金属配件的安装位置正确。

8.2.3 产品在底盘上的固定方法可靠。

8.2.4 包装标志正确、合理、整齐、清晰、耐久。

8.3 捆装件

8.3.1 捆装件在出厂前应进行两次以上起吊试验,捆扎带等不得有明显滑动,如有滑动应进一步扎紧,再起吊检查,直至合格。

8.3.2 捆装件上的标志应正确、合理、清晰、耐久。

8.4 裸装件

裸装件应牢固可靠地固定在车、船上。标志正确、合理、清晰、耐久。

9 包装标志与随机文件

9.1 包装标志

包装标志包括运输包装收发货标志和包装储运图示标志。

9.1.1 运输包装收发货标志,参照 GB 6388,内销产品的收发货标志应包括下列内容:

 a. 品名、规格;

 b. 合同号及出厂编号;

 c. 包装件编号(顺序号/总件数);

 d. 重量(毛重/净重,kg);

 e. 体积(包装件的外廓尺寸:长(cm)×宽(cm)×高(cm))=体积(m³);

 f. 包装日期;

 g. 生产厂;

 h. 到站(港)及收货单位;

 i. 发站(港)及发货单位;

 j. 出厂日期。

出口产品的收发货标志参照 GB 6388 或按外贸合同执行。

9.1.2 包装储运图示标志按 GB 191 的规定。

9.2 包装标志的使用方法

9.2.1 木箱包装件的标志应用不易退色的涂料或油漆准确而清晰地喷刷在箱体两侧面上,字体大小视箱面大小及位置而定。

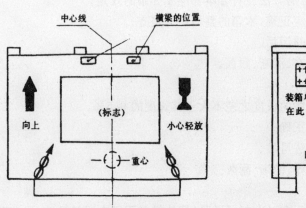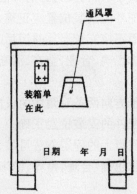

图 50 箱面标志

9.2.2 敞装、捆装及裸装件的标志,可直接喷刷在产品上或将标志内容涂写、打印在不易退色且耐用的浅色尼龙纤维布、棉布或镀锌薄铁片等上面,然后牢固地系在包装件上,标志的内容参照本标准中9.1.1 条的有关规定。

9.3 随机文件

一般应包括产品说明书、产品合格证、装箱单和开箱及现场保管要领书。这些文件应用塑料薄膜封好放在包装箱内易于取出的位置。当产品分箱包装时,文件袋放在第 1 号箱内,分箱内应有装箱单。产品说明书和开箱及现场保管要领书也可事先发给收货单位。

附 录 A
枕 木 的 选 择
（补充件）

A1 每 1cm 宽枕木的许用弯曲载荷(均布载荷)查表 A1；一根枕木的许用弯曲载荷(均布载荷)查表 A2。

表 A1　每 1cm 宽枕木的许用弯曲载荷（均布载荷）

N（kgf）

外侧滑木的内间隔 cm	枕木的厚度，cm																
	1.5	1.8	2.1	2.4	3.0	4.0	4.5	5.0	6.0	7.5	9.0	10.0	12.0	15.0	18.0	21.0	24.0
60	55.0 (5.6)	79.2 (8.1)	107.8 (11.0)	140.8 (14.4)	220.0 (22.4)	391.1 (39.9)	495.0 (50.5)	611.1 (62.3)	880.0 (89.7)	1375.0 (140.2)	1980.0 (201.9)	2444.4 (249.3)	3519.9 (358.9)				
70	47.1 (4.8)	67.9 (6.9)	92.4 (9.4)	120.7 (12.3)	188.6 (19.2)	335.2 (34.2)	424.3 (43.3)	523.8 (53.4)	754.3 (76.9)	1178.6 (120.2)	1697.1 (173.1)	2095.2 (213.7)	3017.1 (307.7)	4714.2 (480.7)			
80	41.2 (4.2)	59.4 (6.1)	80.8 (8.2)	105.6 (10.8)	165.0 (16.8)	293.3 (29.9)	371.2 (37.9)	456.3 (46.7)	660.0 (67.3)	1031.2 (105.2)	1485.0 (151.4)	1833.3 (186.9)	2640.0 (269.2)	4124.9 (420.6)	5939.9 (605.7)		
90	36.7 (3.7)	52.8 (5.4)	71.9 (7.3)	93.9 (9.6)	146.7 (15.0)	260.7 (26.6)	330.0 (33.7)	407.4 (41.5)	586.7 (59.8)	916.7 (93.5)	1320.0 (134.6)	1629.6 (166.2)	234.6 (239.3)	3666.6 (373.9)	5279.9 (538.4)	7186.6 (732.8)	
100	33.0 (3.4)	47.5 (4.8)	64.7 (6.6)	84.5 (8.6)	132.0 (13.5)	234.7 (23.9)	297.0 (30.3)	366.7 (37.4)	528.0 (53.8)	825.0 (84.1)	1188.0 (121.1)	1466.6 (149.6)	2112.0 (215.4)	3299.9 (336.5)	4751.9 (484.6)	6467.9 (659.5)	8447.9 (861.4)
110	30.0 (3.1)	43.2 (4.4)	58.8 (6.0)	76.8 (7.8)	120.0 (12.2)	213.3 (21.8)	270.0 (27.5)	333.3 (34.0)	480.0 (48.9)	750.0 (76.5)	1080.0 (110.1)	1333.3 (136.0)	1920.0 (195.8)	3000.0 (305.9)	4319.9 (440.5)	5879.9 (599.6)	7679.9 (783.1)
120	27.5 (2.8)	39.6 (4.0)	53.9 (5.5)	70.4 (7.2)	110.0 (11.2)	195.6 (19.9)	247.5 (25.2)	305.6 (31.2)	440.0 (44.9)	687.5 (70.1)	990.0 (101.0)	1222.2 (124.6)	1760.0 (179.5)	2750.0 (280.4)	3959.9 (403.8)	5389.9 (349.6)	7039.9 (717.9)
130	25.4 (2.6)	36.6 (3.7)	49.8 (5.1)	65.0 (6.6)	101.5 (10.4)	180.5 (18.4)	228.5 (23.3)	282.0 (28.8)	406.1 (41.4)	634.6 (64.7)	913.8 (93.2)	1128.2 (115.0)	1624.6 (165.7)	2538.4 (258.8)	3655.3 (372.7)	4975.3 (507.3)	6498.4 (662.6)

续表 A1

N(kgf)

外侧滑木的内间隔 cm	枕木的厚度,cm 1.5	1.8	2.1	2.4	3.0	4.0	4.5	5.0	6.0	7.5	9.0	10.0	12.0	15.0	18.0	21.0	24.0
140	23.6 (2.4)	33.9 (3.5)	46.2 (4.7)	60.3 (6.2)	94.3 (9.6)	167.6 (17.1)	212.1 (21.6)	261.9 (26.7)	377.1 (38.5)	589.3 (60.1)	848.6 (86.5)	1047.6 (106.8)	1508.5 (153.8)	2357.1 (240.4)	3394.2 (346.1)	4619.9 (471.1)	6034.2 (615.3)
150	22.0 (2.2)	31.7 (3.2)	43.1 (4.4)	56.3 (5.7)	88.0 (9.0)	156.4 (16.0)	198.0 (20.2)	244.4 (24.9)	352.0 (35.9)	550.0 (56.1)	792.0 (80.8)	977.8 (99.7)	1408.0 (143.6)	2200.0 (224.3)	3167.9 (323.0)	4311.9 (439.7)	5631.9 (574.3)
160	20.6 (2.1)	29.7 (3.0)	40.4 (4.1)	52.8 (5.4)	82.5 (8.4)	146.7 (15.0)	185.6 (18.9)	229.2 (23.4)	330.0 (33.7)	515.6 (52.6)	742.5 (75.7)	916.7 (93.5)	1320.0 (134.6)	2062.5 (210.3)	2970.0 (302.9)	4042.4 (412.2)	5279.9 (538.4)
170	19.4 (2.0)	28.0 (2.9)	38.0 (3.9)	49.7 (5.1)	77.6 (7.9)	138.0 (14.1)	174.7 (17.8)	215.7 (22.0)	310.6 (31.7)	485.3 (49.5)	698.8 (71.3)	862.2 (88.0)	1242.3 (126.7)	1941.1 (197.9)	2795.2 (285.0)	3804.6 (388.0)	4969.3 (506.7)
180	18.3 (1.9)	26.4 (2.7)	35.9 (3.7)	46.9 (4.8)	73.3 (7.5)	130.4 (13.3)	165.0 (16.8)	203.7 (20.8)	293.3 (29.9)	458.3 (46.7)	660.0 (67.3)	814.8 (83.1)	1173.3 (119.6)	1833.3 (186.9)	2640.0 (269.2)	3593.3 (366.4)	4693.3 (478.6)
190	17.4 (1.8)	25.0 (2.6)	34.0 (3.5)	44.5 (4.5)	69.5 (7.1)	123.5 (12.6)	156.3 (15.9)	193.0 (19.7)	277.9 (28.3)	434.2 (44.3)	625.3 (63.8)	771.9 (78.7)	1111.6 (113.3)	1736.8 (177.1)	2501.0 (255.0)	3404.2 (347.1)	4446.2 (453.4)
200	16.5 (1.7)	23.8 (2.4)	32.3 (3.3)	42.2 (4.3)	66.0 (6.7)	117.3 (12.0)	148.5 (15.1)	183.3 (18.7)	264.0 (26.9)	412.5 (42.1)	594.0 (60.6)	733.3 (74.8)	1056.0 (107.7)	1650.0 (168.3)	2376.8 (242.3)	3233.9 (329.8)	4223.9 (430.7)
220		21.6 (2.2)	29.4 (3.0)	38.4 (3.9)	60.0 (6.1)	106.7 (10.9)	135.0 (13.8)	166.7 (17.0)	240.0 (24.5)	375.0 (38.2)	540.0 (55.1)	666.7 (68.0)	960.0 (97.9)	1500.0 (153.0)	2160.0 (220.3)	2940.0 (299.8)	3839.9 (391.6)

续表 A1

N(kgf)

外侧滑木的内间隔 cm	枕木的厚度,cm																
	1.5	1.8	2.1	2.4	3.0	4.0	4.5	5.0	6.0	7.5	9.0	10.0	12.0	15.0	18.0	21.0	24.0
240			26.9 (2.7)	35.2 (3.6)	55.0 (5.6)	97.8 (10.0)	123.7 (12.6)	152.8 (15.6)	220.0 (22.4)	343.7 (35.1)	495.0 (50.5)	611.1 (62.3)	880.0 (89.7)	1375.0 (140.2)	1980.0 (201.9)	2695.0 (274.8)	3519.9 (358.9)
260				32.5 (3.3)	50.8 (5.2)	90.3 (9.2)	114.2 (11.6)	141.0 (14.4)	203.1 (20.7)	317.3 (32.4)	456.9 (46.6)	564.1 (57.5)	812.3 (82.8)	1269.2 (129.4)	1827.7 (186.4)	2487.7 (253.7)	3249.2 (331.3)
280					47.1 (4.8)	83.8 (8.5)	106.1 (10.8)	131.0 (13.4)	188.6 (19.2)	294.6 (30.0)	424.3 (43.3)	523.8 (53.4)	754.3 (76.9)	1178.6 (120.2)	1697.1 (173.1)	2310.0 (235.6)	3017.1 (307.7)
300						78.2 (8.0)	99.0 (10.1)	122.2 (12.5)	176.0 (17.9)	275.0 (28.0)	396.0 (40.4)	488.9 (49.9)	704.0 (71.8)	1100.0 (112.2)	1584.0 (161.5)	2156.0 (219.8)	2816.0 (287.1)
320							92.8 (9.5)	114.6 (11.7)	165.8 (16.8)	257.8 (26.3)	371.2 (37.9)	458.3 (46.7)	660.0 (67.3)	1031.2 (105.2)	1485.0 (151.4)	2021.2 (206.1)	2640.0 (269.2)
340							87.4 (8.9)	107.8 (11.0)	155.3 (15.8)	242.6 (24.7)	349.4 (35.6)	431.4 (44.0)	621.2 (63.3)	970.6 (99.0)	1397.6 (142.5)	1902.3 (194.0)	2484.7 (253.4)

注：① 枕木厚度的选定方法：此表的许用弯曲载荷以枕木乘以枕木所需的总宽，所得的值要大于内装物的载荷，而枕木的总宽必须小于内装物底部在箱长方向上可与枕木接触的长度。

② 枕木重叠使用时，应将它们的各自厚度所相应的许用弯曲载荷加起来计算。

③ 此表是根据附录 A 中的公式 A1，按木材的许用抗弯强度为 11.0MPa(112kgf/cm²)而编制的。根据实际使用树种的 f_b，应将此值乘以 $f_b/11.0$ ($f_b/112$)，所得的值作为使用该树种时的许用弯曲载荷(表 A2 亦同)。

表 A2 一根枕木的许用弯曲载荷（均布载荷）

N(kgf)

外侧滑木的内间隔 cm	枕木的截面尺寸（宽×厚），cm																	
	9×2.4	9×3	9×4	9×4.5	6×6	10×5	9×6	7.5×7.5	12×6	9×9	15×7.5	10×10	18×9	12×12	15×15	18×18	21×21	24×24
60	1267 (129)	1980 (202)	3520 (359)	4455 (454)	5280 (538)	6111 (623)	7920 (808)	10312 (1052)	10560 (1077)	17820 (1817)	20625 (2103)	24444 (2493)	35639 (3634)	42239 (4307)				
70	1086 (111)	1697 (173)	3017 (308)	3819 (389)	4526 (461)	5238 (534)	6788 (692)	8839 (901)	9051 (923)	15274 (1558)	17678 (1803)	20952 (2137)	30548 (3115)	36205 (3692)	70713 (7211)			
80	950 (97)	1485 (151)	2640 (269)	3341 (341)	3960 (404)	4583 (467)	5940 (606)	7734 (789)	7920 (808)	13365 (1363)	15469 (1577)	18333 (1869)	26730 (2726)	31679 (3230)	61874 (6309)	106918 (10903)		
90	845 (86)	1320 (135)	2347 (239)	2970 (303)	3520 (359)	4074 (415)	5280 (538)	6875 (701)	7040 (718)	11880 (1211)	13750 (1402)	16296 (1662)	23760 (2423)	28160 (2871)	54999 (5608)	95038 (9691)	150918 (15389)	
100	760 (78)	1188 (121)	2112 (215)	2673 (273)	3168 (323)	3667 (374)	4752 (485)	6187 (631)	6336 (646)	10692 (1090)	12375 (1262)	14666 (1496)	21384 (2181)	25344 (2584)	49499 (5048)	85535 (8722)	135826 (13850)	202749 (20675)
110	691 (70)	1080 (110)	1920 (196)	2430 (248)	2880 (294)	3333 (340)	4320 (441)	5625 (574)	5760 (587)	9720 (991)	11250 (1147)	13333 (1360)	19440 (1982)	23040 (2349)	44999 (4589)	77759 (7929)	123478 (12591)	184317 (18795)
120	634 (65)	990 (101)	1760 (179)	2227 (227)	2640 (269)	3056 (312)	3960 (404)	5156 (526)	5280 (538)	8910 (909)	10312 (1052)	12222 (1246)	17820 (1817)	21120 (2154)	41249 (4206)	71279 (7268)	113188 (11542)	168957 (17229)
130	585 (60)	914 (93)	1625 (166)	2056 (210)	2437 (248)	2820 (288)	3655 (373)	4760 (485)	4874 (497)	8224 (839)	9519 (971)	11282 (1150)	16449 (1677)	19495 (1988)	38076 (3883)	65796 (6709)	104481 (10654)	155961 (15904)

续表 A2

N(kgf)

外侧滑木的内侧间隔 cm	枕木的载面尺寸（宽×厚），cm																	
	9×2.4	9×3	9×4	9×4.5	6×6	10×5	9×6	7.5×7.5	12×6	9×9	15×7.5	10×10	18×9	12×12	15×15	18×18	21×21	24×24
140	543 (55)	849 (87)	1509 (154)	1909 (195)	2263 (231)	2619 (267)	3394 (346)	4420 (451)	4526 (461)	7637 (779)	8839 (901)	10476 (1068)	15274 (1558)	18103 (1846)	35357 (3605)	61096 (6230)	97018 (9893)	144821 (14768)
150	507 (52)	792 (81)	1408 (144)	1782 (182)	2112 (215)	2444 (249)	3168 (323)	4125 (421)	4224 (431)	7128 (727)	8250 (841)	9778 (997)	14256 (1454)	16896 (1723)	32999 (3365)	57023 (5815)	90551 (9234)	135166 (13783)
160	475 (48)	742 (76)	1320 (135)	1671 (170)	1980 (202)	2292 (234)	2970 (303)	3867 (394)	3960 (404)	6682 (681)	7734 (789)	9167 (935)	13365 (1363)	15840 (1615)	30937 (3155)	53459 (5451)	84891 (8656)	126718 (12922)
170	447 (46)	699 (71)	1242 (127)	1572 (160)	1863 (190)	2157 (220)	2795 (285)	3640 (371)	3727 (380)	6289 (641)	7279 (742)	8627 (880)	12579 (1283)	14908 (1520)	29117 (2969)	50314 (5131)	79898 (8147)	119264 (12162)
180	422 (43)	660 (67)	1173 (120)	1485 (151)	1760 (179)	2037 (208)	2640 (269)	3437 (351)	3520 (359)	5940 (606)	6875 (701)	8148 (831)	11880 (1211)	14080 (1436)	27500 (2804)	47519 (4846)	75459 (7695)	112638 (11486)
190	400 (41)	625 (64)	1112 (113)	1407 (143)	1667 (170)	1930 (197)	2501 (255)	3257 (332)	3335 (340)	5627 (574)	6513 (664)	7719 (787)	11255 (1148)	13339 (1360)	26052 (2657)	45018 (4591)	71487 (7290)	106710 (10881)
200	380 (39)	594 (61)	1056 (108)	1336 (136)	1584 (162)	1833 (187)	2376 (242)	3094 (315)	3168 (323)	5346 (545)	6187 (631)	7333 (748)	10692 (1090)	12672 (1292)	24750 (2524)	42767 (4361)	67913 (6925)	101374 (10337)
220		540 (55)	960 (98)	1215 (124)	1440 (147)	1667 (170)	2160 (220)	2812 (287)	2880 (294)	4860 (496)	5625 (574)	6667 (680)	9720 (991)	11520 (1175)	22500 (2294)	38879 (3965)	61739 (6296)	92159 (9398)

续表 A2

N(kgf)

外测滑木的内间隔 cm	9×2.4	9×3	9×4	9×4.5	6×6	10×5	9×6	7.5×7.5	12×6	9×9	15×7.5	10×10	18×9	12×12	15×15	18×18	21×21	24×24
240			880 (90)	1114 (114)	1320 (135)	1528 (156)	1980 (202)	2578 (263)	2640 (269)	4455 (454)	5156 (526)	6111 (623)	8910 (909)	10560 (1077)	20625 (2103)	35639 (3634)	56594 (5771)	84479 (8614)
260				1028 (105)	1218 (124)	1410 (144)	1828 (186)	2380 (243)	2437 (248)	4112 (419)	4760 (485)	5641 (575)	8224 (839)	9748 (994)	19038 (1941)	32898 (3355)	52241 (5327)	77980 (7952)
280				955 (97)	1131 (115)	1310 (134)	1697 (173)	2210 (225)	2263 (231)	3819 (389)	4420 (451)	5238 (534)	7637 (779)	9051 (923)	17678 (1803)	30548 (3115)	48509 (4947)	72410 (7384)
300					1056 (108)	1222 (125)	1584 (162)	2062 (210)	2112 (215)	3564 (363)	4125 (421)	4889 (499)	7128 (727)	8448 (861)	16500 (1683)	28512 (2907)	45275 (4617)	67583 (6892)
320					990 (101)	1146 (117)	1485 (151)	1934 (197)	1980 (202)	3341 (341)	3867 (394)	4583 (467)	6682 (681)	7920 (808)	15469 (1577)	26730 (2726)	42446 (4328)	63359 (6461)
340						1078 (110)	1398 (143)	1820 (186)	1863 (190)	3145 (321)	3640 (371)	4314 (440)	6289 (641)	7454 (760)	14559 (1485)	25157 (2565)	39949 (4074)	59632 (6081)

载面尺寸（宽×厚），cm　枕木的

A2 枕木的许用弯曲

A2.1 均布载荷

本标准表 A1 和表 A2 所列枕木的许用弯曲载荷,是如图 A1 所示,将枕木视作简支梁,在其长度方向上受均布载荷的作用,由式 A1 算出的。

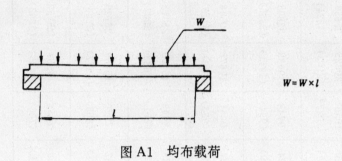

图 A1 均布载荷

$$W = \frac{4bh^2 f_b}{3l} \quad\cdots\cdots\cdots\cdots\cdots\cdots\cdots\cdots\cdots\cdots\cdots\text{(A1)}$$

式中:W——枕木的许用弯曲载荷,N;

b——枕木的宽度,cm(但表 A1 是以 1cm 宽的枕木计算);

h——枕木的厚度,cm;

f_b——木材的许用抗弯强度,1100N/cm²;

l——外侧滑木的内间隔,cm。

A2.2 两点集中载荷

如图 A2 所示,在枕木的点 a 和点 b 上各受 $W/2$ 的两点集中载荷作用时,

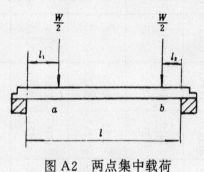

图 A2 两点集中载荷

a 点的弯矩为 $\quad M_a = \left(1 - \frac{l_1 - l_2}{l}\right)\frac{Wl_1}{2}$;

b 点的弯矩为 $\quad M_b = \left(1 - \frac{l_2 - l_1}{l}\right)\frac{Wl_2}{2}$

若 $l_1 > l_2$,则 $M_a > M_b$。

均布载荷时的弯矩为 $\quad M_a = \frac{Wl}{8}$

因此,当 $l_1 > l_2$ 时,M_b 与 M_a 之比为:

$$\frac{M_b}{M_a} = \frac{l_2}{4(l - l_1 + l_2)l_1} \quad\cdots\cdots\cdots\cdots\cdots\cdots\cdots\cdots\text{(A2)}$$

而当 $l_1 = l_2$ 时,设为 l_0,则式 A2 可简化为式 A3

$$\frac{M_b}{M_a} = \frac{l}{4l_0} \qquad \cdots\cdots\cdots\cdots\cdots\cdots\cdots\cdots\cdots\cdots\cdots\cdots\cdots (A3)$$

l_0 为不同数值时,式 A3 的值(对均布载荷时许用弯曲载荷的倍数)见图 A3。

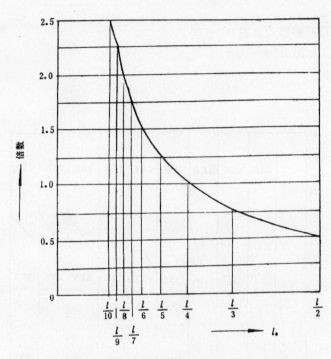

图 A3　对均布载荷时许用弯曲载荷的倍数

　　将式 A2 或式 A3 所算得的倍数乘本标准表 A1 或表 A2 的值就是两点集中载荷时枕木的许用弯曲载荷,但倍数最大以 2.5 为限。

A3　中间滑木的许用弯曲载荷

　　当有中间滑木,而且它与端木用螺栓联结时,中间滑木的放用弯曲载荷由式 A4 算出。在计算枕木的尺寸时,也可从内装物的载荷中减去中间滑木的许用弯曲载荷。

$$W = \frac{2bh^2 f_b}{3l} \qquad \cdots\cdots\cdots\cdots\cdots\cdots\cdots\cdots\cdots\cdots\cdots\cdots (A4)$$

式中:W——中间滑木的许用弯用载荷,N;

　　　b——中间滑木的总宽度,cm;

　　　h——中间滑木的厚度,cm;

　　　f_b——要材的许用抗弯强度,N/cm²;

　　　l——木箱的内长,cm。

附 录 B
框架结构型式
（补充件）

B1 Ⅰ类木箱的侧面与端

B1.1 Ⅰ类的1型和3型箱框架型式由图B1查得。

B1.2 结构型式代号的意义如图B2所示。

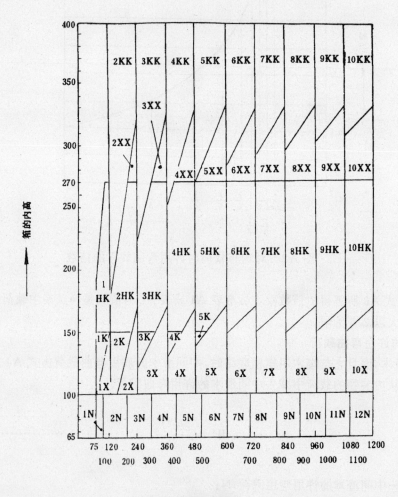

图 B1　框架结构形式选择图（Ⅰ类的1型和3型箱）

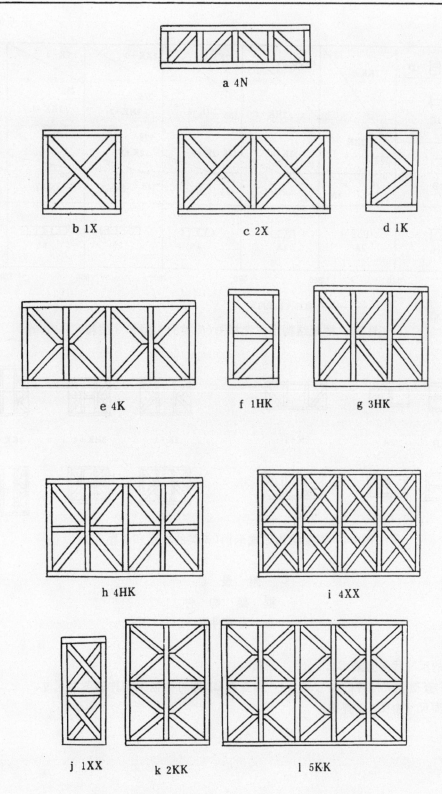

图 B2　框架结构形式示例（Ⅰ类的 1 型和 3 型箱）

B2　Ⅱ类木箱的侧面与端面

B2.1　Ⅱ类的 1 型箱和 3 型箱框架型式由图 B3 查得。

B2.2　结构型式代号的意义如图 B4 所示。

单位:cm

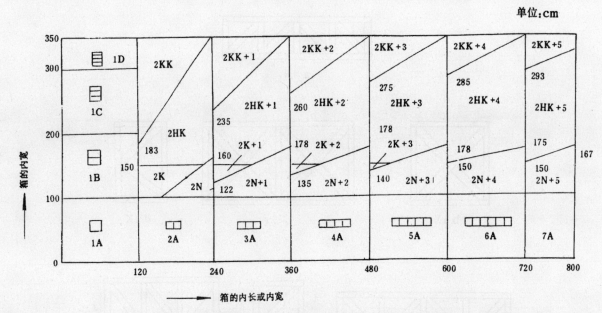

图 B3 框架结构形式选择图(Ⅱ类的 1 型和 3 型箱)

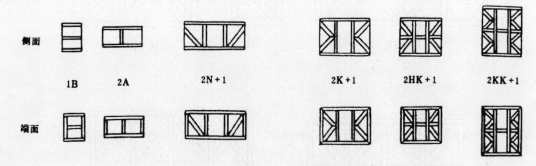

图 B4 框架结构形式示例(Ⅱ类的 1 型和 3 型箱)

附 录 C

框 架 构 件

(补充件)

C1 框架构件的尺寸代号查表 C1。

C2 从表 C1 中查得框架构件的尺寸代号后,再查表 C2 即可得框架构件的截面尺寸。

C3 梁承的截面尺寸由图 C1 查得。

表C1 框架构件尺寸代号选择表

内装物重量 kg ≤	外宽 cm ≤	内高 cm ≤	侧立柱的中心间隔 cm ≤ (100 150 200 250 300 350)	100	150	200	250	300	350
1000		75		1 / 2 / 12 / 22	1 / 2 / 12 / 22	2 / 12 13 / 22 11	12 / 22 / 23	11 / 12 / 13 23 / 24	21 / 22 / 23 / 24
		90		1 / 2 / 12 / 22	1 / 2 / 12 / 22	2 / 12 / 22 23 / 23	12 / 22 / 23 24	11 / 12 / 23 / 34	21 / 22 / 23 24 / 35
		105		2 / 12 / 22	2 / 12 13 / 12 / 23	13 / 13 23 / 24	12 / 22 / 24	12 / 13 23 / 34	21 / 22 / 34 / 44
		120		2 / 12 / 22	2 / 12 22 / 23	2 / 13 23 / 24	12 / 24 / 34	12 / 13 23 / 44	21 / 22 / 34 / 44
2000		75		1 / 2 / 13	2 / 12 13 / 22	11 / 12 / 22 / 22	12 / 13 / 23	11 / 22 / 23	21 / 22 / 23 / 24
		90		1 / 2 / 13	2 / 12 13 / 23	11 / 12 / 23 / 23	12 / 22 / 24	12 / 22 / 24	21 / 22 / 24 / 34
		105		1 / 2 / 13	2 / 13 / 22 24	11 / 12 / 24 / 24	12 / 22 / 24	12 / 22 / 24	21 / 22 / 24 / 35
		120		2 / 12 13 / 13	2 / 12 13 / 23 24	12 / 22 / 24 / 24	12 / 22 / 34	21 / 22 / 34	21 / 22 / 24 34 / 44
3000		75		1 / 2 / 13	11 / 12 / 13	11 / 12 / 22 / 22	22 / 23	22 / 23 / 24	21 / 22 / 23 / 24
		90		1 / 2 / 13	11 / 12 / 13 23	11 / 12 / 23 / 24	22 / 24	22 / 23 / 24	21 / 22 / 24 / 34
		105		1 / 2 / 12 13	12 / 13 23	21 / 12 / 23 24 / 24 34	22 / 24	22 / 23 / 24	21 / 22 / 23 24 / 35
		120		1 / 2 / 12 13	11 / 12 / 13 23	21 / 12 / 23 24 / 24 34	22 / 24 34	21 / 22 / 23 / 24 34	21 / 22 / 24 / 44

续表 C1

内装物重量 kg ≤	内高 cm ≤	外宽 100 (侧立柱的中心间隔 cm ≤)	外宽 150	外宽 200	外宽 250	外宽 300	外宽 350
4000	75	11 / 12 / 13	11 / 12 / 13	21 / 22	21 / 22 / 23	21 / 22 / 23 / 24	31 / 32 / 34
	90	11 / 12 / 13	11 / 12 / 13	21 / 22	21 / 22 / 24	21 / 22 / 23 / 24	31 / 32 / 33 / 34
	05	11 / 12 / 13	11 / 12 / 13 / 22	21 / 22 / 23	22 / 23 / 24	21 / 22 / 24 / 34	31 / 32 / 35
	120	11 / 12 / 13	12 / 13 / 23	22 / 23 / 24	22 / 24 / 34	21 / 22 / 23 / 34 / 35	32 / 33 / 34 / 44
5000	75	11 / 12 / 13	21 / 22	21 / 22	21 / 22 / 23	31 / 32 / 33	31 / 32 / 34
	90	11 / 12 / 13	21 / 22	21 / 22	21 / 22 / 24	31 / 32 / 34	31 / 32 / 33 / 34
	105	11 / 12 / 13	21 / 22	21 / 22 / 23	22 / 23 / 24	31 / 32 / 33 / 34	31 / 32 / 34 / 35
	120	11 / 12 / 13	21 / 22 / 23	22 / 23 / 24	22 / 24 / 34	31 / 32 / 34 / 35	32 / 33 / 34 / 44
6500	75	21 / 22	21 / 22	21 / 22	21 / 22 / 23	32 / 33 / 34	31 / 32 / 43
	90	21 / 22	21 / 22	21 / 22	21 / 22 / 24	31 / 32 / 34 / 35	31 / 32 / 34 / 44
	105	21 / 22	21 / 22 / 24	22 / 23 / 34	22 / 23 / 35 / 44	32 / 33 / 34 / 44	32 / 34 / 44
	120	21 / 22	22 / 23 / 24	22 / 24 / 34	22 / 23 / 44	31 / 32 / 34 / 44	32 / 33 / 34 / 44 / 46

续表 C1

内装物重量 kg ≤	侧立柱的中心间隔 cm ≤	外宽,cm≤ 内高,cm≤ 100	150	200	250	300	350
		(100 150 200 250 300 350)					
8000	75	21 22	21 22	21 22 23	31 32 34	31 32 33 34	31 32 34 43
8000	90	21 22	21 22 23	21 22 23	31 32 33 34	31 32 34 35	31 32 33 34 44
8000	105	21 22	21 22 23 24	21 22 34	31 32 35	31 32 33 34 44	31 32 34 44
8000	120	21 22	21 22 23 24	21 22 24 34	31 32 33 34 44	31 32 34 35 44	32 33 34 44 46
10000	75	21 22	21 22	31 32 33	31 32 34	31 32 33 34	51 52 54
10000	90	21 22	21 22 23	31 32 33	31 32 33	31 32 34 35	51 52 53 54
10000	105	21 22	21 22 24	31 32 33 34	31 32 34 35	31 32 33 34 44	51 52 54
10000	120	21 22	21 22 23 24	31 32 33 34	31 32 33 34 44	31 32 34 35 44	51 52 53 54 46
12000	75	21 22	31 32	31 32 33	31 32 34	51 52	52
12000	90	21 22	31 32 33	32 33	31 32 33 35	51 52 53 54	51 52 53 54
12000	105	21 22	31 32 33	32 33 34	32 33 34 44	51 52 53 54	51 52 54
12000	120	21 22	31 32 33	32 33 34	31 32 33 34 44	51 52 54	51 52 53 54 46

427

续表 C1

内装物重量 kg ≤	外宽,cm ≤ / 内高,cm ≤ / 侧立柱的中心间隔,cm ≤	100		150		200		250		300		350	
		100 150	200 250 300 350	100 150 200 250	300 350	100 150 200 250	300 350	100 150 200 250	300 350	100 150 200 250	300 350	100 150 200 250	300 350
15000	75	31	32	31	32	31	32 33	51	52	51	52 53	41	42 43
	90	31	32	31	32	31	32 33	51	52	51	52 53 54	41	42 44
	105	31	32	31	32 33	31	33 34	51	52	51	52 53 54	41	42 43 45
	120	31	32	31	32 33	31	33 34	51	52 53 54	51	52 53 54	41	42 44 46
20000	75	31	32	31	32	51	52	51	52	41	42	41	42 43
	90	31	32	31	32	51	52	51	52 53	41	42 43	41	42 44
	105	31	32	31	32 33	51	52 53	51	52 54	41	42 44	41	42 43 45
	120	31	32	31	32 33	51	52 54	51	52 53 54	41	43 44	41	42 44 46

表 C2 框架构件的尺寸 cm

代　号	构　　件　（宽×厚）			
	上　框　木	下　框　木	立　　柱	辅助立柱
1	9×2.4	9×2.4	9×2.4	—
2				9×2.4
11	9×3	9×3	9×3	—
12				9×2.4
13				9×3
21	9×4	9×4	9×4	—
22				9×2.4
23				9×3
24				9×4
31	9×4.5	9×4.5	9×4.5	—
32				9×2.4
33				9×3
34				9×4
35				9×4.5
41	9×6	9×6	9×6	—
42				9×2.4
43				9×3
44				9×4
45				9×4.5
46				9×6
51	10×5	10×5	10×5	—
52				10×2.4
53				10×3
54				10×5

注：斜撑和平撑的尺寸与下框木的尺寸相同。

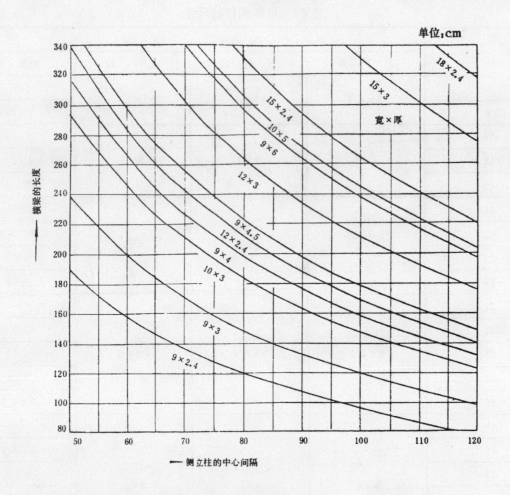

单位:cm

图 C1　梁承的尺寸

注：① 当梁端用钢钉钉在侧上框木上时，可将横梁的实际长度的 2/3 作为梁的计算长度，以选择梁承的尺寸。

② 上图的曲线是根据公式 C3 按木材的许用抗弯强度 (f_b) 为 11.0MPa（112kgf/cm²）而绘制的，根据实际使用树种的 f_b，可将侧立柱的实际中心间隔乘以 $11.0/f_b$（$112/f_b$），所得的值作为计算间隔以选择梁承的尺寸。

梁承的尺寸由式 C1 确定。

$$W = 0.5 \times 60 \times l_1 = 30l_1 \quad \cdots\cdots\cdots\cdots\cdots\cdots\cdots (C1)$$

（顶盖载荷 0.5N/cm²）

式中：W——横梁的中心间隔为 60cm 时，作用在一根横梁上的顶盖载荷，N；

　　　l_1——横梁的长度，cm。

设顶盖载荷是以集中载荷的形式作用于侧立柱之间的中央，因它是作用在两侧的梁承上，所以梁承的许用弯曲载荷 W_h 为

$$W_h = \frac{2bh^2 f_b}{3l_2} \times 2 = \frac{4bh^2 f_b}{3l_2} \quad \cdots\cdots\cdots\cdots\cdots\cdots\cdots (C2)$$

式中：b——梁承的厚度，cm；

　　　h——梁承的宽（高）度，cm；

　　　f_b——木材的许用抗弯强度，N/cm²。

将式 F1 的 W 代入式 C2 的 W_h 中，并经整理得：

$$bh^2 = \frac{22.5 l_1 l_2}{f_b} \quad \cdots\cdots\cdots\cdots\cdots\cdots\cdots (C3)$$

本标准的图 C 就是根据式 C3 按 f_b=1100N/cm² 对梁承的尺寸(b 和 h)进行选择的。

当横梁的材端用钉钉在侧上框木上时,作用在梁承上的顶盖载荷就会减弱,因此规定可将横梁的实际长度的 2/3 作为横梁的计算长度以选择梁承的尺寸。

附 录 D
横 梁 的 选 择
(补充件)

D1 运输中需堆码的木箱的横梁按图 D1 选择。

D2 运输中不需堆码的木箱的横梁按图 D2 选择。

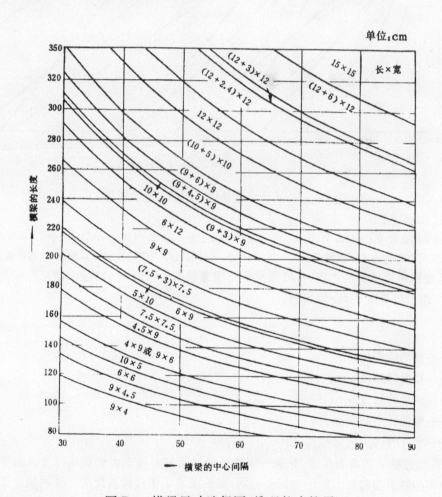

图 D1　横梁尺寸选择图(堆码的木箱用)

注:① 括号内的第一个数是横梁的宽度,第二个数是辅助梁的宽度。辅助梁的长度不小于横梁长的 2/3,用钢钉钉在横梁一侧的中部。

② 此图是根据公式 D1,按木材的许用抗弯强度为 11.0MPa(112kgf/cm²)而绘制的。

根据实际使用树种的 f_b 可将横梁的实际长度乘以 $\sqrt{11.0/f_b}$ ($\sqrt{112/f_b}$),所得的值作为横梁的计算长度,以选择横梁的尺寸。

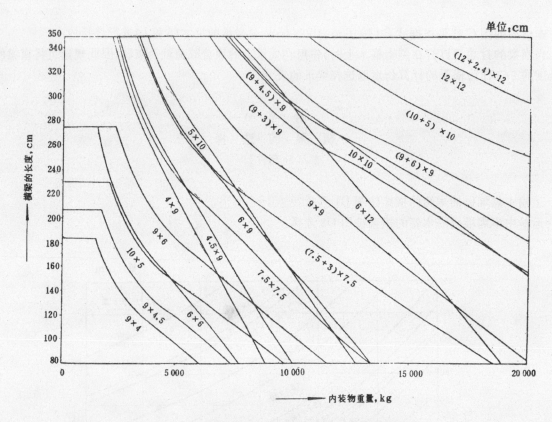

图 D2　横梁尺寸选择图（不堆码的木箱用）

注：① 同图 D1 的注①。

　　② 此图是根据附录 D4 的规定，按木材的许用抗压强度为 7.0MPa（71kgf/cm²）而绘制的。根据实际使用树种的 f_c，可将内装物的实际重量乘以 7.0/f_c（71/f_c），所得的值作为内装物的计算重量，以选择横梁的尺寸。

D3　对于储运过程中要堆码的木箱，其横梁按承受顶盖载荷〔5.0kPa（510kgf/m²）〕的弯曲构件来考虑，它所需的尺寸（图 D1）是由式 D1 算出的。

$$bh^2 \geqslant \frac{0.375l_1^2 l_2}{f_b} \quad \cdots\cdots\cdots\cdots\cdots\cdots\cdots\cdots\cdots\cdots\cdots\cdots\cdots\cdots\cdots (D1)$$

式中：b——横梁的宽度，cm；

　　　h——横梁的厚度，cm；

　　　l_1——横梁的长度，cm；

　　　l_2——横梁的中心间隔，cm；

　　　f_b——木材的许用抗弯强度，1100N/cm²。

　　由式 D1 算出的横梁的截面尺寸，并非一定要整根横梁都有这么大的截面尺寸。当横梁较长时，也可在横梁的中部的侧面用钉钉上厚度与横梁相同，而长度不小于横梁长度的 2/3 的辅助梁，使这部分的截面尺寸等于或大于所需的截面尺寸。

D4　对于储运过程中不可能堆码的木箱，其横梁按承受起吊绳索所施加压缩载荷的构件来考虑，它所需的尺寸（图 D2）是利用式 D2、D3、D4 算出来的。

$$A \geqslant \frac{P}{f_k} \quad \cdots\cdots\cdots\cdots\cdots\cdots\cdots\cdots\cdots\cdots\cdots\cdots\cdots\cdots\cdots (D2)$$

$$当 \frac{l}{t} \leqslant 25.2 \text{ 时 } f_k = \frac{f_c}{1 + 0.001775 \times (l/t)^2} \quad \cdots\cdots\cdots\cdots\cdots\cdots\cdots (D3)$$

当 $25.2 \leqslant \dfrac{l}{t} \leqslant 46$ 时 $f_k = \dfrac{298 f_c}{(l/t)^2}$ .... (D4)

式 D2、D3、D4 中：

A——横梁的截面面积，cm^2；

f_k——木材的许用压曲强度，N/cm^2；

P——用两根绳索起吊时，一根绳索施于横梁的最大压缩载荷（按内装物载荷的 1/4 计）；

f_c——木材的许用抗压强度，$700N/cm^2$；

l——横梁的长度，cm；

t——横梁的厚度，cm。

附 录 E

铁路运输对产品包装的规定

（参考件）

E1 机车车辆界限图见图 E1。

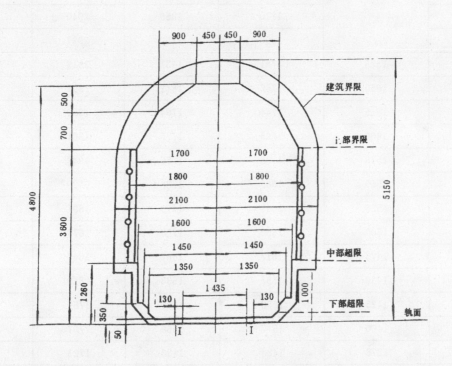

图 E1　机车车辆界限图

注：产品的外廓尺寸或包装的外廓尺寸，最好在机车车辆界限允许的范围内，如果超限，在一、二级超限范围内时，
要提高运费；超级超限的界限尺寸，需视不同地区而定，要报请铁路部门审查同意后才能确定，故一般不要人
为地把包装尺寸放大。

E2 机车车辆界限各级超限及建筑界限尺寸见表 E1。

表 E1　机车车辆界限各级超限及建筑界限尺寸　　　　　　mm

由轨面起算的高度	由车辆纵中心线起算的每侧宽度				
	机车车辆界限	一级超限	二级超限	本规则采用的建筑界限	国家标准建筑界限
1250～3000	1700			2100	2440
3050		1900	1940		2425
3100				2099	2411
3150		1890	1931	2097	2396
3200		1880	1922	2095	2381
3250		1870	1913	2090	2367
3300		1860	1904	2085	2352
3350		1850	1895	2078	2337
3400		1840	1886	2071	2323
3450		1830	1877	2062	2308
3500		1820	1868	2051	2293
3550		1810	1859	2040	2279
3600		1800	1850	2027	2264
3650	1675	1781	1831	2012	2249
3700	1650	1762	1812	1997	2235
3750	1625	1744	1794	1980	2220
3800	1600	1725	1775	1961	2205
3850	1575	1706	1756	1942	2191
3900	1550	1688	1738	1920	2176
3950	1525	1669	1719	1897	2161
4000	1500	1650	1700	1873	2147
4050	1475	1617	1667	1847	2132
4100	1450	1583	1633	1819	2117
4150	1425	1550	1600	1789	2103
4200	1400	1517	1568	1757	2088
4250	1375	1483	1533	1723	2073
4300	1350	1450	1500	1687	2059
4350	1260	1392	1450	1649	2044
4400	1170	1333	1400	1609	2029
4450	1080	1275	1350	1565	2015
4500	990	1217	1300	1519	2000
4550	900	1158	1250	1470	1970
4600	810	1100	1200	1417	1940

续表 E1

由轨面起算的高度	由车辆纵中心线起算的每侧宽度				
	机车车辆界限	一级超限	二级超限	本规则采用的建筑界限	国家标准建筑界限
4650	720	1025	1138	1360	1910
4700	630	950	1075	1299	1880
4750	540	875	1012	1233	1850
4800	450	800	950	1161	1820
4850	—	683	825	1082	1790
4900	—	567	700	994	1760
4950	—	450	575	894	1730
5000	—	—	450	779	1700
5050	—	—	—	640	1670
5100	—	—	—	456	1640
5150	—	—	—	0	1610

注：① 装载货物总宽度包括蓬布、绳索、支柱等在内。

② 超过"二级超限"的尺寸者为"越级超限"，其界限尺寸视不同地区而定，"超级超限"要报请铁路部门审查同意。

E3 各种车辆的允许载重量。

E3.1 普通平车装载集重货物的允许载重量见表 E2。

表 E2 普通平车装载集重货物的允许载重量

平车底板负担载重长度,m	平车公称最大载重量,t		
	30	40	50
	集重货物允许载重量,t		
1	9	9	10
2	10	10	12
3	12	12	15
4	14	14	18
5	17	18	23
6	20	23	28
7	25	29	35
8	30	34	43
9	—	40	50

E3.2 鱼腹型平车装载集重货物允许载重量见表 E3。

表E3 鱼腹型平车装载集重货物允许载重量

平车底板负担载重长度 m	平车公称最大载重量,t				
	40	50	60	60	60
	集重货物允许载重量,t				
1	—	20	25	25	25.0
2	20	25	30	27	27.0
2.5	25	27	35	28	—
3	30	29	40	30	30.0
4	35	31	45	33	32.0
5	37	33	50	35	35.0
6	40	35	53	40	37.5
7	—	38	55	45	40.5
8	—	41	57	50	44.0
9	—	45	60	55	49.0
10	—	50	—	60	—

E3.3 长大平车装载集重货物允许载重量见表E4。

表E4 长大平车装载集重货物允许载重量

平车底板面负担载重长度 m	平车型号及规格	
	D21-60t 20m 长平车	D22-120t 25m 长平车
	集重货物允许载重量(t)	
2	28	40.0
4	30	41.5
6	33	43.0
8	36	46.0
10	39	49.0
12	43	53.0
14	48	58.0
15	50	61.0
16	60	64.0
17	—	70.0
18		120.0

E3.4 凹型平车装载集重货物允许载重量见表E5。

表E5 凹型平车装载集重货物允许载重量

凹部板面负担载重长度 m	平 车 型 号 及 规 格							
	D 40t	D 50t	D 新50t	D₅ 60t	D₁₀ 90t	D₆ 110t	D₇ 150t	D₈ 180t
	集 重 货 物 允 许 载 重 量,t							
1	27	—	—	—	60	87	120	150
1.5	—	30	—	35	65	—	—	—
2	28	—	30	—	—	90	123	153
3	29	—	—	40	70	93	126	156
3.5	—	35	—	—	—	—	—	—
4	30	—	38	—	—	97	130	160
4.5	—	—	—	45	75	—	—	—
5	32	40	—	—	—	101	133	163
5.5	—	45	—	—	—	—	—	—
6	34	50	45	50	80	105	137	167
7	36	—	—	55	—	110	141	171
7.5	38	—	—	60	85	—	—	—
8	40	—	50	—	—	—	145	176
9	—	—	—	—	90	—	150	180

附　录　F

封闭箱通风结构及数量

（参考件）

单位：cm

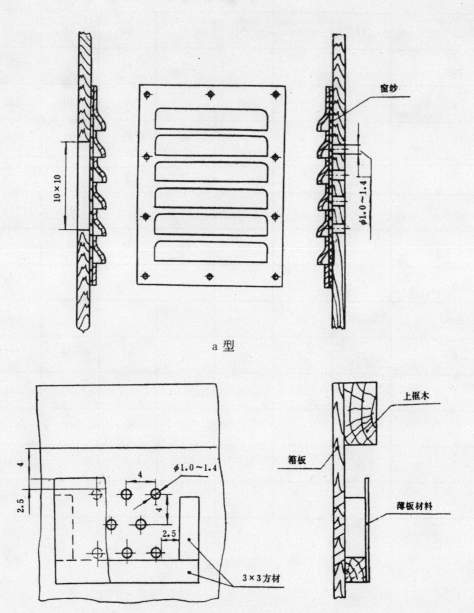

a 型

b 型

图 F1　通风结构

表 F1　通风结构的个数

木　箱　的　容　积,m³	通　风　结　构　的　个　数
≤12	2
>12～26	4
>26～35	6
>35	8

附　录　G
包装用塑料薄膜及硅胶用量
（参考件）

G1　包装用聚乙烯吹塑薄膜

表 G1　外观质量

品　级 指 标 名 称	一　级　品	二　级　品
"水纹"和"云雾"	不明显	较明显
气泡、穿孔及破裂	不允许	不允许
杂质,个/m² ＞0.6mm 0.3～0.6mm 分散度,个/10cm×10cm	 不允许 ≤5 ≤3	 不允许 ≤8 ≤5
"鱼眼"和"僵块",个/m² ＞2mm 0.6～2mm 分散度,个/10cm×10cm	 不允许 ≤20 ≤5	 不允许 ≤20 ≤8
"条纹"	不明显	较明显
开口性	易于揭开	易于揭开
平整度	不允许有活褶,无明显"暴筋",端面卷绕基本整齐	有少量活褶,暴筋较明显,端面基本整齐

注：① "水纹"和"云雾"：因塑化不良,在薄膜表面形成的类似水波纹和浮云状外观。

② "条纹"：塑料制品表面或内部存在的线状条纹缺陷。

③ "鱼眼"和"僵块"：树脂在成型过程中没有得到充分塑化而在薄膜表面形成的粒点或块状物。

④ "暴筋"：因薄膜较厚点集中堆迭在一处或由于卷取张力在幅宽面上分布不均匀形成的高于膜卷其他部位的凸出环。

表 G2　物理机械性能

指 标 名 称	指　标　要　求	
	厚度＜0.05mm	厚度≥0.05mm
拉伸强度（纵、横向） kg/cm² ≥	100	100

续表 G2

指 标 名 称	指 标 要 求	
	厚度<0.05mm	厚度≥0.05mm
断裂伸长率(纵、横向) % ≥	140	250
直角撕裂强度(纵、横向) kg/cm ≥	40	40

G2　硅胶用量的计算方法

硅胶在不同的相对湿度和温度下,吸湿量是不同的,计算硅胶用量,可采用下列二种计算方法:

$$W = \frac{ARM}{K} + \frac{D}{2} \quad \cdots\cdots\cdots\cdots\cdots\cdots\cdots (F1)$$

式中:W——所需硅胶含量,kg;

　　　A——包装物的表面积,m²;

　　　R——包装材料平均透湿度,g/m²·24h;

　　　D——包装内吸湿材料的重量,kg;

　　　K——外界气候系数(表 G3);

　　　M——包装储存时间,月。

表 G3　外界气候系数

包装时外界气候条件		外界气候系数 K
平均温度	平均湿度	
35~40℃(高温)	90%(高湿)	12
30℃(高温)		20
28℃(较高温)	80%(高湿)	30
20℃(常温)	70%(常湿)	60

当 $R=0$,$D=0$ 时,

$$W = 0.5V$$

式中:V——包装箱的容积,m³。

$$W = K_1ARM + K_2D \quad \cdots\cdots\cdots\cdots\cdots\cdots\cdots (F2)$$

式中:W——所需硅胶用量,kg;

　　　A——防潮包装材料的部面积,m²;

　　　R——包装材料的平均透湿度,g/m²·24h;

M——包装储存时间,月;

D——使用缓冲材料的重量,kg;

K_1——温度与湿度的关系系数(表 G4);

K_2——缓冲材料种类关系系数(表 G5)。

注:公式 F2 为经验公式。

表 G4 温度与湿度的关系系数

温 度 ℃	相 对 湿 度,%						
	90	85	80	75	70	65	60
	关 系 系 数 K₁						
40	0.1200	0.1110	0.1020	0.0920	0.0830	0.0740	0.0650
35	0.0760	0.0700	0.0640	0.0580	0.0530	0.0470	0.0410
30	0.0480	0.0450	0.0410	0.0370	0.0330	0.0300	0.0260
25	0.0310	0.0290	0.0260	0.0240	0.0210	0.0190	0.0170
20	0.0190	0.0180	0.0160	0.0150	0.0130	0.0120	0.0100
15	0.0110	0.0100	0.0096	0.0087	0.0079	0.0070	0.0061
10	0.0067	0.0063	0.0057	0.0052	0.0047	0.0042	0.0037
5	0.0040	0.0037	0.0034	0.0031	0.0027	0.0025	0.0021
0	0.0023	0.0021	0.0019	0.0017	0.0016	0.0014	0.0012

表 G5 缓冲材料种类关系系数

材 料 种 类	关 系 系 数 K₂
橡胶、固定的动物毛合成纤维和植物纤维等	0.48
玻璃纤维	0.16
橡胶	0.04
纸和其他纤维材料	0.64

包装材料的透湿度(也称透水汽性、透蒸汽性),是指包装材料在恒定温度和湿度下,在一定时间内通过一定表面积的水蒸汽量,单位为 g/m²·24h。

各种包装材料的透湿度 R:

金属容器 $R=0$

聚乙烯、铝箔、纤维细布等复合膜 $R=0$

塑料薄膜的透湿度与其厚度,外界温度和湿度等因素有关,其量值可按 GB 1037 求得。

塑料薄膜透湿度的参考值见(表 G6)。

YB/T 036.21—92

表 G6　塑料薄膜透湿度

材　料	温　度 ℃	平均湿度 %	薄膜厚度 mm	透　湿　度 g/m² · 24h
聚氯乙烯	32	90	0.214	16.7
			0.154	21.6
			0.102	33.4
聚乙烯	40	90	0.080	6.3
			0.035	12.9
聚氟乙烯	40	90	0.250	21.0
			0.150	23.9
			0.100	34.3

附加说明：

本标准由冶金工业部机械动力司提出。

本标准由冶金工业部北京冶金设备研究所归口。

本标准由冶金工业部北京冶金设备研究所起草。

本标准主要起草人何其多。

本标准水平等级标记 YB/T 036.21—92 I

ICS 29.045
H 80

中华人民共和国有色金属行业标准

YS/T 28—2015
代替 YS/T 28—1992

硅 片 包 装

Package of silicon wafers

2015-04-30 发布

2015-10-01 实施

中华人民共和国工业和信息化部　发布

前　言

本标准按照 GB/T 1.1—2009 给出的规则起草。

本标准代替 YS/T 28—1992《硅片包装》。

本标准与 YS/T 28—1992 相比主要变化如下：

——扩大了标准的范围，增加了硅研磨片包装和太阳能电池用硅片包装；

——增加了规范性引用文件、术语和定义等；

——增加了包装的干扰因素。

本标准由全国有色金属标准化技术委员会(SAC/TC 243)提出并归口。

本标准起草单位：杭州海纳半导体有限公司、有研新材料股份有限公司、南京国盛电子有限公司、江苏协鑫硅材料科技发展有限公司、浙江省硅材料质量检验中心、东莞市华源光电科技有限公司。

本标准主要起草人：王飞尧、孙燕、马林宝、夏根平、林清香、楼春兰、王志同。

本标准所代替标准的历次版本发布情况为：

——YS/T 28—1992。

硅 片 包 装

1 范围

本标准规定了硅片的包装。

本标准适用于硅单晶抛光片、外延片、SOI 等硅片的洁净包装、硅单晶研磨片（简称硅研磨片）包装和太阳能电池用硅片包装，使其在运输、贮存过程中避免再次沾污和破碎。

2 规范性引用文件

下列文件对于本文件的应用是必不可少的。凡是注日期的引用文件，仅注日期的版本适用于本文件。凡是不注日期的引用文件，其最新版本（包括所有的修改单）适用于本文件。

GB/T 12964 硅单晶抛光片

GB/T 12965 硅单晶切割片和研磨片

GB/T 14139 硅外延片

GB/T 14264 半导体材料术语

GB/T 26071 太阳能电池用硅单晶切割片

GB/T 29055 太阳电池用多晶硅片

GB/T 29506 300 mm 硅单晶抛光片

GB 50073 洁净厂房设计规范

3 术语和定义

GB/T 14264 界定的以及下列术语和定义适用于本文件。

3.1

洁净包装 clean package

用专用的运输片盒对抛光片、外延片、SOI 等晶片进行包装，使其在运输、贮存过程中避免颗粒、金属及有机物等对片盒中晶片的沾污。

3.2

结合胶带 seam tape

有黏附层的胶带，用于密封晶片盒的座和盖之间的接口。

3.3

片盒 wafer box

由一个盒座和一个盒盖组成的封闭容器，其中带有装载晶片的片篮，一起组成一套晶片片盒。用于贮存和运输晶片。

3.4

内包装袋 inner wrap

封装专用片盒的内层包装袋，通常采用洁净的塑料袋。

3.5

外包装袋 outer wrap

将已封装内包装袋的专用片盒再次封装用的外层包装袋，通常采用防潮、防静电的铝箔袋。

3.6

外包装箱 outer carton

运输装有多个双层封装专用片盒的纸箱。

3.7

EPP 材料 expanded polypropylene

EPP 是发泡聚丙烯的缩写,是一种新型泡沫塑料的简称。

3.8

EPE 材料 expandable polyethylene

可发性聚乙烯,又称珍珠棉,是非交联闭孔结构。它是以低密度聚乙烯(LDPE)为主要原料挤压生成的高泡沫聚乙烯制品。

3.9

EPS 材料 expandable polystyrene

可发性聚苯乙烯(EPS)通称聚苯乙烯和苯乙烯系共聚物,是一种树脂与物理性发泡剂和其他添加剂的混合物。

3.10

时间雾 time delay haze;TDH

经洁净封装后的硅抛光片表面随时间的延迟,由于各种原因导致表面生成了一层雾状,严重时在目检灯下看到的各种颜色的雾。

4 干扰因素

4.1 洁净包装干扰因素

4.1.1 装载经过清洗、检验合格的硅片应使用专用片盒,且该片盒也应经过专用设备的清洗、干燥,以保证片盒不会对其中的硅片造成损伤和沾污。专用片盒的制备材料应保证尽可能减少有机或无机析出物,同时应保证其规格尺寸在规定的范围内。

4.1.2 缠绕片盒座与片盒盖接缝处的结合胶带应尽可能避免对操作员和洁净间设备等带来沾污。

4.1.3 内包装袋应经过处理,达到能在国标2级以上洁净间使用的要求。

4.1.4 外包装袋应能隔绝外部的潮气和静电。

4.1.5 对包装使用的结合胶带、标签用纸、标签上标识的印刷材料、标签背面的不干胶应使用可以在洁净间使用的材料,以减少对硅片和洁净间的沾污。

4.1.6 包装袋在运输和贮存过程中因各种原因造成漏气、破损都可能会给其中的硅片带来沾污。

4.1.7 在封装过程中,应保证专用片盒不因充气或真空而变形,否则将造成片盒开启困难,也会造成其中硅片与片盒接触处的沾污、划伤、崩边,甚至破碎。

4.1.8 当片盒内出现崩边或碎片时,晶渣或碎片会造成对片盒内其他硅片划伤或沾污。

4.1.9 片盒及其中片篮的反复使用可能因其机械完整性或洁净度问题给硅片带来损伤或沾污。

4.1.10 不合理的包装操作过程,可能给硅片或片盒等带来沾污,特别是专用硅片运输片盒的装片和盖盒以及密封装盒过程都可能直接带来硅片的沾污。

4.1.11 包装时,不适宜的环境湿度可能会造成硅片贮存后的时间雾,甚至形成色斑。

4.1.12 包装时环境的洁净度也会给硅片表面带来影响,特别是专用硅片运输片盒密封装盒以及之前的过程应根据对产品表面的要求选择相应的洁净间,推荐在国标2级以上的洁净间进行。

4.1.13 硅片在运输过程中应注意减震、防潮,装卸时不得抛扔。

4.2 硅研磨片包装干扰因素

4.2.1 包装硅研磨片用的包装纸、隔纸应尽可能减少纸屑或纤维的析出,防止粘在硅片表面形成二次沾污。

4.2.2 包装盒的大小应适中,一般比硅片直径大 0.2 mm～0.5 mm 为宜。过小则容易在包装过程中压碎硅片,过大则容易在后续运输过程中使硅片晃动,造成碎片。

4.2.3 包装盒应紧实致密,否则容易析出包装材料的细小颗粒,黏附在硅片表面,形成二次沾污。

4.2.4 包装时,过高的环境湿度可能会造成硅片表面形成一层水雾,再次打开后易吸附环境中的尘埃,形成二次沾污,推荐在湿度 70% 以下的环境中包装。

4.2.5 包装时环境的空气洁净度也会给硅片表面带来影响,推荐在国标 5 级以上的洁净室进行。

4.2.6 硅片在运输过程中应注意减震、防潮,装卸时不得抛扔。

4.3 太阳能电池用硅片包装干扰因素

4.3.1 包装太阳能硅片用的隔纸或隔板应尽可能减少纸屑或纤维的析出,防止黏在硅片表面形成二次沾污。

4.3.2 缓冲材料或包装盒的尺寸应在规定范围内。过小则容易在包装过程中压碎硅片,过大则容易在后续运输过程中使硅片晃动,造成碎片。

4.3.3 包装后应检查硅片四边是否整齐、不滑动,避免凹凸不平,造成缺角等,如有异常应重新进行包装。

4.3.4 填充材料时应保证硅片没有晃动现象。

4.3.5 包装时,过高的环境湿度可能会造成硅片或包装材料表面形成一层水雾,再次打开后易吸附环境中的尘埃,形成二次沾污,推荐在湿度 70% 以下的环境中包装。

4.3.6 包装时环境的空气洁净度也会给硅片表面带来影响,推荐在国标 6 级以上的洁净室进行。

4.3.7 硅片在运输过程中应注意减震、防潮,装卸时不得抛扔。

5 包装

5.1 包装环境

硅片的包装环境应符合表1的规定,其中空气洁净度等级应符合 GB 50073 的规定。

表 1 包装环境

项目	要求		
	洁净包装	硅研磨片包装	太阳能硅片包装
空气洁净度等级	2 级	5 级	6 级
温度/℃	20～26	20～26	16～30
相对湿度	30%～60%	≤70%	≤70%

5.2 包装材料

5.2.1 洁净包装需要的包装材料有:聚氯乙烯密封片盒、结合胶带、内包装袋、外包装袋、外包装箱等。

5.2.2 硅研磨片包装需要的包装材料有:泡沫盒、洁净包装纸或洁净塑料袋、泡沫塞垫、外包装箱、包装带等。

5.2.3 太阳能电池用硅片包装需要的包装材料有：无尘纸、塑封膜、EPP/EPE缓冲材料或EPS泡沫包装盒、胶带、纸箱、托盘或木箱、缠绕膜等。

5.2.4 包装时应用的片盒、泡沫盒、胶带、洁净包装纸、包装袋、纸箱、包装带等包装材料应符合所在国家相关法律法规要求。

5.2.5 包装时使用的材料均不应对硅片产生二次沾污。

5.2.6 包装时使用的包装盒、外包装箱应能承受3层以上同类型满包装的承压而使硅片无破损。

5.3 包装方法

5.3.1 洁净包装按下列步骤进行：

 a) 在洁净间内将装有硅片的专用硅片运输片盒扣好，沿片盒的盒座与盒盖的接缝处缠绕一圈洁净室用结合胶带，保证片盒密封；

 b) 在专用片盒的规定位置贴上产品标签，标签内容应包括：产品名称、产品规格、片数、产品批号、出厂日期，如有其他要求由供需双方协商确定；

 c) 将贴好标签的专用片盒装入内包装袋中，并进行充气或真空封装；

 d) 将内包装袋装入外包装袋内，并进行充气或真空封装，或可根据客户要求在外包装袋中放入干燥剂；

 e) 在外包装袋的规定位置贴上产品标签，标签内容应包括：产品名称、产品规格、片数、产品批号、出厂日期，如有其他要求由供需双方协商确定；

 f) 完成了a)～e)之后的包装可在非洁净区域进行。将用外包装袋封好的片盒逐一放入一定规格的外包装箱内，并采取防震、防潮措施，避免运输途中因震动、碰撞、挤压等造成片盒包装袋或片盒的破损，带来对硅片的沾污，包装箱内应放有装箱单；

 g) 外包装箱的外侧应标有"小心轻放""防潮""易碎"等标识，其他标识内容由供需双方协商确定，以便迅速核对收货和发货厂家、发货日期、产品数量等信息。

5.3.2 硅研磨片的包装按下列步骤进行：

 a) 在洁净泡沫盒内衬上柔软洁净的包装纸或塑料袋；

 b) 硅研磨片按每50片隔一张滤纸或洁净纸，或根据客户要求数量进行隔片；

 c) 将硅研磨片放入包装纸或塑料袋中，包好包装纸或扎好塑料袋；

 d) 泡沫盒两端用泡沫塞垫塞紧，盖好盒盖，沿盒与盒盖接缝处缠绕一圈塑料胶带纸封口，在盒上贴上合格标签：标明硅研磨片加工编号、规格、电阻率、厚度、片数，如有其他要求由供需双方协商确定；

 e) 把泡沫盒装入外包装箱，边缘用填充材料塞紧，并附每批产品合格证或检验报告；

 f) 纸箱外应印有"小心轻放""防潮""易碎"等标识，其他标识要求由供需双方协商确定；

 g) 贴上封箱胶带，并贴上客户地址。如有其他要求由供需双方协商确定。

5.3.3 太阳能电池用硅片的包装方法按下列步骤进行：

 a) 取相同规格、厚度、等级的硅片，以100片为单位，前后各放一张与硅片大小相同、干净的隔纸或隔板；

 b) 将包装好的硅片放入包装盒内，保证硅片切割加工方向一致。每盒应装同类型同等级的硅片，组与组之间用缓冲材料隔开；

 c) 包装盒两端内侧用缓冲材料塞紧，避免硅片在运输中晃动导致损伤；

 d) 盖好盒盖，沿盒与盒盖接缝处缠绕一圈塑料胶带封口，在包装盒顶部指定位置贴上标签：标明硅片名称、规格、型号、电阻率、厚度、片数，如有其他要求由供需双方协商确定；

 e) 将包装盒装入纸箱，在最后一盒底部位置放入提拉专用带或绳，满箱后用塑料胶带进行封箱。

 f) 纸箱外应印有"小心轻放""防潮""易碎"等标识，其他标识要求由供需双方协商制定；

g) 打印装箱单,张贴在纸箱外指定位置;

h) 发货组托要求由供需双方协商确定。

5.4 包装随带文件

5.4.1 质量证明书,其内容应符合 GB/T 12964、GB/T 12965、GB/T 14139、GB/T 26071、GB/T 29055、GB/T 29056 的要求。

5.4.2 装箱单应包括下列内容:

a) 供方名称;

b) 产品名称;

c) 产品数量。

ICS 77. 120. 01
D 42

中华人民共和国有色金属行业标准

YS/T 418—2012
代替 YS/T 418—1999

有色金属精矿产品包装、标志、
运输和贮存

Nonferrous-metals concentrate products—
Packing, marking, transporting and storing

2012-12-28 发布

2013-06-01 实施

中华人民共和国工业和信息化部　　发 布

前　言

本标准按照 GB/T 1.1—2009 给出的规则起草。

本标准代替 YS/T 418—1999《有色金属精矿产品包装、标志、运输和贮存》，本标准与 YS/T 418—1999 相比，主要有以下变动：

——增加了包装材料材质的明确规定；

——增加了包装精矿的品种；

——增加了集装袋的包装方式；

——明确了包装规格的技术要求；

——删除了包装精矿水分的明确规定；

——对有关的保险条款按保险的有关要求进行更改；

——对包装材料的扣重条款明确了计算方法；

——对精矿的安保措施进行完善。

本标准由全国有色金属标准化技术委员会(SAC/TC 243)归口。

本标准负责起草单位：大冶有色金属有限责任公司、中国有色金属工业标准计量质量研究所。

本标准参加起草单位：中条山有色金属集团有限责任公司、阳谷祥光铜业有限公司、江西铜业股份有限公司、河南豫光金铅股份有限公司、广西华锡集团股份有限公司、西部矿业股份有限公司。

本标准主要起草人：程习、赵军锋、张泽林、刘正鸣、张光华、张勇、洪雄文、张波、陈根平、李泽、罗佩珍、梁金凤、胡新平、王佑芳、胡军。

本标准所代替标准的历次版本发布情况为：

——YS/T 418—1999。

有色金属精矿产品包装、标志、运输和贮存

1 范围

本标准规定了有色金属精矿产品的包装、标志、运输和贮存。

本标准适用于有色金属精矿产品：铜、铅、锌、金、银、钼、镍、锡等。

2 规范性引用文件

下列文件对于本文件的应用是必不可少的。凡是注日期的引用文件，仅注日期的版本适用于本文件。凡是不注日期的引用文件，其最新版本（包括所有的修改单）适用于本文件。

GB/T 10454　集装袋

GB/T 17448　集装袋尺寸

3 包装

3.1 包装材料

包装材料宜选用低密度聚乙烯塑料纺织布（彩条布）、软聚氯乙烯吹塑薄膜（塑料薄膜）、油苫布等。

3.2 包装方式

3.2.1　火车运输精矿时，宜采用低密度聚乙烯塑料纺织布大袋包装（见图1）、集装袋包装（见图2）或小袋包装。

注：图1中应使用70 g/m 的低密度聚乙烯编织布；垫布总面积 114 m²；布袋总重量 8 kg～8.5 kg；袋长 13 m；袋底面宽 2.8 m；袋侧面高 2.7 m；袋两头宽 2.8 m；袋两头高 1 m；相同材质绳带 12 条（绳长 0.3 m，绳宽 0.02 mm）。

3.2.2　汽车运输精矿时，宜采用软聚氯乙烯吹塑薄膜垫底和侧壁，上部用低密度聚乙烯塑料纺织布或油苫布覆盖并捆紧，也可用集装袋或小袋包装。

3.2.3　轮船运输精矿时，宜采用低密度聚乙烯塑料纺织布或油苫布覆盖并捆紧。

3.2.4　集装箱运输精矿时，箱内可采用低密度聚乙烯塑料纺织布或软聚氯乙烯吹塑薄膜 C 型包装方式（见图3）。

3.2.5　金、银、钼、镍、锡等稀贵精矿宜采用内衬软聚氯乙烯吹塑薄膜，外用低密度聚乙烯塑料纺织布的双层小袋包装。

3.3 装载要求

3.3.1　精矿产品装车（船、集装箱）前，车厢（船舱、集装箱）应清扫干净。如发现车厢有裂隙或漏洞，应堵塞后再装。

3.3.2　每车厢（船舱、集装箱）应装同一品级精矿且水分基本一致。

3.3.3　火车或汽车运输精矿时，用编织大袋（小袋）包装或用吹塑薄膜垫装底部及侧壁，装精矿产品后，应将精矿表面扒平，然后扣紧包装袋（捆好盖布或关好车墙板），在盖布栓绳上上铅扣，并对其牢固性进行检查。

3.3.4 精矿产品装车或船,不得超过允许装载重量,装运精矿高度不得超过车或船墙板。

3.3.5 金精矿、银精矿等稀贵精矿产品,宜采用集装箱装运,每袋包装重应基本一致,装箱后要采取铅封、上锁等防盗措施。

3.3.6 包装物重量的扣减。可将3~10条较完整的、有代表性的包装袋称重,取平均值来计算。也可由供需双方依据标准袋重协商确定。

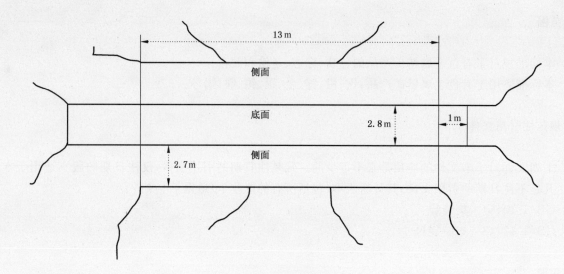

图 1　大袋规格示意图

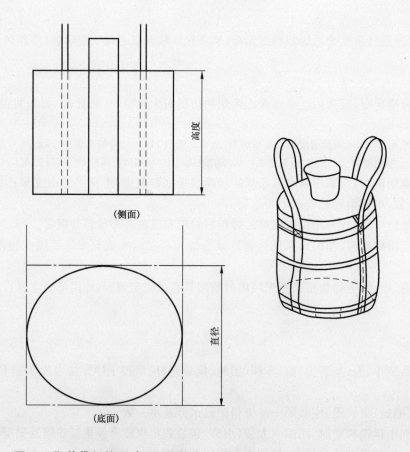

图 2　集装袋规格示意图(规格尺寸见 GB/T 10454、GB/T 17448)

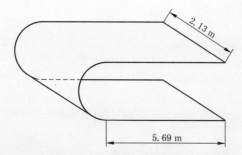

图 3　C型包装（材料选用低密度聚乙烯塑料纺织布或软聚氯乙烯吹塑薄膜）

4　标志

4.1　经包装的精矿产品必须使用包装标志。包装标志可采用标签的形式写明标志的内容,随同产品一起发运。标签字迹应清楚,不褪色。标签应塑封,置于包装里面。

4.2　包装标志应包括下列内容:

    a)　供方名称;

    b)　品名;

    c)　品级;

    d)　净重;

    e)　车(船);

    f)　发货日期;

    g)　始发站(港口);

    h)　其他。

5　运输

5.1　有色金属精矿产品运输可采用铁路(火车)、公路(汽车等)、水路(船舶)运输。

5.2　托运的精矿产品可进行投保,货物运输中遇到漏损、偷盗或其他明显缺少现象时便于索赔。

5.3　精矿产品发运后,应及时通知需方。

5.4　精矿产品发运至用户专用线、码头或厂家后,需方应根据标签或传真件对产品进行核实检查,发现漏损、偷盗或其他明显缺少现象,应原物保持原样、立即通知供方人员处置。

5.5　卸矿时,应将车厢、船舱、甲板清扫干净,不残留精矿。

6　贮存

6.1　有色金属精矿产品入库贮存前应进行取样检验。

6.2　贮存场地应清洁,严防外来杂物混入或污染。

6.3　贮存时,不同品级或干湿不一致的精矿,应分仓、分区存放并做好标志,便于装运或配料使用。

6.4　通常情况下,精矿产品应在仓库贮存,不得露天存放,避免精矿氧化和流失。

6.5　精矿在贮存时应有安保措施,并建立精矿贮存管理制度。

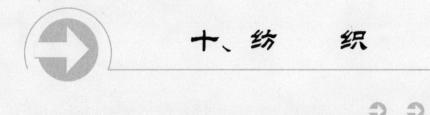

十、纺　　织

中华人民共和国国家标准

GB/T 4856—93

针棉织品包装

代替 GB 4856—84

Package of cotton goods and knitwear

1 主题内容与适用范围

本标准规定了针棉织品包装用纸箱箱型、规格、包装含量、技术要求、装箱要求、包装标志、运输和储存要求、试验方法、检验规则。

本标准适用于各种原料制成的针棉织品和有关纺织复制品的包装。

2 引用标准

GB 462　纸与纸板水分的测定法

GB 2679.7　纸板戳穿强度测定法

GB 4122　包装通用术语

GB 4456　包装用聚乙烯吹塑薄膜

GB 4857.4　运输包装件基本试验　压力试验方法

GB 6543　瓦楞纸箱

GB 6544　瓦楞纸板

GB 6545　瓦楞纸板耐破度的测定方法

GB 6547　瓦楞纸板　厚度的测定方法

ZB Y31 004　白板纸

ZB Y32 014　牛皮纸

SG 234　塑料打包带

SG 354　聚丙烯吹塑薄膜

QB 325　黄板纸

3 纸箱箱型和规格

3.1　箱型　采用 GB 6543 标准 0201 型,见图 1。

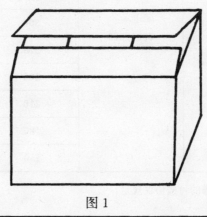

图 1

国家技术监督局 1993-12-25 批准　　　　　1994-06-01 实施

3.2 规格见表1。

表 1

箱号	箱长×箱宽,mm		箱高,mm		箱外体积
	内尺寸	外尺寸	内尺寸	外尺寸	m³
1-52			520	540	0.110
1-48			480	500	0.101
1-44			440	460	0.093
1-40			400	420	0.085
1-36	510×380	520×390	360	380	0.077
1-32			320	340	0.069
1-28			280	300	0.061
1-24			240	260	0.053
2-48			480	500	0.081
2-44			440	460	0.074
2-40			400	420	0.068
2-36			360	380	0.061
2-32	450×340	460×350	320	340	0.055
2-28			280	300	0.048
2-24			240	260	0.042
2-20			200	220	0.035
2-18			180	200	0.032
3-42			420	440	0.055
3-39			390	410	0.051
3-36			360	380	0.047
3-33			330	350	0.044
3-30	380×310	390×320	300	320	0.040
3-27			270	290	0.036
3-24			240	260	0.032
3-21			210	230	0.029
3-18			180	200	0.025
3-15			150	170	0.021

注:内外贸对纸箱规格有特殊要求的可按协议规定。

4 包装含量

4.1 针织内衣类见表2。

表 2

品　名	规　格 cm	包　装　含　量			备　注
		单位	内包装	每箱装	
绒衣裤	50～60	件	5	40	—
	65～110		5	20	
双面衣裤	50～60		10	100	
	65～110		5	50	
汗衫背心	50～60		20	200	
	65～110		10	100	

4.2 袜子类见表3。

表 3

品　名	规　格	包　装　含　量			备　注
		单位	内包装	每箱装	
锦丝袜	各号	双	10	200	10双1盒
无跟袜					
连裤袜					
毛线袜					
毛巾袜					厚度大的品种5双1盒,100双1箱。用塑料袋时1双1袋
锦棉袜					
运动袜					
线套袜					
弹力袜					
厚线平口袜					
薄线平口袜					
童袜					

4.3 毛巾类见表4。

表 4

品　名	规　格 g/条	包　装　含　量			备　注
		单位	内包装	每箱装	
毛巾	各种	条	10	200	—
枕巾				100	每10条重量超过1200g的提花枕巾5条1包,50条1箱,2条1纸盒或塑料袋
汗巾			50	500	
被头巾				100	—
浴巾	≥250		5	20	沙发巾可参照执行
	<250			50	
成人毛巾被	各种			10	233cm的5条1箱,用塑料提袋时1条1袋
儿童毛巾被				20	

4.4 床单类见表5。

表 5

品 名	规 格 cm	包 装 含 量			备 注
		单位	内包装	每箱装	
床单	<117			40	包括褥单
	133～217	条	5	20	被里、床罩、被罩1条1袋
	>233			10	

4.5 线类见表6。

表 6

品 名	规 格 m	包 装 含 量			备 注
		单位	内包装	每箱装	
木纱团	<183		10	100	包括各种芯子蜡芯线
				500	
	300～500		20	600	
	501～1000		10	300	
				500	
纸芯线	<183	个		600	包括化纤丝光、无光等
			20	1000	
	300～500		10	500	
			20	600	
	501～1000		10	200	
线球	91		20	1000	
	183		10	500	
宝塔线	各种		4	40	要求立装
			5	50	
			6	60	
绣花线		支	50	5000	50支1盒
蜡筒线			5	100	

4.6 带、绳类见表7。

表 7

品 名	规 格 mm	包 装 含 量		备 注
		单位	内包装	每箱装	
皮鞋带	各种	副	100	5000	—
球鞋带				2000	短的4000副1箱
裹腿			10	50	—
腿带			50	500	窄的1000副1箱

续表7

品　名	规　格 mm	包　装　含　量			备　　注
		单位	内包装	每箱装	
帆布腰带	25、32	条	10	300	
	38			200	
	＜20			400	
便腰带		m	100	1000	
纽扣带			500	5000	
藏靴带	—		50	500	
行李带			500	2000	
扁花带				3000	
白纱带	10、13		1000	5000	
鞋口带					—
斜纹线带	—				
旗杆带			200	4000	
花线绳				4000	
花边	10～12		500	6000	
	13～21			4000	
	＞22			2000	
蜈蚣边	各种			10000	
			1000	20000	
爱丽纱			300	6000	
排须			100	500	

4.7　橡筋织品类见表8。

表8

品　名	规　格 mm	包　装　含　量			备　　注
		单位	内包装	每箱装 ·	
松紧带	55、64	m	50	200	—
罗纹带	各种		100	500	
袜带				1000	
松紧绳			300	3000	细的 5000m 1 箱
宽紧带	3～9		400	5000	—
	10～14			3000	
	15～16		200	2000	
	23～32		100	1000	

4.8 毛针织品类见表9。

表9

品 名	包 装 含 量			备 注
	单位	内包装	每箱装	
线衣裤	件	5	20	1件1袋或1盒
毛线衫裤				
化纤衫裤				
羊绒衫				
羊毛衫				
女游泳衣		10	50	
男游泳裤			100	
毛风雪帽	顶	10	100	—
化纤风雪帽				
线风雪帽				
童帽			200	
头、线围巾	条	5	100	长的50条1箱
毛围巾				
羊绒围巾				
粘纤围巾				
腈纶围巾				
拉毛大围巾			40	长的20条1箱
毛领圈	个	50	500	—

4.9 手套类见表10。

表10

品 名	包 装 含 量			备 注
	单位	内包装	每箱装	
色线手套	件	10	200	粗线的100副1箱
弹力手套				—
薄绒手套				
厚绒手套			100	
汗布手套			500	

4.10 手帕类见表11。

表11

品 名	包 装 含 量			备 注
	单位	内包装	每箱装	
织造手帕	条	100	1000	—
印花手帕				

4.11 毯类见表12。

表12

品 名	规 格 cm	包 装 含 量			备 注
		单位	内包装	每箱装	
线毯	＜233	条	5	20	—
	＞233			10	包括床罩
大绒毯	150×200			10	
中绒毯	112×100			20	
小绒毯	75×100		1	40	用塑料提袋时1条1袋
毛粘混纺毯 毛毯腈纶毯	各种			5	

注:各类产品对包装含量有特殊要求的按协议规定,其他产品包装含量可参照采用。

5 纸箱技术要求

5.1 使用机制纸板双瓦楞结构纸箱,箱内外要保持干燥洁净,箱外按产品需要涂防潮油。

5.2 纸板材料和技术要求应符合 GB 6544 瓦楞纸板标准中1.3规定。

5.3 成型纸箱技术要求见表13。

表13

序号	指标名称	技 术 要 求
1	纸箱成型	纸箱各折叠部位互成直角,箱型方正,箱面纸板不允许拼接
2	规格尺寸	以纸箱内尺寸为准,允许公差 $^{+5}_{-3}$mm
3	箱盖合拢参差	箱盖对口不重叠,不错位,参差误差±3mm
4	成型压线	深浅适宜,线条位置居中,明显凸起,不爆破、无重线
5	纸箱壁厚	不小于6mm
6	裁切刀口	光洁,无毛刺,不碎裂
7	钉距	头、尾钉距纸箱横线条15±4mm,单钉钉距50~60mm,双钉钉距60~70mm,钉透,钉牢,无重钉,无断钉
8	箱角漏洞	不大于4mm
9	裱层粘合	完整牢固,不缺材,不露楞,无明显透胶,不起泡,不经外力作用开胶面积总和不大于250mm²
10	图案文字	图案、文字清晰,套印对正
11	防潮油	涂印均匀、不粘连
12	抗压力	空箱不低于4900N
13	戳穿强度	不低于7.84J
14	耐破度	不低于1372kPa
15	耐折度	箱盖经开合180°,往复5次面层和里层不得有裂缝
16	含水率	不大于15%

5.4 内包装材料技术要求见表14。

GB/T 4856—93

表 14

包 装 类 别	材 料 技 术 要 求
纸包	按 ZB Y32 014 牛皮纸中 60～80g/m² 的 A 级纸规定
衬板	按 ZB Y31 004 白板纸中 290～350g/m² 的 A 级纸规定
白板纸盒	
黄板纸盒	按 QB325 黄板纸中 530～860g/m² 1 号纸规定
塑料薄膜袋	按 GB4456 包装用聚乙烯吹塑薄膜和 SG354 包装用聚丙烯吹塑薄膜规定
塑料捆扎带	按 SG234 塑料打包带规定

6 装箱要求

6.1 各种产品装箱必须丰满、平整,并具备合格证。

6.2 同一地区的同一品种,用箱规格要相同。

6.3 同类产品中有两个包装含量的,根据产品的大、小、厚、薄,由企业选定其中一个含量。

6.4 衬垫

漂白、浅色的汗布产品,纸包内加衬中性 pH 值白纸或用塑料袋,并加衬白板纸。

6.5 封口

第一种:纸箱上下口各衬防潮纸或牛皮纸 1 张或纸板,纸箱的各个箱盖之间要用粘合剂粘合,箱外上下口用宽度为 8～10cm 的 80g 牛皮纸或纸胶带封合;纸条长度超过纸箱两端下垂 5cm,不得覆盖包装标志。

第二种:纸箱内上下口各衬瓦楞纸板 1 张,先与两端的箱盖粘合,然后再粘合两侧的箱盖。

6.6 捆扎

根据产品特点和重量、流通过程和用户要求,纸箱外使用塑料捆扎带,捆扎 2 道或 I 字、井字型。当地市场销售产品的捆扎由供需双方协议。

7 包装标志

7.1 每个单一产品必须有商标或标志、规格、等级、厂名,并按需要注明品名、货号、纱支、制造日期。

7.2 每个内包装(纸包、纸盒、纸袋等)标明商标或标志、品名、规格、数量、花色、等级、厂名、包装日期等项目。

7.3 纸箱外两端小面的包装标志见图 2。各等级品均应在纸箱左上角标明等级。

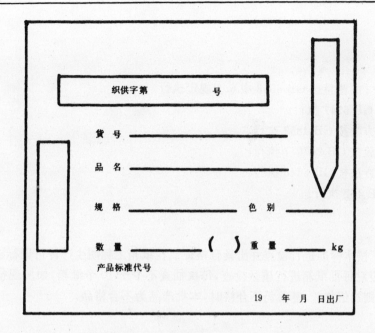

图 2

7.4 纸箱外两侧大面的包装标志、项目、部位见图 3。

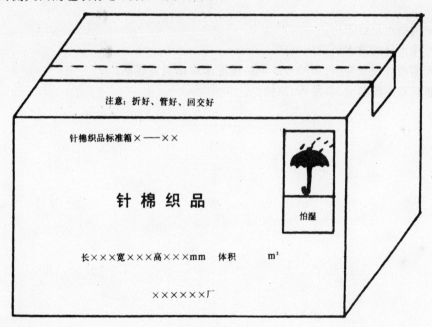

图 3

8 运输和储存要求

8.1 运输装载要将包装件平面堆码整齐,不准侧码和立码。

8.2 运输时,必须有防雨雪、防曝晒设备。刹车绳索与纸箱接触部位之间必须衬垫护角,防止刹破包装。

8.3 堆码或装卸包装件时必须轻搬轻放,不准抛摔,不得使用有损包装件的工具。

8.4 针棉织品要在库房内堆码,压力不得超 4900N,堆码要安全整齐。

8.5 库房内按规定的温湿度做好通风散潮工作。并要远离火源,保持库房经常清洁。

8.6 由于运输或储存方面的原因而造成的包装破损或产品丢失时,由承办运输或储存的单位负责赔偿损失。

9 试验方法

9.1 纸箱规格尺寸的测量按 GB 6543 中 6.2 规定执行。

9.2 纸箱壁厚按 GB 6547 执行。

9.3 抗压力试验方法按 GB 4857 执行。

9.4 戳穿强度试验按 GB 2679.7 执行。

9.5 耐破度试验方法按 GB 6545 执行。

9.6 含水率按 GB 462 执行。

10 检验规则

10.1 纸箱生产厂按本标准进行检查并出具合格证或在纸箱上标明生产许可证标志、编号和有效期。

10.2 各用箱厂应对每批纸箱进行质量检查,每次抽查不少于 10 个纸箱,如发现检测结果与本标准规定有一项不符时,则加倍复验,复验仍不合格时,本批产品为不合格品。

附加说明:
本标准由中国纺织总会提出。
本标准由天津市针织技术研究所归口。
本标准由天津市针织研究所、天津市针织品供应采购站负责起草。
本标准主要起草人段瀛波、谷松秀、徐桂兰。

ICS 55.020
A 80

中华人民共和国国家标准

GB 6975—2013
代替 GB 6975—2007

棉 花 包 装

Cotton baling

2013-12-31 发布
2014-04-01 实施

中华人民共和国国家质量监督检验检疫总局
中国国家标准化管理委员会　发 布

GB 6975—2013

前　言

本标准的全部技术内容为强制性。

本标准按照 GB/T 1.1—2009 给出的规则起草。

本标准代替 GB 6975—2007《棉花包装》。

本标准与 GB 6975—2007 相比，主要技术变化如下：

——删除了 GB 6975—2007 中 200 kg 的Ⅱ型包，将原Ⅲ型包改为Ⅱ型包；

——增加了棉包塑料包装袋的基本制作要求，增加了其断裂伸长率指标和抗老化指标；

——在捆扎材料中删除了规格为 φ2.5 mm、φ3.2 mm、φ3.75 mm、φ4.0 mm 的镀锌钢丝、碳钢钢带和高强度钢带；

——将"塑料捆扎带"名称改为"棉花包装用聚酯捆扎带"，增加其接头拉断力和接头剥离力的性能指标；

——增加棉花包装用聚酯捆扎带的接头重叠长度和表面标明内容。

本标准由中华全国供销合作总社提出。

本标准由全国棉花加工标准化技术委员会（SAC/TC 407）归口。

本标准起草单位：中棉工业有限责任公司、中国棉花协会棉花加工分会、中华全国供销合作总社郑州棉麻工程技术设计研究所、中国纤维检验局、中国储备棉管理总公司、中国铁道科学研究院、郑州商品交易所、北京中棉机械成套设备有限公司、北京中棉工程技术有限公司、南通棉花机械有限公司、山东天鹅棉业机械股份有限公司、南通御丰塑钢包装有限公司、常州远东塑料机械有限公司、新疆伊犁州伊欣棉业有限公司、上海自立塑料制品有限公司、新疆石河子天银物流有限公司。

本标准主要起草人：岳洪壮、王丹涛、胡春雷、尹青云、王瑞霞、李晓健、车德慧、姬广坡、李文侠、沈洁强、韩金、季宏斌、杨丙生、蔡光泉、朱志峰、杨省孝、陈子兴、王海平。

本标准所代替标准的历次版本发布情况为：

——GB/T 6975—1986，GB/T 6975—2001，GB 6975—2007。

棉 花 包 装

1 范围

本标准规定了棉包的技术要求、包装方法、棉包标志和试验方法。

本标准适用于成包皮棉和棉短绒的包装。

2 规范性引用文件

下列文件对于本文件的应用是必不可少的。凡是注日期的引用文件,仅注日期的版本适用于本文件。凡是不注日期的引用文件,其最新版本(包括所有的修改单)适用于本文件。

GB/T 228.1 金属材料 拉伸试验 第 1 部分:室温试验方法

GB/T 1040.3—2006 塑料 拉伸性能的测定 第 3 部分:薄膜和薄片的试验条件

GB 1103.1 棉花 第 1 部分:锯齿加工细绒棉

GB 1103.2 棉花 第 2 部分:皮辊加工细绒棉

GB/T 3923.1 纺织品 织物拉伸性能 第 1 部分:断裂强力和断裂伸长率的测定(条样法)

GB/T 4668 机织物密度的测定

GB/T 6672 塑料薄膜和薄片厚度测定 机械测量法

GB/T 16422.2 塑料实验室光源暴露试验方法 第 2 部分:氙弧灯

GB/T 16422.3 塑料实验室光源暴露试验方法 第 3 部分:荧光紫外灯

GH/T 1068 棉花包装用聚酯捆扎带

3 技术要求

3.1 棉包的外形尺寸

3.1.1 棉包的外形和尺寸代号见图 1。

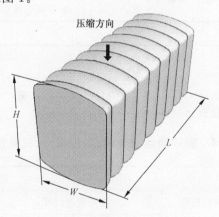

说明:

L ——棉包长度;

W ——棉包宽度;

H ——棉包高度。

图 1 棉包的外形示意图和尺寸代号

3.1.2 棉包外形尺寸、重量及允许偏差应符合表1规定。

表 1　棉包外形尺寸、重量及允许偏差

棉包型号	长度 L/mm		宽度 W/mm		高度 H/mm		棉包重量/kg	
	基本尺寸	允许偏差	基本尺寸	允许偏差	基本尺寸	允许偏差	重量	允许偏差
Ⅰ	1 400	−30	530	−10	700	+150	227	±10
Ⅱ	800	−15	400	−10	600	+50	85	±5

3.1.3　Ⅰ型棉包两端的高度差不应大于50 mm，Ⅱ型棉包两端的高度差不应大于20 mm。

3.2　包装物

3.2.1　包装材料

3.2.1.1　采用不污染棉花、不产生异性纤维的本白色纯棉布、塑料进行包装。

3.2.1.2　棉包塑料包装袋应有透气孔，透气性良好，应防止杂质、灰尘进入棉包，不污染棉花。透气孔隙的制作不得在袋体内外残留薄膜废屑。

3.2.1.3　棉花包装用本白色纯棉布技术要求见表2。

表 2　棉花包装用本白色纯棉布技术要求

项目	棉布密度/(根/10 cm)	棉布断裂强力/N
经向	≥118	≥180
纬向	≥118	≥220

3.2.1.4　棉包塑料包装袋膜的技术要求见表3。

表 3　棉包塑料包装袋膜的技术要求

厚度/mm	拉伸强度/MPa		断裂伸长率/%	抗老化(800 h 氙灯光源老化)	
	纵向	横向		拉伸强度保留率/%	断裂伸长率保留率/%
0.145±0.015	≥24	≥23	≥700	≥87	≥87

3.2.2　捆扎材料

3.2.2.1　镀锌钢丝的规格、捆扎根数、机械性能应符合表4规定。

表 4　镀锌钢丝的规格、捆扎根数、机械性能

捆扎材料	规格/mm	捆扎根数	机械性能			
			拉伸强度/MPa		断裂伸长率/%	
			高碳	低碳[b]	高碳	低碳[b]
镀锌钢丝	$\phi2.8$[a]	8～10	1 400～1 650	400～510	≥4	≥15
	$\phi3.4$					

> [a]　规格为 ϕ2.8 mm 的镀锌钢丝只适用于Ⅱ型包。
> [b]　低碳镀锌钢丝只适用于Ⅱ型包的棉短绒包装。

3.2.2.2 棉花包装用聚酯捆扎带的规格、捆扎根数、机械性能应符合表5的规定。

表 5　棉花包装用聚酯捆扎带的规格、捆扎根数、机械性能

捆扎材料	规格ᵃ/mm	捆扎根数	机械性能				
			断裂强力/N	断裂伸长率/%	抗老化(120 h 紫外光老化拉伸断裂强度保留率)/%	接头拉断力/N	接头剥离力/N
棉花包装用聚酯捆扎带	(19.0~20.0)×(1.20~1.50)	8	≥10 500	12~18	>96	≥9 270	>200
ᵃ 规格为截面的宽度乘以厚度。							

4　包装方法

4.1　捆扎法:皮棉经压缩并用棉布包裹后再进行捆扎的方法。

4.2　套包法:皮棉经压缩、捆扎后,把包装袋套包在棉包上的包装方法。

4.3　棉布包装适用于捆扎法或套包法,塑料包装袋仅适用于套包法。

4.4　棉布包装的棉包捆扎好后,应用棉线绳将棉包包头接缝处缝严。

4.5　成包过程中切割取样的,应将切割口用同等棉布缝严,允许用不污染棉花、不产生异性纤维的其他材料将切割口覆盖。

4.6　棉包出厂时均不应有露棉(塑料包装袋的透气孔隙除外)、包装破损及污染现象。

4.7　棉包包索排列应均匀且相互平行,包索接头应牢固、可靠。接头处应平滑,不易划触其他接触物。

4.8　棉包的聚酯捆扎带接头重叠长度应在 60 mm~80 mm 之间。

5　标志

5.1　按批检验的棉包标志

5.1.1　用棉布包装的棉包,应在棉包两头用黑色刷明标志,内容包括:棉花产地(省、自治区、直辖市和县)、棉花加工单位、棉花质量标识、批号、包号、毛重、异性纤维含量代号、生产日期。

5.1.2　用塑料包装的棉包,应在棉包两头采取不干胶粘贴或其他方式固定标签,标签内容同 5.1.1。

5.1.3　棉花质量标识应符合 GB 1103.1 和 GB 1103.2 的规定。

5.1.4　允许在不影响棉包标志的塑料包装袋表面标注放置方向、商标等信息。

5.2　逐包检验的棉包标志

5.2.1　采用条码作为棉包标志,条码固定在棉布包装或塑料包装的棉包两头。

5.2.2　用棉布包装的棉包,棉包两头用黑色刷明标志,内容包括:棉花产地(省、自治区、直辖市和县)、棉花加工单位、批号、包号、毛重、异性纤维含量代号、生产日期。

5.3　棉花包装用聚酯捆扎带表面应标明捆扎带生产企业的商标、企业名称和生产日期等。

6　试验方法

6.1　棉包外形尺寸

6.1.1　成包皮棉存放 24 h 以后,每 20 包(不足 20 包的按 20 包计)抽取 1 包,测量棉包尺寸。

6.1.2 将被测棉包放置在平面上,用两个精度为1 mm的直角尺分别轻靠在棉包对称面上,测量相对应的棉包尺寸。

6.1.3 棉包长、宽、高的测量位置为棉包各对应面的两端及中部,取其最大值,单位为毫米(mm)。

6.1.4 测量结果保留至个位数。

6.2 棉布密度

按GB/T 4668规定的方法测定。

6.3 棉布断裂强力

按GB/T 3923.1规定的方法测定。

6.4 塑料包装袋膜的厚度

按GB/T 6672规定的方法测定。

6.5 塑料包装袋膜的拉伸强度和断裂伸长率

6.5.1 试验按GB/T 1040.3—2006规定的方法进行。

6.5.2 试验拉伸速度为(500±50)mm/min。

6.5.3 试样的形状和尺寸应符合GB/T 1040.3—2006中的2型试样,试样宽度为10 mm。

6.5.4 拉伸强度的测试结果修约至个位数,断裂伸长率的测试结果修约至1个百分点。

6.6 塑料包装袋膜的抗老化试验

6.6.1 按GB/T 16422.2规定的方法进行抗老化试验。

6.6.2 按6.5给出的方法分别测定塑料包装袋膜在抗老化试验前后的拉伸强度和断裂伸长率。

6.6.3 拉伸强度保留率按式(1)计算:

$$\Delta\sigma_M = \frac{\sigma'_M}{\sigma_M} \times 100\% \qquad \cdots\cdots\cdots\cdots\cdots(1)$$

式中:

$\Delta\sigma_M$ ——拉伸强度保留率,%;

σ'_M ——抗老化试验后的拉伸强度,单位为兆帕(MPa);

σ_M ——抗老化试验前的拉伸强度,单位为兆帕(MPa)。

6.6.4 断裂伸长率保留率按式(2)计算:

$$\Delta\varepsilon_{tB} = \frac{\varepsilon'_{tB}}{\varepsilon_{tB}} \times 100\% \qquad \cdots\cdots\cdots\cdots\cdots(2)$$

式中:

$\Delta\varepsilon_{tB}$ ——断裂伸长率保留率,%;

ε'_{tB} ——抗老化试验后的断裂伸长率,%;

ε_{tB} ——抗老化试验前的断裂伸长率,%。

6.6.5 拉伸强度保留率和断裂伸长率保留率的测试结果均修约至1个百分点。

6.7 镀锌钢丝的拉伸强度和断裂伸长率

按GB/T 228.1规定的方法测定。

6.8 棉花包装用聚酯塑料捆扎带的规格

6.8.1 在每个样带上截取长1 000 mm的试样共5个。

6.8.2 以精度为 0.01 mm 的千分尺在每个试样上三等分的两个分线位置上测量(两组)宽度和厚度,共得各 10 个数据(测量时不应使试样承受压力而明显改变所测量的尺寸)。

6.8.3 用算术平均法计算平均宽度和厚度值,单位为毫米(mm)。

6.8.4 宽度结果修约至小数点后两位,厚度结果修约至小数点后两位。

6.9 棉花包装用聚酯捆扎带的断裂强力和断裂伸长率

6.9.1 试样长度按标距和专用夹具尺寸确定,直接在样带上截取所需长度的捆扎带作为试样,有效试样的数量为 5 个。

6.9.2 试验按 GB/T 1040.3—2006 规定的方法进行。

6.9.3 试样的标距为 100 mm,试验速度为(100±10)mm/min。

6.9.4 直接在负荷指示装置上读取拉断力。

6.9.5 按引伸计或记录仪或类似测量装置测定试样标距的伸长量,并计算以百分数表示的断裂伸长率。

6.9.6 当试样在夹具内出现滑移或在距任一夹具 10 mm 以内断裂,或由于明显缺陷导致过早破坏时,该试样为无效试样,应另取试样重新试验。

6.9.7 断在标距以内且无 6.9.6 中所描述的试验缺陷的试样为有效试样。

6.9.8 断裂强力和断裂伸长率以 5 个有效试样测量结果的算术平均值作为测试结果。

6.9.9 断裂强力的测试结果修约至个位数,断裂伸长率测试结果修约至 1 个百分点。

6.10 棉花包装用聚酯塑料捆扎带的抗老化试验

6.10.1 按 GB/T 16422.3 规定的方法进行抗老化试验。

6.10.2 按 6.9 给出的方法分别测定聚酯捆扎带在抗老化试验前后的拉伸强度。

6.10.3 拉伸断裂强度保留率的计算方法同式(1)。

6.10.4 拉伸断裂强度保留率的测试结果修约至 1 个百分点。

6.11 棉花包装用聚酯捆扎带的接头拉断力

6.11.1 按 6.9.1、6.9.2 和 6.9.3 规定的方法测定。

6.11.2 试验中应保持接头在试样的中部,直接在负荷指示装置上读取接头拉脱时的接头拉断力,单位为牛顿(N)。

6.11.3 试验的有效试样数量为 5 个,断在标距以内且无 6.9.6 所描述的试验缺陷的试样为有效试样。

6.11.4 以 5 个有效试样的算术平均值作为测试结果。

6.11.5 接头拉断力测试结果修约至个位数。

6.12 棉花包装用聚酯捆扎带的接头剥离力

按 GH/T 1068 规定的方法测定。

ICS 59.080.01
W 08

中华人民共和国纺织行业标准

FZ/T 10008—2018
代替 FZ/T 10008—2009

棉及化纤纯纺、混纺纱线标志与包装

Marking and packing of yarn spun with pure cotton，pure chemical fibre or blend

2018-10-22 发布

2019-04-01 实施

中华人民共和国工业和信息化部　　发布

前　言

本标准按照 GB/T 1.1—2009 给出的规则起草。

本标准代替 FZ/T 10008—2009《棉及化纤纯纺、混纺本色纱线标志与包装》。与 FZ/T 10008—2009 相比主要技术变化如下：

——将标准名称修改为棉及化纤纯纺、混纺纱线标志与包装；

——扩大标准适用范围，增加棉、化纤与其他纤维混纺纱线、色纺纱线；

——对制造者信息内容进行了完善补充；

——纤维含量混纺比明确为以公定质量比表示；

——纱线品种规格的代号标注规定中增加了对色纺纱颜色代号的标注要求；

——表 1 中增加新的纤维和纺纱工艺代号；

——表 2 中绞纱线的包装方式修改为打包绳（带）包装。

本标准由中国纺织工业联合会提出。

本标准由全国纺织品标准化技术委员会棉纺织品分技术委员会(TC 209/SC 10)归口。

本标准起草单位：上海市纺织工业技术监督所、安徽省纤维检验局、浙江春江轻纺集团有限责任公司、中国棉纺织行业协会。

本标准主要起草人：王憬义、景慎全、戴福文、陈乃英。

本标准所代替标准的历次版本发布情况为：

——ZBW 08 001—1985、FZ/T 10008—1996、FZ/T 10008—2009。

棉及化纤纯纺、混纺纱线标志与包装

1 范围

本标准规定了棉及化纤纯纺、混纺纱线标志与包装的术语和定义及标志、包装的方法。

本标准适用于棉、化纤、其他纤维纯纺或混纺本色纱线。

2 规范性引用文件

下列文件对于本文件的应用是必不可少的。凡是注日期的引用文件,仅注日期的版本适用于本文件。凡是不注日期的引用文件,其最新版本(包括所有的修改单)适用于本文件。

GB/T 9994—2008 纺织材料公定回潮率

GB/T 29862 纺织品 纤维含量的标识

FZ/T 10007 棉及化纤纯纺、混纺本色纱线检验规则

3 术语和定义

GB/T 9994—2008确立的以及下列术语和定义适用于本文件。

3.1

毛重 gross weight

纱线及其包装物的重量之和。

3.2

净重 net weight

毛重扣减包装物重量后的重量。

4 标志

4.1 纱线的标志应明确、清楚、耐久、易于识别,并在质量、数量等方面与内装物相符。

4.2 纱线的标志分为刷唛和标签两种。

4.3 纱线标志应注明以下内容。

4.3.1 制造者信息

纱线产品包装上应标明承担法律责任的制造者依法登记注册的名称和地址。

进口纱线产品包装上应标明原产地(国家或地区),以及代理商或进口商或销售商在中国大陆依法登记注册的名称和地址。

4.3.2 产品品名或规格

产品品名或规格的标注应符合国家标准、行业标准等的规定,应标明纱线的原料成分、纤维含量、公称线密度(tex 制)等。

4.3.3 产品标准编号

应标明所执行的产品国家标准、行业标准、地方标准、团体标准或企业标准的编号。

4.3.4 产品质量等级

产品标准中明确规定质量（品质）等级的产品，应按有关产品标准的规定标明产品质量等级。

4.3.5 毛重和体积

为满足运输需要，可标明毛重和体积。

4.3.6 净重

应标明最小包装的纱线在公定回潮率时的净重。

4.3.7 生产批号或成包日期

为防止混批使用引起质量问题，应标明生产批号或成包日期。

4.4 纱线品种规格的代号标注规定

4.4.1 纱线的生产工艺过程代号及原料代号放在最前面，其次是纱线的混纺比（纤维含量以公定质量比表示），用途代号在线密度后面，卷装形式放在最后。如精梳涤棉混纺 13.0 tex 筒子纬纱用代号标注为：T/ JC 65/35 13.0tex WD。如是色纺纱线应在生产工艺过程代号前标明纱线的颜色代号（或色卡号）。

注：纤维含量具体表示方法按 GB/T 29862 规定执行。

4.4.2 纱线主要品种的代号和示例见表1。

表 1 主要品种代号及示例

类别	序号	品种	代号	举例
按不同原料分	1	棉	C	C 13.0 tex
	2	精梳棉	JC	JC 13.0 tex
	3	涤纶	T	T 14.0 tex
	4	粘纤	R	R 18.0 tex
	5	腈纶	A	A 19.0 tex
	6	锦纶	N	N 18.0 tex
	7	维纶	V	V 19.0 tex
	8	氨纶	Pu	—
	9	丙纶	PP	PP 14.8 tex
	10	莫代尔	Mod	Mod 14.8 tex
	11	聚苯硫醚	PPS	PPS 19.7 tex
	12	壳聚糖纤维	CTS	CTS 9.8 tex
	13	芳纶	FL	FL 14.8 tex
按不同混纺比分	15	涤棉 65/35 混纺纱	T/C 65/35	T/C 65/35 13.0 tex
	16	涤棉 50/50 混纺纱	T/C 50/50	T/C 50/50 18.0 tex
	17	棉涤 55/45 混纺纱	C/T 55/45	C/T 55/45 28.0 tex
按不同纺纱方法、工艺分	19	精梳纱线	J	J 10.0 texW J 7.0 tex×2 T
	20	烧毛纱线	G	G 10.0 tex×2
	21	转杯纺纱（气流纺纱）	OE	OE 36.0 tex
	22	喷气涡流纺纱	JV	JV 19.7 tex
	23	赛络纺	AA 或 AB	AA 14.7 tex
	24	紧密纺	JM	JM 9.8 tex
按不同用途分	15	经纱线	T	28.0 tex T、14.0 tex×2 T
	16	纬纱线	W	28.0 tex W、14.0 tex×2 W
	17	针织用纱线	K	10.0 tex K、7.0 tex×2 K
	18	起绒用纱	Q	96.0 tex Q

表 1（续）

类别	序号	品种	代号	举例
按卷装形式分	19	绞纱线	R	28.0 tex R、14.0 tex×2 R
	20	筒子纱线	D	20.0 tex D、14.0 tex×2 D

5 包装

5.1 包装要求

包装应保证其产品质量不受损坏，并适于防潮、储存和运输。包装材料的规格和要求应与包装产品相适应。

5.2 包装材料

5.2.1 筒子纱线常用的包装材料有：编织袋、布袋、纸箱、托盘、打包绳（带），包内衬垫用的衬纸、塑料薄膜等。

5.2.2 绞纱线常用的包装材料有：包皮布、包内衬垫用的衬纸、捆扎线、打包绳（带）等。

5.2.3 包装材料应符合相关标准规定。

5.3 包装方式

包装方式及技术要求按表2。

表 2　包装方式及技术要求

类别	包装方式	技术要求
筒子纱线	塑料编织袋或布袋包装	捆扎紧牢，筒子纱线不外露
	纸箱包装	按协议规定
	托盘包装	按协议规定
绞纱线	打包绳（带）包装	包装应完整严密，绞纱线应排列整齐、不外露

5.4 包装规格

5.4.1 筒子纱线的包装规格

5.4.1.1 筒子纱线的包装规格分为定重包装和定个数包装。

5.4.1.2 筒子纱线定重包装分为定重成包和定重成箱。

5.4.1.3 筒子纱线定重成包：按公定回潮率时的净重确定，每包净重 25 kg 或 20 kg。也可按协议规定。

5.4.1.4 筒子纱线定重成箱：按公定回潮率时的净重确定，每箱净重按协议规定。

5.4.1.5 筒子纱线定个数成包：根据包装大小和筒子尺寸，规定每包的筒子纱线的个数装包称重，折合为公定回潮率时的净重收付。

5.4.2 绞纱线的包装规格

5.4.2.1 绞纱线的包装分为小包、中包、大包三种。

5.4.2.2 每小包净重 5 kg,每小包分为 100 个单绞。每个单绞公称重量为 50 g,但根据不同线密度可以摇成 1/4 绞重 12.5 g,1/2 绞重 25 g,双绞重 100 g,四绞重 200 g,或其他重量不等的小绞。小包体积以不大于 0.012 m³ 为标准,其各边长度基本上控制在长 30.5 cm,宽 23.5 cm,高于 16 cm 左右,绞纱线应经羊角撤绞,排列整齐,打成小包,在条件不具备的情况下,暂可用手挽。绞纱线应排列整齐,打成小包。

5.4.2.3 每 20 小包为一中包,重量为 100 kg。体积以不大于 0.22 m³ 为标准,其各边长度基本上控制在长 97 cm,宽 34 cm,高 68 cm 左右。

5.4.2.4 每 40 小包为一大包,重量为 200 kg。

5.4.2.5 绞纱线包装公称重量按公称线密度和公定回潮率确定,其体积可根据收付双方协议增减。

5.4.3 筒子纱线和绞纱线净重成包规定

筒子纱线和绞纱线按公定回潮率时的净重成包,其计算按 FZ/T 10007 规定执行。

5.5 成包回潮率

纱线成包时,实际回潮率不宜过高,以防止霉烂变质。

6 其他

如对标志、包装有特殊要求的,由供需双方另订协议。

ICS 59.080.01
W 08

中华人民共和国纺织行业标准

FZ/T 10009—2018
代替 FZ/T 10009—2009

棉及化纤纯纺、混纺本色布标志与包装

Marking and packing for grey fabric of cotton, man-made fibre or blend

2018-10-22 发布

2019-04-01 实施

中华人民共和国工业和信息化部　　发 布

FZ/T 10009—2018

前　言

本标准按照 GB/T 1.1—2009 给出的规则起草。

本标准代替 FZ/T 10009—2009《棉及化纤纯纺、混纺本色布标志与包装》。与 FZ/T 10009—2009 相比主要技术变化如下：

——扩大了标准适用范围；

——包装形式由使用用途的不同，调整为包装形式的不同，取消了市销布、加工坯，包装形式调整为折叠包装、套筒包装和卷筒包装；

——增加包内拼件单、标注长度的要求，包内标志形式新增贴标内容；

——包装材料中塑料薄膜调整为塑料袋，同时新增了木塞、纸管卷装材料。

本标准由全国纺织品标准化技术委员会棉纺织品分会(SAC/TC 209/SC 10)归口。

本标准主要起草单位：上海市纺织工业技术监督所、江苏大生集团有限公司、山东立昌纺织科技有限公司、中国棉纺织行业协会。

本标准主要起草人：张宝庆、秦朝辉、陈慧、刘建敏、马琳。

本标准所代替的历次版本发布情况为：

——ZB W 08002—1985、FZ/T 10009—1996、FZ/T 10009—2009。

棉及化纤纯纺、混纺本色布标志与包装

1 范围

本标准规定了棉及化纤纯纺、混纺本色布的标志和包装。

本标准适用于以棉、化纤、其他纤维纯纺或混纺的本色纱线为原料,机织制成的本色布。其他织物可参照执行。

2 规范性引用文件

下列文件对于本文件的应用是必不可少的。凡是注日期的引用文件,仅注日期的版本适用于本文件。凡是不注日期的引用文件,其最新版本(包括所有的修改单)适用于本文件。

GB/T 4456　包装用聚乙烯吹塑薄膜

GB/T 5033　出口产品包装用瓦楞纸箱

GB/T 8170　数值修约规则与极限数值的表示和判定

GB/T 8946　塑料编织袋　通用技术要求

QB/T 3516　牛皮纸

QB/T 3811　塑料打包带

3 标志

3.1 标志要求

标志应明确、清楚、耐久、便于识别,并在质量、数量等方面与内装物相符。

3.2 包内标志

3.2.1 每段布应在布正面两端 5 cm 处,采用梢印、贴标的形式,标注长度。梢印、贴标应易于清理。

3.2.2 折叠包装、套筒包装有包内说明书与包内拼件单,放在第一段布折叠处中间部位;卷筒包装有包内说明书,放在袋口的一端。

3.2.3 包内说明书示例见图 1,包内拼件单示例见图 2。

注册商标	生产企业			
	单位地址			
	产品名称		质量等级	
	电话		纤维含量/%	
	幅宽/cm		长度/m	
	密度/(根/10 cm)	经向	线密度/tex	经纱
		纬向		纬纱
	标准编号			

图 1　包内说明书

产品名称			包号	
段数	匹长	段数	匹长
		合计段数	合计长度
拼件工		复验工	

图 2　包内拼件单

3.3　包外标志

3.3.1　折叠包装、套筒包装的包外标志应在包的两端刷唛；卷筒包装的包外标志应在卷装袋的袋身刷唛，卷装的一端标注产品名称、长度和包号。

3.3.2　包外标志的具体内容示例见图 3。

生产企业		单位地址	
商标		产品名称	
质量等级		加工类别	
段数/段 总长度/m 成包质量/kg 成包日期　　　　年　　　　月　　　　日		切勿受潮	
注 1：大小零布的段长记录单，放在包装的一端。 注 2：产品名称应标明纤维含量。			

图 3　刷唛要求

4　包装

4.1　包装要求

包装应保证产品质量不受损伤，外观整洁，并适于储存和运输。

4.2　包装形式

本色布包装形式分折叠包装、套筒包装、卷筒包装。

4.3　技术要求

4.3.1　包装方式的技术要求按表1。

表 1 包装方式技术要求

包装类型	叠布方法	技术要求
折叠包装	每一折幅为 1 m(或 1 yd),折叠为对折,三折或四折	包外加包皮布,预压后扎紧,打包紧度以插不进手为准。包外覆盖完整、严密。成包后,包布搭头处应叠盖 10 cm,包头应缝牢,针距不得超过 5 cm
套筒包装	平幅或双折,反面在外	卷紧,中间布不得折皱,外套织物袋,接头处缝严密
卷筒包装	坯布整幅在卷布机上卷绕成卷,反面在外	卷紧,中间布不得折皱,外套防水的塑料袋或塑编袋,袋口扎紧或缝严密

4.3.2 包装材料要清洁、干燥、牢固。包装材料的技术要求按表 2。

表 2 包装材料技术要求

材料名称	材料规格	技术要求	备注
包皮布	粗平布、塑料袋、塑料编织袋、纸箱	粗平布经、纬向断裂强力一般不低于 294 N;塑料编织袋按 GB/T 8946 规定执行;纸箱按 GB/T 5033 规定执行。塑料袋按 GB/T 4456 规定执行	四种材料的选择由供需双方协议规定
牛皮纸	60 g/m²～80 g/m²	按 QB/T 3516 规定执行	牛皮纸选择由供需双方协议规定
拖蜡纸	—	—	按供需双方协议规定
捆扎绳	—	捆扎绳断裂强力不低于 932 N	可用牢度相当的替代品
塑料打包带	—	按 QB/T 3811 规定执行	
捆扎铁皮带	20 号	防锈处理	可用牢度相当的丙纶带及其他代用品
木塞	—	保证大卷装的纸管在长途运输中不变形	按供需双方协议规定
纸管	—	—	纸管的壁厚按供需双方协议规定
缝包线	28 tex×(12～21)棉股线	—	也可用牢度相当的代用品

4.4 成包规定

4.4.1 本色布的成包长度、质量由供需双方协商决定。

4.4.2 成包体积根据织物紧度和成包质量确定。

4.4.3 本色布成包时,实际回潮率不得超过表 3 规定范围。如有特殊情况,可由供需双方协商决定。

表 3　本色布允许最高实际回潮率

织物类别	回潮率/%
再生纤维素纤维纯纺布	≤16
棉粘混纺布	≤16
棉维混纺布	≤9.5
纯棉布	≤9.5
涤棉混纺布	≤7
涤粘混纺布	≤7

4.5　假开剪规定

4.5.1　假开剪距布头或布尾不小于 10 m，处与处相距不小于 20 m；假开剪按二联匹不允许超过两处，三联匹及以上不允许超过三处。

4.5.2　假开剪疵点位置应做明显的标志，附假开剪段长记录单。

4.5.3　假开剪率按式(1)计算，计算结果按 GB/T 8170 修约至小数点后一位。

$$K = \frac{k_1}{z} \times 100 \qquad\qquad\cdots\cdots\cdots\cdots\cdots\cdots\cdots(1)$$

式中：

K ——假开剪率，%；

k_1——该品种本色布假开剪包数，单位为包；

z ——该品种本色布总包数，单位为包。

4.6　拼件成包规定

4.6.1　拼件布的长度：短码 40 m～110 m，长码 110 m 以上。

4.6.2　拼件布的长度和长短码的搭配比例，客户有特殊要求的按贸易双方的协议执行。

4.6.3　拼件率按式(2)计算，计算结果按 GB/T 8170 修约至小数点后一位。

$$P = \frac{p_1}{z} \times 100 \qquad\qquad\cdots\cdots\cdots\cdots\cdots\cdots\cdots(2)$$

式中：

P ——本色布拼件率，%；

p_1——该品种本色布拼件包数，单位为包。

4.7　零布成包规定

4.7.1　零布成包段长规定按表 4。

表 4　零布成包段长规定

大零布	中零布	小零布	疵零布	角布
10 m 以上	5 m～9.9 m	1 m～4.9 m	0.2 m～0.9 m	0.2 m 以下

4.7.2　大零布根据品等成包，超过 20 m 但不足匹长，又不符合拼件要求的，亦按大零布处理。中零布成包限于一等品，小零布不允许有六大疵点，疵布不受疵零布长度限制。

5 其他

如对标志与包装有特殊要求的,由供需双方另订协议。

———————————

ICS 59.080.01
W 08

中华人民共和国纺织行业标准

FZ/T 10010—2018
代替 FZ/T 10010—2009

棉及化纤纯纺、混纺印染布标志与包装

Marking and packing for printed or dyed fabric of cotton,man-made
fibre or blend

2018-04-30 发布

2018-09-01 实施

中华人民共和国工业和信息化部　　发 布

前　言

本标准按照 GB/T 1.1—2009 给出的规则起草。

本标准代替 FZ/T 10010—2009《棉及化纤纯纺、混纺印染布标志与包装》，与 FZ/T 10010—2009 相比，主要技术内容变化如下：

——扩大了标准适用范围；

——按照 GB/T 5296.4《消费品使用说明　第 4 部分：纺织品和服装》，调整使用说明书等相应内容；

——增加了标志与包装的要求，取消了使用说明文字颜色的规定；

——外包装增加了塑料袋以及包装要求；

——补充了假开剪成包规定、拼件成包规定、零布成包规定章节及内容。

本标准由中国纺织工业联合会提出。

本标准由全国纺织品标准化技术委员会印染制品分技术委员会(SAC/TC 209/SC 11)归口。

本标准起草单位：上海市纺织工业技术监督所、卓尚服饰(杭州)有限公司、新乡市护神特种织物有限公司、鲁丰织染有限公司、华纺股份有限公司、浙江弘晨印染科技股份有限公司、中国印染行业协会、上海纺织集团检测标准有限公司。

本标准主要起草人：张宝庆、季郁文、牛书野、靳云平、张战旗、王力民、蒋旭峰、张怀东、许鑑。

本标准所代替标准的历次版本发布情况为：

——ZBW 08003—1985；

——FZ/T 10010—1996、FZ/T 10010—2009。

棉及化纤纯纺、混纺印染布标志与包装

1 范围

本标准规定了棉及化纤纯纺、混纺印染布标志与包装。

本标准适用于以棉、化纤、其他纤维纯纺或混纺的本色纱线为原料,机织生产的各类漂白、染色和印花的印染布。

2 规范性引用文件

下列文件对于本文件的应用是必不可少的。凡是注日期的引用文件,仅注日期的版本适用于本文件。凡是不注日期的引用文件,其最新版本(包括所有的修改单)适用于本文件。

GB/T 4456 包装用聚乙烯吹塑薄膜

GB/T 5296.4 消费品使用说明 第4部分:纺织品和服装

GB/T 8170 数值修约规则与极限数值的表示和判定

GB/T 8946 塑料编织袋

QB/T 3516 牛皮纸

QB/T 3811 塑料打包带

3 标志

3.1 标志要求

标志应明确、清楚、耐久、便于识别,并在质量、数量等方面与内装物相符。

3.2 包内标志

3.2.1 每匹或每段布的反面两端布角处5 cm以内,采用梢印、贴标或吊牌等形式,标注长度。梢印、贴标或吊牌应易于清理。

3.2.2 包内使用说明是交付产品的组成部分,应符合GB/T 5296.4规定,粘贴在反面布角处,并加盖骑缝章,示例见图1。

生产企业				
单位地址				
联系方式		缸　　号		
产品名称		花 色 号		
标准编号		纤维含量/%		
幅宽/cm		长度/m		
安全类别		质量等级		
线密度/tex	经纱	密度/(根/10 cm)	经向	
	纬纱		纬向	
维护方法：				
检验结果：				

图 1　包内使用说明

3.2.3　拼件布包内应附有段长记录单,示例见图 2。

生产企业		标准编号		
产品名称				
花色号	段长　　　m	花色号	段长　　　m	
		（20 格）		
共计	段		折合	m
拼件者	复验者		年 月 日	

图 2　成品拼件段长记录单

3.2.4　每段布应在两端布角处 5 cm 以内,标记正(反)面。

3.3　包外标志

3.3.1　包(箱)外标志应清晰易辨,不易褪色,格式及内容示例见图 3。

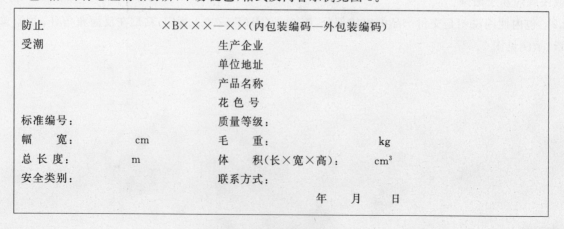

图 3　包(箱)外标志

3.3.2 如为拼件产品需在标志上标以"段长记录单"。段长记录单须与标签放在同一侧。

3.3.3 包外标志尺寸可按不同印染布的成包（箱）体积,适当调整。

4 包装

4.1 包装要求

包装应保证产品质量不受损伤,外观整洁,并适于储存和运输。

4.2 包装形式

包装形式分内、外包装,按表1分类编码,予以区别。

表 1 内外包装分类编码表

编 码	内包装形式	编 码	外包装形式
A	平幅折叠	T	布 包
B	卷板	S	硬纸板箱
C	卷筒	R	瓦楞纸箱
D	大卷	W	钉合木箱
		P	胶合板箱
		L	塑料袋
		O	其 他
注 1: A 要求平幅折叠,其中 A1 表示平幅不折,A2 表示平幅二折,A3 表示平幅三折,A4 表示平幅四折。 注 2: B 表示卷板,其中 B1 表示定长平幅卷板,B2 表示定长双幅卷板,B3 表示乱码平幅卷板,B4 表示乱码双幅 　　　卷板。			

4.3 技术要求

4.3.1 内包装

4.3.1.1 内包装须符合要求,商标粘贴方正。

4.3.1.2 平幅折叠,布匹折幅每幅为 1 m(1 码)。采用包头式,布边整齐,两端平整无折皱。

4.3.1.3 卷板,定长将布匹卷绕在卷板芯上,布边整齐,内外端折头不超过 10 cm。

4.3.1.4 卷筒,定长将布匹卷绕在卷轴上,卷绕平整紧密,布边整齐,内外端折头不超过 10 cm。

4.3.1.5 大卷,定长将布匹卷绕在大卷轴上,卷绕平整紧密,布边整齐,内外端折头不超过 10 cm。

4.3.2 外包装

4.3.2.1 布包

4.3.2.1.1 经预压打包捆扎的布包应四角见方,落地平整。

4.3.2.1.2 内包装的布匹应覆盖牛皮纸或塑料薄膜,做到内装布匹不外露,不影响产品质量。包布的边缘应向下折,两边搭头缝合,缝包时不能缝及内装布匹,缝包针距不超过 4 cm(外销产品不超过 3 cm)。

4.3.2.1.3 布包的捆扎方式以保证整个运输过程不松散,按合同要求执行。

4.3.2.2 纸箱、木箱或塑料袋

4.3.2.2.1 箱内应垫塑料薄膜或牛皮纸或拖蜡纸等具有保护产品质量作用的防潮材料。

4.3.2.2.2 内外包装大小适宜,捆扎结实,封口牢固。

4.3.2.3 其他

其他包装形式,应垫具有保护产品质量作用的防潮材料。

4.3.3 包装材料

包装材料要清洁、干燥、牢固、环保。推荐包装材料技术要求见表2。

表 2 包装材料技术要求

材料名称	材料规格	技术要求
包布	粗平布或塑料编织袋等其他材料	断裂强力不低于 294 N;塑料编织袋符合 GB/T 8946 要求
牛皮纸	1 号牛皮纸	60 g/m² ～ 80 g/m²,符合 QB/T 3516 要求
塑料薄膜	吹塑聚乙烯或聚丙烯	厚度为 0.03 mm～0.05 mm,吹塑聚乙烯薄膜符合 GB/T 4456 要求
缝包线	棉线或使用性能相当的代用品	28 tex,12 股～21 股
捆扎绳	麻绳或使用性能相当的其他材料	三股及以上,单根强力不低于 147 N,聚丙烯绳三股,直径 0.5 cm 及以上,麻绳 0.7 cm 左右
拖蜡纸	—	符合订货单位要求
塑料打包带	—	符合 QB/T 3811 要求
金属捆扎带	20 号	经防锈处理或外缠牛皮纸布条

4.4 成包(箱)规定

4.4.1 成包(箱)分整匹布和拼件布两种。

4.4.2 长度公差:每段布实测长度误差在该段布明示长度-0.5%范围内。

4.5 假开剪成包的规定

4.5.1 距布端 5 m 以内,及长度在 30 m 以下不允许假开剪,最低拼件长度不低于 10 m;假开剪按 60 m 不允许超过 2 处,长度每增加 30 m,假开剪可相应增加 1 处。

4.5.2 假开剪位置应作明显标记,附假开剪段长记录单。

4.5.3 假开剪率按式(1)计算,计算结果按 GB/T 8170 修约至小数点后一位。

$$K = \frac{k_1}{z} \times 100 \qquad\qquad \cdots\cdots\cdots\cdots\cdots\cdots\cdots (1)$$

式中:

K ——假开剪率,%;

k_1 ——该品种假开剪包数,单位为包;

z ——该品种总包数,单位为包。

4.6 拼件成包规定

4.6.1 拼件布段长允许 10 m～17.9 m 一段,其余各段应在 18 m 以上。

4.6.2 拼件布的长度和长短码的搭配比例,客户有特殊要求的按贸易双方的协议执行。

4.6.3 拼件率按式(2)计算,计算结果按 GB/T 8170 修约至小数点后一位。

$$P = \frac{p_1}{z} \times 100 \qquad \cdots\cdots\cdots\cdots\cdots\cdots\cdots(2)$$

式中:

P ——拼件率,%;

p_1 ——该品种拼件包数,单位为包。

4.7 零布成包规定

零布成包段长规定按表3。

表 3 零布段长规定   单位为米

大零布	中零布	小零布	疵零布
10 m 以上	5 m～9.9 m	1 m～4.9 m	0.2 m～0.9 m
注:疵零布为 0.2 m～0.9 m 及布面疵点特别严重的布段。			

5 其他

如对标志与包装有特殊要求的,由供需双方另订协议。

ICS 59.120
W 90

中华人民共和国纺织行业标准

FZ/T 90001—2006
代替 FZ 90001—1991

纺 织 机 械 产 品 包 装

Product package of textile machinery

2006-07-10 发布   2007-01-01 实施

中华人民共和国国家发展和改革委员会   发 布

前　言

本标准是根据包装新技术、新材料、新工艺的发展与应用,充分考虑了纺织机械行业的特点,参照国家标准 GB/T 7284《框架木箱》、GB/T 13144《包装容器　竹胶合板箱》等,对行业标准 FZ 90001—1991《纺织机械产品包装》进行的修订。

本标准与 FZ 90001—1991《纺织机械产品包装》相比,所作的修订内容主要有:

——标准的属性由强制性修改为推荐性;

——增加了竹(木)胶合板包装箱的结构和内容;

——为便于叉车搬运,在滑木下方增加了垫木的结构,同时取消了辅助滑木的箱型;

——增加了防护用内包装材料的要求;

——将滑木、端木由方形截面尺寸改为矩形截面尺寸;

——在制箱要求一章中增加了防水要求;

——其他一些编辑性的调整。

本标准的附录 A、附录 B、附录 C 为资料性附录。

本标准由全国纺织机械与附件标准化技术委员会提出并归口。

本标准主要起草单位:中纺机电研究所、郑州纺织机械股份有限公司、经纬纺机股份榆次分公司、青岛宏大纺织机械有限责任公司、上海二纺机股份有限公司、江阴纺机集装箱有限公司、青岛日进包装产业有限公司、乐山市华象胶合板制造有限公司。

本标准主要起草人:黄鸿康、亓国宏、尹国利、陆旗、徐新德、胡弘、杨宁、陈勇。

本标准所代替标准的历次版本发布情况为:

——FJ/Z 60—1980;

——FZ 90001—1991。

FZ/T 90001—2006

纺 织 机 械 产 品 包 装

1 范围

本标准规定了纺织机械产品包装的术语、型式与包装分级、技术要求、试验方法、检验规则、贮存等。
本标准适用于纺织机械产品包装。

本标准不适用于纺织计量仪器、仪表、贵重金属制品、危险货物及压力容器产品的包装。

2 规范性引用文件

下列文件中的条款通过本标准的引用而成为本标准的条款。凡是注日期的引用文件,其随后所有的修改单(不包括勘误的内容)或修订版均不适用于本标准,然而,鼓励根据本标准达成协议的各方研究是否可使用这些文件的最新版本。凡是不注日期的引用文件,其最新版本适用于本标准。

GB/T 191　包装储运图示标志

GB/T 1800.3　极限与配合　基础　第 3 部分:标准公差和基本偏差数值表

GB/T 4122.1　包装术语　基础

GB/T 4122.3　包装术语　防护

GB/T 4768—1995　防霉包装

GB/T 4857.3　包装　运输包装件　静载荷堆码试验方法

GB/T 4857.5　包装　运输包装件　跌落试验方法

GB/T 4857.9　包装　运输包装件　喷淋试验方法

GB/T 4857.21　包装　运输包装件　防霉试验方法

GB/T 4879　防锈包装

GB/T 5048—1999　防潮包装

GB/T 5398　大型运输包装件试验方法

GB/T 6388　运输包装收发货标志

GB/T 7284　框架木箱

GB/T 7285　包装术语　木容器

GB/T 7350—1999　防水包装

GB/T 9846.4—2004　胶合板　普通胶合板通用技术条件

GB/T 13123　竹编胶合板

GB/T 13144　包装容器　竹胶合板箱

GB/T 13384　机电产品包装通用技术条件

GB/T 15172　运输包装件抽样检验

3 术语和定义

GB/T 4122.1、GB/T 4122.3、GB/T 7285 确立的术语和定义适用于本标准。

4 型式与包装分级

4.1 包装箱的型式

包装箱的名称、箱型、适用范围和结构参见附录 A。

4.2 包装分级

4.2.1 纺织机械产品包装分为Ⅰ级和Ⅱ级。

4.2.2 Ⅰ级包装箱适用于外销产品,Ⅱ级包装箱适用于内销产品。用户或合同有特殊要求时除外。

5 制箱材料技术要求

5.1 木构件和木板

5.1.1 包装箱主要受力构件用材以白松、马尾松、落叶松、冷杉、槭木、榆木、樟子松、山杨木等为主,也可使用强度与之相同或更大的木材。其他构件用材应在保证包装箱强度的前提下选用适当材料。

5.1.2 木材含水率按表1规定。

表 1

名　称	含水率/(%) <	
	Ⅰ级包装	Ⅱ级包装
枕木、内框架、箱板	20	30
滑木、端木、外框架、花格箱板	30	40
内置卡木件	18	25

5.1.3 包装箱用木材的许用强度按表2规定。

表 2
MPa(kgf/cm²)

抗弯强度(p_b)	(顺纹)抗压强度(p_c)	(顺纹)抗拉强度(p_t)
11.0(112)	7.0(71)	14.0(143)

5.1.4 木材的允许缺陷限度按GB/T 13384的规定,出口产品还应符合国家的有关规定。

5.2 胶合板

5.2.1 竹胶合板应符合GB/T 13123的规定。

5.2.2 木胶合板应选用GB/T 9846.4—2004中规定的Ⅱ类胶合板。

5.3 防护用内包装材料

防护用内包装材料推荐采用铝塑薄膜、铝箔膜、PE防水阻隔膜、聚乙烯复合塑料编织布、聚乙烯薄膜等。

5.4 其他材料

也可采用经试验证明性能可靠的材料作包装箱的主要受力构件、箱板和内包装材料。

6 制箱要求

6.1 木构件和木板尺寸与规格

6.1.1 内装物质量≤4 000 kg的包装箱用各构件的截面尺寸规格推荐按表3选用,内装物质量>4 000 kg的包装箱用各构件的尺寸规格按GB/T 7284和GB/T 13144的规定。

表 3

木构件截面规格/mm	适 用 范 围
25×70、30×80、35×90	A型箱、B型箱的立挡、横挡
25×70、25×90、30×80、35×90、45×90	框架木箱内的立柱、框木、横梁、辅助立柱及各种撑等
50×70、60×80、70×90、80×100	用于端木
50×70、60×80、70×90、80×100、100×120	主要用于枕木

表 3（续）

木构件截面规格/mm	适 用 范 围
50×70、60×70、80×100、100×100	主要用于垫木
60×90、70×100、80×120、90×140、100×150、120×160、120×180	主要用于滑木
50×60、60×80	主要用于压木、辅助横梁

6.1.2 侧板、端板、顶板、底板厚度的尺寸规格按表4。

表 4　　　　　　　　　　　　　　　　　　　单位为毫米

箱 板 名 称	尺寸规格	
	Ⅰ级包装	Ⅱ级包装
侧板、端板、顶板	15、18、20、22	12、15、18、20
底板	18、20、22、24	15、18、20、22

6.1.3 木材宽度与厚度的尺寸偏差按表5。

表 5　　　　　　　　　　　　　　　　　　　单位为毫米

木材尺寸范围	偏　　差
≤20	$+2$ -3
>21~100	±2
≥101	±3

6.1.4 包装箱用木材各构件的其他要求按 GB/T 7284 的相应规定。

6.2 胶合板的尺寸与规格

6.2.1 胶合板的尺寸与规格按 GB/T 7284 的规定。

6.2.2 竹胶合板的尺寸与规格按 GB/T 13123 的规定。

6.3 包装箱的结构拼接

6.3.1 A、B 型箱侧板应横拼，A、B 型箱的端板和 C、D 型箱侧端板应竖拼，拼接型式和间隙按表6。

表 6　　　　　　　　　　　　　　　　　　　单位为毫米

箱板名称	连接方式	使用对象	简　　图
侧板、端板、顶板、底板	对拼板	Ⅱ级包装	<6
侧板、端板、顶板	对拼板	Ⅰ级包装	<4
	单企口	Ⅰ级包装	10~13　<3　b/2　b

6.3.2 密封箱箱板宽一般应大于 80 mm,小于 80 mm 的每面允许一块,并放在中间。

6.3.3 Ⅰ级包装箱的外露面均应刨光。

6.3.4 竹(木)胶合板作箱板时,原则上用整块板。若需拼接时,拼接处要在包装箱立柱的中心线上,或拼缝处加一块加强板,见图1。

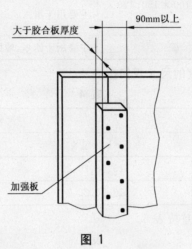

图 1

6.4 竹胶合板箱的箱体加固

6.4.1 包装箱立柱与中间立柱、中间立柱与中间立柱之间的中心距不大于 800 mm。

6.4.2 当包装箱宽度小于等于 2 000 mm 时,选用 50 mm×60 mm 的方木作为辅助横梁。当宽度大于 2 000 mm 时,选用 60 mm×80 mm 的方木作为辅助横梁,并且辅助横梁应立放,按图2、图3。

单位为毫米　　　　　　　　　　　　　　　　　　单位为毫米

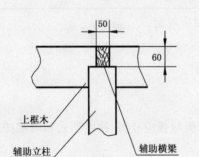

图 2

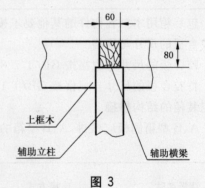

图 3

6.5 滑木

6.5.1 滑木应按内装物受力重心排列。滑木的中心间隔一般不大于 1 200 mm。需用叉车沿横向进叉装卸时,滑木的中心间隔应不大于 1 000 mm。超过规定的间隔时,中间要增加相同截面尺寸的滑木。中间滑木所承受的载荷为两端滑木载荷的 1/2 左右。

6.5.2 滑木与端木、枕木一般采用螺栓联结,见图4。

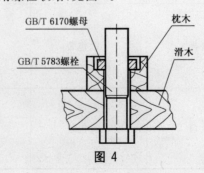

图 4

6.5.3　需用叉车横向叉运带滑木的包装箱时,滑木底部应设有叉车孔,如图5。内装物质量5 t以下的包装箱叉车孔各部位尺寸按表7规定。当产品重心偏移时,在包装箱四面(侧面、端面)必须有重心标志。

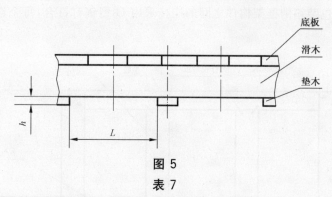

图 5

表 7

内装物质量 m/kg	h/mm	L/mm
≤1 000	50	≤700
≤2 000		≤1 000
≤3 000	60	≤1 200
≤5 000	80	≤1 400

6.6　端木、枕木

6.6.1　端木、枕木应用螺栓固定在滑木上,当内装物质量 m≤1 000 kg时,应选用M10的螺栓;当内装物质量 1 000 kg<m≤3 000 kg 时,应选用M12的螺栓;当内装物质量 m>3 000 kg 时,应选用M16的螺栓。螺栓一般允许略高出端木、枕木,按图6。但如有特殊要求时,如影响机件安装时,应将螺栓头部沉入端木或枕木中,按图7。

图 6　　　　图 7

6.6.2　枕木的数量按GB/T 7284的规定。

6.7　钢钉的使用方法

6.7.1　包装箱的箱板与箱档钉合时,钢钉长度为板材总厚度加7 mm～15 mm,超出板材的长度应敲弯紧贴在板材上,见图8。

单位为毫米

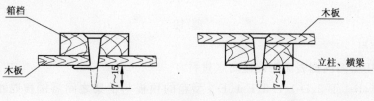

图 8

6.7.2 包装箱的箱档与箱档钉合时,钢钉钉入箱档的长度应大于1.5倍箱档的厚度。

6.7.3 包装箱的框架与箱板钉合时,每块箱板不少于2个钢钉。

6.7.4 竹(木)胶合板包装箱的框架构件之间的连接采用U型钢钉钉合,每个连接处不少于2个U型钢钉,见图9。

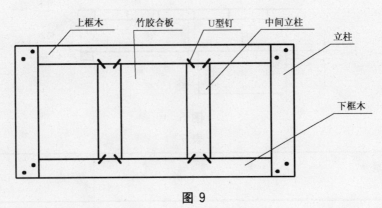

图 9

6.7.5 其他的钉钉方法和螺栓使用要求,按GB/T 7284的规定。

6.8 包装箱加固

6.8.1 加固用钢带、塑钢带等包装箱用钢带推荐采用0.5 mm×19 mm、1 mm×19 mm两种规格,护棱推荐采用1 mm×19 mm、1 mm×25 mm、1 mm×40 mm、1.5 mm×40 mm四种规格。护角、起运护铁的外形尺寸视包装箱外形尺寸自定。Ⅰ级包装箱的加固钢带、护棱、护角、起运护铁均需作防锈处理。

6.8.2 A型箱、B型箱加固(塑)钢带圈数,视箱长按表8选用。

表 8

箱 长/mm	加 固(塑)钢 带 圈 数
＜2 000	2
＞2 000～3 000	3
＞3 000～4 000	4

6.8.3 护棱、护角、起运护铁的形状如图10。

单位为毫米

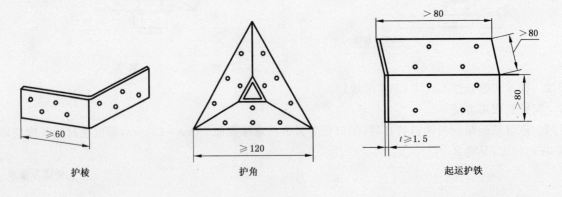

护棱　　　　　护角　　　　　起运护铁

图 10

6.9 防水材料的使用

6.9.1 A型箱、C-1型箱内侧表面需铺覆防水材料。

6.9.2 对于框架箱,B-1、B-2、D-1、D-3、E-1、E-3型箱的顶板与框架之间需铺覆防水材料;底板、侧板、端板表面视内装产品需要也可以铺覆防水材料。

6.10 合箱要求

6.10.1 各箱面两条对角线之差不大于对角线长度的 0.3%,堆放后或试验后的对角线之差不大于对角线长度的 0.5%。

6.10.2 各框架构件结合处缝隙不大于 3 mm,堆放后或试验后不大于 5 mm。

6.10.3 侧端面联结处缝隙不大于 3 mm,堆放后或试验后不大于 5 mm。

6.10.4 若滑木根数大于两根以上时,中间滑木不得高于两侧滑木。

6.10.5 包装箱的金属防护件(护棱、护角、起运护铁)一般应齐全,当包装箱内装物质量不大于 2 500 kg 时,起吊处允许不用起运护铁。

6.11 纺机集装箱要求

6.11.1 整装箱底板(安装产品底脚的平面)平面度为 100:0.2。

6.11.2 外形尺寸公差按 GB/T 1800.3 中 J_S14 级的要求。

6.11.3 端、侧板厚度不小于 1.2 mm,底板厚度不小于 1.5 mm,框架板厚度不小于 3 mm。

7 包装箱强度

7.1 包装箱应具有足够的强度,根据包装件的质量(重量)和特点经各项试验后,包装箱应无明显变形,符合设计要求,箱内固定物无明显位移。

7.2 起吊、跌落、公路运输后,箱体无破损和明显变形。

7.3 顶盖载荷和堆码载荷

7.3.1 顶盖载荷主要是指梁所承受的载荷,按顶盖面积规定为 5.0 kPa(510 kgf/m²)。

7.3.2 堆码载荷主要是指侧面所承受的载荷,根据顶盖面积按表 9 的规定。

表 9

内装物质量/ kg	堆码载荷/ kPa(kgf/m²)
≤5 000	10.0(1 020)
>5 000~10 000	15.0(1 530)
>10 000	20.0(2 040)

7.4 堆码要求

7.4.1 相同底面积:

　　a) 木结构包装箱一般堆放高度在 3 m 以下;

　　b) 纺机集装箱一般堆放高度在 5 m 以下,且高度与底宽之比小于 4。

7.4.2 不同底面积的包装箱经堆码后,各箱面应无明显变形、损坏。

8 内包装要求

8.1 防水要求

8.1.1 Ⅰ级包装箱一般应符合 GB/T 7350—1999 中规定的 B 类 1 级包装的防水要求。根据储运条件的不同,在保证防水效果的前提下,也允许采用其他防水包装。

8.1.2 Ⅱ级包装箱应符合 GB/T 7350—1999 中规定的 B 类 2 级包装的防水要求。

8.2 防潮要求

8.2.1 Ⅰ级包装箱应达到 GB/T 5048—1999 中规定的 2 级防潮要求。

8.2.2 Ⅱ级包装箱应达到 GB/T 5048—1999 中规定的 3 级防潮要求。

8.3 防锈要求

　　Ⅰ、Ⅱ级包装箱防锈期均不少于 1 年。

8.4 防霉要求

8.4.1 Ⅰ级包装箱应达到 GB/T 4768—1985 中规定的 2 级防霉要求。

8.4.2 Ⅱ级包装箱应达到 GB/T 4768—1985 中规定的 3 级防霉要求。

8.5 内装物的固定

内装物必须用螺栓等紧固件或压杠、档块、撑杆、钢带、钢丝等固定牢固。内装物与加固材料的接触部分要用缓冲材料保护,固定部位的选择要考虑对内装物的影响。防止箱内产品(零部件)产生窜动或碰撞。

9 装箱要求

9.1 凡装箱的产品,油漆均应干透。并对装箱产品按有关工艺规程进行清洗,清洗后作防护处理。

9.2 产品装箱时应根据产品外形、重心的特点,使重心靠下、居中。在不影响产品性能和精度的情况下,尽可能采用卧式包装。

9.3 成台产品出厂,原则上均需整台装配或分段装配后装箱,用螺栓固定在箱底上,且与箱壁、箱顶保持一定空间,以保证在贮、运过程中箱壁、箱顶不与产品相碰。

9.4 产品的金属加工表面不得与包装箱底板、内装卡木件等直接接触,产品在箱内应垫稳,卡紧固定。箱内不得有杂物及垃圾。

9.5 散装产品装箱时,需分层装箱,下重上轻,层间用衬垫材料(如防水纸板、气垫薄膜、木件等)隔开。箱内不锈钢与碳钢件要严格分开,不允许直接接触。零件之间不允许有窜动现象。

9.6 电机产品和一般电器产品不允许用 C-2 型箱、D-2 型箱、E-2 型箱进行包装。

9.7 外销产品装箱按合同规定执行,合同无特殊装箱要求时,仍按本标准执行。

9.8 箱外标志按 GB/T 191、GB/T 6388 的规定执行。当合同有特殊要求时,按合同规定执行。

9.8.1 箱外标志的全部内容,中文用仿宋体字或其他印刷体;代号用汉语拼音大写字母;数码用阿拉伯数字;英文用大写的字母。标志用黑色油漆进行刷、喷制。标志必须清晰、醒目、不脱色、不退色。

9.8.2 包装件各部位的标示方法见图11。

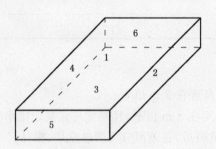

1——顶面;

2——右侧面;

3——底面;

4——左侧面;

5——近端面;

6——远端面。

图 11

9.8.3 内销产品标志内容:

    a) 出厂号;

    b) 到达站(全称);

    c) 收货单位(全称);

d)　发货单位或制造单位（全称）；

e)　产品名称；

f)　产品型号和箱号；

g)　体积（长×宽×高），cm；

h)　质量（毛重，kg；净重，kg）。

9.8.4　包装箱第2、第5两面中间部位喷刷：出厂编号、到达站（全称）、发货单位或制造单位（全称）等。

9.8.5　包装箱第4、第6面中间部位喷刷：产品名称、产品型号和箱号、收货单位（全称）、体积、毛重。

9.8.6　包装箱储运图示标志按GB/T 191的规定，标志喷刷在包装箱第2或第4面的左上角或中部上方，起吊标志喷刷在左右下角。重心标志喷刷在包装箱第2或第4面的重心部位。

9.8.7　外销产品箱外标志按合同规定的要求执行。当外销产品合同无要求时，按9.8.3的内容标志，且每条内容均需中、英两种文字。

9.8.8　包装箱编号

9.8.8.1　内销产品包装箱编号一般应包括产品型号、箱号/每台（组）总箱数、出厂号。

9.8.8.2　外销产品包装箱编号按合同规定的要求执行。当外销合同无要求时，按9.8.8.1规定。

9.9　装箱单参见附录B。

9.10　装箱单填写方法

9.10.1　拆散装箱的组、部件需填写全部零部件号、名称及数量。

9.10.2　整机分段装箱的产品需填写产品型号、名称、整机分段数量和分段号。

9.10.3　整台产品装箱只需填写产品型号、名称及数量。如有拆下装箱的零件（分段装箱相同）也应随同附件、备件逐一写明件号、名称及数量。

9.10.4　装箱单一般应一式两份，一份按箱号分别放在相应的包装箱内，另一份可直接发给用户单位或放在每台产品的第一号箱内。

9.11　合格证

9.11.1　合格证参见附录C。

9.11.2　合格证应放在每台产品的第一号箱内。

10　试验方法

进行各项包装试验时，包装箱内一般应装实际产品，但根据产品的特点和试验项目的目的，也允许采用与产品质量、重心、尺寸等相似的模拟件试验。

10.1　堆码试验按GB/T 4857.3和GB/T 5398的规定。

10.2　防水喷淋试验按GB/T 4857.9的规定。

10.3　防潮试验按GB/T 5048的规定。

10.4　防锈试验按GB/T 4879的规定。

10.5　防霉试验按GB/T 4857.21的规定。

10.6　跌落试验按GB/T 4857.5和GB/T 5398的规定。

10.7　起吊试验按GB/T 5398的规定。

10.8　公路运输试验：将包装件置于载重车的中、后部，装载质量为满载的三分之一，在三级公路的中级路面上以25 km/h～40 km/h车速行驶，行驶距离不小于200 km。

10.9　通过10.1、10.6、10.7、10.8的试验后，箱内产品（零部件）应无损坏和明显位移，包装箱应符合6.9.1、6.9.2、6.9.3的要求。

11 检验规则

11.1 出厂检验

11.1.1 检验内容

a) 包装箱用材的材质应符合 5.1、5.2、5.3 的要求;

b) 各箱面对角线之差应符合 6.10.1 的要求;

c) 各框架构件结合处缝隙和侧端面联结处缝隙应符合 6.10.2、6.10.3 的要求;

d) 钉钉及布钉的方法按 6.7 的规定;

e) 各金属加固件安装位置正确,包装箱整体结构整齐;

f) 包装箱表面不应有较严重的污垢或锈蚀;

g) 包装标志应正确、合理、整齐、清晰、耐久。

11.1.2 抽检数量和判别规则

抽检数量按 GB/T 15172 的规定。检验结果如有不合格品,应从原批产品中抽取双倍的样本进行检验。若仍有不合格品,则应判定该批不合格。

11.2 型式检验

凡新设计的包装箱型式或包装材料、箱体结构等有较大改变时,应按第 10 章的规定进行型式检验,试验数量按 11.1.2 的规定,检验内容按 11.1.1 的规定。

12 包装件的贮存

12.1 包装箱原则上应存放在仓库内,若由于条件限制需露天存放时,箱底与地面应合理垫高、垫平。防止箱底进水受潮,包装箱顶面必须有防雨措施,如用油布或复合塑料编织布遮盖。

12.2 包装箱在堆放时,需摆放整齐。

12.3 为保证产品在箱内不受潮、锈蚀、霉烂,质量检验部门应定期开箱检查或抽检。

12.4 对超期限出厂的产品进行开箱检查或抽检,应符合 11.1 的要求。

附 录 A

（资料性附录）

包 装 箱 型 式

A.1 木箱、竹(木)胶合板包装箱的型式见表 A.1。

表 A.1

名称	箱　型	适用范围	结构示例
普通木箱	A	适用于内装物质量小于 500 kg,有防水、防潮、防锈、防霉等防护要求的产品。	
普通框架木箱	B-1（木板箱）	适用于内装物质量小于 800 kg,有防水、防潮、防锈、防霉等防护要求的产品。	
	B-2（胶合板箱）	适用于内装物质量小于 800 kg,有防水、防潮、防锈、防霉等防护要求的产品。	
普通滑木箱	C-1（木板箱）	适用于内装物质量小于 1 500 kg,有防水、防潮、防锈、防霉等防护要求的产品。如中、小型纺机产品、成套电气装置等。	

表 A.1（续）

名称	箱　型	适用范围	结构示例
普通滑木箱	C-2（花格箱）	适用于内装物质量小于1 500 kg，无防护要求或仅需局部保护的产品。	
框架滑木箱	D-1（木板箱）	适用于内装物质量小于2 500 kg，有防水、防潮、防锈、防霉等防护要求的散装产品。	
	D-2（花格箱）	适用于内装物质量小于2 500 kg，无防护要求或仅需局部保护的散装产品。	
	D-3（胶合板箱）	适用于内装物质量小于2 500 kg，有防水、防潮、防锈、防霉等防护要求的散装产品。	

表 A.1（续）

名称	箱　　型	适用范围	结构示例
重型框架滑木箱	E-1 （重型木板箱）	适用于内装物质量小于 4 000 kg,有防水、防潮、防锈、防霉等防护要求的整装产品。	 起运护铁 枕木 垫木
	E-2 （重型花格箱）	适用于内装物质量小于 4 000 kg,无防护要求或仅需局部保护的整装产品。	
	E-3 （重型胶合板箱）	适用于内装物质量小于 4 000 kg,有防水、防潮、防锈、防霉等防护要求的整装产品。	

A.2 纺机集装箱的型式见表 A.2。

表 A.2

名　称	型　　式	包　装　外　形
纺机通用集装箱	轻型散装集装箱,内装物质量小于 1 500 kg。代号"TJ-1"。	
	中型散装集装箱,内装物质量小于 5 000 kg。代号"TJ-2"。	
	整机型集装箱,内装物质量小于 5 000 kg。代号"TJ-3"。	

A.3 其他包装型式见表 A.3。

表 A.3

包装型式	适用范围	包装示例
捆装	外表粗糙或用麻布防护后进行捆扎的产品。如金属结构件、管束等。	
敞装	需固定在底座上方,可进行吊运与放置的产品。如一般容器(已有标准规定的钢制常压容器和压力容器除外)。	
局部包装	裸装、敞装、花格箱中需进行特殊防护包装的产品。	

附　录　B

（资料性附录）

装　箱　单　格　式

××公司(厂)

××Co.,LTD(FACTORY)

装箱单

PACKING LIST

合同顺序号：　　　　　　　　　　　　　　　　　　　箱号：

Serial No.　　　　　　　　　　　　　　　　　　　　Packing No.

of Contract

收货人：　　　　　　　　　　　　　　　　　　　发货单位编号：

Consignee　　　　　　　　　　　　　　　　　　　No. of Consigner

机器或零部件号 Machinery or Part No.	品名及规格 Name and Specification	单位 Unit	数量 Quantity	备注 Note

长（厘米） Length(cm)	宽（厘米） Width(cm)	高（厘米） Height(cm)	体积（立方米） Dimension(m³)	毛重（千克） Gross Weight(kg)	净重（千克） Net Weight(kg)

装箱员：　　　　　　　　　　　　　　　　　　　检验员：

Packing by：　　　　　　　　　　　　　　　　　Inspected by：

注：装箱单首页和续页纸张大小 A4，厚度不小于 60 g/m²，字体字号为宋体小四号。

装箱单(续页) 页次
PACKING LIST(CONTD) Page

机器或零部件号 Machinery or Part No.	品名及规格 Name and Specification	单位 Unit	数量 Quantity	备注 Note

附 录 C

（资料性附录）

合 格 证

产品合格证

INSPECTION CERTIFICATE

■ 产品型号及名称 TYPE & NAME OF COMMODITY

■ 出厂编号 SERIAL No.

■ 出厂年月 MANUFACTURING DATE

■ 箱号 CASE No.

上 列 产 品 经 检 验 合 格

The above commodity is inspected and approved

（此处盖企业章）

检验员

Inspected by：

Date　　　　年　　月　　日

生产地：××公司(厂)

Made By ××Co.，LTD（Manufactory）The People's Republic of China

ICS 59.120.01
W 90

中华人民共和国纺织行业标准

FZ/T 90054—2009
代替 FZ/T 90054—1994

纺织机械仪器仪表产品包装

Product package on instrument of textile machinery

2009-11-17 发布

2010-04-01 实施

中华人民共和国工业和信息化部   发 布

FZ/T 90054—2009

前　言

本标准代替 FZ/T 90054—1994《纺织机械仪器仪表产品包装》。

本标准与 FZ/T 90054—1994 的主要差异如下：

——取消了原标准中"带微机的电气控制箱"；

——取消了原标准中"电子机械式"的分类型式；

——根据引用标准的变化而做的其他一些编辑性修改。

本标准由中国纺织工业协会提出。

本标准由全国纺织机械与附件标准化技术委员会归口。

本标准起草单位：中国纺织机械器材工业协会、郑州纺织机械股份有限公司、常州第二纺织机械有限公司、陕西长岭纺织机电有限公司。

本标准主要起草人：黄鸿康、亓国宏、朱建国、史新林。

本标准所代替标准的历次版本发布情况为：

——FZ/T 90054—1994。

纺织机械仪器仪表产品包装

1 范围

本标准规定了纺织机械仪器、仪表产品包装的分类、型式、技术要求、试验方法、检验规则及贮存。

本标准适用于纺织机械仪器、仪表的产品包装。

本标准不适用于贵重金属制品及危险货物的包装。

2 规范性引用文件

下列文件中的条款通过本标准的引用而成为本标准的条款。凡是注日期的引用文件,其随后所有的修改单(不包括勘误的内容)或修订版均不适用于本标准,然而,鼓励根据本标准达成协议的各方研究是否可使用这些文件的最新版本。凡是不注日期的引用文件,其最新版本适用于本标准。

GB/T 5048—1999 防潮包装

FZ/T 90001—2006 纺织机械产品包装

3 分类

按纺织机械仪器、仪表产品的型式分为:

a) 电子式;

b) 机械式;

c) 携带式(一般在 5 kg 以下)。

4 要求

4.1 内包装

4.1.1 电子式

按 FZ/T 90001 的 Ⅰ 级包装要求,其中防潮按 GB/T 5048—1999 中的 Ⅰ 级要求。

4.1.2 机械式、携带式

根据产品的特点,按 FZ/T 90001—2006 的 Ⅰ 级包装或 Ⅱ 级包装要求。

4.2 外包装

4.2.1 电子式

不低于 FZ/T 90001 的 Ⅰ 级包装要求,不允许采用花格箱。

4.2.2 机械式

不低于 FZ/T 90001 的 Ⅱ 级包装要求。

4.2.3 携带式

4.2.3.1 箱型分为:

a) 精制密封木箱;

b) 人造革硬边箱(包);

c) 发泡塑料成型盒;

d) 塑料成型盒;

e) 钙塑瓦楞箱(盒);

f) 其他适宜的箱型。

4.2.3.2 根据产品的特点,外包装按 FZ/T 90001 的 Ⅰ 级包装或 Ⅱ 级包装要求。

4.3 其他

按 FZ/T 90001 的规定要求。

5 试验方法

5.1 按 FZ/T 90001 第 10 章的规定进行。

5.2 电子式防潮试验方法按 GB/T 5048 的 Ⅰ 级规定进行。

6 检验规则

按 FZ/T 90001 的规定。

7 贮存

7.1 按 FZ/T 90001 的规定。

7.2 包装件不允许露天存放。

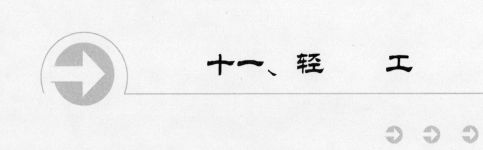

十一、轻　工

ICS 97.040.20
Y 68

中华人民共和国国家标准

GB/T 1019—2008
代替 GB/T 1019—1989

家用和类似用途电器包装通则

General requirements for the package of
household and similar electrical appliances

2008-06-26 发布   2009-05-01 实施

中华人民共和国国家质量监督检验检疫总局
中国国家标准化管理委员会   发布

前　言

本标准代替 GB/T 1019—1989。

本标准相对于上一版作了如下更改：

将原标准附录所列的产品包装后试验方法移入标准正文，并对主要试验方法作了如下修订：

1）　潮热试验后的包装件压力堆码试验，其试验后包装件高度与试验前的包装件高度之差由"应小于 1.2 cm/m"改为"应小于 1.5 cm/m"；

2）　斜面冲击试验的冲击速度由"$v=2.2$ m/s"改为"$v=1.5$ m/s"；

3）　取消了"横木撞击试验"；

4）　跌落试验中，对不能倒置的产品，由"应对底面 3 连续进行 6 次跌落试验"改为"应对底面 3 连续进行 3 次跌落试验"；

5）　跌落试验中的跌落高度针对流通条件 1、2 作了调整。

6）　增加了"包装标志"一章。

本标准由中国轻工业联合会提出。

本标准由全国家用电器标准化技术委员会归口。

本标准主要起草单位：中国家用电器研究院、美的集团有限公司、河南新飞电器集团、无锡小天鹅股份有限公司、博西华电器(江苏)有限公司、格力电器股份有限公司、飞利浦(中国)投资有限公司、松下电器(中国)有限公司、广东海信科龙电器有限公司、北京亚都科技股份有限公司。

本标准主要起草人：朱焰、金彦红、刘玲玲、刘文法、高益宏、张桃、张玉琦、王亚力、阳铭、陈卉。

本标准于 1989 年首次发布，本次为第一次修订。

家用和类似用途电器包装通则

1 范围

本标准规定了家用和类似用途电器包装的术语定义、技术要求、试验方法和标识等内容。

本标准适用于家用和类似用途电器。

2 规范性引用文件

下列文件中的条款通过本标准的引用而成为本标准的条款。凡是注日期的引用文件,其随后所有的修改单(不包括勘误的内容)或修订版均不适用于本标准,然而鼓励根据本标准达成协议的各方研究是否可使用这些文件的最新版本。凡是不注日期的引用文件,其最新版本适用于本标准。

GB/T 191 包装储运图示标志(GB/T 191—2008,ISO 780:1997,MOD)

GB/T 2423.3 电子电工产品环境试验 第 2 部分:试验方法 试验 Cab:恒定湿热试验(GB/T 2423.3—2006,IEC 60068-2-78:2001,IDT)

GB/T 4122.1 包装术语 第 1 部分:基础

GB/T 4768—1995 防霉包装

GB/T 4857.1 包装 运输包装件 试验时各部位的标示方法(GB/T 4857.1—1992,eqv ISO 2206:1987)

GB/T 4857.2 包装 运输包装件基本试验 第 2 部分:温湿度调节处理

GB/T 4857.3 包装 运输包装件基本试验 第 3 部分:静载荷堆码试验方法

GB/T 4857.5 包装 运输包装件 跌落试验方法(GB/T 4857.5—1992,eqv ISO 2248:1985)

GB/T 4857.7 包装 运输包装件基本试验 第 7 部分:正弦定频振动试验方法

GB/T 4857.10 包装 运输包装件基本试验 第 10 部分:正弦变频振动试验方法

GB/T 4857.11 包装 运输包装件基本试验 第 11 部分:水平冲击试验方法

GB/T 4857.21 包装 运输包装件 防霉试验方法

GB/T 4857.23 包装 运输包装件 随机振动试验方法(GB/T 4857.23—2003,ASTM D 4728:1995,MOD)

GB/T 4879—1999 防锈包装

GB/T 5048—1999 防潮包装

3 术语和定义

下列术语和定义适用于本标准。

3.1

一般要求 general requirement

家用和类似用途电器包装应具备的基本要求。

3.2

包装 package;packaging

为在流通过程中保护产品、方便运输、促进销售,按一定技术方法而采用的容器、材料及辅助物等的总体名称。也指为了达到上述目的而采用容器、材料和辅助物的过程中施加一定技术方法等的操作活动。

3.3

防潮包装 **moistureproof packaging**

为防止潮气浸入包装件而影响内装物质量采取一定防护措施的包装。

3.4

防霉包装 **mouldproof packaging**

为防止内装物发霉影响质量而采取一定防护措施的包装。

3.5

防锈包装 **rust proof packaging；rust preventive packaging**

为防止内装物锈蚀采取一定防护措施的包装。

3.6

防振包装 **shockproof packaging**

为减缓内装物受到的冲击和振动，避免其受损坏采取一定防护措施的包装。

3.7

包装件 **package**

产品经过包装所形成的总体。

3.8

包装材料 **packaging material**

专门为包装、储运家用和类似用途电器设计及使用的材料。

注：包装材料含可再生利用的材料。

4 技术要求

4.1 一般要求

家用和类似用途电器包装应根据产品的性质、特点和储运条件进行包装设计。产品包装应做到牢固、安全、可靠、便于装卸，在正常装卸、运输条件下和在储存期间，确保产品的安全和使用性能不会因包装原因发生损坏、发霉、锈蚀而降低。同时，包装应符合国家环保法规及相关要求。

产品检验合格后，应在附件、备件（如有附件、备件）及产品使用说明、合格证明、装箱清单等齐全后才能包装。

包装作业应按照产品的包装技术文件进行。

4.2 防潮包装

需要防潮包装的产品，其包装应符合 GB /T 5048—1999 第 4 章的规定。

需要防潮包装的产品，应按产品及包装设计要求进行包装，包装应符合一定的防潮等级或标准。

经防潮包装的包装件，应按规定要求进行恒定湿热试验，试验后产品的外观质量及有关性能应符合产品标准所规定的要求。

4.3 防霉包装

需要防霉包装的产品，其包装应符合 GB/T 4768—1995 第 5 章的规定。

需要防霉包装的产品，应按产品及包装设计要求进行包装，包装应符合一定的防霉等级或标准。

防霉剂应符合下列要求：

a) 对人体毒害极小。对霉菌有强烈的抑制或杀灭作用；

b) 对产品外观和包装材料性能的影响极小。

4.4 防锈包装

需要防锈包装的产品和易锈蚀的金属表面，应符合 GB/T 4879—1999 第 5 章的规定。

需要防锈包装的产品，应按产品及包装设计要求进行包装，包装应符合一定的防锈等级或标准。

防锈材料应符合以下要求：

a)　应有良好的防锈能力,无腐蚀性;

b)　防锈材料应是中性的,例如中性防锈纸、防锈油脂等。

4.5　防振包装

需要防振包装的产品,应符合产品包装设计的要求。

防振包装件试验后应达到以下要求:

a)　包装外观应无明显破损和变形;

b)　产品表面及零部件不应有机械损伤;

c)　产品的安全及性能应符合其产品标准要求。

4.6　包装材料

产品所用的包装材料,应符合国家对包装材料的一般性要求。鼓励使用可再生利用的包装材料。同时,应本着安全、可靠、节约的原则。

包装及包装材料应符合国家环保的有关要求。

5　试验方法

5.1　试验准备

试验时包装件各部位的标示,按 GB/T 4857.1 的规定对试验包装件各部位进行编号。如图所示:

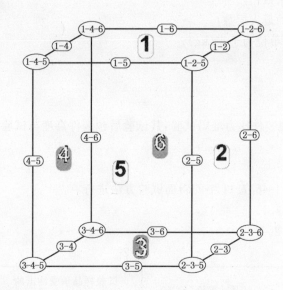

5.2　试验条件

包装件在进行试验之前,应按 GB/T 4857.2 进行温湿度调节处理,其温度为 20 ℃±2 ℃,相对湿度为 65%±5%,处理时间为 24 h,处理后按规定的要求和方法进行试验。

5.3　防潮试验

试验方法参照 GB/T 2423.3 进行,试验时间按表1的规定。

表 1

适用范围	瓦楞纸箱	木箱
试验时间 / h	48	96

试验后在室内温度为 20 ℃±2 ℃,相对湿度为 65%±5% 的条件下调节处理 24 h。试验后应满足4.2 的要求。

5.4　防霉试验

试验方法参照 GB/T 4857.21 进行,试验后应满足4.3 的要求。

5.5 防锈试验

试验方法参照 GB/T 4879—1999 第 7 章进行,试验后应满足 4.4 的要求。

5.6 振动试验

根据产品包装设计要求,试验方法参照 GB/T 4857.7、GB/T 4857.10、GB/T 4857.23 进行,试验后应满足 4.5 的要求。

5.7 堆码试验

堆码试验可采用直接堆码试验或压力堆码试验。

堆码试验方法按 GB/T 4857.3 的规定进行。

5.7.1 直接堆码试验

直接堆码试验的包装件不需进行潮热试验,堆码层数应按设计要求,时间为 28 天。其试验后包装件高度与试验前的包装件高度之差小于 1 cm/m。

5.7.2 压力堆码试验

5.7.2.1 压力堆码试验负载公式如下:

$$F = K \times p \times (n-1) \times g \qquad \cdots\cdots(1)$$

式中:

F——试验负载,单位为牛顿(N);

K——流通期间劣变系数;

n——仓储允许堆放的最大层数;

p——包装件的质量,单位为千克(kg);

g——重力加速度。

取:$K=1.5$。

施加压力时间为 48 h。

5.7.2.2 潮热试验后的包装件压力堆码试验,其试验后包装件高度与试验前的包装件高度之差应小于 1.5 cm/m。

5.8 斜面冲击试验

斜面冲击试验按 GB/T 4857.11 中的斜面试验方法进行。

冲击速度:$v=1.5$ m/s。

试验顺序及次数按表 2。

表 2

试验顺序	试验样品放置面(编号)	试验样品承受冲击的面或棱(编号)	试验次数
1	3	4	2
2	3	6	2
3	3	2	2
4	3	5	2
5	3	4—6	2
6	3	2—6	2
7	3	2—5	2
8	3	4—5	2

经斜面冲击试验后,产品不得有变形、压痕和损伤。

5.9 跌落试验

5.9.1 包装件跌落试验参照 GB/T 4857.5 进行。

5.9.2 依次将试件的 3、2、5、4、6 面向下。按表 3 规定提到预定高度,以初速度为零释放,每个面各跌落 1 次。

对不能倒置的产品,应对底面 3 连续进行 3 次跌落试验。

表 3

包装件质量/kg	跌落高度/cm		
	流通条件 1[a]	流通条件 2[b]	流通条件 3[c]
≤25	60	50	40
>25,≤50	45	35	30
>50,≤75	35	30	25
>75,≤100	30	25	20
>100	25	20	15

[a] 包装件的运输距离长,转运次数多,并且可能受到粗暴的装卸作业。

[b] 包装件的转运次数少,装卸条件优于流通条件 1。

[c] 包装件的运输及装卸条件好,不会受到粗暴的装卸作业。

5.9.3 经跌落试验后,产品不得有变形、压痕和损伤。

6 包装标志

包装储运图示标志应根据产品特点,按照 GB/T 191 的有关规定正确选用。

ICS 81.060.20
Y 24

中华人民共和国国家标准

GB/T 3302—2009
代替 GB/T 3302—1982,GB/T 11423—1989

日用陶瓷器包装、标志、
运输、贮存规则

Rules of package,mark,transport and reserve
for domestic ceramic ware

2009-02-17 发布   2009-07-01 实施

中华人民共和国国家质量监督检验检疫总局
中国国家标准化管理委员会   发 布

前　言

本标准代替 GB/T 3302—1982《日用陶瓷器验收、包装、标志、运输、储存规则》、GB/T 11423—1989《日用陶瓷纸箱包装技术条件》。

本标准与 GB/T 3302—1982、GB/T 11423—1989 相比主要变化如下：

——对两个标准进行了合并，并对标准结构进行重新编排；

——取消了日用陶瓷器验收部分；

——增加了包装设计；

——扩大了包装材料的范围；

——修改了部分包装要求；

——对标志的内容进行了补充、完善；

——将运输和储存改为运输和贮存，增加了堆码高度的要求。

本标准由中国轻工业联合会提出。

本标准由全国陶瓷标准化中心归口。

本标准起草单位：中华人民共和国潮州出入境检验检疫局、广东省枫溪陶瓷工业研究所、潮州市陶瓷行业协会、广东四通集团有限公司、广东美地瓷业有限公司、潮州市协成纸品有限公司、潮州市荣昌陶瓷工艺实业有限公司。

本标准主要起草人：陈鹏彬、邱伟志、黄振豪、李硕、柳茂春、蔡镇城、谢敬春、张裕群、黄岳喜。

本标准所代替标准的历次版本发布情况为：

——GB/T 3302—1982；

——GB/T 11423—1989。

日用陶瓷器包装、标志、
运输、贮存规则

1 范围

本标准规定了日用陶瓷器产品的包装、标志、运输、贮存规则。

本标准适用于日用陶瓷器产品的包装、标志、运输、贮存。

2 规范性引用文件

下列文件中的条款通过本标准的引用而成为本标准的条款。凡是注日期的引用文件,其随后所有的修改单(不包括勘误的内容)或修订版均不适用于本标准,然而,鼓励根据本标准达成协议的各方研究是否可使用这些文件的最新版本。凡是不注日期的引用文件,其最新版本适用于本标准。

GB/T 191 包装储运图示标志

GB/T 2828.1—2003 计数抽样检验程序 第1部分:按接收质量限(AQL)检索的逐批检验抽样计划(ISO 2859-1:1999,IDT)

GB/T 2934 联运通用平托盘 主要尺寸及公差

GB/T 4122.1—2008 包装术语 第1部分:基础

GB/T 4857.3 包装 运输包装件基本试验 第3部分:静载荷堆码试验方法

GB/T 4857.5 包装 运输包装件 跌落试验方法

GB/T 4892 硬质直方体运输包装尺寸系列

GB/T 6543 运输包装用单瓦楞纸箱和双瓦楞纸箱

GB/T 9174 一般货物运输包装通用技术条件

GB/T 12339 防护用内包装材料

GB/T 12464 普通木箱

GB/T 15233 包装 单元货物尺寸

GB/T 16470 托盘单元货载

GB/T 17306 包装标准 消费者的需求

GB/T 18127 物流单元的编码与符号标记

GB/T 18131 国际贸易用标准运输标志

GB 18455 包装回收标志

GB/T 19142 出口商品包装通则

GB/T 19451 运输包装设计程序

3 术语和定义

GB/T 4122.1—2008 确立的术语和定义适用于本标准。

4 包装

4.1 包装设计

4.1.1 包装设计应科学合理、实用便利、美观适销,考虑不同的运输和销售方式的需要,有利于回收和重复使用,避免过度包装。

4.1.2　包装设计应符合 GB/T 19451、GB/T 17306 的要求,充分考虑消费者对环境安全、经济性、适用性的需求。

4.1.3　包装主体应端正,主体和附件应完整牢固、相互吻合。

4.1.4　纸箱包装每件质量不应超过 40 kg。

4.1.5　包装条形码应符合 GB/T 18127 的要求。

4.1.6　包装色彩和图案应美观、简洁、搭配合理。

4.1.7　直方体箱类包装的底面积尺寸应符合 GB/T 4892 的要求;包装单元货物尺寸应符合 GB/T 15233的要求;包装用托盘尺寸应符合 GB/T 2934 的要求。

4.2　包装材料

4.2.1　包装用纸箱应符合 GB/T 6543 的要求,木箱应符合 GB/T 12464 的要求,托盘应符合 GB/T 16470的要求,其他包装材料应符合 GB/T 9174 的要求。

4.2.2　防护用内包装材料应符合 GB/T 12339 的要求,保持干燥清洁。

4.2.3　金属封箱钉针、捆扎带和带扣不应生锈,封口胶带的粘合力要强。

4.3　包装要求

4.3.1　包装应符合 GB/T 9174 的要求。

4.3.2　包装应保障陶瓷产品安全,确保在正常储运条件下,产品和包装不受损坏,便于装卸、贮存、运输、贸易等。

4.3.3　包装应规整、成型,箱内应有防震、防碰撞的间隔材料,内装货物应摆放整齐、衬垫适宜、压缩体积、牢靠固定、重心位置居中靠下。

4.3.4　出口产品包装应符合 GB/T 19142 的要求。

4.3.5　产品应经检验合格后方可包装。

4.3.6　包装操作应按设计要求进行,包装时应检查产品的品种、数量、花色、配套件,不得错装乱放。

4.3.7　瓦楞纸箱可采用粘合、钉合方式。粘合成箱时,应采用封口胶带,其宽度不小于 5 cm;钉合成箱时封箱钉针的位置应合理,其布钉间隔不应大于 7 cm,钉面应经过处理,每箱浮针不得超过三个。

4.3.8　封箱胶带应压准摇盖吻合口,有钉针的应同时压准,两端下垂,不得有明显歪斜和离层。

4.3.9　横直捆扎带偏斜度不得超过 2 cm,松紧以贴紧箱面不松动为度,箱边不得被咬伤开裂。采用热粘合的接合处应牢靠,接合长度不少于 2.5 cm;采用锁扣的应扣紧不滑动,锁扣后的捆带尾长不得超过5 cm。

4.4　包装检验

4.4.1　包装抽样采用 GB/T 2828.1—2003 正常检查二次抽样,其检验水平为一般检查水平 Ⅰ、接收质量限(AQL)为 6.5。

4.4.2　包装材料和辅助材料的外观质量和标志采用目测方法。

4.4.3　封箱捆扎带的斜度,以箱的边沿为基线,用尺测量其最大偏差。

4.4.4　浮针用手指提拿进行判定。

4.4.5　堆码试验、垂直冲击跌落试验按 GB/T 4857.3、GB/T 4857.5 进行。

5　标志

5.1　包装标志应正确、清晰、齐全、牢固,符合 GB/T 191 的要求。

5.2　标志应包括如下内容:

　　a)　产品的名称、规格、数量;

　　b)　产品质量标准、质量等级及检验合格标志;

　　c)　"易碎物品"、"怕雨"标志;

　　d)　包装件的规格尺寸、毛重、净重、货号、生产批号;

  e) 生产企业名称、地址、条形码；

  f) 国家规定应标示的其他标志。

5.3 标志还可包括：电话、邮箱、网址、商标、经过授权使用的第三方符合性标志等。

5.4 标志文字应使用国务院正式公布实施的规范化汉字。根据贸易合同或进口国（地区）的具体要求，出口产品应使用英文或该国家（地区）的官方文字。

5.5 标志的计量单位应使用国家法定计量单位，内装产品以"件"为数量单位。

5.6 产品的标志和文字不应有差错。

5.7 不允许箱面字体潦草、印刷模糊、颜色沾污严重。

5.8 因包装件的形状不规则或外形尺寸较小而不适合在其上加注标志，则应以其他合适方式加以表示，大小应以图形和文字清晰可辨为准。

5.9 国际贸易的运输标志按 GB/T 18131 执行。

5.10 包装回收标志按 GB 18455 执行。

5.11 有特殊要求的由贸易双方制定。

6 运输和贮存

6.1 运输和贮存应采用适应产品和包装特点的防护方式。

6.2 运输和贮存时，包装件应避免雨雪、曝晒、受潮和污染。不得与有毒、有害、有腐蚀性物品和污染物混贮、混运。

6.3 运输和贮存时应轻拿轻放，不得采用有损包装件质量的运输、装卸方式和工具。装运时应将包装件挤紧。

6.4 产品应贮存在通风、干燥的库房内，贮存的地面应硬化、平整、清洁并远离火源。

6.5 贮存时底层离地面不少于 15 cm，堆码高度不得超过 180 cm，并且不应压坏下层包装件及产品。

6.6 短期露天存放时，应有必要的防雨雪、防日晒等措施。

————————

前　　言

本标准是对 GB/T 10342—1989《纸张的包装和标志》的修订。

此次修订取消了已不使用的框板包装,增加了托盘包装、塑料薄膜收缩和拉伸包装。

本标准自实施之日起,同时代替 GB/T 10342—1989《纸张的包装和标志》。

本标准由中国轻工业联合会提出。

本标准由全国造纸工业标准化技术委员会归口。

本标准起草单位:青岛出入境检验检疫局、中国制浆造纸研究院。

本标准主要起草人:玄龙德、陶强、杨蕾、付晓、李兰芬。

本标准首次发布于 1989 年 2 月。

本标准委托全国造纸工业标准化技术委员会负责解释。

中华人民共和国国家标准

纸 张 的 包 装 和 标 志

Paper—Package and mark

GB/T 10342—2002

代替 GB/T 10342—1989

1 范围

本标准规定了供生产和使用部门选择的纸张包装和标志。

本标准适用于以各种不同运输方法运输的平板纸、卷筒纸、盘纸的包装和标志。

2 引用标准

下列标准所包含的条文,通过在本标准中引用而构成为本标准的条文。本标准出版时,所示版本均为有效。所有标准都会被修订,使用本标准的各方应探讨、使用下列标准最新版本的可能性。

GB/T 16470—1996 托盘包装

3 定义

本标准采用下列定义。

3.1 托盘包装 palletizing package

将包装件或产品堆放在托盘上,通过捆扎、包裹或胶粘等方法加以固定,形成一个搬运单元,以便用机械设备搬运。

3.2 软包装 flexible package

在充添或取出内装物后,容器形状可发生变化的包装。该容器一般用纸、纤维制品、塑料薄膜或复合包装材料等制成。

3.3 收缩包装 shrink package

用收缩薄膜包裹产品或包装件,然后加热使薄膜收缩包紧产品或包装件的一种包装方法。

3.4 拉伸包装 stretch package

将拉伸薄膜在常温下拉伸,对产品或包装件进行包装的一种操作,多用于托盘货物的包装。

3.5 木夹板包装 wood platen package

用上下两块木板将产品夹在中间,然后进行捆扎固定的包装。

4 技术要求

4.1 平板纸的包装

平板纸有下列四种包装方法。

  a)夹板或托盘包装;

  b)木箱或纸箱包装;

  c)软包装;

  d)对折互叠包装。

4.1.1 夹板或托盘包装

4.1.1.1 小包装

4.1.1.1.1 采用夹板或托盘包装时,可将纸包成小包。每小包中纸的张数可根据纸张定量的不同分别为 500、250、125、100 张。

4.1.1.1.2 所有用于内、外包装的包装纸和牛皮纸,其可勃值均应不大于 30 g/m²。

4.1.1.1.3 小包装应使用一层定量不小于 60 g/m² 的包装纸或定量不小于 40 g/m² 的牛皮纸包装,包装纸的两端应折叠在纸包端部并封牢。每小包的端部应贴上令标签,令标签的内容应包括定量、规格、张数等。

4.1.1.1.4 如不分小包,应使用有色标签按上述确定张数将纸件分隔开。

4.1.1.1.5 纸张的正面或反面,应一致朝上或朝下。

4.1.1.2 外包装

4.1.1.2.1 由小包装组成的纸件,应用不少于三层的 80 g/m² 包装纸或两层的 80 g/m² 牛皮纸包装,或用其他代用品包装。

4.1.1.2.2 不进行小包装的纸件,应用不少于五层的 80 g/m² 包装纸或三层的 80 g/m² 牛皮纸包装,或者采用塑料薄膜收缩、拉伸包装,包装材料的两端应折叠在纸件端部并封牢。

4.1.1.2.3 在包装高级印刷纸时,应使用一层防潮纸或塑料薄膜。

4.1.1.3 夹板

4.1.1.3.1 木夹板

木夹板应符合下列规定:

a) 木夹板的厚度应不小于 12 mm;板面木带的宽度应不小于 70 mm、厚度应不小于 30 mm 或木带的宽度不小于 80 mm、厚度不小于 24 mm;

b) 木夹板的宽度应比纸的尺寸大 5 mm～10 mm;

c) 木夹板的水分不应超过 20%;

d) 木夹板的表面应平整,钉子不应突出其表面;板缝不应超过 5 mm,板面不应有直径大于 30 mm 的窟窿;

e) 每块木夹板上加一根直木带和数根横木带,横木带的数量取决于纸张长度,长度 1 000 mm 以上应用 4 根横木带,1 000 mm 以下应用 3 根。

4.1.1.3.2 其他封闭夹板

根据需要可采用塑料夹板、金属夹板或其他材料制成的封闭夹板,但其强度应不低于木夹板的强度。

4.1.1.3.3 条形木夹板

条形木夹板由木板条拼成,板条厚度应不小于 12 mm,宽度应不小于 80 mm,板面木带的厚度应不小于 24 mm、宽度应不小于 80 mm。条形木夹板拼合后,其板条间的间隙约为 80 mm。

4.1.1.3.4 其他条形夹板

根据需要可采用条形塑料夹板、金属夹板或其他材料制成的条形夹板,但其强度应不低于条形木夹板的强度。

4.1.1.4 托盘

4.1.1.4.1 托盘的结构、规格和质量应符合 GB/T 16470。

4.1.1.4.2 按包装形式托盘可分为有上夹板托盘和无上夹板托盘。其中有上夹板托盘便于铲车装卸及堆码,尤其适合于集装箱运输和长途运输;无上夹板托盘亦便于铲车装卸,但不便于堆码,一般适合于中、短途运输。

4.1.1.4.3 按包装材料托盘可分为木托盘、蜂窝纸制托盘、塑料托盘和金属托盘等。无论何种材料制成的托盘,其强度性能和防水性能均应达到使用要求。

4.1.1.5 打件

4.1.1.5.1 夹板、条形夹板、有上夹板托盘

4.1.1.5.1.1 纸件应置于两块夹板或夹板与托盘之间,纸件上下应各垫一层防潮纸或塑料薄膜及一层310 g/m² 的黄纸板。

4.1.1.5.1.2 打件应使用塑料打包带、钢带或不小于10号的铁丝。打件应结实,不应稍受外力即发生包装纸破裂及纸张扭曲现象。打包带、钢带、铁丝打件应捆在板带中央,不应偏斜且松紧一致。用铁丝时,在夹板转角处应使用护棱,以避免铁丝嵌入板条内,使包装松懈。铁丝的纽头应向外,纽扣长度应不超过100 mm,扭紧后将纽头弯成90°嵌入板条内。用钢带时,钢带在板面转角处可削一凹沟,使钢带嵌入或使用护棱,钢带联结处应用扣环或重叠加以固定。

4.1.1.5.1.3 根据需要,打件后纸件四周可用塑料编织布打围,也可用聚乙烯或聚氯乙烯薄膜进行收缩、拉伸包装。

4.1.1.5.2 无上夹板托盘

4.1.1.5.2.1 纸件应置于托盘之上,纸件上下应各垫一层防潮纸或塑料薄膜及一层310 g/m² 的黄纸板。

4.1.1.5.2.2 用聚乙烯或聚氯乙烯薄膜进行收缩、拉伸包装。

4.1.1.6 尺寸和件重

每件夹板、托盘包装的尺寸应比相应的纸张尺寸大5 mm~10 mm,毛重应不超过250 kg或符合合同的规定。

4.1.2 木箱或纸箱包装

4.1.2.1 按4.1.1.1将纸包成小包。

4.1.2.2 纸张装箱前,木箱或纸箱应先用一层防潮纸或塑料薄膜和一层定量为80 g/m² 的包装纸铺上,根据需要也可加一层310 g/m² 的黄纸板。

4.1.2.3 纸张装箱后,突出箱面的包装纸端部应折于纸件之上,然后在其上垫一张包装纸及塑料薄膜或一层防潮纸。

4.1.2.4 木箱应用铁钉钉上箱盖,注意不应损坏包装纸。

4.1.2.5 纸箱应将盖压平,用胶带粘住箱盖和棱角,再用两道塑料打包带捆紧。

4.1.2.6 木箱或纸箱的式样和尺寸应符合合同的规定。

4.1.2.7 每件木箱的毛重应不超过250 kg,纸箱的毛重应不超过40 kg,或符合合同的规定。

4.1.3 软包装

4.1.3.1 市内运输或短途的市外汽车运输时,可采用软包装。

4.1.3.2 采用软包装的纸件,应按照4.1.1.1将纸包成小包。纸件应使用五层定量不小于80 g/m² 的包装纸或三层定量不小于80 g/m² 的牛皮纸包装,根据需要也可增加塑料薄膜收缩、拉伸包装。

4.1.3.3 包装印刷纸、书写纸或制图纸等时,应衬一层防潮纸或塑料薄膜。

4.1.3.4 多出的包装纸、防潮纸或塑料薄膜应折叠在纸件两端,然后用胶水或胶带粘牢。

4.1.3.5 每件软包装的毛重应不超过50 kg,或符合合同的规定。

4.1.4 对折互叠包装

4.1.4.1 对折互叠的包装主要适用于包装纸,根据需要其他纸种也可参照采用。

4.1.4.2 对折互叠包装时,应将纸叠按其高度分成大约相等的两部分。将上部分移到纸张长度的一半之处,然后将下面纸张露出的一半向上折叠,再将移向一边的上面一半纸张折于其上。折叠好后,应使用二层定量不小于80 g/m² 的包装纸或两层定量不小于80 g/m² 的牛皮纸包裹。包装纸的两端折叠在纸包表面上,然后沿纸包纵向用绳子捆一道,再沿横向捆两道。在纸包转角处应衬上用纸板做成的护棱。

4.1.4.3 每件对折互叠包装的毛重应不超过55 kg,或符合合同的规定。

4.2 卷筒纸的包装

卷筒纸有下列两种包装方法。

a)卷筒包装;

b) 托盘包装。

4.2.1 卷筒包装

4.2.1.1 卷筒纸应使用数层定量不小于 120 g/m² 的包装纸或定量不小于 80 g/m² 的牛皮纸进行包装。包装新闻纸、印刷纸、地图纸或制图纸等时应不少于四层,其他纸张可根据情况增减包装层数。

4.2.1.2 在卷筒的两个端面上各垫 1 张总定量不小于 700 g/m² 的圆形包装纸、箱板纸或瓦楞纸板,以便在装卸和堆放时保护端面。超出卷筒宽度的外包装纸应在卷筒端面上折叠好,然后在每端贴 1 张圆形包装纸,将端面封好。

4.2.1.3 用塑料打包带或钢带在距卷筒端面 20 mm～30 mm 处进行打包,每个卷筒不得少于两道。

4.2.1.4 根据需要可用聚乙烯或聚氯乙烯薄膜进行收缩、拉伸包装。

4.2.1.5 卷筒包装的毛重应不超过 250 kg 或符合合同的规定。

4.2.2 托盘包装

4.2.2.1 对价格较高或质量要求较高的卷筒纸应采用有上夹板托盘的包装。

4.2.2.2 将已经用包装纸或牛皮纸包装好的卷筒纸放在方形托盘上,上面再放置上夹板。托盘和上夹板的尺寸应比卷筒外径大 5 mm～10 mm。然后用塑料打包带或钢带沿着上夹板和托盘中央捆扎成十字形。打件应结实、不偏斜,松紧应一致。塑料打包带或钢带联结处应用扣环或重叠加以固定,不应稍受外力即发生包装破裂现象。

4.2.2.3 托盘包装的毛重应不超过 250 kg 或符合合同的规定。

4.3 盘纸的包装

盘纸有下列三种包装方法:

a) 卷筒包装:盘纸直径为 200 mm 以上时采用;

b) 软包装:盘纸直径不大于 200 mm 时采用;

c) 木箱包装或纸箱包装:专用于特种盘纸。

4.3.1 卷筒包装

4.3.1.1 两半圆塞芯与圆形木板包装

4.3.1.1.1 盘纸应紧密地套在沿纵向剖开的塞芯上,盘纸套入塞芯后,在塞芯两端打入楔子将塞芯抵紧。若不套塞芯,则应每 4～5 盘纸垫一层黄纸板,然后用质地细致的纸包上,再按要求数量组成纸件。

4.3.1.1.2 盘纸套于塞芯后,卷筒两端用与卷盘直径相同的衬垫物(两层黄纸板及一层防潮纸)垫上,用防潮纸或一层薄膜及总定量不小于 700 g/m² 的包装纸全卷包装,并用胶带捆紧卷筒两端。

4.3.1.1.3 用圆形木板覆盖卷筒两端,木板直径略大于卷筒直径,再用铁丝捆紧,并用 U 型钉将铁丝钉住,以防松懈。

4.3.1.1.4 木质塞芯的水分不应大于 20%。

4.3.1.2 圆形木芯与十字板包装

4.3.1.2.1 盘纸套于塞芯后,用数层包装纸全卷包装,包装纸的总定量应不小于 700 g/m²,多出的包装纸应在卷筒端面上折叠好。

4.3.1.2.2 卷筒两端用十字板条覆盖,用钉子钉于塞芯端部,以作防护。十字木板的长度略大于盘纸直径,再用钢带或铁丝沿十字板将卷筒捆紧。

4.3.1.3 盘数与卷重

卷筒包装中盘纸的盘数取决于盘宽,一般可含 20 盘。卷筒毛重应不超过 100 kg 或符合合同的规定。

4.3.2 软包装

4.3.2.1 用三层定量不小于 120 g/m² 的包装纸或 80 g/m² 牛皮纸将数盘盘纸包成小包,每包内盘纸的盘数取决于盘纸宽度。

4.3.2.2 小包两端应使用与盘纸直径相同的圆形包装纸垫上,然后将包装纸的边部在纸盘端上折叠好,再贴一张相同的圆形包装纸。用细绳或胶带将小包纵横捆紧,在转角处细绳下面应衬数层包装纸或折曲的护棱。

4.3.2.3 将数个小包叠成一件,用四层定量不小于 120 g/m² 包装纸或 80 g/m² 牛皮纸包装。将多出的包装纸在纸件端面上折好,用细绳或胶带将纸件纵横捆紧,以使包装牢固。

4.3.2.4 盘纸软包装的毛重应不超过 50 kg 或符合合同的规定。

4.3.3 木箱包装或纸箱包装

4.3.3.1 装箱前应按 4.3.2.1 将盘纸包成小包,然后用防潮纸或塑料薄膜和包装纸将箱垫好。

4.3.3.2 盘纸装箱后,小包与箱壁间的空隙应用碎纸或包装纸塞紧,盘纸上部应覆盖数张包装纸。箱盖应用钉子钉紧或用打包带捆紧,但不应损伤包装纸及盘纸。

4.3.3.3 木箱包装的毛重应不超过 120 kg,纸箱包装的毛重应不超过 40 kg 或符合合同的规定。

4.4 标志和标识

4.4.1 标志

根据需要,应在产品外包装的明显处贴上"怕湿"、"小心轻放"、"禁用手钩"、"向上"、"堆码层数极限"等图形标志。标志应清晰、牢固,易于识别,不应随意印上不规范或自制的标志。

4.4.2 平板纸的标识

应在产品外包装的明显处贴上产品标识,标识中使用的文字应为仿宋体。可以使用汉语拼音或外文,但其字号不应大于相应的中文。

4.4.2.1 在纸件、纸箱、"对折互叠"的外包装上应贴上打印的标识,在包装木板上应用橡皮戳印上或用漏字板以不掉色油墨刷上标识,其内容应包括以下项目:

a) 制造厂的名称及厂址;
b) 产品名称、号码或牌号;
c) 定量、尺寸和等级;
d) 纸件净重(kg)和毛重(kg);
e) 纸件、纸箱编号或条形码;
f) 生产日期;
g) 标准号。

4.4.2.2 合格证内容应包括以下项目:

a) 制造厂的名称及厂址;
b) 产品名称、号码或牌号;
c) 定量、尺寸和等级;
d) 纸件净重(kg)和毛重(kg);
e) 生产日期;
f) 标准号;
g) 检查员姓名或代号。

4.4.2.3 令标签内容应包括以下项目:

a) 定量;
b) 规格;
c) 张数。

4.4.3 卷筒纸的标识

4.4.3.1 在包装好的卷筒两端贴上圆形的标识或贴上打印的标识,其内容应包括以下项目:

a) 制造厂的名称及厂址;
b) 产品名称、号码或牌号;
c) 定量、卷宽和等级;

d）卷筒净重（kg）和毛重（kg）；

e）表示卷纸方向的箭形；

f）卷筒编号或条形码；

g）生产日期；

h）标准号。

4.4.3.2 合格证内容应包括以下项目：

a）制造厂的名称及厂址；

b）产品名称、牌号；

c）定量、卷宽和等级；

d）卷筒净重（kg）和毛重（kg）；

e）生产日期；

f）标准号；

g）检查员姓名或代号。

4.4.4 盘纸的标识

4.4.4.1 在纸件、纸箱、"对折互叠"的外包装上应贴上打印的标识，在包装木箱上应用橡皮戳印上或用漏字板以不掉色油墨刷上标识，其内容应包括以下项目：

a）制造厂的名称及厂址；

b）产品名称、号码或牌号；

c）定量、盘宽和等级；

d）每件或每箱中的小包数或盘数；

e）净重（kg）和毛重（kg）；

f）卷筒、纸件、纸箱、木箱编号或条形码；

g）生产日期；

h）标准号。

4.4.4.2 合格证内容应包括以下项目：

a）制造厂的名称及厂址；

b）产品名称、号码或牌号；

c）定量、盘宽和等级；

d）每件或每箱中小包数或盘数；

e）净重（kg）和毛重（kg）；

f）生产日期；

g）标准号；

h）检查员姓名或代号。

ICS 29.120
K 32

GB/T 22685—2008

中华人民共和国国家标准

家用和类似用途
控制器的包装和标志

Packaging and marking on controls for household and similar use

2008-12-31 发布

2009-11-01 实施

中华人民共和国国家质量监督检验检疫总局
中国国家标准化管理委员会　发　布

前　言

本标准与 GB/T 191《包装储运图示标志》配合使用。

本标准由中国电器工业协会提出。

本标准由全国家用自动控制器标准化技术委员会(SAC/TC 212)归口。

本标准起草单位:佛山通宝股份有限公司、广州电器科学研究院、浙江中雁温控器有限公司、宁波经济技术开发区海鑫电器科技有限公司。

本标准主要起草人:麦丰收、黄开云、陈永龙、柯赐龙、卓云、陈兰金。

家用和类似用途
控制器的包装和标志

1 范围

本标准规定了家用和类似用途控制器、保护器运输包装的技术要求和相应的试验方法、检验规则及标志的内容、位置等内容。

本标准适用于家用和类似用途电器的电压、电流、温度控制器,保护器及继电器等产品的运输包装和标志。

2 规范性引用文件

下列文件中的条款通过本标准的引用而成为本标准的条款。凡是注日期的引用文件,其随后所有的修改单(不包括勘误的内容)或修订版均不适用于本标准,然而,鼓励根据本标准达成协议的各方研究是否可使用这些文件的最新版本。凡是不注日期的引用文件,其最新版本适用于本标准。

GB/T 191　包装储运图示标志(GB/T 191—2008,ISO 780:1997,MOD)

GB/T 462　纸、纸板和纸浆　分析试样水分的测定(GB/T 462—2008,ISO 287:1985,ISO 638:1978,MOD)

GB/T 1931　木材含水率测定方法(GB/T 1931—1991,eqv ISO 3130:1975)

GB/T 2423.3　电工电子产品环境试验　第 2 部分:试验方法　试验 Cab:恒定湿热试验(GB/T 2423.3—2006,IEC 60068-2-78:2001,IDT)

GB/T 2828.1—2003　计数抽样检验程序　第 1 部分:按接收质量限(AQL)检索的逐批检验抽样计划(ISO 2859-1:1999,IDT)

GB/T 2829　周期检验计数抽样程序及表(适用于对过程稳定性的检验)

GB/T 4857.3　包装　运输包装件基本试验　第 3 部分:静载荷堆码试验方法(GB/T 4857.3—2008,ISO 2234:2000,IDT)

GB/T 4857.4—2008　包装　运输包装件　基本试验　第 4 部分:采用压力试验机进行的抗压和堆码试验方法(ISO 12048:1994,IDT)

GB/T 4857.5　包装　运输包装件　跌落试验方法(GB/T 4857.5—1992,eqv ISO 2248:1985)

GB/T 4857.7　包装　运输包装件基本试验　第 7 部分:正弦定频振动试验方法(GB/T 4857.7—2005,ISO 2247:2000,MOD)

GB/T 4879—1999　防锈包装

GB/T 4897.1　刨花板　第 1 部分:对所有板型的共同要求(GB/T 4897.1—2003,EN 312-1:1997,NEQ)

GB/T 5048—1999　防潮包装

GB/T 6388　运输包装收发货标志

GB/T 6544—2008　瓦楞纸板

GB/T 6545　瓦楞纸板　耐破强度的测定法(GB/T 6545—1998,eqv ISO 2759:1983)

GB/T 6546　瓦楞纸板　边压强度的测定法(GB/T 6546—1998,idt ISO 3070:1987)

GB/T 6548　瓦楞纸板　粘合强度的测定法(GB/T 6548—1998,eqv JIS Z0402:1988)

GB/T 6980　钙塑瓦楞箱

GB/T 9846.1　胶合板　第 1 部分:分类(GB/T 9846.1—2004,ISO 1096:1999,MOD)

GB/T 9846.5　胶合板　第 5 部分:普通胶合板检验规则

GB/T 12626.1　硬质纤维板　术语和分类(GB/T 12626.1—1990,neq ISO 818:1975)

GB/T 12626.2　硬质纤维板　技术要求(GB/T 12626.2—1990,neq ISO 2695:1976)

GB/T 12626.3　硬质纤维板　试件取样及测量(GB/T 12626.3—1990,neq ISO 766:1972)

GB/T 12626.4　硬质纤维板　检验规则

GB/T 12626.5　硬质纤维板　产品的标志、包装、运输和贮存

GB/T 12626.6　硬质纤维板　含水率的测定(GB/T 12626.6—1990,idt ISO 9425:1989)

GB/T 12626.7　硬质纤维板　密度的测定(GB/T 12626.7—1990,idt ISO 9427:1989)

GB/T 12626.8　硬质纤维板　吸水率的测定(GB/T 12626.8—1990,idt ISO 769:1972)

GB/T 12626.9　硬质纤维板　静曲强度的测定 (GB/T 12626.9—1990,neq ISO/DIS 9429:1987)

GB/T 19536　集装箱底板用胶合板

3　产品包装基本要求

3.1　产品经检验合格,在附件、备件齐全,有使用说明书、合格证(或产品保用证),并做好防护及有关包装的工作后,才可进行外包装。

3.2　包装材料应干燥整洁,符合标准要求,与产品直接接触的包装材料应对产品无腐蚀作用及其他有害影响。

3.3　包装环境应干燥、清洁、无有害介质,产品包装应在室温条件下,相对湿度不大于 85% 的环境内进行。

3.4　产品包装应符合牢固、经济、美观的原则。

3.5　产品包装应根据产品特点和储运、装卸条件采用不同的包装形式、包装材料及防护方法,做到包装紧凑、防护周密、安全可靠。

3.6　生产厂自发货之日起,在正常储运条件下,应保证在 18 个月内不因包装不良而导致产品锈蚀、长霉、精度下降、残损散失等而降低产品的安全和使用性能。特殊情况按供需双方协议执行。

3.7　包装材料应符合有关国家环保法律法规的要求。

4　包装箱技术要求

4.1　瓦楞纸箱

4.1.1　材质要求

a)　瓦楞纸箱一般采用双层瓦楞纸板制造,纸板的性能不低于 GB/T 6544—2008 中 D-1.3 类的性能,应符合表 1 所规定;

表 1　纸板性能要求

检验对象	检验项目	合格要求
纸板	含水率	≤14%
	耐破强度	≥1 380 kPa
	粘合强度	任一层≥400 N/m
	边压强度	≥7 KN/m

b)　对运输有特殊要求的情况下,必要时,可选用 GB/T 6544—2008 规定的更高级别的瓦楞纸板。

4.1.2　瓦楞纸箱成型后的要求

a)　箱形方正,四角竖挺;无叠角、无漏孔、不脱落,箱盖对口整齐。

b)　外观质量均匀,表面无损伤,不应有接合不良、不规则脏污的痕迹和裂缝等使用上的缺陷,箱子应有一定弹性,表层不得有开胶、起泡等现象。

c) 构造箱子各面的切断或折曲部位应均为直角,切断口表面裂损宽度不应超过 8 mm。

d) 钉合瓦楞纸箱应使用带有镀层的低碳钢扁丝(或类似物)且不应有锈斑、剥层、龟裂或其他使用上的缺陷。纸箱接头如是钉合的,其搭接部分宽度应有 35 mm~50 mm。

e) 箱钉应排列整齐,钉距均匀,单排钉距不大于 80 mm,双排钉距不大于 100 mm,头尾钉距离折面压痕边线不大于 20 mm,钉合时应钉透、钉牢,不得有叠钉、翘钉、不转角等缺陷。

f) 瓦楞纸箱若是粘合的,可用乙酸、乙烯乳液或有等同效果的其他粘合剂,粘合剂搭接宽度不小于 30 mm,粘合剂涂布均匀,以致在面纸分离时接缝处仍能粘合不分离,同时也不应存在多余粘合剂溢出的现象。

4.1.3 空箱抗压强度

空箱抗压应达如下强度而不致损坏。

$$P = KG \frac{(H-h)}{Sh} = 2G \times \left(\frac{350-h}{Sh} \right) \times 9.8 \cdots\cdots\cdots\cdots\cdots (1)$$

式中:

P——抗压强度,单位为牛顿每平方厘米(N/cm^2);

K——运输储存中的劣变系数,取 2;

G——包装件重量,单位为千克(kg);

H——仓储最大堆放高度,取 350 cm;

h——包装箱本身高度,单位为厘米(cm);

S——包装箱底面面积,单位为平方厘米(cm^2)。

4.2 木箱

4.2.1 材质要求

a) 木箱材料含水率在 23%~30%;

b) 木材应无腐朽、霉烂、水渍、破损和整块夹皮等现象,木材的缺陷不得影响其结构的强度;

c) 胶合板的质量应按 GB/T 9846.1 及 GB/T 19536 的规定选用;

d) 纤维板应按 GB/T 12626.1~GB/T 12626.9 规定选用;

e) 刨花板应按 GB/T 4897.1 规定选用;

f) 外包装重量超过 25 kg 的木箱箱板厚度不得小于 12 mm;

g) 出口产品包装木质材料需按规定进行熏蒸防虫处理。

4.2.2 钉箱要求

a) 根据箱板、箱档、框架结构件尺寸及材料强度,合理使用钉箱钢钉;

b) 木箱箱档采用锯齿形布钉(见图 1);

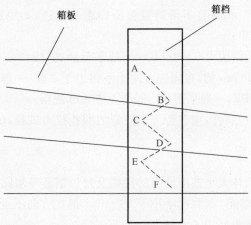

注:A、B、C、D、E、F 为钉钉位置。

图 1 布钉图形

c) 钉子钉入角度与板面应成 90°,钉装之后不得露出钉头、钉尖或中途弯曲等现象,钉子不得钉在箱板或框架接缝处,钉尖不得偏离至箱内或外侧;

d) 钉子应从薄材往厚材上钉。在易裂的木材上钉钉时,应预先钻出小于钉子直径的小孔再钉;

e) 构件重叠时的钉钉,要将钉长的 2/3 以上钉进较厚的构件中,如构件厚度为板厚的二倍以上时,则露出 3 mm 以上的钉尖以供打弯之用。

4.2.3 木箱成形后的要求

a) 箱型方正、四角竖挺,无松动现象,箱盖对口平齐;

b) 表面无损伤,(不影响运输或加固后不影响使用的小裂缝可忽略不计)接合良好,钉子排列整齐,钉距均匀,无突出钉尖、钉头或翘钉等现象;

c) 箱子清洁干燥,无脏污痕迹。

4.3 其他种类的包装箱

如采用钙塑瓦楞箱,应符合 GB/T 6980 的要求。其他种类的包装箱的材质、成型、装钉等有关要求应符合相应的标准规定。

5 装箱要求

5.1 产品放置和包装

a) 产品放置时应尽量使重心居中靠下以增大稳度,重心偏高的产品应卧式安放,重心偏离中心较明显的产品,应采取相应的平衡措施;

b) 产品或内包装盒应垫稳、卡紧,固定于外包装箱内,产品在包装箱内不应移位及松动,固定方式有:用防震材料塞紧,木块定位紧固、螺栓紧固等,防震衬垫物连同箱底底板不得小于 10 mm;

c) 对于有防静电要求的电子控制器产品,内包装应采用防静电塑料袋等防静电包装措施;

d) 在不影响精度的情况下,产品上能移动的零部件应移到使产品有最小外形尺寸的位置上并加以固定,产品上凸出的零部件应尽可能拆下,标上记号按其特点另行包装好,固定在同一箱内;

e) 纸箱包装件总重量不超过 25 kg,木箱包装件总重量不超过 40 kg(特殊情况由供需双方协定)。

5.2 包装箱的加固

5.2.1 瓦楞纸箱

a) 瓦楞纸箱应在装满后才封箱,封贴后摇盖成平面状,不得有凹凸;

b) 封装时应将内、外摇盖接口处用压敏胶带或坚固的牛皮纸封牢,压敏胶带宽度不小于 60 mm,牛皮纸宽度不小于 70 mm,且不得遮盖箱面标志及字迹,如用钉子钉封,钉子间距离不大于 70 mm,且要钉透、钉牢;

c) 用塑料打包带打包:距箱边沿 5 cm～10 cm 处平行捆扎,按产品重量、箱体大小选用打包带的根数,箱体边长超过 30 cm 的,在同一方向上不得少于 2 根,一般应捆成"＋＋"或"井"字形;

d) 打包带材料为 PP 或 PE,一般采用 15 mm×0.6 mm 规格;

e) 用塑料打包带捆扎的包装件,应进行 7.2 规定的捆扎拉力试验,试验后,塑料打包带不得松脱,包装搭口不得松动。

5.2.2 木箱

a) 木箱应按产品重量、箱体大小选用恰当的箱档及打包钢带等加固,对每一木箱,在同一方向上,打包钢带一般不少于 2 道,其宽度不小于 15 mm。捆扎方向不少于 2 个,尽量用打包机紧捆在木箱上,使其在木箱棱角处切入木材内;

b) 打包钢带一般采用 19 mm×0.6 mm 规格;

c) 木箱加固时,在箱档结合处应采用包棱钢带或包棱角铁,如图 2 所示。

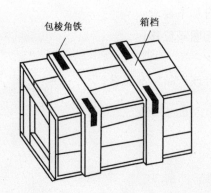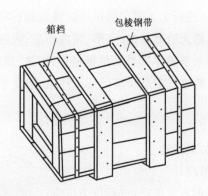

图 2   木箱的加固

5.3   其他种类的包装箱

其他种类的包装箱的装箱要求及加固应符合相应的标准规定。

6   产品包装防护基本要求

6.1   防潮要求

6.1.1   需防潮的产品应按 GB/T 5048—1999 的 Ⅱ 级规定来进行包装。

  a)   外包装用瓦楞纸箱时,在纸箱外表面涂刷防潮涂料如清漆白蜡等(纸张面张已进行防潮处理的及木浆挂面的牛皮纸板所做的面张除外),箱内应按产品特点选用防潮衬垫,封箱时应在上下开口面对接处和两端接缝处用压敏胶带或坚固的牛皮纸封贴;

  b)   外包装用木箱且在内包装无防潮包装时,其内顶部应有油毡、沥青纸、蜡纸或等效防潮材料封装;

  c)   包装件内的防潮材料及干燥剂的选用、剂量、处理等应按产品特点、储运条件、包装方式及包装有效期限等来考虑,且应符合 GB/T 5048—1999 附录 A 的有关规定;

  d)   涂有涂层的产品,在用聚氯乙烯塑料薄膜遮盖或包裹时,应采取措施防止它们与漆层直接接触;

  e)   在外包装无防潮措施和木屑及纸屑本身未烘干时,不得用木屑、纸屑作产品的衬垫。

6.1.2   防潮包装件在进行 7.3 规定的湿热试验后,产品外观质量及有关性能应符合该产品标准所规定的要求,箱内无凝露现象。

6.2   防锈要求

6.2.1   产品上易锈蚀的金属表面,应按 GB/T 4879—1999 中 C 级,防锈期限为 1 年~2 年的要求去除污物,油迹进行清洗、封存、包装。

6.2.2   防锈材料应符合如下要求:

  a)   对金属表面有良好附着力及防锈力,易于清除,尽可能质薄而透明;

  b)   防锈材料应是中性,无腐蚀性的,如中性防锈纸,防锈油脂等。

6.2.3   防锈包装的产品在进行 7.3 规定的湿热试验后,外观不得有凝露、霉斑、生锈的现象,有关技术性能应符合相应标准。

6.3   防震要求

6.3.1   产品应有防震包装。对有内、外包装的包装件,在内、外包装之间也应采取相应的包装措施(见本标准 5.1)。

6.3.2   防震材料和填充物应具有质地柔软,不易虫蛀、长霉、疲劳变形、无腐蚀性等特点,常用的防震材料有:干木丝、干纸屑、海棉、橡胶、瓦楞纸板、聚苯乙烯、聚乙烯泡沫塑料、高发泡聚氨脂塑料、金属弹簧等。

6.3.3   不得用晒过图的纸作防震衬垫。

6.3.4 包装件进行 7.4 规定的抗压防震试验后应符合如下要求:

    a) 包装箱无明显破损、变形、箱内产品、内包装无明显位移;

    b) 产品表面及零部件无机械损伤、松散、脱落;

    c) 产品的电气安全及其他技术性能、精度等符合该产品标准要求。

7 试验方法

7.1 包装箱材质试验

7.1.1 瓦楞纸箱

按 4.1.1 的有关要求,进行以下试验:

    a) 含水率试验按 GB/T 462 规定的方法检测;

    b) 耐破强度试验按 GB/T 6545 规定的方法检测;

    c) 粘合强度试验按 GB/T 6548 规定的方法检测;

    d) 边压强度试验按 GB/T 6546 规定的方法检测。

7.1.2 木箱及其他材质的包装箱

按 4.2.1 的有关要求,进行以下试验:

    a) 木箱含水率试验按 GB/T 1931 规定的方法检测;

    b) 硬质纤维板含水率试验按 GB/T 12626.6 规定的方法检测;密度试验按 GB/T 12626.7 规定的方法检测;吸水率试验按 GB/T 12626.8 规定的方法检测;静曲强度试验按 GB/T 12626.9 规定的方法检测。

注:除 4.1.1、4.1.3 及 4.2.1 中的 a)项,4.2.1 中的 d)、e)项外,可用适当的量具及目测来进行检查。

7.2 打包带捆扎拉力试验

对放在地上的包装件沿长、宽两个方向的塑料打包带施加向上拉力(施力位置如图 3),从静止出发,在 3 s 内使包装件离地 1 m,然后在空中停留 5 min 后放回地上,按 5.2.1 e)项要求进行检查。

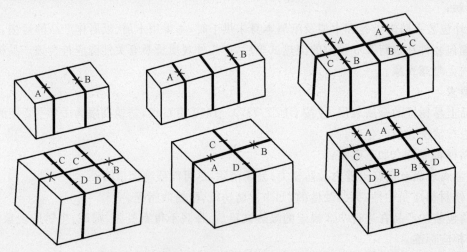

注 1:A、B 为沿长方向的施力点;C、D 为沿宽方向的施力点。

注 2:除本图例之外,按原包装的捆扎情况沿长、宽两个方向施力。

图 3 打包带捆扎拉力试验

7.3 湿热试验

按 GB/T 2423.3 规定进行。试验时间为:对瓦楞纸箱,2 d;对木箱,4 d。试验后,在室温条件下恢复 2 h 后开箱检查产品。

7.4 抗压、防震试验

7.4.1 抗压试验

7.4.1.1 空箱抗压:按 GB/T 4857.4—2008 中 3.5.1"平面压力试验"的规定进行,空纸箱不作温湿度调节,压力负载按 4.1.3 式(1)确定。

7.4.1.2 包装件抗压:可用直接堆码试验或压力试验来进行,试验前、后均要记录包装件高度 h(m)。

 a) 直接堆码试验的包装件不作温湿度调节处理,按 GB/T 4857.3 的规定进行,试验时间为 7 d;

 b) 压力试验的包装件先要作温湿度调节处理(在室内温度为 20 ℃±2 ℃,相对湿度为 60%～70% 的条件下放置 48 h,然后在室温条件下恢复 24 h)再进行压力试验,试验时间:纸箱为 2 d,木箱为 4 d。

进行抗压试验时,箱子受力面为"2"面。

直接堆码和施加压力的总负载公式如下:

$$F = KG\frac{(H-h)}{h} = 2G \times \frac{(3.5-h)}{h} \times 9.8 \quad\cdots\cdots(2)$$

式中:

F——堆码或施加压力的总负载,单位为牛顿(N);

K——运输储存中的劣变系数,取 2;

G——包装件重量,单位为千克(kg);

H——仓储允许的最大堆放高度,3.5 m;

h——包装件本身高度,单位为米(m)。

直接堆码试验后,包装件试验前后的高度差应小于 1 cm/m,并再按 6.3.4 进行检验。

进行压力试验后,包装件试验前后的高度差应小于 1.5 cm/m,并再按 6.3.4 进行检验。

7.4.2 振动试验

按 GB/T 4857.7 的规定,先进行水平振动后进行垂直振动试验。

振动频率为 3 Hz～4 Hz,其加速度为 0.5 ±0.1 g,见表 2 所示。

表 2 振动时间的选择

运输方式	运输路程/km	振动时间/min	
		正常运输条件	恶劣运输条件
公路	运输时间在 1 h 内	10	20
铁路	运输时间小于 3 h		
公路	1 000～1 500 以内	40	60
铁路	3 000～4 500 以内		
公路	超过 1 500	60	80
铁路	超过 4 500		

注1:正常运输条件:运输道路较为平坦,环境气候正常,装卸条件较好或一般,途中运转次数较少。

注2:恶劣运输条件:运输道路崎岖不平,环境气候变化较大,装卸条件差,有可能受到粗暴装卸作业,途中转运次数较多。

振动后按 6.3.4 进行检验。

7.4.3 自由跌落试验

按 GB/T 4857.5 的规定进行。

依次将包装件的 3、2、5、4、6、1 各面向下,按表 3 规定从静止状态突然释放,进行面跌落试验,每面跌落一次。

表 3   自由跌落高度表

包装件重量 P/kg	跌落高度/cm
P≤25	50
25<P≤40	40

对不能倒置的产品,按放置位置平面跌落 6 次。

试验后按 6.3.4 进行检验。

7.5   其他材质的物理机械性能试验

7.5.1   胶合板的相关试验按 GB/T 9846.5 规定的试法检测。

7.5.2   硬质纤维板的相关试验按 GB/T 12626.4～GB/T 12626.9 规定的方法检测。

7.5.3   钙塑瓦楞箱的空箱抗压力试验、钙塑板的拉断力和断裂伸长率试验、钙塑板的平面压缩力试验、钙塑板的垂直压缩力试验、钙塑板的撕裂力试验、钙塑板的低温耐折试验等,应按 GB/T 6980 规定的方法检测。

7.5.4   对刨花板以及其他种类的包装材质,其物理机械性能试验按相关要求检测。

8   包装箱标志及随箱文件

8.1   收发货标志及颜色

收发货标志及颜色按 GB/T 6388 的规定。

8.1.1   除上述外,应有下列标志:

    a)   制造厂名称、商标及产品名称;

    b)   型号、规格、数量;

    c)   国家有关部门所规定的必需标志;

    d)   箱体最大外形尺寸(长×宽×高),cm;

    e)   毛重、净重(如需要时),kg;

    f)   出厂编号或合同号(必要时写上箱编号);

    g)   产品装箱日期(年、月)。

8.2   包装储运图示标志

包装储运图示标志应符合 GB/T 191 有关规定。

8.3   标志位置

8.3.1   1、3 两面(正、背面)(见图 4)标明:

产品名称、型号规格、数量、收发货单位名称等。

8.3.2   5、6 两面(侧面)(见图 4)标明:

箱子外形尺寸、毛重、及"易碎物品"、"怕雨"等包装储运图示标志。

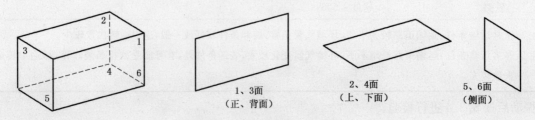

图 4   包装件各面图示

注:特别情况,标志位置可按供需双方协商而定。

8.4 标志字体

字体应端正,字迹清楚、项目齐全,不允许使用不合规范的简体字或异体字;套色准确,印色牢固、深浅一致。

8.5 随箱文件

8.5.1 随箱文件应包括:

a) 产品使用说明书;

b) 合格证(包括产品保用证);

c) 装箱单(包括产品名称、规格、数量、装箱日期、装箱员代码)。

注:对单一、简单的产品,且外包装箱已有产品名称、规格、数量、出厂日期等,则不用产品使用说明书及装箱单。

8.5.2 装箱文件应用塑料袋或纸袋封装,放在包装箱内,且应文实相符。

9 检验规则

9.1 出厂检验

9.1.1 凡提供交货的包装件均需按出厂检验项目进行检验,出厂检验的项目、方法、要求见表4。

表 4 出厂检验项目、方法、要求

检验内容	序号	技术要求（本标准所属章、条）	检验方法	不合格分类	
				B类	C类
纸箱	1	4.1.1	目测及用相应的量具测量	√	
	2	4.1.2 a)、b)、f)		√	
	3	4.1.2 c)、d)、e)			√
木箱	4	4.2.1 b)、f)		√	
	5	4.2.2 b)、c)		√	
	6	4.2.2 a)、d)、e)			√
	7	4.2.3 a)、b)		√	
	8	4.2.3 c)			√
装箱要求	9	5.1 a)、b)、c)		√	
	10	5.1 d)、e)			√
包装箱的加固	11	5.2.1 a)、b)、c)、e)			√
	12	5.2.2 a)、c)		√	
箱面标志	13	8.1.1 a)、b)、c)、d)、e)			√
	14	8.1.1 f)、g)			√
	15	8.2		√	
	16	8.3、8.4			√
随箱文件	17	8.5.1			√
	18	8.5.2			√

9.1.2 出厂检验的产品应在每批提交货中随机抽取,抽取及检验结果评定按 GB/T 2828.1—2003 的规定进行。每批的合格与否,按样本中的合格判定数和不合格判定数来判定,详见表5。

表 5　出厂检验抽样及评定

抽样方案的严格性	检验水平	抽样方案类型	接收质量限
正常检验	一般检验	二次抽样	B 类 4.0
	水平 I		C 类 6.5

9.1.3　出厂检验抽样方案的严格性调整,按 GB/T 2828.1—2003 中 9.3"转移规则"进行,由制造厂质检部门规定。

9.1.4　出厂检验的合格品,可作为成品交货。

9.1.5　出厂检验的不合格品及不合格批,应作全数返工处理,返工后仍不合格的包装,应予报废。

9.1.6　订货方在提出收货前可按表 4 序号 1~8,11~16 的检验项目对包装件进行检查,每项检验所需样品不超过 10 个。

9.1.7　订货方有权检查包装件质量是否合乎要求,如有必要,制造厂应提供近期的出厂检验或型式检验报告,让订货方审查。

9.1.8　交收中存在争议时,由供需双方协商解决,直至提交到更高级的质检部门或法定质检部门仲裁。

9.2　型式试验

9.2.1　属下列情况的,应进行型式试验:

　　a)　重新设计的包装;

　　b)　包装生产的工艺、材料有较大改变;

　　c)　包装材料转厂生产以及停止生产一年之后再生产;

　　d)　国家质量监督机构提出要求时。

　　为了考核成批生产的包装工艺稳定性和包装防护质量,在产品进行型式检验的同时,应进行包装件型式检验。

9.2.2　型式检验的项目、方法和要求除按表 4 进行外,还要按表 6 进行。

表 6　型式检验项目及方法要求

检验对象	检验项目	检验方法	合格要求
瓦楞纸箱	空箱抗压	7.4.1.1	本标准 4.1.3
	含水率	7.1.1 a)	≤14%
	粘合强度	7.1.1 c)	任一层≥400 N/m
20×20 cm² 纸箱纸板	耐破强度	7.1.1 b)	≥1 380 kPa
	边压强度	7.1.1 d)	≥7 KN/m
木箱箱板	含水率	7.1.2 a)	23%~30%
硬质纤维板	含水率等	7.1.2 b)	按引用标准要求
塑料打包带	拉力试验	7.2	本标准 5.2.1 中 e)
包装件(有防潮防锈要求)	湿热试验	7.3	本标准 6.1.2 及 6.2.3
包装件(有抗压防震要求)	抗压试验 振动试验 跌落试验	7.4.1 7.4.2 7.4.3	本标准 6.3.4
其他材质	物理机械性能试验	7.5	按引用标准要求
注 1:堆码试验中可采取直接堆码或压力试验,两者只取其一做试验即可,由厂方和检验部门协商而定。			
注 2:表 6 中出现的不合格全部视为 B 类不合格。			
注 3:包装件一定要做抗压防震试验;至于湿热试验,可按产品的特点及运输、装卸、储存等具体情况由供需双方协定。			

9.2.3 型式试验的抽样方法及结果评定按 GB/T 2829 的规定来定,如表 7 所示。

表 7 型式检验抽样方法及评定

抽样方法		评定结果			
判别水平	抽样数量	B 类不合格,RQL=40		C 类不合格,RQL=65	
		Ac	Re	Ac	Re
I	一次抽 3 件	0	2	0	3
	二次抽 3 件	1	2	3	4

注:Ac——合格判定数;Re——不合格判定数。

9.2.4 试样数量及分组:

a) 纸箱包装:包装件九件,空箱五个;

b) 木箱包装:包装件九件,面积为 10 cm² 的木箱板三块(不在同一木板上截取);

c) 九件包装件分三组,每组三个包装件:

　　一组:用于振动及湿热试验(先作振动,后作湿热试验);

　　二组:用于抗压及跌落试验(先作抗压,后作跌落试验);

　　三组:用作第二次抽样试验样品。

d) 空箱五个用作纸板的各项检验;

e) 木箱板三块用于含水率的测定;

f) 其他包装形式参照纸箱、木箱的分组方法进行检验。

9.2.5 型式检验不合格时,应停止出厂包装,并对包装材料及方法加以改进直到新的型式检验合格为止。

ICS 97.040.20
Y 68

中华人民共和国国家标准

GB/T 22939.2—2008

家用和类似用途电器包装
吸油烟机的特殊要求

Package of household and similar electrical appliances—
Particular requirements for range hood

2008-12-30 发布
2009-09-01 实施

中华人民共和国国家质量监督检验检疫总局
中国国家标准化管理委员会 发布

GB/T 22939.2—2008

前　言

　　GB/T 22939《家用和类似用途电器包装》由若干部分组成,GB/T 1019 为通则,GB/T 22939 为特殊要求。

　　本部分是 GB/T 22939 的第 2 部分,本部分和 GB/T 1019—2008《家用和类似用途电器包装通则》配合使用。

　　本部分中写明"适用"的部分,表示 GB/T 1019—2008 中的相应条款适用于本部分;本部分中写明"代替"或"修改"的部分,应以本部分为准;本部分中写明"增加"的部分,表示除要符合 GB/T 1019—2008 中的相应条款外,还应符合本部分所增加的条款。

　　对通则标准章条或图的增加以数字标示,从 101 起,增加的附录以 AA,BB 等标记;增加的列项以 aa),bb)等标记。

　　本部分由中国轻工业联合会提出。

　　本部分由全国家用电器标准化技术委员会(SAC/TC 46)归口。

　　本部分起草单位:浙江德意厨具有限公司、杭州老板电器股份有限公司、中国家用电器研究院、宁波方太厨具有限公司、博西华电器(江苏)有限公司、浙江阿林斯普能源科技有限公司、青岛海尔洗碗机有限公司。

　　本部分主要起草人:黄关德、余国成、李一、张兆明、郑军妹、管海燕、王俊、王建良。

家用和类似用途电器包装
吸油烟机的特殊要求

1 范围

GB/T 1019—2008 中该章用下述内容代替。

本部分规定了吸油烟机包装的术语和定义、要求、试验方法和标志等内容。

本部分适用于家用和类似用途的吸油烟机。

2 规范性引用文件

下列文件中的条款通过 GB/T 22939 的本部分的引用而成为本部分的条款。凡是注日期的引用文件,其随后所有的修改单(不包括勘误的内容)或修订版均不适用于本部分,然而,鼓励根据本部分达成协议的各方研究是否可使用这些文件的最新版本。凡是不注日期的引用文件,其最新版本适用于本部分。

GB/T 1019—2008 中的该章除下述内容外,均适用。

增加:

GB 4706.28 家用和类似用途电器的安全 吸油烟机的特殊要求(GB 4706.28—1999,idt IEC 60335-2-31)

GB/T 17713—1999 吸油烟机

3 术语和定义

下列术语和定义适用于 GB/T 22939 的本部分。

GB/T 1019—2008 中的该章除以下内容外,均适用。

增加:

3.101

吸油烟机 range hood

安装在炉灶上部,由电动机驱动用于收集被污染空气的器具。

注:被污染的空气可以通过过滤器后回到房间内或排放到室外。

3.102

抗压包装 strut packaging

在内装吸油烟机受到一定负载时,为避免其受损坏而采取一定防护措施的包装。

3.103

抗跌包装 decline counteract packaging

在内装吸油烟机跌落时,为避免其受损坏而采取一定防护措施的包装。

4 技术要求

GB/T 1019—2008 中的该章除下述内容外,均适用。

4.2 防潮包装

代替:

吸油烟机的防潮包装应符合 GB/T 5048—1999 第 4 章的规定。

吸油烟机应按产品及包装设计要求进行包装,包装应符合 GB/T 5048—1999 中 3.3 规定的 3 级防潮包装等级。

经防潮包装后的吸油烟机包装件,应按规定要求进行恒定湿热试验,试验后产品的外观质量及性能应符合 GB/T 17713—1999 第 5 章的规定。

4.3 防霉包装

不适用。

4.4 防锈包装

不适用。

4.101 抗压包装

吸油烟机的抗压包装,应符合产品包装设计要求。

抗压包装件试验后应达到以下要求:

a) 包装外观应无明显破损和变形;

b) 产品表面及零部件不应有机械损伤;

c) 产品的安全应符合 GB 4706.28 的规定,性能应符合 GB/T 17713—1999 第 5 章的规定。

4.102 抗跌包装

吸油烟机的抗跌包装,应符合产品包装设计要求。

抗跌包装件试验后应达到以下要求:

a) 包装外观应无明显破损和变形;

b) 产品表面及零部件不应有机械损伤;

c) 产品的安全应符合 GB 4706.28 的规定,性能应符合 GB/T 17713—1999 第 5 章的规定。

5 试验方法

GB/T 1019—2008 中的该章除下述内容外,均适用。

5.4 防霉试验

不适用。

5.5 防锈试验

不适用。

5.6 振动试验

代替:

根据产品包装设计要求,试验方法参照 GB/T 4857.7—1992 中 5.6.3 的方法 A、GB/T 4857.10、GB/T 4857.23 进行,试验后应满足 4.5 的要求。

5.7 堆码试验

代替:

堆码试验的包装件不需进行潮热试验,堆码层数应按设计要求,时间为 28 d。其试验后包装件高度与试验前的包装件高度之差小于 1 cm/m。试验后应满足 4.101 的要求。

5.8 斜面冲击试验

不适用。

5.9 跌落试验

代替:

5.9.1 包装件跌落试验参照 GB/T 4857.5—1992 进行。

5.9.2 吸油烟机为不能倒置的产品,将试件按 GB/T 4857.1—1992 中 2.1 规定的底面 3 向下,按表101 规定提到预定高度,以初速度为零释放,连续进行 3 次跌落试验。

表 101

包装件质量 / kg	跌落高度/cm（流通条件 2）
≤25	50
>25,≤50	35
>50,≤75	30
>75,≤100	25
>100	20

5.9.3 跌落试验后的吸油烟机包装件应符合 4.102 的要求。

6 包装标志

代替：

包装标志按照 GB/T 191 的有关规定正确选用,且应符合 GB/T 17713—1999 中对应的包装标志要求。

ICS 97.080
Y 62

中华人民共和国国家标准

GB/T 22939.3—2008

家用和类似用途电器包装
真空吸尘器和吸水式清洁器具的特殊要求

Package of household and similar electrical appliances—
Particular requirements for vacuum cleaners and
water suction cleaning appliances

2008-12-30 发布   2009-09-01 实施

中华人民共和国国家质量监督检验检疫总局
中国国家标准化管理委员会   发布

GB/T 22939.3—2008

前　言

　　GB/T 22939《家用和类似用途电器包装》由若干部分组成,GB/T 1019 为通则,GB/T 22939 为特殊要求。

　　本部分是 GB/T 22939 的第 3 部分,本部分和 GB/T 1019—2008《家用和类似用途电器包装通则》配合使用。

　　本部分中写明"适用"的部分,表示 GB/T 1019—2008 中的相应条款适用于本部分;本部分中写明"代替"或"修改"的部分,应以本部分为准;本部分中写明"增加"的部分,表示除要符合 GB/T 1019—2008 中的相应条款外,还应符合本部分所增加的条款。

　　对通则标准章条或图的增加以数字标示,从 101 起,增加的附录以 AA,BB 等标记;增加的列项以 aa),bb)等标记。

　　本部分由中国轻工业联合会提出。

　　本部分由全国家用电器标准化技术委员会归口。

　　本部分主要起草单位:中国家用电器研究院、松下电化住宅设备机器(杭州)有限公司、宁波富达电器有限公司、宁波富佳实业有限公司。

　　本部分主要起草人:李一、鲁建国、郑国威、徐云国、周小林、孙鹏。

家用和类似用途电器包装
真空吸尘器和吸水式清洁器具的特殊要求

1 范围

GB/T 1019—2008 中该章用下述内容代替。

本部分规定了家用和类似用途电器——真空吸尘器和吸水式清洁器具包装的术语和定义、技术要求、试验方法和包装标志。

本部分适用于家庭和类似场合使用的真空吸尘器和吸水式清洁器具的包装。

2 规范性引用文件

GB/T 1019—2008 中的该章适用。

3 术语和定义

GB/T 1019—2008 中的该章适用。

4 技术要求

GB/T 1019—2008 中的该章除下述内容外,均适用。

4.3 防霉包装

不适用。

4.5 防振包装

修改:

器具包装应符合产品包装设计的要求。

真空吸尘器和吸水式清洁器具包装件经过 5.6 的振动试验后应符合下述要求:

a) 包装外观应无明显破损和变形;

b) 产品表面及零部件不应有机械损伤;

c) 产品的安全及性能应符合其产品标准要求。

4.6 包装材料

修改:

真空吸尘器和吸水式清洁器具所用的包装材料,应符合国家对包装材料的一般性要求。本着安全、可靠、节约的原则,应尽量使用可再生利用的包装材料。

包装及包装材料应符合国家环保的有关要求。

5 试验方法

GB/T 1019—2008 中的该章除下述内容外,均适用。

5.4 防霉试验

不适用。

5.6 振动试验

修改:

真空吸尘器和吸水式清洁器具包装设计要求,按照 GB/T 4857.7、GB/T 4857.10、GB/T 4857.23 规定的方法进行试验,试验后应符合 4.5 的要求。

5.7 堆码试验

修改：

真空吸尘器和吸水式清洁器具包装采用直接堆码试验。

堆码试验方法按 GB/T 4857.3 的规定进行。

5.7.1 直接堆码试验

修改：

直接堆码试验的包装件不需进行潮热试验，堆码层数应按设计要求，在温度(20±5)℃、相对湿度 50%～70% 的环境中放置 28 d。试验后包装件总高度与试验前的包装件总高度降低值应不大于 1 cm/m。

5.7.2 压力堆码试验

不适用。

5.8 斜面冲击试验

修改：

真空吸尘器和吸水式清洁器具包装件应进行斜面冲击试验。斜面冲击试验按 GB/T 4857.11 中的斜面试验方法进行。

冲击速度：$v=1.5$ m/s。

试验顺序及次数按表 101 规定。

表 101

试验顺序	试验样品放置面(编号)	试验样品承受冲击的面或棱(编号)	试验次数
1	3	4	2
2	3	6	2
3	3	2	2
4	3	5	2
5	3	4—6	2
6	3	2—6	2
7	3	2—5	2
8	3	4—5	2

冲击试验后，产品不得有变形、压痕和损伤。

5.9 跌落试验

5.9.1 修改：

真空吸尘器和吸水式清洁器具包装件应进行跌落试验，跌落试验按照 GB/T 4857.5 进行。

5.9.2 修改：

跌落试验高度按表 102 规定。

表 102

包装件毛重/kg	跌落高度/cm		
	流通条件 1	流通条件 2	流通条件 3
≤25	60	50	40
>25 且≤50	45	35	30
>50 且≤75	35	30	25

6 包装标志

GB/T 1019—2008 中的该章适用。

ICS 97.040.20
Y 68

中华人民共和国国家标准

GB/T 22939.4—2008

家用和类似用途电器包装
微波炉的特殊要求

Package of household and similar electrical appliances—
Particular requirement for microwave oven

2008-12-30 发布

2009-09-01 实施

中华人民共和国国家质量监督检验检疫总局
中国国家标准化管理委员会 发布

前 言

GB/T 22939《家用和类似用途电器包装》由若干部分组成，GB/T 1019 为通则，GB/T 22939 为特殊要求。

本部分是 GB/T 22939 的第 4 部分，本部分和 GB/T 1019—2008《家用和类似用途电器包装通则》配合使用。

本部分中写明"适用"的部分，表示 GB/T 1019—2008 中的相应条款适用于本部分；本部分中写明"代替"或"修改"的部分，应以本部分为准；本部分中写明"增加"的部分，表示除要符合 GB/T 1019—2008 中的相应条款外，还应符合本部分所增加的条款。

对通则标准章条或图的增加以数字标示，从 101 起，增加的附录以 AA，BB 等标记；增加的列项以 aa)，bb) 等标记。

本部分由中国轻工业联合会提出。

本部分由全国家用电器标准化技术委员会(SAC/TC 46)归口。

本部分主要起草单位：广东格兰仕集团有限公司、佛山市顺德区美的微波电器制造有限公司、中国家用电器研究院、上海松下微波炉有限公司。

本部分主要起草人：江智畅、吴远兴、杜鑫、刘蒙、吴蒙。

家用和类似用途电器包装
微波炉的特殊要求

1 范围

GB/T 1019—2008 中该章用下述内容代替。

本部分规定了家用和类似用途微波炉包装的术语和定义、技术要求、试验方法和标志等内容。

本部分适用于家用和类似用途的微波炉。

本部分也适用于组合型微波炉。

本部分不适用于：

——用于工业的微波炉；

——用于医疗用途的微波炉。

2 规范性引用文件

下列文件中的条款通过 GB/T 22939 的本部分的引用而成为本部分的条款。凡是注日期的引用文件,其随后所有的修改单(不包括勘误的内容)或修订版均不适用于本部分,然而,鼓励根据本部分达成协议的各方研究是否可使用这些文件的最新版本。凡是不注日期的引用文件,其最新版本适用于本部分。

GB/T 1019—2008 中的该章除下述内容外,均适用。

增加:

GB 4706.1—2005　家用和类似用途电器的安全　第 1 部分:通用要求[GB/T 4706.1—2005, IEC 60335-1:2004(Ed 4.1),IDT]

GB 4706.21—2002　家用和类似用途电器的安全　微波炉的特殊要求(GB/T 4706.21—2002, IEC 60335-2-25:1996,IDT)

3 术语和定义

下列术语和定义适用于 GB/T 22939 的本部分。

GB/T 1019—2008 中的该章除以下内容外,均适用。

增加:

3.101

微波炉　microwave oven

设计用微波能量加热腔体中的食物和饮料的器具。

3.102

组合型微波炉　combination microwave oven

兼有传统炉灶的某些或全部加热功能,并具有腔体微波加热方式的器具。

仅具有着色功能的微波炉不能认为是组合型微波炉。

3.103

防压包装　press proof packaging

在包装件受到一定负载时,为避免产品损坏与包装件变形而采取一定防护措施的包装。

3.104

防跌包装　drop proof packaging

在包装件跌落时,为避免产品损坏而采取一定防护措施的包装。

GBF/T 22939.4—2008

4 技术要求

GB/T 1019—2008 中的该章除下述内容外,均适用。

4.2 防潮包装

不适用。

4.3 防霉包装

不适用。

4.4 防锈包装

不适用。

4.5 防振包装

代替:

微波炉的防振包装,应符合产品包装设计要求。

防振包装件试验后应达到以下要求:

a) 产品表面及零部件不应有机械损伤;

b) 微波泄漏应符合 GB 4706.21—2002 第 32 章的规定;

c) 电气强度应符合 GB 4706.1—2005 第 16 章的规定;

d) 泄漏电流应符合 GB 4706.1—2005 第 13 章的规定;

e) 外壳部螺丝不得有松动。

4.101 防压包装

微波炉的防压包装,应符合产品包装设计要求。

防压包装件试验后应达到以下要求:

a) 偏斜量不超过 25 mm;

b) 包装外观应无明显破损和变形;

c) 产品表面及零部件不应有机械损伤;

d) 微波泄漏应符合 GB 4706.21—2002 第 32 章的规定;

e) 电气强度应符合 GB 4706.1—2005 第 16 章的规定;

f) 泄漏电流应符合 GB 4706.1—2005 第 13 章的规定。

4.102 防跌包装

微波炉的防跌包装,应符合产品包装设计要求。

防跌包装件试验后应达到以下要求:

a) 产品表面及零部件不应有机械损伤;

b) 微波泄漏应符合 GB 4706.21—2002 第 32 章的规定;

c) 电气强度应符合 GB 4706.1—2005 第 16 章的规定;

d) 泄漏电流应符合 GB 4706.1—2005 第 13 章的规定。

5 试验方法

GB/T 1019—2008 中的该章除下述内容外,均适用。

5.3 防潮试验

不适用。

5.4 防霉试验

不适用。

5.5 防锈试验

不适用。

572

5.6 振动试验

代替:

根据产品包装设计要求,试验方法按 GB/T 4857.10 规定进行并增加以下内容:

5.6.1 频率变化:振动频率从 10 Hz 到 30 Hz,用时 30 s;随后振动频率从 30 Hz 到 10 Hz,用时 30 s,频率变化周期为 60 s;振动时间:120 min;振幅:3.5 mm。

5.6.2 试验后应满足 4.5 的要求。

5.7 堆码试验

代替:

堆码试验方法按 GB/T 4857.3 的规定进行并增加以下内容:

5.7.1 堆码层数=2.7 m/纸箱高度,数值舍去小数;层数最大取 12 层;堆码时间为 48 h。

5.7.2 试验后应满足 4.101 的要求。

5.8 斜面冲击试验

不适用。

5.9 跌落试验

代替:

包装件跌落试验方法按 GB/T 4857.5 进行并增加以下内容:

5.9.1 依次将试件按照表 101 的跌落顺序和要求,按表 101 与表 102 规定提到预定高度,以初速度为零释放,各跌落 1 次。

表 101

次序	跌落位置	跌落高度	备 注	举 例
1	底面最脆弱的角	H		2-3-5
2	与跌落角相邻的最短边	H	如为竖边则为 $H/2$	2-5(竖边)
3	与跌落角相邻的次短边	H	如为竖边则为 $H/2$	3-5
4	与跌落角相邻的长边	H	如为竖边则为 $H/2$	2-3
5	跌落角相邻最小面	$H/2$	如为底面则取 H	5
6	最小面的对面	$H/2$	如为底面则取 H	6
7	跌落角相邻次小面	$H/2$	如为底面则取 H	2
8	次小面的对面	$H/2$	如为底面则取 H	4
9	跌落角相邻最大面	$H/2$	如为底面则取 H	3(底面)
10	最大面的对面	$H/2$	如为底面则取 H	1

表 102

包装件质量 (m)/kg	跌落高度(H)/mm
$m \leqslant 9$	760
$9 < m \leqslant 18$	610
$18 < m \leqslant 27$	460
$27 < m \leqslant 45$	310
$m > 45$	200

5.9.2 试验后应满足 4.102 的要求。

6 包装标志

GB/T 1019—2008 的该章内容,均适用。

ICS 97.060
Y 62

中华人民共和国国家标准

GB/T 22939.5—2008

家用和类似用途电器包装
电动洗衣机和干衣机的特殊要求

Package of household and similar electrical appliances—
Particular requirements for electric washing machine and dryer

2008-12-30 发布

2009-09-01 实施

中华人民共和国国家质量监督检验检疫总局
中国国家标准化管理委员会 发布

前　言

GB/T 22939《家用和类似用途电器包装》由若干部分组成,GB/T 1019 为通则,GB/T 22939 为特殊要求。

本部分是 GB/T 22939 的第 5 部分,本部分和 GB/T 1019—2008《家用和类似用途电器包装通则》配合使用。

本部分中写明"适用"的部分,表示 GB/T 1019—2008 中的相应条款适用于本部分;本部分中写明"代替"或"修改"的部分,应以本部分为准;本部分中写明"增加"的部分,表示除要符合 GB/T 1019—2008 中的相应条款外,还应符合本部分所增加的条款。

对通则标准章条或图的增加以数字标示,从 101 起,增加的附录以 AA,BB 等标记;增加的列项以aa),bb)等标记。

本部分由中国轻工业联合会提出。

本部分由全国家用电器标准化技术委员会(SAC/TC 46)归口。

本部分起草单位:中国家用电器研究院、国家家用电器质量监督检验中心、博西华电器(江苏)有限公司、青岛海尔洗衣机有限公司、无锡小天鹅股份有限公司、宁波新乐电器有限公司、宁波乐士实业有限公司。

本部分主要起草人:鲁建国、丁旭东、万国胜、李宏、邬烈勤、林海滨、孙鹏。

家用和类似用途电器包装
电动洗衣机和干衣机的特殊要求

1 范围

GB/T 1019—2008 中的该章用下述内容代替。

GB/T 22939 的本部分规定了洗衣机和干衣机包装的术语和定义、技术要求、试验方法和标志等内容。

本部分适用于在家庭和类似场所使用的由电力驱动的洗衣机、干衣机的包装。

注：洗衣干衣一体机属于本部分范围。

2 规范性引用文件

下列文件中的条款通过 GB/T 22939 的本部分的引用而成为本部分的条款。凡是注日期的引用文件，其随后所有的修改单（不包括勘误的内容）或修订版均不适用于本部分，然而，鼓励根据本部分达成协议的各方研究是否可使用这些文件的最新版本。凡是不注日期的引用文件，其最新版本适用于本部分。

GB/T 1019—2008 中的该章适用。

3 术语和定义

GB/T 1019—2008 确立的术语和定义适用于 GB/T 1019 本部分。

4 技术要求

GB/T 1019—2008 中的该章除下述内容外，均适用。

4.3 防霉包装
不适用。

4.5 防振包装
修改：

洗衣机、干衣机包装应符合产品包装设计的要求。

洗衣机、干衣机包装件经过 5.6 的振动试验后应符合下述要求：

a) 包装外观应无明显破损和变形；

b) 产品表面及零部件不应有机械损伤；

c) 产品的安全及性能应符合其产品标准要求。

4.6 包装材料
修改：

洗衣机、干衣机所用的包装材料，应符合国家对包装材料的一般性要求。本着安全、可靠、节约的原则，应尽量使用可再生利用的包装材料。

包装及包装材料应符合国家环保的有关要求。

5 试验方法

GB/T 1019—2008 中的该章除下述内容外，均适用。

5.4 防霉试验

不适用。

5.6 振动试验

修改:

根据洗衣机、干衣机包装设计要求,按照 GB/T 4857.7、GB/T 4857.10、GB/T 4857.23 规定的方法进行试验,试验后应符合 4.5 的要求。

5.7 堆码试验

修改:

采用直接堆码试验。

堆码试验方法按 GB/T 4857.3 的规定进行。

5.7.1 直接堆码试验

修改:

直接堆码试验的包装件不需进行潮热试验,堆码层数应按设计要求,在温度(20±5)℃、相对湿度 50%~70% 的环境中放置 28 d。试验后包装件总高度与试验前的包装件总高度降低值应不大于 1 cm/m。

5.8 斜面冲击试验

修改:

洗衣机、干衣机包装件应进行斜面冲击试验。斜面冲击试验按 GB/T 4857.11 中的斜面试验方法进行。

冲击速度:$v=1.5$ m/s。

试验顺序及次数按表 101 要求。

表 101 试验顺序及次数

试验顺序	试验样品放置面(编号)	试验样品承受冲击的面或棱(编号)	试验次数
1	3	4	2
2	3	6	2
3	3	2	2
4	3	5	2
5	3	4-6	2
6	3	2-6	2
7	3	2-5	2
8	3	4-5	2

冲击试验后,产品不得有变形、压痕和损伤。

6 包装标志

GB/T 1019—2008 中的该章适用。

ICS 97.040.30
Y 61

中华人民共和国国家标准

GB/T 22939.6—2008

家用和类似用途电器包装
电冰箱的特殊要求

Package of household and similar electrical appliances—
Particular requirements for refrigerator

2008-12-30 发布
2009-09-01 实施

中华人民共和国国家质量监督检验检疫总局
中国国家标准化管理委员会 发布

前　言

GB/T 22939《家用和类似用途电器包装》由若干部分组成,GB/T 1019 为通则,GB/T 22939 为特殊要求。

本部分是 GB/T 22939 的第 6 部分,本部分和 GB/T 1019—2008《家用和类似用途电器包装通则》配合使用。

本部分中写明"适用"的部分,表示 GB/T 1019—2008 中的相应条款适用于本部分;本部分中写明"代替"或"修改"的部分,应以本部分为准;本部分中写明"增加"的部分,表示除要符合 GB/T 1019—2008 中的相应条款外,还应符合本部分所增加的条款。

对通则标准章条或图的增加以数字标示,从 101 起,增加的附录以 AA,BB 等标记;增加的列项以 aa),bb)等标记。

本部分由中国轻工业联合会提出。

本部分由全国家用电器标准化技术委员会(SAC/TC 46)归口。

本部分主要起草单位:中国家用电器研究院、海尔集团公司。

本部分参加起草单位:海信科龙电器股份有限公司、合肥美菱股份有限公司、美的集团有限公司、星星集团有限公司、上海尊贵电器有限公司、六安索伊电器制造有限公司、伊莱克斯(中国)电器有限公司、博西华家用电器有限公司。

本部分主要起草人:杨超、张奎、蔡宁、满明强、陈文朗、李猛、于清、李其民、周于兴、薛彬、赵玉琴、黄也贵。

家用和类似用途电器包装
电冰箱的特殊要求

1 范围

GB/T 1019—2008 中该章用下述内容代替。

GB/T 22939 的本部分规定了家用和类似用途电冰箱包装件的要求。

本部分适用于家用和类似用途电冰箱包装件的检验,本部分也可以用于家用电冰柜、酒柜、展示柜等(以下统称电冰箱)包装件的检验。

2 规范性引用文件

下列文件中的条款通过 GB/T 22939 的本部分的引用而成为本部分的条款。凡是注日期的引用文件,其随后所有的修改单(不包括勘误的内容)或修订版均不适用于本部分,然而,鼓励根据本部分达成协议的各方研究是否可使用这些文件的最新版本。凡是不注日期的引用文件,其最新版本适用于本部分。

GB/T 1019—2008 家用和类似用途电器包装通则

GB/T 4857.1 包装 运输包装件 试验时各部位的标示方法

GB/T 4857.2 包装 运输包装件基本试验 第 2 部分:温湿度调节处理

GB/T 4857.3 包装 运输包装件基本试验 第 3 部分:静载荷堆码试验方法

GB/T 4857.11 包装 运输包装件基本试验 第 11 部分:水平冲击试验方法

ASTM D 4169 运输集装箱和系统的性能试验的标准惯例

ASTM D 4728 运输集装箱随机振动检测的标准试验方法

3 术语和定义

GB/T 1019—2008 确立的以及下列术语和定义适用于本部分。

3.101

流通环境 circulation environment

流通条件 1:包装件的运输距离长,转运次数多,并且可能受到粗暴的装卸作业。

流通条件 2:包装件的转运次数少,装卸条件优于流通条件 1。

流通条件 3:包装件的运输及装卸条件好,不会受到粗暴的装卸作业。

4 技术要求

GB/T 1019—2008 中的该章除以下内容外,均适用。

4.2 防潮包装

增加:

4.2.101 电冰箱包装在进行防潮试验后,包装箱不应出现塌箱、鼓箱现象。

4.2.102 若采用无底型纸箱,则包装件不应出现触地、折弯变形现象。

4.2.103 带搬运把手的包装箱,防潮试验后,把手应仍能用于电冰箱的搬运。

4.5 防振包装

代替:

GB/T 22939.6—2008

在进行防振试验后,电冰箱包装箱不应出现塌箱、鼓箱现象,电冰箱外观不应出现明显划伤,电冰箱应能正常工作,无异常噪音。

4.5.1 果菜盒固定防护应可靠,无松脱、破损现象。

4.5.2 压缩机盖板及底板应无可视变形,压缩机管路不应出现导致管路相互碰撞的变形。

4.5.3 门铰链不应有可视变形,冷冻门、冷藏门的压合面积不应有明显的、影响性能的变化。

4.5.4 电冰箱管路不应出现制冷剂泄漏现象。

4.5.5 带手把的电冰箱,在防振试验后,手把应无损坏、松动。

4.5.6 带顶饰板的电冰箱,在防振试验后,顶饰板应无可视的损坏、松动。

4.5.7 门体带电脑板的电冰箱,在防振试验后,电脑板的引线无破损现象。

4.5.8 带风机的电冰箱,在防振试验后,风机应能正常工作,扇叶不应与风圈产生碰撞、摩擦。

4.5.9 带玻璃制品的电冰箱,在防振试验后,玻璃制品不应出现裂纹、破碎现象。

4.6 包装材料

增加:

电冰箱内部包装材料应符合国家相关的卫生和食品安全要求。

4.101 堆码要求

电冰箱包装件在堆码试验后,不应出现塌箱、鼓箱现象。

4.101.1 电冰箱箱体外表面不应出现变形。

4.101.2 直接堆码时,试验后电冰箱包装件高度与试验前的包装件高度之差不大于 1 cm/m。

4.101.3 压力堆码时,试验后电冰箱包装件高度与试验前的包装件高度之差不大于 1.5 cm/m。

5 试验方法

GB/T 1019 中的该章除以下内容外,均适用:

5.1 试验准备

试验时包装件各部位的标示,按 GB/T 4857.1 的规定对试验包装件各部位进行编号。如图 1 所示:

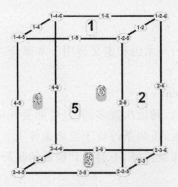

1——电冰箱顶面;
3——电冰箱底面;
5——电冰箱前面;
6——电冰箱后面;
2、4——电冰箱侧面。

图 1 包装部位编号

5.2 试验条件

代替:

包装件在进行试验之前,应按 GB/T 4857.2 进行温湿度调节处理,其温度为 20 ℃±2 ℃,相对湿度为(65±5)%,处理时间为 24 h,处理后按规定的要求和方法进行试验。

注：如包装件在流通过程中可能遇到特殊环境条件，需在特殊的气候条件下进行，例如盐雾、淋雨、浸水、高温或特殊温度等。样品应在规定的气候条件中放置不小于 24 h 后，取出试验样品，立即进行试验。

5.3 防潮试验

代替：

a) 根据运输包装件的特性以及在流通过程中可能遇到的环境条件，选定表 101 中温湿度条件之一进行温湿度调节处理。

表 101 温湿度条件

条件	试验时间/h	试验温度/℃	相对湿度/%
1	72	23±2	55±5
2	72	40±2	90±5
3	72	65±2	95±5

注：条件 1 适合于内陆无高湿环境地区，条件 2 适合沿海、沿湖、沿河有高温高湿环境地区，条件 3 适合于热带海运环境地区

b) 试验后应满足 4.2 的要求。

5.6 振动试验

代替：

根据产品包装要求，应进行堆码振动或单机振动。

5.6.1 堆码振动试验

本项试验一般用于评价包装件承受长期连续冲击的能力，评价包装件在长途堆码运输过程中受到的颠簸。

a) 试验要求

采用垂直线性振动台进行随机振动试验，试验标准参照 ASTM D 4169 和 ASTM D 4728 进行。

b) 试验强度

随机振动频率间断点及功率谱密度见表 102。

表 102 堆码振动试验

频率/Hz	功率谱密度/(g²/Hz)		
	流通条件 1	流通条件 2	流通条件 3
1	0.000 1	0.000 05	0.000 025
4	0.02	0.01	0.005
16	0.02	0.01	0.005
40	0.002	0.001	0.000 5
80	0.002	0.001	0.000 5
200	0.000 02	0.000 01	0.000 005
加速度均方根(g rms)	0.73	0.52	0.37

c) 试验程序

将电冰箱包装件分别按正常的运输摆放方式放置在振动台上，仅在包装件周围安装护栏加以保护，护栏与包装件间距不小于 25.4 mm。如电冰箱包装件在正常运输过程中有不同放置方向，应对包装件合理分配，覆盖所有可能的放置方向。振动时间：3 h。

d) 试验后应满足 4.5 的要求。

5.6.2 单机振动试验

本项试验一般用于评价电冰箱包装件承受短期连续冲击的能力,评价电冰箱包装件在短途运输过程中受到的颠簸。

    a) 试验要求

        采用垂直线性振动台或旋转振动台进行试验,试验标准参照 ASTM D 4169 进行。

    b) 试验强度

        振动台的峰值振幅位移为 12.7 mm,连续试验 1 h。

    c) 试验程序

        将电冰箱包装件按正常放置状态放置在垂直振动台上。在包装件四周安装护栏,护栏与样品间距应大于 25.4 mm。保持振动台的峰值振幅位移为 12.7 mm,逐渐增加台面的振动频率,直至最上层包装件能够跳起。连续试验 1 h。

    d) 试验后应满足 4.5 的要求。

5.7 堆码试验

代替:

堆码试验可采用直接堆码试验和压力堆码试验。

堆码试验方法按 GB/T 4857.3 的规定进行,在防潮试验之后进行。

5.7.1 直接堆码试验

    a) 测试基准面(地面)必须平整,水平,清洁。电冰箱包装件承受堆码单柱的高度为 3.5 m 或堆码最大允许层数的压力(若包装件标明最大允许堆码层数)。

    b) 在墙角将包装件进行堆码,包装件与墙留 0.5 m 左右的间隙,在邻近的墙上做标记作为参照物,以便测量堆码与基准面之间的高度偏差。在堆码试验中,每一包装件都要整齐的放置,确保包装件堆码的四个侧面与地面基准成 90°垂直。

    c) 静态堆放时间为 28 d。期间,堆码试验的偏差每天用毫米为单位测量记录;如果在试验过程中出现导致倾倒的不稳定现象,测试必须终止。

    d) 试验后应满足 4.101 的要求。

5.7.2 压力堆码试验

    a) 依据电冰箱包装件在流通环境中的放置方式,将其放置在堆码试验机上,进行堆码压力试验,堆码压力 F 如下:

        压力堆码试验负载按式(1)计算。

$$F = K \times m \times (n-1) \times g \quad\quad\quad\quad\quad\quad\quad (1)$$

式中:

F——试验负载,单位为牛顿(N);

K——流通期间劣变系数,见表 103;

n——仓储允许堆放的最大层数;

m——包装件的质量,单位为千克(kg);

g——重力加速度,9.8 m/s^2。

施加压力时间为 48 h。

表 103　压力堆码试验劣化系数 K

分　类	仓储堆码	车辆运输堆码
内装物不能有效支撑堆码载荷	4.5	7.0
内装物不能有效支撑堆码载荷,包装内附加坚固的支撑物	3.0	4.0
包装坚固,或产品能够承载部分载荷	2.0	3.0

b) 试验后应满足 4.101 的要求。

5.8 斜面冲击试验

代替：

a) 电冰箱包装件毛重大于 68 kg 时，应进行斜面冲击试验。试验方法按 GB/T 4857.11 中的斜面试验方法进行。冲击末速度：$v=2.1$（m/s）。

试验顺序及次数按表 2。

表 2 斜面冲击试验

试验顺序	试验样品放置面（编号）	试验样品承受冲击的面或棱（编号）	试验次数
1	3	4	2
2	3	6	2
3	3	2	2
4	3	5	2
5	3	4—6	1
6	3	2—5	1

b) 试验后应满足 4.5 的要求。

5.9 跌落试验

该条除以下内容外均适用。

5.9.2

代替：

a) 依次将包装件的面 3 以及 2 条底棱（选择最脆弱角引出的 2 条底棱，若不能判定，则推荐选用 2-3-5 角），按表 5 规定提到预定高度，以初速度为零释放，各跌落 1 次。

b) 在跌落试验中，应确保电冰箱包装件的重力线恰好通过被跌落的棱、面。

c) 试验后应满足 4.5 的要求。

表 5 跌落试验

包装件质量/kg	跌落高度/cm		
	流通条件 1	流通条件 2	流通条件 3
≤25	60	50	40
>25,≤50	45	35	30
>50,≤75	35	30	25
>75,≤100	30	25	20
>100	25	20	15

6 包装标志

GB/T 1019—2008 中的该章内容，均适用。

ICS 97.140.30
Y 61

中华人民共和国国家标准

GB/T 22939.7—2008

家用和类似用途电器包装 空调器的特殊要求

Package of household and similar electrical appliances—
Particular requirements for refrigerator

2008-12-30 发布

2009-09-01 实施

中华人民共和国国家质量监督检验检疫总局
中国国家标准化管理委员会 发 布

前　言

　　GB/T 22939《家用和类似用途电器包装》由若干部分组成,GB/T 1019 为通则,GB/T 22939 为特殊要求。

　　本部分是 GB/T 22939 的第 7 部分,本部分和 GB/T 1019—2008《家用和类似用途电器包装通则》配合使用。

　　本部分中写明"适用"的部分,表示 GB/T 1019—2008 中的相应条款适用于本部分;本部分中写明"代替"或"修改"的部分,应以本部分为准;本部分中写明"增加"的部分,表示除要符合 GB/T 1019—2008 中的相应条款外,还应符合本部分所增加的条款。

　　对通则标准章条或图的增加以数字标示,从 101 起,增加的附录以 AA,BB 等标记;增加的列项以 aa),bb) 等标记。

　　本部分由中国轻工业联合会提出。

　　本部分由全国家用电器标准化技术委员会(SAC/TC 46)归口。

　　本部分主要起草单位:中国家用电器研究院、海尔集团公司。

　　本部分参加起草单位:美的集团有限公司、珠海格力电器股份有限公司、江苏春兰制冷设备股份有限公司、广东志高空调有限公司、宁波奥克斯空调有限公司、广州松下空调器有限公司、上海三菱电机·上菱空调机电器有限公司、大金空调(上海)有限公司、沈阳三洋空调有限公司。

　　本部分主要起草人:马德军、杨超、张守信、王传松、廖国瑾、吴新宙、周晓明、李僑、白韦、叶荣、陆东铭、史剑春、于薇、胡志强。

家用和类似用途电器包装
空调器的特殊要求

1 范围

GB/T 1019—2008 中该章用下述内容代替。

GB/T 22939 的本部分规定了家用和类似用途空调器包装件的要求。

本部分适用于家用和类似用途电器中空调器包装件的检验,本部分也可以用于移动式空调器、除湿机等(以下统称空调器)包装件的检验。

2 规范性引用文件

下列文件中的条款通过 GB/T 22939 的本部分的引用而成为本部分的条款。凡是注日期的引用文件,其随后所有的修改单(不包括勘误的内容)或修订版均不适用于本部分,然而,鼓励根据本部分达成协议的各方研究是否可使用这些文件的最新版本。凡是不注日期的引用文件,其最新版本适用于本部分。

GB/T 1019—2008   家用和类似用途电器包装通则

GB/T 4857.1   包装   运输包装件   试验时各部位的标示方法

GB/T 4857.2   包装   运输包装件基本试验   第 2 部分:温湿度调节处理

GB/T 4857.3   包装   运输包装件基本试验   第 3 部分:静载荷堆码试验方法

GB/T 4857.11   包装   运输包装件基本试验   第 11 部分:水平冲击试验方法

ASTM D 4169   运输集装箱和系统的性能试验的标准惯例

ASTM D 4728   运输集装箱随机振动检测的标准试验方法

3 术语和定义

GB/T 1019—2008 确立的以及下列术语和定义适用于 GB/T 1019 本部分。

3.101

流通环境   circulation environment

流通条件 1:包装件的运输距离长,转运次数多,并且可能受到粗暴的装卸作业。

流通条件 2:包装件的转运次数少,装卸条件优于流通条件 1。

流通条件 3:包装件的运输及装卸条件好,不会受到粗暴的装卸作业。

4 技术要求

GB/T 1019—2008 中的该章除以下内容外,均适用。

4.2 防潮包装

增加:

空调器包装在进行防潮试验后,包装箱不应出现塌箱、鼓箱现象。

若采用无底型纸箱,则包装箱不应出现触地、折弯变形现象。

4.5 防振包装

代替:

空调器包装件防振试验后,包装箱不得出现塌箱、鼓箱现象,空调器外观不得出现明显损伤,空调器应符合国家标准要求,不得出现性能故障或安全故障,包装材料不应出现功能性损坏,产品应无异常噪音,符合国家标准噪声要求。

4.5.1 空调器室外机(含窗机、移动式空调器等)防振包装

4.5.1.1 空调器室外机包装中含有室内外连接管时,连接管应无扭曲、变形,保温套管应无破损。

4.5.1.2 空调器管路之间不应出现相互碰撞或泄漏。

4.5.1.3 截止阀不应出现导致安装困难的变形,不得出现泄漏。

4.5.1.4 电动机-压缩机(以下统称压缩机)紧固螺栓不允许出现导致异常噪音和振动的变形。

4.5.2 空调器室内机防振包装

4.5.2.1 空调器室内机通电检查风扇应无异常噪音,无异常振动。

4.5.2.2 风扇应无破损及裂纹。

4.5.2.3 附件不应从包装件中脱落。

4.5.2.4 遥控器外观应无损坏,应能正常工作。

4.101 堆码要求

空调器包装件在进行堆码试验后,不应出现塌箱、鼓箱现象。

4.101.1 空调器室外机壳体顶部不应出现可视的凸起变形。

4.101.2 空调器室内机壳体不应出现可视的裂纹损坏。

4.101.3 直接堆码时,试验后空调器包装件高度与试验前的包装件高度之差不大于 1 cm/m。

4.101.4 压力堆码时,试验后空调器包装件高度与试验前的包装件高度之差不大于 1.5 cm/m。

5 试验方法

GB/T 1019—2008 中的该章除以下内容外,均适用:

5.1 试验准备

试验时包装件各部位的标示,按 GB/T 4857.1 的规定对试验包装件各部位进行编号。如图 1 所示:

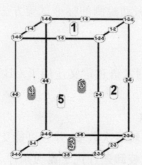

1——顶面;

3——底面;

5——前面;

6——后面;

2、4——侧面。

图 1 包装部位编号

5.2 试验条件

代替:

包装件在进行试验之前,应按 GB/T 4857.2 进行温湿度调节处理,其温度为 20 ℃±2 ℃,相对湿度为(65±5)%,处理时间为 24 h,处理后按规定的要求和方法进行试验。

注:如包装产品在流通过程中可能遇到特殊环境条件,需在特殊的气候条件下进行,例盐雾、淋雨、浸水、高温或特殊温度等。样品应在规定的气候条件中放置不小于 24 h 后,取出试验样品,立即进行试验。

5.3 防潮试验

代替：

a) 根据运输包装件的特性以及在流通过程中可能遇到的环境条件,选定表101中温湿度条件之一进行温湿度调节处理。

表 101 温湿度条件

条件	试验时间/h	试验温度/℃	相对湿度%
1	72	23±2	55±5
2	72	40±2	90±5
3	72	65±2	95±5
注：条件1适合于内陆无高湿环境地区,条件2适合沿海、沿湖、沿河有高温高湿环境地区,条件3适合于热带海运环境地区。			

b) 试验后应满足4.2的要求。

5.6 振动试验

代替：

应根据包装要求,选择进行堆码振动或单机振动。

5.6.1 堆码振动试验

本项试验一般用于评价空调器包装件承受长期连续冲击的能力,评价空调器包装件在长途堆码运输过程中受到的颠簸。

a) 试验要求

采用垂直线性振动台进行随机振动试验,试验标准参照 ASTM D 4169 和 ASTM D 4728 进行。

b) 试验强度

随机振动频率间断点及功率谱密度见表102。

表 102 堆码振动试验

频率/Hz	功率谱密度/(g^2/Hz)		
	流通条件1	流通条件2	流通条件3
1	0.000 1	0.000 05	0.000 025
4	0.02	0.01	0.005
16	0.02	0.01	0.005
40	0.002	0.001	0.000 5
80	0.002	0.001	0.000 5
200	0.000 02	0.000 01	0.000 005
加速度均方根(g rms)	0.73	0.52	0.37

c) 试验程序

将空调器包装件分别按正常的运输摆放方式放置在振动台上,仅在空调器包装件周围安装护栏加以保护,护栏与样品间距不小于25.4 mm。如空调器包装件在正常运输过程中有不同放置方向,应对空调器包装件合理分配,覆盖所有可能的放置方向。振动时间:3 h。

d) 试验后应满足4.5的要求。

5.6.2 单机振动试验

本项试验一般用于评价空调器包装件承受短期连续冲击的能力,评价空调器包装件在短途运输过程中受到的颠簸。

a) 试验要求

采用垂直线性振动台或旋转振动台进行模拟试验,试验标准参照 ASTM D 4169 进行。

b) 试验强度

振动台的峰值振幅位移为 12.7 mm,连续试验 1 h。

c) 试验程序

将空调器包装件按正常放置状态放置在垂直振动台上。在空调器包装件四周安装护栏,护栏与空调器包装件间距应大于 25.4 mm。保持振动台的峰值振幅位移为 12.7 mm,逐渐增加台面的振动频率,直至试验台上的样品能够跳起。连续试验 1 h。

d) 试验后应满足 4.5 的要求。

5.7 堆码试验

代替:

堆码试验可采用直接堆码试验和压力堆码试验。

堆码试验方法按 GB/T 4857.3 的规定进行。

5.7.1 直接堆码试验

a) 试验基准面(地面)必须平整,水平,清洁。空调器包装件承受堆码单柱的高度为 3.5 m 或堆码最大允许层数的压力(若包装件标明最大允许堆码层数)。

b) 在墙角将空调器包装件进行堆码,包装件与墙留 0.5 m 左右的间隙,在邻近的墙上做标记作为参照物,以便测量堆码与基准面之间的高度偏差。在堆码试验中,每一包装件都要整齐的放置,确保包装件堆码的四个侧面与地面基准成 90°垂直。

c) 静态堆放时间为 28 d。期间,堆码试验的偏差每天用毫米为单位测量记录;如果在试验过程中出现导致倾倒的不稳定现象,测试必须终止。

d) 试验后应满足 4.101 的要求。

5.7.2 压力堆码试验

a) 依据产品在流通环境中的放置方式,将产品放置在堆码试验机上,对空调器包装件进行堆码压力测试,堆码压力 F 如下:

压力堆码试验负载按式(1)计算

$$F = K \times p \times (n-1) \times g \quad\cdots\cdots\cdots\cdots\cdots\cdots\cdots\cdots (1)$$

式中:

F——试验负载,单位为牛顿(N);

K——流通期间劣变系数,见表 103;

n——仓储允许堆放的最大层数;

p——包装件的质量,单位为千克(kg);

g——重力加速度,9.8 m/s²。

施加压力时间为 48 h。

表 103 压力堆码试验劣化系数 K

分 类	仓储堆码	车辆运输堆码
内装物不能有效支撑堆码载荷	4.5	7.5
内装物不能有效支撑堆码载荷,包装内附加坚固的支撑物	3.0	4.0
包装坚固,或产品能够承载部分载荷	2.0	3.0

b) 试验后应满足 4.101 的要求。

5.8 斜面冲击试验

代替：

a) 空调器包装件毛重大于 68 kg 时,应进行斜面冲击试验。试验方法按 GB/T 4857.11 中的斜面试验方法进行。冲击末速度:$V=2.1$ m/s。

试验顺序及次数按表2。

b) 试验后应满足 4.5 的要求。

表 2 斜面冲击试验

试验顺序	试验样品放置面(编号)	试验样品承受冲击的面或棱(编号)	试验次数
1	3	4	2
2	3	6	2
3	3	2	2
4	3	5	2
5	3	4—6	1
6	3	2—5	1

5.9.2

代替：

5.9.2.1 带压缩机的空调器包装件

a) 将带压缩机空调器包装件(室外机、窗机等)按体积和重量进行分类,见图101。Ⅰ～Ⅳ类的带压缩机的空调器包装件,均按照第Ⅳ类进行试验。

b) 试验按以下步骤进行：
——按照上述分类结果在表104中选取跌落高度基数 H；
——按表105中规定的空调器包装件跌落试验位置确定试验高度系数 P,并按照流通条件计算出试验时的跌落高度 H_t；
——将空调器包装件按相应的跌落位置和跌落高度 H_t,以初速度为零释放,各跌落1次。

c) 在跌落试验中,应确保空调器包装件的重力线恰好通过被跌落的角、棱、面。

d) 试验后应满足 4.5 的要求。

5.9.2.2 不带压缩机的空调器包装件

a) 将不带压缩机空调器包装件(分体壁挂式室内机、柜机室内机等)按体积和重量进行分类,见图101。

b) 试验按以下步骤进行：
——按照上述分类结果在表104中选取跌落高度基数 H；
——按表105中规定的空调器包装件跌落试验位置确定试验高度系数 P,并按照流通条件计算出试验时的跌落高度 H_t；
——将空调器包装件按相应的跌落位置和跌落高度 H_t,以初速度为零释放,各跌落1次。

c) 在跌落试验中,应确保空调器包装件的重力线恰好通过被跌落的角、棱、面。

d) 试验后应满足 4.5 的要求。

注：若空调器包装件最长边与最短边之比大于 1.5:1,且有向上标示时,跌落高度顺延到下一类。

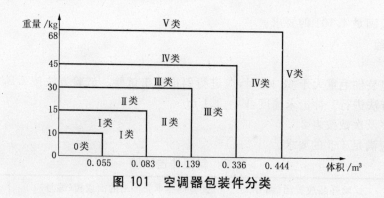

图 101　空调器包装件分类

表 104　跌落高度基数 H

空调器包装件分类	跌落高度基数 H/cm
0 类	60
Ⅰ 类	50
Ⅱ 类	45
Ⅲ 类	40
Ⅳ 类	35
Ⅴ 类	30

表 105　跌落试验位置与试验高度系数 P

种类	任意一点					P
0 类	角	3-2-5	3-2-6	3-4-5	3-4-6	0.8
	棱	3-5	3-2	3-6	3-4	0.8
	棱	1-5	1-2	1-6	1-4	0.8
	棱	2-5	2-6	4-5	4-6	0.8
	面	3	—	—	—	1.0
	面	2	4	5	6	1.0
Ⅰ 类	角	3-2-5	3-2-6	3-4-5	3-4-6	0.8
	棱	3-5	3-2	3-6	3-4	0.8
	棱	1-5	1-2	1-6	1-4	0.8
	棱	2-5	2-6	4-5	4-6	0.8
	面	3	—	—	—	1.0
	面	2	4	5	6	1.0

表 105（续）

种类	任意一点					P
Ⅱ类	角	3-2-5	3-2-6	3-4-5	3-4-6	0.8
	棱	3-5	3-2	3-6	3-4	0.8
	棱	1-5	1-2	1-6	1-4	0.4
	棱	2-5	2-6	4-5	4-6	0.4
	面	3	—	—	—	1.0
	面	2	4	5	6	0.5
Ⅲ类	角	3-2-5	3-2-6	3-4-5	3-4-6	0.8
	棱	3-5	3-2	3-6	3-4	0.8
	棱	2-5	2-6	4-5	4-6	0.4
	面	3	—	—	—	1.0
	面	2	4	5	6	0.5
Ⅳ类	角	3-2-5	3-2-6	3-4-5	3-4-6	0.8
	棱	3-5	3-2	3-6	3-4	0.8
	面	3	—	—	—	1.0
Ⅴ类	棱	3-5	3-2	3-6	3-4	0.8
	面	3	—	—	—	1.0

注1：跌落试验根据跌落位置不同,跌落高度选取不同的系数 P

注2：试验时的跌落高度 H_t 按照如下流通条件进行取值：

流通条件 1：$H_t = 1.2 \times P \times H$

流通条件 2：$H_t = 1.0 \times P \times H$

流通条件 3：$H_t = 0.8 \times P \times H$

6 包装标志

GB/T 1019—2008 中的该章内容,均适用。

公司简介 JIANJIE

浙江中包派克奇包装有限公司（简称"中包派克奇"或"ZPP"），是美国派克奇公司（PACTIV）在中国的合资企业，公司总投资2409.6万美元，注册资金1390万美元，美方占比62.5%。公司主营瓦楞纸板、纸箱、彩盒等包装业务，并提供一站式的包装解决方案。

公司位于浙江省绍兴市经济开发区，占地面积5万平方米，建筑面积3.34万平方米，员工350余人，其中各类技术人员占20%。

公司拥有从德国、美国、法国、意大利引进的具有国际水准的先进设备，并充分利用PACTIV综合优势及管理理念，逐渐与世界著名企业及国内一流企业建立了合作伙伴关系，主要的服务品牌有：可口可乐、惠普、GE、飞利浦、西门子、松下、东芝、三星、TPV、明基、喜力、亚太、华润、太太乐、古越龙山、会稽山等。

与顾客、供应商、员工、股东一起"追求共同利益，谋求共同发展"。

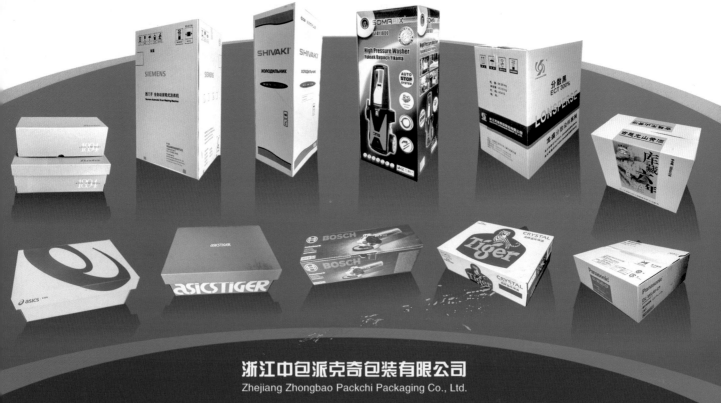

浙江中包派克奇包装有限公司
Zhejiang Zhongbao Packchi Packaging Co., Ltd.

地址：中国浙江省绍兴市人民东路999号　邮编：321000　电话：+86-0575-88643673　传真：+86-0575-88645743
网址：http://www.zb-pactiv.com　Email：zpp@zb-pactiv.com

公司成立于1985年，经过三十多年的发展成为今天的"惠美庄包装"，集研发、生产、销售、服务于一体，经营以"防护内包装"为主的家电配套包装产品。我们一直坚持以市场为导向，以顾客为中心，着力打造家电产品包装品牌，致力成为包装行业领跑者，做高端家电产品的"保镖"，让包装更体现其价值。我们注重"品质、效益、诚信、共赢"的发展理念，弘扬"团结一致，万众一心"的企业精神，以感恩的心主动承担社会责任，同时带领员工致富，构建和谐社会。

惠美庄"包装模块"各地工厂现有员工1000多名，连年被客户评为"战略合作伙伴""优秀供应商""品质优秀奖"。

惠美庄"包装模块"立足顺德本部，先后在湖北武汉、安徽巢湖、河北邯郸、重庆等地设立为美的、格力、格兰仕、TCL产品提供配套包装产品的工厂。

惠美庄"包装模块"各成员不但多渠道满足各大客户的需求，也主动承担企业的社会责任，多年来被政府各部门授予各种荣誉称号：

"佛山市顺德区惠美庄材料实业有限公司"连续多年被评为"纳税超100万元企业"，是顺德区政府龙腾企业。2015年获得"广东省著名商标"称号，2016年被评为"2015-2016中国包装工业纸箱彩盒50强企业"，连续三年被佛山市顺德区市场监督管理局评为"广东省守合同重信用企业"。

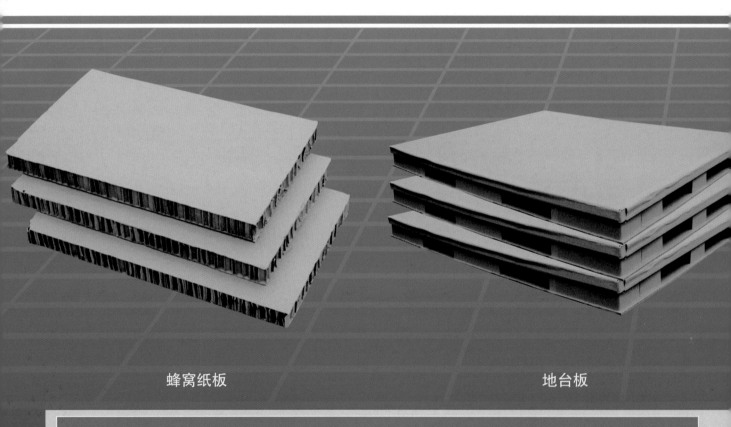

蜂窝纸板　　　　　　　　　　　　　　　　地台板

模块成员					
佛山市顺德区惠美庄材料实业有限公司	吴影逸	18924837176	邯郸永年县万皆包装材料有限公司	张友平	18924837155
武汉毅隆源包装材料有限公司	王洁	18986259702	重庆市顺治达包装材料有限责任公司	陈波	13450539651
芜湖惠美庄材料有限公司	程卫红	13083035900	佛山市顺德区天同纸品实业有限公司	周永洪	18924837249

资质荣誉

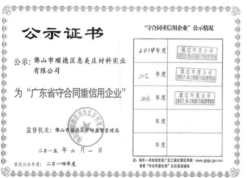

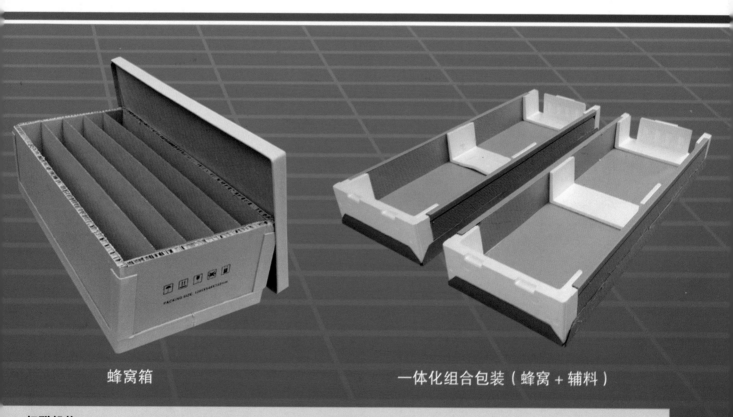

蜂窝箱 　　　　　　　　　　一体化组合包装（蜂窝＋辅料）

相联机构：

广东顺德惠美庄品味鲜味业有限公司

佛山亮莱科金属股份有限公司

佛山市顺德区万皆材料实业有限公司

广东顺德公大良商业有限公司

广东顺德亿美思科技有限公司

广东顺德惠美庄生态种养殖科技有限公司

武汉万皆材料实业有限公司

WELLMINE 惠美庄

总部地址：佛山市顺德区大良大门沙圩队大岗头

邮编：528300

网址：http://www.wellmine.com.cn/

山东景泰瓶盖有限公司
臻于至善

全塑防伪瓶盖

全塑防伪瓶盖

公司简介

山东景泰瓶盖有限公司（原安丘市景华实业公司瓶盖厂）坐落于"齐鲁三大古镇"之一——景芝镇，交通运输便利，地理位置优越，是一家以"致力于创造高品质瓶盖包装，立志成为国际一流瓶盖生产企业"为愿景的制盖企业。

自公司成立之初，便通过 QS 认证、ISO9001 质量管理体系认证等多项认证，并拥有 30 余项发明设计专利。公司主要从事塑料防伪瓶盖的设计和生产，以及防伪方案的设计服务工作。多年来公司始终专精于全塑防伪瓶盖，在塑料瓶盖生产领域始终处于全国领先地位。数年来，公司不断扩大规模，优化生产模式，提高高科技含量，现已实现产品全自动生产，极大地提高了产品质量和生产效率。

为助力企业实现信息化生产及产品防伪溯源的要求，公司于 2012 年率先生产出国内第一款二维码信息瓶盖，目前仍然走在同行业前列，并参与起草了国家标准 GB/T 36087—2018《数码信息防伪烫印箔》。

客户为本

为中国生产最好的瓶盖,让"景泰制造"成为国际一流

独创毁瓶式组合防伪瓶盖

物联二维码瓶盖

景泰始终坚持"臻于至善,客户为本"的企业理念,坚持专业化发展战略,致力于研发和制造具有较高技术含量、高品质防伪及防盗功能的组合式防伪瓶盖。未来景泰将继续专注于全塑防伪瓶盖的研发,同时布局信息化瓶盖软件及生产线的配套研发工作。公司坚持从严要求,层层把关,坚持走自主创新的道路,朝着国际化方向迈进,坚定"做中国最好的瓶盖"的目标。

地址:山东省潍坊市安丘市景芝镇
网址:http://www.jingtaipinggai.com/
E-mail:jhpg-806@163.com
电话/传真:+86-0536-4611040

帕开胶·用冠力

东莞市冠力胶业有限公司

东莞市冠力胶业有限公司正式成立于2007年，地处粤港大湾区核心区域，是一家专业为纸品包装、木工家居行业提供胶黏剂服务的企业。经过十余年的努力，公司积累了包括麦当劳、宝洁、华为、德芙、孩之宝、美泰、华润三九等国内外知名品牌在内的客户，分别在印度、越南、上海、福建、天津等地设立分公司及办事处，产品远销海内外。

高速糊盒机水胶应用产品

全自动制盒机水胶应用产品

贴窗水胶应用产品

2016 年，荣获国家高新技术企业认证。

2016 年，通过中国环境标志产品认证（十环认证）。

2017 年 9 月，正式成为中国包装印刷标准研究基地。

2018 年 6 月，参与起草《印刷产品分类》国家标准。

2018 年，成功入围广东省东莞市"协同倍增"企业库名单。

2019 年，计划投资打造生产研发基地（广东省四会市）。

东莞市冠力胶业有限公司

地址：广东省东莞市樟木头镇官仓社区银岭工业区 1–3 栋

电话：+86-0769-89074222

广东柏华包装股份有限公司
GUANGDONG TRANSHELL PACKAGING CO., LTD.

柏华包装

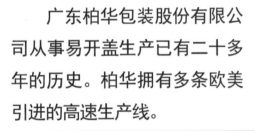

广东柏华包装股份有限公司从事易开盖生产已有二十多年的历史。柏华拥有多条欧美引进的高速生产线。

TRANSHELL

2018年产量达七十亿片。提供优良品质和服务是柏华一贯的宗旨，团队不断努力，对产品精益求精。

地址：广东省佛山市南海区和顺大文教路南郊工业区

邮箱：HWANG@GDTRANSHELL.CN   电话：0086（0757）8510-5108

官网：HTTP://WWW.GDTRANSHELL.CN   传真：0086（0757）8510-5109

南山轻合金有限公司
NANSHAN LIGHT ALLOY CO.,LTD.

南山轻合金有限公司位于山东半岛的港口城市——龙口市。这里地处中国环渤海经济带，东临烟台，南靠青岛，西依龙口港，北与大连隔海相望，地理位置优越，水、陆、空交通便利。公司总占地面积 72.9 万平方米，由熔铸厂、热轧厂、冷轧厂、精整厂、铝箔厂五大分厂组成，是综合性铝及铝合金高精度板、带、箔加工企业，主要产品包括铝制易拉罐罐体料、罐盖拉环料、铝箔坯料、合金板带材、手机外壳、食品包装双零铝箔（含无菌包装液态软饮料铝箔）、单零牙膏皮铝箔及动力电池铝箔等系列产品。产品畅销北美、欧洲、南美、日本、韩国、澳大利亚、东南亚及中东市场的 40 多个国家和地区。

公司拥有先进的生产及配套设备，同时具有实践与理论兼备的创新团队，具有较强的自主研发能力，可根据客户不同需求进行自主研发，公司研发的异型罐和高性能动力电池箔，产品已通过测试实现批量供货。优秀的团队、精良的装备、科学的管理、完整的产业链，使南山轻合金有限公司成为国内外装机水平高、品种规格齐全的高精度铝及铝板、带、箔材生产基地。2017 年被评为"国家技术创新示范企业"，产品多次获有色金属产品实物质量认定金杯奖，这证明公司产品实物质量高于同行业平均水平，有的产品已达到国际先进水平。

稳步快速的发展使南山轻合金有限公司在世界铝加工市场上占有举足轻重的地位，是国内外客户首选的铝轧制产品供应商。2006 年 4 月 29 日公司通过了 ISO 9001:2000 质量管理体系认证和 ISO 14001:2004 环境管理体系认证，并获山东省高新技术企业荣誉称号，2010 年通过了 OHSAS 18001：2007 职业健康安全管理体系的认证，并同时通过质量、环境、职业健康安全三合一体系认证，系列产品荣获 2010 年山东省省长质量奖。2015 年通过了 ISO 50001 能源管理体系认证、GB/T 29490—2013 知识产权管理体系认证。2017 年公司站在社会责任的高度上提出建立食品安全管理体系并顺利通过 ISO 22000 食品安全管理体系认证，公司将食品安全管理体系延伸到金属包装材料方面，使影响食品安全的因素在金属包装材料方面做到提前预防与控制，开创了国内铝板带加工企业的先例，并在食品安全方面继续引领行业发展。

南山轻合金有限公司凭借优化合理的产业结构、科学严格的管理体系、实力雄厚的技术力量，向全球客户提供最优质的产品和最全面周到的服务。

铸锭

冷轧成品罐盖料

证书

热轧产品

热轧产品

冷轧成品罐体料

铝箔产品

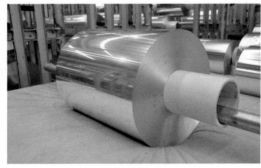

铝箔电池箔

铝箔电池箔

通讯地址：山东省龙口市南山工业园　销售电话：0535-8790021

四川省宜宾普拉斯包装材料有限公司
YIBIN PLASTIC PACKING MATERIAL CO., LTD.SICHUAN

诚实 勤奋 认真 创新
HONESTY, DILIGENCE, CONSCIENTIOUSNESS AND INNOVATION

　　四川省宜宾普拉斯包装材料有限公司成立于2008年9月1日，由普什集团所属的四个事业部以及普什3D、普光科技两个子公司等优质资产重组而成，是一家大型国有现代化包装企业。公司下设瓶盖、包材、聚酯、3D四大事业部，现拥有员工3000余人，各类专业技术人员500多人。

　　公司业务主要包括防伪塑胶包装，PET及深加工和立体显示，研发、生产和销售塑胶包装材料、防伪塑胶瓶盖、PET深腔薄壁注塑包装盒、3D防伪包装盒、防伪溯源、裸眼3D图像、裸眼3D影像等产品。

　　公司依托五粮液雄厚的实力，配备了国内外先进的检测设备，建有世界一流的生产线，拥有从原料到成品的完整产业链，具备强大的生产能力，已发展成为行业生产技术的领导者。

　　公司始终坚持"守诚信、做极致"的企业精神，以"客户第一、竞争多赢、以人为本、长期利益"为核心价值观，在行业中树立了卓越美誉度，并始终坚持推行TQM，以最少的成本，为不同需求的客户提供具竞争力的产品和服务，实现各类客户的高度满意。以此同时，公司与国际知名企业、科研院所紧密合作，已逐步完善为集策划、设计、研发、生产为一体的一站式包装服务提供商。

地址：四川省宜宾市岷江西路150号　　　电话：(+86)0831-3566930　　　网址：http://www.wlypls.com/

花园新材料

四川省宜宾普拉斯包装材料有限公司
YIBIN PLASTIC PACKING MATERIAL CO., LTD.SICHUAN

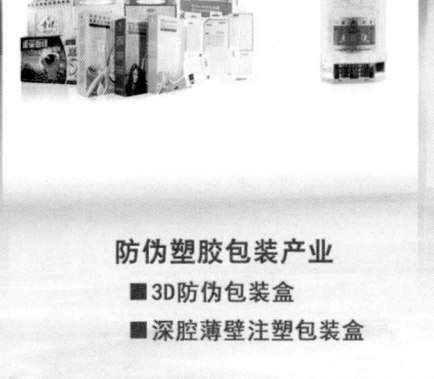
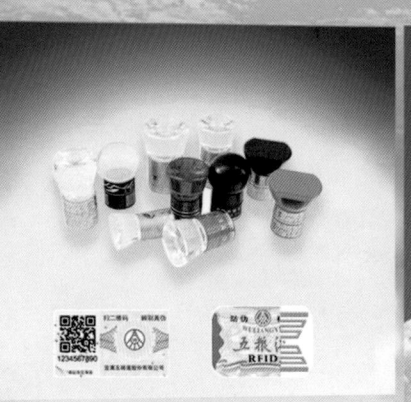
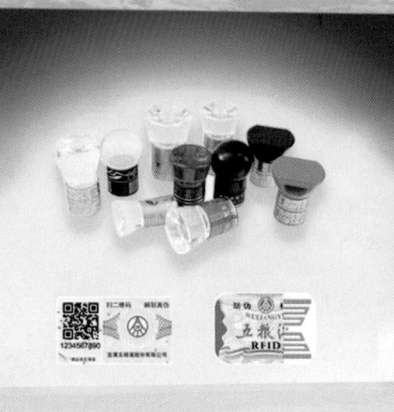

防伪塑胶包装产业

■ 3D防伪包装盒

■ 深腔薄壁注塑包装盒

防伪塑胶包装产业

■ 瓶盖

■ 防伪溯源

PET及深加工产业

■ 聚酯产品

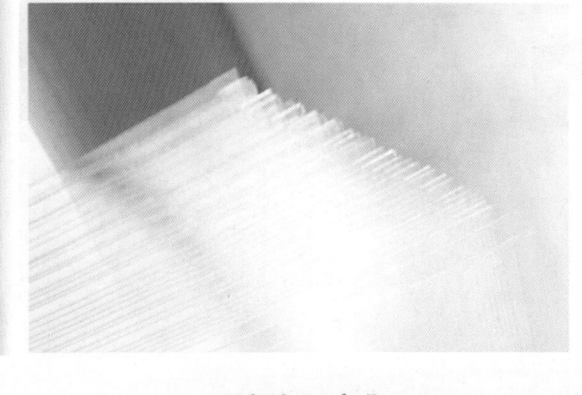

多视点，
多角度，
裸眼3D

无需佩戴立体眼镜
即可观看立体效果

PET及深加工产业

■ 塑胶片（卷）材料产品

立体显示产业

■ 裸眼立体显示终端

企业简介

　　四川省宜宾普拉斯包装材料有限公司位于四川省宜宾市五粮液开发园区内。公司多年来致力于塑胶防伪瓶盖、PET深腔薄壁透明盒等酒类包装材料，PET乳制品、调味品、医药等产品包装，立体显示光栅材料等的研发和生产。先后参与了国家标准 GB/T 31268—2014《限制商品过度包装　通则》，行业标准BB/T 0060—2012《聚对苯二甲酸乙二醇酯（PET）瓶坯》、BB/T 0039—2013《商品零售包装袋》、BB/T 0048—2017《组合式防伪瓶盖》等的制定。公司是一家通过 ISO 9001质量管理体系认证的大型国有现代化包装企业。公司连续荣获"中国塑胶酒包装技术研发中心""中国防伪行业技术领先企业""中国包装百强企业""中国印刷100强企业""中国塑料包装30强企业""国家印刷示范企业""中国质量诚信企业"等荣誉。"PW""push3D"商标被认定为中国驰名商标，成功引领包装潮流。

地址：四川省宜宾市岷江西路150号　　　电话：（+86）0831-3566930　　　网址：http://www.wlypls.com/

南通天合包装有限公司
NANTONG TIANHE PACKING Co.,LTD.

南通天合包装有限公司成立于1990年,位于南通开发区华兴路5号,公司占地面积为11000平方米,其中生产及办公用房约为8500平方米,职工总数110人。企业专业生产三层、五层、七层瓦楞纸箱、纸板、纸盒,企业拥有国内较先进的纸箱流水线、E瓦单面机和全电脑四色印刷开轧机以及轧盒、粘合、装订、电脑刻版等一系列纸箱、纸盒生产设备。企业曾连续十年被南通市委市政府授予"文明单位",连续六年被市委组织部评为"党建工作示范点""南通市开发区安全文明单位",2017年被评为"南通市科技型中小企业"和"南通市高新技术企业"。董事长俞平曾被授予"南通市十大杰出青年"称号,曾任南通市政协委员,现任南通市包装印刷业商会会长、开发区工商联副会长。

公司先后领取了"印刷经营许可证""出口商品包装质量许可证""危险品出口包装许可证"和"商品条码印刷资格证书"。企业还通过了ISO9002:2000质量管理体系认证和ISO14001:2004环境管理体系认证。公司主要为南通宝叶化工、如东华盛化工、中美合资友星线束、江苏家宝集团、东丽聚化、道佳汽配、伊仁时装、法拉蒂纺织用品等电子、化工、服装家纺等企业提供包装产品,产品质量及信誉得到了客户的好评。

为更好地提升企业产品质量,公司2018年年初购置32亩土地,计划投入1.5亿元引进整套纸板、纸箱智能化环保的设计印刷生产设备,该项目2018年年底竣工投产。

主要产品

南通天合包装有限公司

地址:江苏省南通市开发区华兴路5号

电话:+86-0513-83593836

义乌市易开盖实业公司
EASY OPEN LID INDUSTRY CORP.YIWU

义乌市易开盖实业公司创办于 1988 年，专业从事易开技术研究、易开装备开发、易开产品制造，是国家高新技术企业、国家知识产权优势企业、中国马口铁易开盖龙头企业，拥有浙江省易开技术研究院。

公司主导生产圆形、椭圆形、方形、马蹄形、长圆形系列 100 多个品种的食品易开盖、二片罐、底盖及 202、206 系列饮料易开盖。盖型结构、技术性能国内领先，是规格品种最为齐全的易开盖制造企业。

食品易开盖年产能 60 亿只，饮料易开盖年产能 50 亿只。食品易开盖国内市场占有率 50% 以上，外贸出口占销售总量的 60% 以上。

30 年来，公司坚持"专业、专心、创新"不动摇，依靠科技创新不断取得成果，具备自主研发易开技术、易开产品及其关键装备开发制造能力，拥有专利 100 余项，其中发明专利 17 项，参与制修订国家标准 4 项。

公司将继续依靠创新，加快产业结构调整和产业升级，巩固国内行业龙头地位，实现"全球易开技术中心和易开产品制造基地"的愿景。

主要产品

地址：义乌市丹溪北路 711 号　邮编：322000　网址：www.eoedrd.com　Email：scb@eoedrd.com（外贸）

电话：0579-85260886　85260881　　　传真：0579-85260888　　　yxb@eoedrd.com（内贸）

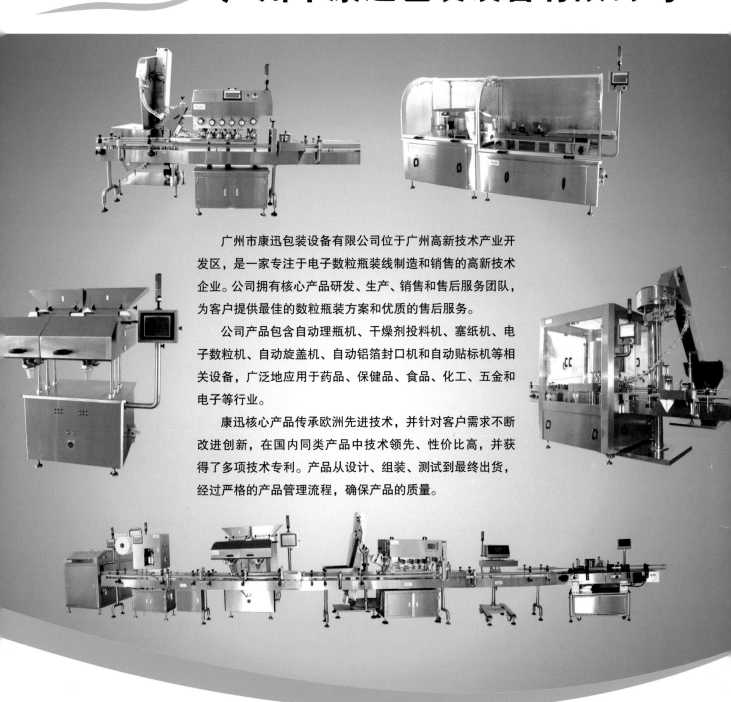

CountSun 广州市康迅包装设备有限公司

广州市康迅包装设备有限公司位于广州高新技术产业开发区，是一家专注于电子数粒瓶装线制造和销售的高新技术企业。公司拥有核心产品研发、生产、销售和售后服务团队，为客户提供最佳的数粒瓶装方案和优质的售后服务。

公司产品包含自动理瓶机、干燥剂投料机、塞纸机、电子数粒机、自动旋盖机、自动铝箔封口机和自动贴标机等相关设备，广泛地应用于药品、保健品、食品、化工、五金和电子等行业。

康迅核心产品传承欧洲先进技术，并针对客户需求不断改进创新，在国内同类产品中技术领先、性价比高，并获得了多项技术专利。产品从设计、组装、测试到最终出货，经过严格的产品管理流程，确保产品的质量。

康迅售后服务一贯秉持"快速响应，追根求源，紧密跟踪"的服务宗旨，同时结合预防服务和远程控制技术指导，降低客户生产的故障发生率和故障停机时间，提升客户生产的综合效率。

康迅以客户为中心，追求品质、创新、诚信和卓越，坚持严谨务实的作风，承诺给客户提供优质的、稳定的、高性价比的产品和最可靠的服务。

通讯地址：广州高新技术产业开发区崖鹰石路 27 号自编二栋 406　电话：+86-020-29801516

《中国包装标准汇编》产品包装卷（下）（第二版）

广告目录

鸣谢单位

山东烟郓包装科技有限公司	张来彬	孟繁林	
海普智联科技股份有限公司	孙瑞远	徐聚元	
山东景泰瓶盖有限公司	鞠延龙	鞠坡	
山东丽鹏股份有限公司	孙鲸鹏	孙世尧	张本杰
沈阳富丽工业用带有限公司	田淑莲	付昕	
佛山市顺德区惠美庄材料实业有限公司	谭炳权	韦丽花	
慈溪福山纸业橡塑有限公司	叶国奋	叶鹏峰	
花园新材料股份有限公司	邵徐君	钟云方	
义乌市易开盖实业有限公司	骆立波		
北京高盟新材料股份有限公司	郝晓祎	唐志萍	
广东柏华包装股份有限公司	王艺	丁宝平	
浙江中包派克奇包装有限公司	赵檪杰	陈建华	任晓莲
南通天合包装有限公司	俞平		
杭州研特科技有限公司	倪惠江		
东莞市冠力胶业有限公司	赵建国	卢智燊	胡德志
四川省宜宾普拉斯包装材料有限公司	周立权	阳培翔	徐胜英
南山轻合金有限公司	隋信栋	顾华峰	